サイエンス社のホームページのご案内
http://www.saiensu.co.jp
ご意見・ご要望は　rikei@saiensu.co.jp　まで．

セミナー
ライブラリ 物理学＝6

演習 熱力学・統

広池和夫／田中　実 共

サイエンス社

新訂にあたって

1979年に旧版「演習 熱力学・統計力学」を出版して以来，幸いにも世に受け入れられて19刷を重ねた．多くの読者にご利用頂いたことは著者らの大きな喜びであり，厚くお礼を申し上げる．しかし，この21年の間には大学における物理教育の事情には大きな変革があった．物理量の単位を，高等学校の物理教育との連携でSI単位系に統一したことが，そのひとつである．またこの間，急速かつ広範な産業技術の革新に対応した大学の基礎教育として，理工系学部の多くの学科において量子論に基づく現代物理学の成果が紹介されるようになったのも，注目される変化である．著者らはこうした事情を重視して，旧版の内容構成をあらためて推敲して新訂版を世に問うこととした．

まず，旧版ではcgs単位系を採用したが，全てSI単位系に改めることにした．遅きに失したとのご叱声には，あらためてお詫びを申し上げたい．なお，基本的な物理定数のSI単位系での有効数字は，国際純粋及び応用物理学連合のドキュメント SUNAMCO 87-1 を参照して正確さを期した．

次に内容構成については，旧版まえがきで記した執筆の方針，(1), (2), (3) は現在でも十分に有効であると考える．特に，統計力学の原理と統計集団の構成の説明は，量子力学のごく初歩の知識だけを期待するもので，物理学科以外の読者にも障壁なしに受け入れられるものと思う．ただ，先にふれた変革の裏面には，多くの大学において教養課程の廃止に伴う数学のカリキュラムの改革変更があり，読者に期待できる数学の予備知識は21年前とは異なっていると考える．したがって，新訂版においては，例題とそれに付随した問題について，基本的な理解を目指すための出題と，基本事項のより深い応用を考察してみるための出題とを区別して提示することとした．

各章の例題・問題で，番号をイタリックで表示したものがその応用・発展問題である．その内容上やや高度の数学的知識や計算を必要としているものが多い．しかしたとえば，Bose-Einstein 凝縮の理論は，閉じ込められた原子気体のレーザー冷却による量子凝縮として最近注目されている現象の基礎となるものであり，これらイタリックで示した例題・問題にもぜひ興味をもって頂きたい．また，導かれている結果を公式として利用するのでもよいと思う．以上，新訂版として

は小幅な修正となったが，理工系学部のいろいろな分野の方々に興味をもって頂けることを希望するものである．

最後に，旧版上梓以来長い間にわたって増刷その他について細かい気配りを賜られ，今回新訂の機会を与えて下さったサイエンス社編集部の田島伸彦氏に厚くお礼を申し上げる．

2000年8月

広池　和夫
田中　実

ま　え　が　き

　熱力学と統計力学は，物性物理学を学ぶ人々にとって欠くことのできない基礎学問であるばかりでなく，今日では，種々の分野における研究者やエンジニアにとっても必要な教養となりつつある．熱力学と統計力学の知識を体得するためには，単に教科書に沿って理論を学ぶだけでは不十分であって，適当な具体例を織り込んだ演習問題の反復履習が必要である．本書は，大学で熱力学と統計力学を学ぶ学生諸君に対しては演習時間の不足を補う自習用に，また，自分で参考書などによって学習されようとする方達に対してはその理解を助けるために，作成された演習書である．

　熱力学と統計力学に関する演習書はすでにいくつか刊行されているが，本書を作成するについては特に次のような点に注意を払った．
(1) 特殊な問題ではなく基礎的な問題を厳選する．
　　いわゆる難問や奇問を避け，基礎的な事項を理解するのに必要な例題と問題にとどめ，その数もあまり多くはならないようにつとめた．普通の教科書に説明されている内容のものも例題や問題に取り入れているので，本書は知識を整理する上にも役立つと思う．
(2) 数学，力学などの予備知識は最小限にとどめる．
　　数学の予備知識としては代数と微積分の初等的なものにとどめ，それを超えると思われるものについては基本事項や必要となる箇所で説明を加

えた．統計力学の部分では量子力学の知識が必要となるが，基本事項に説明してある程度のもので十分である．
(3) 熱力学と統計力学を分ける．

近頃の教科書には，熱力学と統計力学を融合させたものが多い．しかし，まず巨視的な立場に立つ熱力学を勉強し，その後で物質の微視的な構造にまで立ち入って考察する統計力学を勉強する方が，少なくとも初学者にとっては理解しやすいのではないかと著者は考えている．その考えに従って，本書は熱力学の部分の前半の3章と統計力学の部分の後半の5章とに分かれている．ただし，双方に関連する重要事項や例題の引用については，十分に注意を払ったつもりである．また，基本的な物理定数の有効数字は1973年のCODATAの推奨値をもとにしたが，単位系はcgs系を使用した．

本書が，熱力学と統計力学を学ぶ人々にとって，役に立つ演習書であることを期待している．

本書をまとめるにあたって，熱力学と統計力学に関する内外の教科書と演習書を参考にさせて頂いた．これら著作の各著者に深く感謝の意を表したい．また，東北大学工学部助教授守田徹氏には多くの有益な助言を頂いた．心からお礼申し上げる．出版に際してお世話になったサイエンス社編集部の橋元淳一郎氏にも謝意を表するものである．

　　1979年2月　　青葉山にて

　　　　　　　　　　　　　　　　　　　　　　　　　広池　和夫
　　　　　　　　　　　　　　　　　　　　　　　　　田中　実

目次

1 熱力学第1法則と熱力学第2法則
- **1.1** 温度と状態方程式 1
  - 例題 1〜3
- **1.2** 熱力学第1法則 6
  - 例題 4〜6
- **1.3** 熱力学第2法則 10
  - 例題 7〜10

2 熱力学の諸関数
- **2.1** 自由エネルギーと平衡条件 16
  - 例題 1〜5
- **2.2** 化学ポテンシャル 24
  - 例題 6〜10
- **2.3** 熱力学第3法則 31
  - 例題 11〜12

3 熱力学の応用
- **3.1** 相平衡 34
  - 例題 1〜6
- **3.2** 種々の体系の熱力学 41
  - 例題 7〜12

4 統計力学の原理
- **4.1** 数学的準備 51
  - 例題 1〜3
- **4.2** 統計集団による理論の構成 56
  - 例題 4〜9
- **4.2** 相互作用のない体系の統計力学 67
  - 例題 10〜13

5 単原子理想気体

- **5.1** 統計力学における理想気体 74
  - 例題 1〜3
- **5.2** 縮退が弱い場合の単原子理想気体 78
  - 例題 4〜7
- **5.3** Bose-Einstein 凝縮 83
  - 例題 8〜9
- **5.4** 強く縮退した理想 Fermi 気体 87
  - 例題 10〜12

6 相互作用のない体系の統計力学の応用

- **6.1** 光 子 気 体 92
  - 例題 1〜2
- **6.2** 格子振動による比熱 95
  - 例題 3〜6
- **6.3** 固体物性への応用 101
  - 例題 7〜14

7 古典統計力学

- **7.1** 古典統計力学における諸公式 111
  - 例題 1〜6
- **7.2** 種々の理想気体(古典統計力学) 120
  - 例題 7〜10

8 相互作用のある体系の統計力学

- **8.1** 不完全気体 126
  - 例題 1〜6
- **8.2** 液体の統計力学 135
  - 例題 7〜11
- **8.3** 種々の体系 142
  - 例題 12〜16

問 題 解 答 150

索 引 231

1 熱力学第1法則と熱力学第2法則

1.1 温度と状態方程式

◆ **熱力学**　熱力学で対象となる体系は空間的にも時間的にも巨視的なひろがりをもつもので，力学的にいえば自由度の極めて大きい体系である．存在する全体の一部だけに着目し，これを直接考察の対象とする体系とみなす場合，それ以外の部分はこの体系の**外界**となる．外界は着目する体系に対してある条件をそなえた環境として抽象化される．外界とまったく相互作用をもたない体系を**孤立系**と呼ぶ．外界との間に物質の出入りのない体系を**閉じた系**，出入りのある体系を**開いた系**という．

◆ **熱平衡**　1つの孤立系を放置すると，最初にどんな複雑な状態にあっても，やがてみかけ上変化のない終局的な状態に落ち着く．この終局的な状態を**熱平衡状態**という．熱平衡状態は少数の変数，たとえば温度と圧力などを与えることによって指定される．

　2つの体系 A と B を接触させ，全体を孤立させて放置すると，やがて全体として熱平衡状態に達する．このとき A と B は熱平衡に達したという．熱平衡に達した A と B はそれぞれもまた熱平衡状態にあり，その間の接触を絶っても変化は起こらないし，その後ふたたび接触させても熱平衡は破れない．次の経験法則が成り立つ．

　体系 A と B が熱平衡にあり，また体系 B と C が熱平衡にあるときには，体系 A と C も熱平衡にある（**熱学第 0 法則**）．

◆ **温度**　上の法則によって温度の概念の成立が保証される（例題 2，問題 2.1 参照）．法則における体系 B は温度計の役目をしている．この本では，特に断らない限り，温度目盛りとしては**絶対温度**を使う．絶対温度 T K とセ氏温度 t°C の間には $T = t + 273.15$ という関係がある．

◆ **熱力学的状態**（または**状態**）　熱力学的状態（誤解の恐れがないときには単に**状態**と呼ぶことにする）という言葉は，狭義には熱平衡状態と同じ意味に用いられるが，もっと一般に，体系全体は熱平衡状態になくても，体系の各部分が熱平衡状態にあるような状態（**局所平衡の状態**）も意味する．たとえば，体系が 2 つの部分 A と B からなり，各部分が異なる温度 T_A と T_B にある場合，体系は (T_A, T_B) で指定される 1 つの状態にあるという．

◆ **状態量**　考えている体系の熱平衡状態のそれぞれに応じて定まった値をとる物理量を**状態量**という（例：温度，圧力，体積，内部エネルギー，エントロピー）．

　狭義には状態量を表す変数と同じものであるが，広義の熱力学的状態において，体

系の各部分について定まる値をもつ物理量を表す変数を**状態変数**という．状態を指定するのに必要かつ十分な個数の状態変数を独立変数に選べば，他の状態変数はそれらの関数となる．

熱平衡状態にある一様な体系では，体系に仕切りを入れて分割してもそれぞれの部分はそのまま平衡を保つ．したがって，一様な体系における状態量のなかには，体系を構成する物質の量にはよらないものがある．温度や圧力がその例であり，このような量を**示強性（強度性）**の量と呼ぶ．これに対して，体積や質量などは物質の量に比例するので，これらを**示量性（容量性）**の量という．

◆ **状態方程式**　一定量の物質からなる一様な体系の熱平衡状態は圧力 p と体積 V を与えれば一義的にきまる．したがって，このような体系の状態量はすべて p と V の関数となる．特に，温度，圧力，体積の間の関係式は，この体系の**状態方程式**と呼ばれる．

◆ **理想気体**　n モルからなる気体あるいは N 個の分子からなる気体の状態方程式が
$$pV = nRT \quad \text{あるいは} \quad pV = NkT$$
であるとき，この気体は**理想気体**と呼ばれる．ここで，p は圧力，V 体積，T は温度（絶対温度）であり，R は**気体定数**，k は **Boltzmann 定数**である．統計力学との関連上，本書では気体の量を表すのに分子数 N を使うことにする．Nk/R が気体のモル数となる．すべての気体は高温または低圧の極限で理想気体に近づく．
$$R = 8.3145\,\text{J} \cdot \text{mol}^{-1}\text{K}^{-1} \fallingdotseq 1.99\,\text{cal} \cdot \text{mol}^{-1}\text{K}^{-1}, \quad k = 1.3807 \times 10^{-23}\,\text{J} \cdot \text{K}^{-1}$$

◆ **独立変数の変換**　熱力学では独立変数を変えることが多いので，偏微分の場合，一定に保っているものを明示する必要がある．そのため，たとえば，p を T と V の関数と考え，V を一定して T を変えたときの微係数を $(\partial p/\partial T)_V$ と書くような記法を使う．

独立変数の変換にはヤコビアンを利用するのが便利なことが多い．ヤコビアンは

$$\left.\begin{array}{l} u_i = u_i(x_1, x_2, \cdots, x_n) \\ i = 1, 2, \cdots, n \end{array}\right\} \text{のとき}, \quad \frac{\partial(u_1, u_2, \cdots, u_n)}{\partial(x_1, x_2, \cdots, x_n)} = \begin{vmatrix} \dfrac{\partial u_1}{\partial x_1} & \dfrac{\partial u_1}{\partial x_2} & \cdots & \dfrac{\partial u_1}{\partial x_n} \\ \dfrac{\partial u_2}{\partial x_1} & \dfrac{\partial u_2}{\partial x_2} & \cdots & \dfrac{\partial u_2}{\partial x_n} \\ \cdots\cdots\cdots\cdots\cdots\cdots\cdots\cdots \\ \dfrac{\partial u_n}{\partial x_1} & \dfrac{\partial u_n}{\partial x_2} & \cdots & \dfrac{\partial u_n}{\partial x_n} \end{vmatrix}$$

によって定義される．次の関係が成り立つ（例題 1 参照）．

$$\frac{\partial(u_1, u_2, \cdots, u_n)}{\partial(\xi_1, \xi_2, \cdots, \xi_n)} = \frac{\partial(u_1, u_2, \cdots, u_n)}{\partial(x_1, x_2, \cdots, x_n)} \frac{\partial(x_1, x_2, \cdots, x_n)}{\partial(\xi_1, \xi_2, \cdots, \xi_n)}$$

$$\frac{\partial(u, x_2, \cdots, x_n)}{\partial(x_1, x_2, \cdots, x_n)} = \left(\frac{\partial u}{\partial x_1}\right)_{x_2, \cdots, x_n}$$

---**例題 1**---

基本事項の◆独立変数の変換で定義されているヤコビアンについて次の関係が成り立つことを示せ．

(1) $\dfrac{\partial(u_1, u_2, \cdots, u_n)}{\partial(x_1, x_2, \cdots, x_n)} = -\dfrac{\partial(u_2, u_1, \cdots, u_n)}{\partial(x_1, x_2, \cdots, x_n)} = -\dfrac{\partial(u_1, u_2, \cdots, u_n)}{\partial(x_2, x_1, \cdots, x_n)}$

(2) $\dfrac{\partial(u_1, u_2, \cdots, u_n)}{\partial(\xi_1, \xi_2, \cdots, \xi_n)} = \dfrac{\partial(u_1, u_2, \cdots, u_n)}{\partial(x_1, x_2, \cdots, x_n)} \dfrac{\partial(x_1, x_2, \cdots, x_n)}{\partial(\xi_1, \xi_2, \cdots, \xi_n)}$

(3) $\dfrac{\partial(u, x_2, \cdots, x_n)}{\partial(x_1, x_2, \cdots, x_n)} = \left(\dfrac{\partial u}{\partial x_1}\right)_{x_2, \cdots, x_n}$

【解答】 (1) 2つの行または列を交換すると行列式の符号が変わることから明らか．

(2) $\partial u_i/\partial x_j$ を (i,j) 成分とする n 行 n 列の行列を A で表すと，ヤコビアンは行列 A の行列式 $\det A$ に等しい．すなわち

$$\dfrac{\partial(u_1, u_2, \cdots, u_n)}{\partial(x_1, x_2, \cdots, x_n)} = \det A$$

$\partial x_i/\partial \xi_j$ を成分とする行列 B, $\partial u_i/\partial \xi_j$ を成分とする行列 C についても同様である．
$u_i = u_i(x_1, x_2, \cdots, x_n)$ $(i=1,2,\cdots,n)$, $x_k = x_k(\xi_1, \xi_2, \cdots, \xi_n)$ $(k=1,2,\cdots,n)$
とすると，u_i を $\xi_1, \xi_2, \cdots, \xi_n$ の関数と考えたときの微分について次の関係が成立する．

$$\dfrac{\partial u_i}{\partial \xi_j} = \sum_{k=1}^{n} \dfrac{\partial u_i}{\partial x_k} \dfrac{\partial x_k}{\partial \xi_j} \quad (i,j = 1, 2, \cdots, n)$$

この関係式は行列の間の等式 $C = AB$ と同等である．したがって，$\det C = (\det A)(\det B)$ となり，これをヤコビアンで表したものが証明すべき関係式である．

(3)
$$\dfrac{\partial(u, x_2, \cdots, x_n)}{\partial(x_1, x_2, \cdots, x_n)} = \begin{vmatrix} \dfrac{\partial u}{\partial x_1} & \dfrac{\partial u}{\partial x_2} & \cdots & \dfrac{\partial u}{\partial x_n} \\ 0 & 1 & \cdots & 0 \\ \cdots\cdots\cdots\cdots\cdots\cdots \\ 0 & 0 & \cdots & 1 \end{vmatrix} = \dfrac{\partial u}{\partial x_1} \times 1 \times \cdots \times 1 = \dfrac{\partial u}{\partial x_1} = \left(\dfrac{\partial u}{\partial x_1}\right)_{x_2, \cdots, x_n}$$

―― 問 題 ――

1.1 次の等式を証明せよ．

(1) $\dfrac{\partial(x_1, x_2, \cdots, x_n)}{\partial(x_1, x_2, \cdots, x_n)} = 1$
(2) $\dfrac{\partial(u, u, u_3, \cdots, u_n)}{\partial(x_1, x_2, x_3, \cdots, x_n)} = 0$

1.2 3個の変数 x, y, z が1つの関数関係にあるとき，次の等式を導け．

(1) $\left(\dfrac{\partial x}{\partial y}\right)_z \left(\dfrac{\partial y}{\partial z}\right)_x \left(\dfrac{\partial z}{\partial x}\right)_y = -1$
(2) $\left(\dfrac{\partial x}{\partial y}\right)_z = \dfrac{1}{\left(\dfrac{\partial y}{\partial x}\right)_z}$

例題 2

熱平衡状態が圧力 p と比容（1分子あたりの体積）v で指定される3種類の気体 A, B, C がある．この気体の圧力と比容をそれぞれ $(p_A, v_A), (p_B, v_B), (p_C, v_C)$ で表す．A と C が熱平衡にあるときには

$$p_A v_A + (a/v_A) - p_C v_C = 0,$$

B と C が熱平衡にあるときには

$$p_B v_B - b p_B - p_C v_C = 0$$

という関係が成り立つものとする．ここで，a と b は定数である．A と B が熱平衡にあるときに成立する関係式を求めよ．また，それぞれの気体で温度の尺度を表す量は何か．

〔ヒント〕 熱力学第 0 法則を使う．

【解答】 A と C の平衡条件から

$$p_A v_A + (a/v_A) = p_C v_C$$

B と C の平衡条件から

$$p_B v_B - b p_B = p_C v_C$$

が得られる．熱力学第 0 法則によれば，A と C が熱平衡にあり，B と C が熱平衡にあるときには，A と B も熱平衡にある．したがって，熱平衡にある A と B に対しては，上の 2 式から導かれる次の関係式が成立しなければならない．

$$p_A v_A + (a/v_A) = p_B v_B - b p_B$$

これが求める関係式である．

上の関係式から，A に対しては $p_A v_A + (a/v_A)$，B に対しては $p_B v_B - b p_B$，C に対しては $p_C v_C$ が熱平衡において等しい値をもつ．したがって，これらの量をそれぞれの気体に対する温度の尺度として用いることができる．

〔注意〕 例題 2 および問題 2.1 は，熱力学第 0 法則によって温度の概念の成立が保証されることを示すものである．

問 題

2.1 熱平衡状態が圧力 p と比容 v によって指定される体系 A, B, C がある．このとき，それぞれの体系に特有な関数 $\theta_A = f_A(p, v)$ などが存在し，2 つの体系が熱平衡にあるための条件はそれらの関数の値が等しいこと（たとえば，A と B が熱平衡にあるときには $\theta_A = \theta_B$）として表されることを示せ．ただし，互いに熱平衡にある 2 つの体系の状態量の間には 1 つの関係式が存在するという経験事実を用いよ．（たとえば，A と C が熱平衡にあるときには，例題 2 と同じ記号を使って，$F_{AC}(p_A, v_A, p_C, v_C) = 0$ という関係が存在する．）

例題 3

圧力係数 α, 体膨張率 β, 等温圧縮率 κ_T はそれぞれ
$$\alpha = \frac{1}{p}\left(\frac{\partial p}{\partial T}\right)_V, \quad \beta = \frac{1}{V}\left(\frac{\partial V}{\partial T}\right)_p, \quad \kappa_T = -\frac{1}{V}\left(\frac{\partial V}{\partial p}\right)_T$$
によって定義される.ここで,p は圧力,V は体積,T は温度である.α, β, κ_T の間には $\beta = p\alpha\kappa_T$ という関係が成り立つことを示せ.また,理想気体の場合に,α, β, κ_T を求めよ.

〔ヒント〕 状態方程式 $p = p(T, V)$ という形で表す.

【解答】 状態方程式 $p = p(T, V)$ から,p, T, V の微小変化 dp, dT, dV の間の関係は次のようになる.
$$dp = \left(\frac{\partial p}{\partial T}\right)_V dT + \left(\frac{\partial p}{\partial V}\right)_T dV \qquad (*)$$
圧力 p を一定に保つ変化に対しては,$dp = 0$, $dV/dT = (\partial V/\partial T)_p$ であるから,
$$\beta = \frac{1}{V}\left(\frac{\partial V}{\partial T}\right)_p = -\frac{1}{V}\frac{(\partial p/\partial T)_V}{(\partial p/\partial V)_T} = p\frac{1}{p}\left(\frac{\partial p}{\partial T}\right)_V \left\{-\frac{1}{V}\left(\frac{\partial V}{\partial p}\right)_T\right\} = p\alpha\kappa_T$$
理想気体の状態方程式 $pV = NkT$ の場合には,α, β, κ_T は次のようになる.
$$\alpha = \frac{1}{T}, \quad \beta = \frac{1}{T}, \quad \kappa_T = \frac{NkT}{p^2 V} = \frac{1}{p}$$

【別解】 問題 1.2 の (1) を $x \to p$, $y \to T$, $z \to V$ の場合に使うと
$$\left(\frac{\partial p}{\partial T}\right)_V \left(\frac{\partial T}{\partial V}\right)_p \left(\frac{\partial V}{\partial p}\right)_T = -1 \quad \therefore \quad \left(\frac{\partial V}{\partial T}\right)_p = -\left(\frac{\partial p}{\partial T}\right)_V \left(\frac{\partial V}{\partial p}\right)_T \quad \therefore \quad \beta = p\alpha\kappa_T$$

～～ 問　題 ～～～～～～～～～～～～～～～～～～～～～～～～～～

3.1 体膨張率を β,等温圧縮率を κ_T とすると,圧力,温度,体積の微小変化 dp, dT, dV の間に次の関係が成り立つことを示せ.
$$dV = V(\beta\, dT - \kappa_T\, dp)$$

3.2 物体を一定体積の器に入れて温度を上げたとき,どれだけ圧力が増加するかを次のような手続きによって計算することにより,例題 3 と同じ関係式を導け.
 (1) まず圧力一定の下で温度を上げるときの体積の増加を体膨張率の定義から求める.
 (2) 次にこの体積を始めの値まで圧縮するのに必要な圧力を等温圧縮率の定義から求める.

3.3 van der Waals の状態方程式
$$\left(p + \frac{N^2}{V^2}a\right)(V - Nb) = NkT \quad (a\ と\ b\ は定数)$$
に従う気体の体膨張率と等温圧縮率を求めよ.

1.2　熱力学第1法則

◆ **熱量**　熱量と力学的な仕事はエネルギーとして共通の単位で表すことにし，熱量の単位のカロリーと仕事の単位の Joule (J) とは次の関係で換算されるものとする．
$$1\,\mathrm{cal} \fallingdotseq 4.18\,\mathrm{J} = 4.18 \times 10^7\,\mathrm{erg}, \quad 1\,\mathrm{J} \fallingdotseq 0.24\,\mathrm{cal}$$

◆ **熱力学第1法則**　閉じた系が最初の状態 1 から最後の状態 2 に変化する場合，体系になされる仕事 W と体系に入ってくる熱量 Q の和は，状態 1 と 2 とによって定まり，途中の変化の仕方にはよらない．したがって，**内部エネルギー** と呼ばれる状態量が存在し，状態 1 と 2 の内部エネルギーを E_1, E_2 とすると，次の等式が成り立つ．
$$E_2 - E_1 = W + Q$$
これを **熱力学第1法則** という．本書では，特に断らない限り，体系は静止していて，外からの力場もない場合だけを扱うので，内部エネルギーは体系のエネルギーと同じものであり，熱力学第1法則はエネルギー保存則の特別な場合に他ならない．

微小な変化に対しては，体系の内部エネルギーの増加を dE，体系になされる仕事を $d'W$，体系に入ってくる熱量を $d'Q$ とすると，熱力学第1法則は
$$dE = d'W + d'Q$$
と表される．$d'W, d'Q$ と書くのは，これらが単に微小量というだけで，その値は変化のさせ方によって異なることを表すためである．

◆ **Jouleの法則**　一定量の理想気体の内部エネルギーは温度だけの関数であって，体積にはよらない．これを **Jouleの法則** という．熱力学第2法則を使えば，この法則は理想気体の状態方程式から導くことができる (第 2 章例題 2)．

◆ **サイクル**　体系の状態が始めと終りで同じになっているような変化を **サイクル** または **循環過程** という (外界の状態は変わっていてもよい)．エネルギーの供給を受けることなしに外界に仕事をするようなサイクルを **第1種永久機関** という．熱力学第1法則は **第1種永久機関不可能の原理** とも呼ばれる．

◆ **準静的過程**　体系の状態変化が，体系も外界も常に熱平衡状態に無限に近い状態の連続として行なわれ，しかも 1 つの方向への変化の道筋で通る次々の状態を逆の順序でたどることができるとき，これを **準静的過程** と呼ぶ．

◆ **圧力による仕事**　体系が外界と熱平衡にあるときには，体系の圧力と外界からの圧力とは等しい．これを p とする．体系の体積が準静的に dV だけ増加する場合，外界からの圧力によって体系になされる仕事は $-pdV$ である．

◆ **比熱**　体系の温度を準静的に dT だけ上昇させるとき体系に入ってくる熱量を $d'Q$ とすると，比熱 C は $C = d'Q/dT$ で与えられる (C は正確には **熱容量** であるが，単に比熱と呼ぶことにする)．変化のさせ方によって種々の比熱が定義される．

1.2 熱力学第1法則

━━例題 4━━

状態方程式が与えられている体系の内部エネルギーを E とすると，体系の**定積比熱** (熱容量)C_V と**定圧比熱** (熱容量) C_p は次の式で表されることを示せ．

$$C_V = \left(\frac{\partial E}{\partial T}\right)_V, \quad C_p = C_V + \left\{\left(\frac{\partial E}{\partial V}\right)_T + p\right\}\left(\frac{\partial V}{\partial T}\right)_p$$

〔ヒント〕 C_V と C_p は，それぞれ体積 V 一定，圧力 p 一定の変化に対する比熱である．

【解答】 準静的な微小変化に対して，熱力学第1法則は

$$d'Q = dE + p\,dV$$

と表される．したがって，体積一定の変化 $(dV = 0)$ に対しては，

$$C_V \equiv \left(\frac{d'Q}{dT}\right)_V = \left(\frac{\partial E}{\partial T}\right)_V$$

が得られる．次に，E を T と V の関数であると考えると，熱力学第1法則は

$$d'Q = \left(\frac{\partial E}{\partial T}\right)_V dT + \left(\frac{\partial E}{\partial V}\right)_T dV + p\,dV = C_V dT + \left\{\left(\frac{\partial E}{\partial V}\right)_T + p\right\} dV \quad (*)$$

と書くことができる．したがって，圧力一定の変化に対しては，

$$C_p \equiv \left(\frac{d'Q}{dT}\right)_p = C_V + \left\{\left(\frac{\partial E}{\partial V}\right)_T + p\right\}\left(\frac{\partial V}{\partial T}\right)_p$$

が得られる．

～～ 問　題 ～～

4.1 例題4において，一般の変化に対する比熱 C は，

$$C = C_V + \frac{C_p - C_V}{\beta V}\left(\frac{\partial V}{\partial T}\right)_{\text{過程}} \quad \left(\beta \equiv \frac{1}{V}\left(\frac{\partial V}{\partial T}\right)_p : 体膨張率\right)$$

と表されることを示せ．ただし，$(\partial V/\partial T)_{\text{過程}}$ は，いま考えている変化における $\partial V/\partial T$ の値を表すものとする．

4.2 エンタルピー H を $H \equiv E + pV$ によって定義すると，定圧比熱 C_p は

$$C_p = \left(\frac{\partial H}{\partial T}\right)_p$$

と表されることを示せ．

4.3 **断熱圧縮率** κ_S は，$\kappa_S \equiv -\dfrac{1}{V}\left(\dfrac{\partial V}{\partial p}\right)_{\text{断熱}}$ で定義される[†]．次の関係式を証明せよ．

$$\frac{C_p}{C_V} = \frac{\kappa_T}{\kappa_S} \quad \left(\kappa_T \equiv -\frac{1}{V}\left(\frac{\partial V}{\partial p}\right)_T : 等温圧縮率\right)$$

[†] 断熱の条件はエントロピー S 一定の条件と同じである (1.3 の基本事項参照)．

例題 5

状態方程式が $pV = NkT$ で与えられる理想気体について次の問に答えよ.
(1) 定積比熱 C_V と定圧比熱 C_p は温度 T だけで定まることを示せ.
(2) 関係式 $C_p - C_V = Nk$ を導け.
(3) $\gamma \equiv C_p/C_V$ が温度にもよらない定数であると仮定すると,準静的な断熱変化に対して次の関係が成り立つことを示せ.
$$pV^\gamma = \text{const.}, \quad TV^{\gamma-1} = \text{const.}, \quad T/p^{(\gamma-1)/\gamma} = \text{const.}$$

〔ヒント〕 基本事項の◆ Joule の法則と例題 4 の結果およびその解答の $(*)$ を使う.

【解答】 (1) Joule の法則により,理想気体の内部エネルギーは T だけの関数である.例題 4 により,$C_V = (\partial E/\partial T)_V$ であるから,C_V も温度だけの関数になる.C_p については,C_V のこの性質と (2) の関係式から明らかである.

(2) Joule の法則と状態方程式から,理想気体に対しては
$$(\partial E/\partial V)_T = 0, \quad (\partial V/\partial T)_p = Nk/p$$
が成り立つから,これを例題 4 の関係式に代入して $C_p = C_V + Nk$ となる.

(3) 例題 4 の解答にある $(*)$ に,断熱の条件 $d'Q = 0$ と $(\partial E/\partial V)_T = 0$ を使うと
$$C_V dT + p dV = 0 \quad (準静的断熱変化)$$
が得られ,一方,状態方程式からは次の関係が導かれる.
$$p dV + V dp = Nk dT$$
この 2 つの式から dT を消去し,$C_p = C_V + Nk$ を使うと
$$\frac{C_p}{C_V} \cdot \frac{dV}{V} + \frac{dp}{p} = 0 \quad \therefore \quad pV^\gamma = \text{const.} \quad (準静的断熱変化)$$
となる.残りの 2 つの式は,これと状態方程式を組合せて容易に導かれる.

〔付記〕 1 モルの理想気体に対しては,(2) は $C_p - C_V = R$ (R は気体定数) となる.これを **Mayer の関係式**という.また,(3) の関係式は **Poisson の式**と呼ばれる.

問題

5.1 (T_1, V_1, p_1) の状態にある理想気体を準静的な断熱変化によって (T_2, V_2, p_2) という状態にするとき,この気体に対してなされる仕事は $C_V(T_2 - T_1)$ であることを示せ.ただし,$\gamma \equiv C_p/C_V$ は定数であるとする.

5.2 van der Waals の状態方程式
$$\{p + (N/V)^2 a\}(V - Nb) = NkT \quad (a と b は定数)$$
に従う気体の内部エネルギー E が
$$E = CT - (N^2/V)a \quad (C は定数)$$
で与えられる場合,C_V と $C_p - C_V$ を計算せよ.

例題 6

理想気体に図 1.1 のような準静的サイクルを行なわせる．状態 1 から 2 への変化は温度 T_H の高熱源に接触しての等温膨張，2 から 3 への変化は断熱膨張，3 から 4 への変化は温度 T_L の低熱源 ($T_L < T_H$) に接触しての等温収縮，4 から 1 への変化は断熱収縮である．温度 T_H の熱源から気体が吸収する熱量を Q_H，温度 T_L の熱源へ気体が放出する熱量を Q_L とすると，

$$Q_H/T_H = Q_L/T_L$$

が成り立つことを示せ．ただし，$\gamma \equiv C_p/C_V$ は定数であることを仮定せよ．

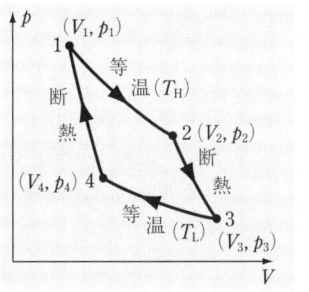

図 1.1 Carnot サイクル

〔ヒント〕 Joule の法則と例題 5 の (3) を使う．

【解答】 等温変化では，Joule の法則により，内部エネルギーは変化しない．したがって，熱力学第 1 法則により，気体の吸収する熱量は気体が外界になす仕事に等しい．理想気体の状態方程式を $pV = NkT$ とすると，$1 \to 2$ の変化に対して，

$$Q_H = \int_{V_1}^{V_2} p\,dV = NkT_H \int_{V_1}^{V_2} \frac{dV}{V} = NkT_H \log\frac{V_2}{V_1}$$

となる．同様に，$3 \to 4$ の変化に対しては，Q_L が放出する熱量であることに注意して，

$$Q_L = -\int_{V_3}^{V_4} p\,dV = -NkT_L \int_{V_3}^{V_4} \frac{dV}{V} = NkT_L \log\frac{V_3}{V_4}$$

が得られる．例題 5 の (3) により，$2 \to 3$ と $4 \to 1$ の変化に対して，

$$T_H V_2^{\gamma-1} = T_L V_3^{\gamma-1},\ T_H V_1^{\gamma-1} = T_L V_4^{\gamma-1} \quad \therefore \quad \left(\frac{V_2}{V_1}\right)^{\gamma-1} = \left(\frac{V_3}{V_4}\right)^{\gamma-1} \quad \therefore \quad \frac{V_2}{V_1} = \frac{V_3}{V_4}$$

となるから，直ちに $Q_H/T_H = Q_L/T_L$ という等式が得られる．

〔注意〕 図 1.1 のようなサイクルを（狭義の）**Carnot サイクル**という．

問題

6.1 定積比熱 C_V が定数である理想気体に次のような準静的サイクルを行なわせる．
(1) 温度 T_1 のまま体積を V_1 から $V_2(>V_1)$ へ等温膨張させる．
(2) 体積を V_2 に保ったまま温度を T_1 から $T_2(<T_1)$ へ下げる．
(3) 温度 T_2 のまま体積を V_2 から V_1 へ等温圧縮する．
(4) 体積を V_1 に保ったまま温度を T_2 から T_1 へ上げる．
気体が (1) と (4) で吸収する熱量 Q_1 と (2) と (3) で放出する熱量 Q_2 を求めよ．

6.2 理想気体に $pV^\alpha = \text{const.}$ (α は定数) という準静的過程を行なわせるときの比熱を C とすると，$\alpha = (C_p - C)/(C_V - C)$ が成り立つことを示せ．

1.3　熱力学第2法則

◆ **可逆過程と不可逆過程**　体系がある状態から出発して他の状態に移ったとき，何らかの方法により，体系の状態を元に戻し，同時に外界のすべての物体の状態も元に戻すことが可能である場合，始めの過程を**可逆過程**(可逆変化)という．可逆でない過程を**不可逆過程**(不可逆変化)と呼ぶ．

　　準静的過程は可逆過程であるが，可逆過程は必ずしも準静的過程ではない．しかし，純粋に力学的または電磁気的な現象を除けば，1つの可逆過程のうちで熱現象に関する部分は準静的でなければならないことが示せるから，熱力学においては準静的過程と可逆過程とは同義語と考えてよい．準静的過程も可逆過程も自然界では決して実現できない過程であるが，これにいくらでも近いような過程は存在するという1種の極限的な過程である．

◆ **熱力学第2法則**　次の3つの原理は**熱力学第2法則**の同等な表現である．
(1) **Clausius の原理**：体系がサイクルを行なって，低温の物体から熱を受けとり，高温の物体にこれを与える以外に何の変化も残さないようにすることは不可能である．
(2) **Thomson の原理 (Kelvin の原理)**：一定の温度にある熱源から正の熱を受けとり，これをすべて外界に対する正の仕事に変えるようなサイクルは存在しない．
(3) **Carathéodory の原理**：体系の1つの状態の任意の近傍に，その状態から断熱過程によっては到達できない他の状態が存在する．

Thomson の原理によってその存在を否定されたサイクルを**第2種永久機関**と呼ぶ．したがって，熱力学第2法則は"第2種永久機関は存在しない"(**Ostwald の原理**)とも表現される．(1) と (2) の同等性については例題8を参照せよ．

◆ **熱機関**　ある体系(**作業物質**と呼ばれる)にサイクルを行なわせ，外界において熱を移動させ同時に仕事を得るしくみを**熱機関**という．特に，温度 T_H の高熱源と温度 T_L の低熱源 $(T_\mathrm{H} > T_\mathrm{L})$ の2だけの熱源の間に働く熱機関を **Carnot サイクル**と呼ぶ．このサイクルは2つの等温過程と2つの断熱過程とからなる．作業物質が1サイクルの間に，高熱源から熱量 Q_H を受けとり，低熱源に熱量 Q_L を放出するとき，$\eta \equiv (Q_\mathrm{H} - Q_\mathrm{L})/Q_\mathrm{H}$ を Carnot サイクルの**効率**と呼ぶ．狭義には，理想気体を作業物質とする可逆な Carnot サイクルを単に Carnot サイクルと呼ぶこともある．

◆ **Carnot の定理**　可逆な Carnot サイクルの効率は，熱源の温度 T_H と T_L だけで定まり，作業物質の種類にはよらない．同じ熱源の間に働く任意の不可逆な Carnot サイクルの効率は，可逆な Carnot サイクルの効率よりも小さい (問題 7.2〜4 参照)．

◆ **Clausius の不等式**　体系が外界と作用し合いながら1つのサイクルを行なう途中，温度 $T_i^{(e)}$ の熱源から受けとる熱量を Q_i $(i=1,\cdots,n)$ とすると，不等式

$$\sum_{i=1}^{n} Q_i/T_i^{(e)} \leq 0$$

が成り立つ (例題 9 参照). 変化が連続的な場合には,和を積分に直して

$$\oint \frac{d'Q}{T^{(e)}} \leq 0$$

となる.これらの不等式を **Clausius の不等式**と呼ぶ.両式で等号が成り立つのは可逆なサイクルに限られる.

◆ **エントロピー** 体系のある熱平衡状態 P_0 を基準の状態に選び,体系の状態を P_0 から他の任意の熱平衡状態 P に可逆的に (したがって準静的に) 変化させる.変化の途中で,温度 T の熱源に接触しているときに受けとる熱量を $d'Q$ とする.準静的過程であるから,この T はそのときの体系の温度に等しい.積分

$$S = \int_{\substack{P_0 \\ (可逆)}}^{P} \frac{d'Q}{T}$$

によって定義される S を状態 P における体系の**エントロピー**と呼ぶ.この積分の値は状態 P_0 と P を結ぶ任意の可逆な過程について等しい.エントロピーは状態量である.

熱平衡状態 P_1 と P_2 におけるエントロピーの値を S_1, S_2,また,可逆的 (準静的) な微小変化のときのエントロピーの変化を dS とすると,次の関係が成り立つ.

$$S_2 - S_1 = \int_{\substack{P_1 \\ (可逆)}}^{P_2} \frac{d'Q}{T}, \qquad dS = \frac{d'Q}{T} \quad (可逆)$$

◆ **エントロピーの相加性** 局所平衡の成り立つ一般の熱力学的状態において,各部分 A, B, $\cdots$ のエントロピーを $S_A, S_B, \cdots$ とすると,体系全体のエントロピー S は

$$S = S_A + S_B + \cdots$$

で与えられる.特に,全体が熱平衡状態にあるような体系については,上式はエントロピーが示量性の量であることを意味する.

◆ **エントロピーによる熱力学第 2 法則の表現** 状態 P_1 から状態 P_2 に至る任意の過程に対して,それぞれの状態のエントロピーを S_1, S_2 とすると,

$$\Delta S \equiv S_2 - S_1 \geq \int_{P_1 \to P_2} \frac{d'Q}{T^{(e)}}$$

が成り立つ.ここで,$d'Q$ は過程の途中,温度 $T^{(e)}$ の外界から体系が受けとる微小熱量である.上式で等号が成立するのは可逆過程のときに限られ,そのときには $T^{(e)}$ は体系の温度 T に等しい.微小変化に対しては上式は $d'Q \leq T^{(e)}dS$ となるが,温度が一様な体系では,これに熱を与える外界は体系と同じ温度にあると考えてよいから,$d'Q \leq TdS$ が成り立つ.任意の断熱過程に対して常に $\Delta S \geq 0$ が成立する.この結果は孤立系にももちろん適用される (**エントロピー増大の原理**).

例題 7

1つの可逆な Carnot サイクルに対しては，低熱源から熱を受けとり高熱源に熱を放出するようなサイクルが存在する．後者を逆の Carnot サイクルという．次の事実を Clausius の原理によって証明せよ．

「可逆な Carnot サイクルは外に対して正の仕事を行ない，逆の Carnot サイクルは外から正の仕事を受ける」

【解答】 逆の Carnot サイクルを $\bar{C}$ で表すと，これは定義により，低熱源から熱を受けとり，高熱源に熱を与えるようなサイクルである．外への仕事が 0 であるとすると，これは Clausius の原理が否定している過程となるから，外への仕事が 0 ということはあり得ない．次に，外への仕事が正であると仮定してみよう．この仕事を使って，おもりを高いところに持ち上げ，このおもりが元の位置まで下がる間の仕事を摩擦によって全部熱に変え，これを高熱源に与える．$\bar{C}$ とおもりを 1 つの体系と考えると，これは Clausius の原理に反することをしたことになる．したがって，$\bar{C}$ の外への仕事は正ではあり得ない．結局，逆の Carnot サイクルは，必ず外から正の仕事を受けることになる．

可逆な Carnot サイクルは，高熱源から熱を受けとり低熱源に熱を与えるような可逆サイクルである．外への仕事が 0 であるとすると，これは問題 8.1 により，不可逆となり，可逆という仮定に反するから，外への仕事は 0 ではあり得ない．外への仕事が負であると仮定しよう．1 サイクルの後では，高熱源は熱を失い，低熱源は熱を受けとり，外界はこの体系に対して正の仕事を行なっている．たとえば，外にあるおもりは始めの位置より低い位置に下がっている．可逆という仮定により，このような状態を，サイクルを行なう前の状態に戻すような過程が存在するはずであるが，その 1 つが逆の Carnot サイクルに他ならない．ところが，いまの場合，この逆の Carnot サイクルは正の仕事をしなければならないが，上に証明したことによって，これは不可能である．したがって，可逆な Carnot サイクルは外に対して正の仕事をしなければならない．

問題

7.1 例題 7 に述べた事実を Thomson の原理によって証明せよ．

7.2 可逆な Carnot サイクルの効率は，両熱源の温度だけで定まり，作業物質の種類にはよらないことを証明せよ．

7.3 不可逆な Carnot サイクルの効率は，同じ熱源の間に働く可逆な Carnot サイクルの効率より小さいことを証明せよ．

7.4 温度 T_H の高熱源と温度 T_L の低熱源の間に働く任意の Carnot サイクルの効率 η は $\eta \leq (T_H - T_L)/T_H$ を満足することを示せ．また，この不等式で等号が成立するのは可逆な Carnot サイクルの場合に限ることを示せ．

---例題 8---
Clausius の原理と Thomson の原理が同等であることを証明せよ．

〔ヒント〕 可逆な Carnot サイクルの存在を仮定し，例題 7 と問題 7.1 の結果を利用する．

【解答】 Clausius の原理から Thomson の原理を導くためには，Thomson の原理を否定すれば Clausius の原理も否定されることを示せばよい．Thomson の原理が否定しているようなサイクルが存在すると仮定して，それを C で表す (図 1.2)．C により，低熱源から Q_1 の熱をとり，これを全部仕事 $W = Q_1$ に変えることができる．この W で逆の Carnot サイクル $\bar{C}'$ を運転し，このサイクルは低熱源から Q_2 をとり，高熱源に $Q_1 + Q_2$ を与えるものとする．C と $\bar{C}'$ を合わせたものを 1 つのサイクルと考えると，このサイクルは低熱源から $Q_1 + Q_2$ の熱をとり，これを高熱源に与えることになり，これは Clausius の原理が否定するサイクルである．したがって，Clausius の原理から Thomson の原理が導かれる．

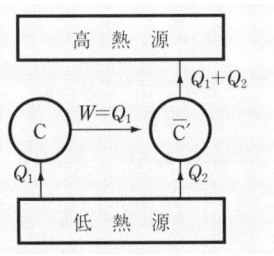

図 1.2 Thomson の原理が否定するサイクル C

次に，Thomson の原理から Clausius の原理を導く．Clausius の原理の否定するサイクルが存在すると仮定して，これを C で表す (図 1.3)．C は低熱源から Q_1 の熱を受けとり，これを高熱源に与える．両熱源の間に可逆な Carnot サイクル C' を運転し，C は高熱源から Q_1 を受けとり，低熱源に Q_2 を放出するものとする．C' は問題 7.1 の結果により，必ず外に向かって正の仕事 W を行なう．高熱源，C, C' の 3 つをまとめたものは 1 つのサイクルを行なっていて，このサイクルは，1 つの熱源から $Q_1 - Q_2$ の熱を受けとり，外に正の仕事 $W = Q_1 - Q_2$ を行なうことになる．これは Thomson の原理に反する．したがって，Thomson の原理から Clausius の原理が導かれたことになる．

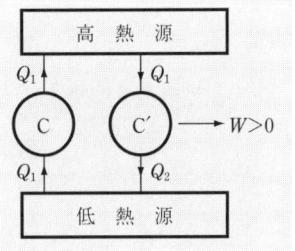

図 1.3 Clausius の原理が否定するサイクル C

～～ 問 題 ～～

8.1 Clausius の原理は次の定理と同等であることを示せ．
「高温の物体から熱を受けとり，これを低温の物体に与える以外に何の変化も残さないようなサイクルは不可逆である」

8.2 Thomson の原理は次の定理と同等であることを示せ．
「仕事を熱に変える以外に何の変化も残さないようなサイクルは不可逆である」

8.3 次の現象は不可逆であることを証明せよ．
(1) 摩擦による熱の発生． (2) 理想気体の真空中での自由膨張．

例題 9

体系が 1 つのサイクル C を行なう途中，温度 $T_i^{(e)}$ の熱源 R_i から受けとる熱量を Q_i ($i=1,2,\cdots,n$; 熱源に与えるときには $Q_i<0$ と考える) とすると，
$$\sum_{i=1}^n Q_i/T_i^{(e)} \leqq 0$$
という関係 (**Clausius の不等式**) が成立し，この式の等号は C が可逆なサイクルのときに限られることを示せ．

【解答】 1 つの補助的な熱源 R_0(温度 T_0) を考え，$R_1, R_2, \cdots, R_n$ と R_0 の間にそれぞれ $C_1, C_2, \cdots, C_n$ という可逆な Carnot サイクルまたは逆の Carnot サイクルを働かせ，C_i は R_0 から Q_i' の熱を受けとり，R_i に Q_i を与え，外から仕事 W_i を受けるものとする (図 1.4)．例題 6 と問題 7.2 の結果により，

$Q_i/T_i^{(e)} = Q_i'/T_0$,
$W_i = Q_i - Q_i' = Q_i\left(1 - T_0/T_i^{(e)}\right)$

$\therefore\ W \equiv \sum_{i=1}^n Q_i - \sum_{i=1}^n W_i = T_0\left(\sum_{i=1}^n Q_i/T_i^{(e)}\right) = \sum_{i=1}^n Q_i'$

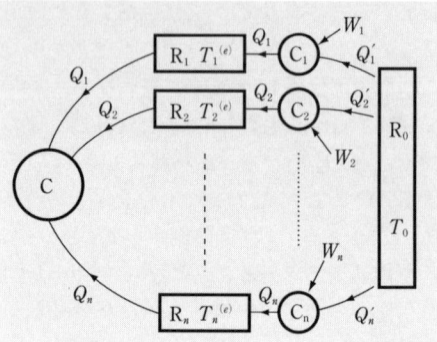

図 **1.4** Clausius の不等式の証明

が成り立つ．ここで，W は，C, $C_1, C_2, \cdots, C_n$ を合わせたものを 1 つのサイクル K と考えたとき，K が外に対して行なう仕事である．K を働かせた後には，熱源 $R_1, R_2, \cdots, R_n$ は元に戻っている．サイクル K は熱源 R_0 から $\sum_i Q_i'$ の熱を受けとり外に対して W という仕事を行なっているから，Thomson の原理により，$W = \sum Q_i'$ が正となることはない．したがって，上式により，$\sum_i Q_i/T_i^{(e)} \leqq 0$ となり，Clausius の不等式が導かれる．$\sum_i Q_i/T_i^{(e)} = 0$ のときには，$\sum_i Q_i' = W = 0$ となり，熱源 R_0 も元に戻り，外に対する仕事も残っていないから，K は可逆，したがって，C も可逆である．$\sum_i Q_i/T_i^{(e)} < 0$ のときには，$\sum_i Q_i' = W < 0$ であり，問題 8.2 により，K は不可逆，したがって，C は不可逆である．

問　題

9.1 1 つの体系が等温可逆サイクルを行なうときには，外から受けとる熱量の総和は 0 であり，したがって，仕事も 0 であることを示せ (**Moutier の定理**).

9.2 一般の熱機関の効率 η は，1 サイクルの間に体系が外に行なう仕事と熱源から実際に受けとるときの熱量の総和との比で定義される．体系が熱を受けとる熱源の最高温度を T_H，体系が熱を与える熱源の最低温度を T_L とすると，効率 η は不等式 $\eta \leqq (T_H - T_L)/T_H$ を満足することを示せ．

1.3 熱力学第2法則

例題 10

理想気体が体積 V_1 の状態Iから断熱的に真空膨張して体積 $V_2 (> V_1)$ の状態IIになるときのエントロピー変化 ΔS を計算して，真空膨張が不可逆過程であることを示せ．

〔ヒント〕 Jouleの法則により，状態IとIIで温度は等しい．

【解答】 真空膨張であるから外からの仕事がなく，断熱変化であるから熱の出入りもない．したがって，熱力学第1法則によって，状態IとIIで気体の内部エネルギーは等しい．Jouleの法則により，理想気体の内部エネルギーは温度だけの関数であるから，状態IとIIは温度が等しい．この温度を T とする．理想気体の状態方程式を $pV = NkT$ と表し，状態IとIIの圧力をそれぞれ p_1, p_2 とすると

$$p_1 V_1 = p_2 V_2 = NkT$$

である．状態IとIIのエントロピーをそれ

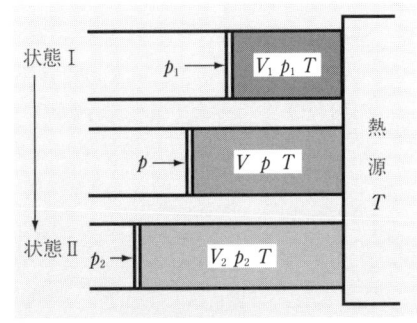

図1.5 理想気体の真空膨張におけるエントロピー変化の計算

ぞれ S_1, S_2 とする．エントロピー変化 $\Delta S \equiv S_2 - S_1$ を計算するため，状態IとIIを次のような準静的過程で結ぶ (図1.5)．気体を温度 T の熱源に接触させ，気体の体積を準静的に V_1 から V_2 へ等温膨張させる．理想気体であるから，等温変化では内部エネルギーは変化せず．熱力学第1法則により，$d'Q = -d'W = pdV$ である．

$$\therefore \quad \Delta S = \int_{\mathrm{I \to II}} \frac{d'Q}{T} = \int_{V_1}^{V_2} \frac{pdV}{T} = Nk \log \frac{V_2}{V_1} > 0 \quad (\because \quad V_2 > V_1)$$

したがって，理想気体の真空膨張はエントロピーが増大する断熱変化であり，熱力学第2法則により，これは不可逆過程である．

〔注意〕 理想気体の真空膨張が不可逆過程であることはエントロピー変化を計算しなくても証明できる (問題 8.3 の (2))．また，真空膨張による状態IからIIへの変化は準静的ではないから，準静的な断熱変化に対する例題 5 の (3) の関係式は成り立たない．

～～～ 問　題 ～～～

10.1 状態方程式が $pV = NkT$ で与えられる理想気体のエントロピー S は，定積比熱 C_V が定数であるときには，次の式で与えられることを示せ．

$$S = C_V \log T + Nk \log V + S_0 \quad (S_0 \text{ は定数})$$

10.2 van der Waals の状態方程式 $\{p + (N/V)^2 a\}(V - Nb) = NkT$ (a と b は定数) に従う気体の内部エネルギー E が $E = CT - (N^2/V)a$ (C は定数) で与えられるとき，この気体のエントロピーを計算せよ．

2 熱力学の諸関数

2.1 自由エネルギーと平衡条件

◆ **基礎となる関係式**　温度が一様であり，外からの力は一様な圧力だけであるような閉じた系を考える．このような体系においては，熱平衡状態を指定する独立な状態量の個数は2である．温度を T，圧力を p，体積を V，内部エネルギーを E，エントロピーを S で表すと，熱力学第1法則と第2法則により，準静的な微小変化に対して，
$$dE = -p\,dV + T\,dS$$
が成り立つ．これは，状態量の間に存在する1つの関係式と考えてよいから
$$p = -\left(\frac{\partial E}{\partial V}\right)_S, \quad T = \left(\frac{\partial E}{\partial S}\right)_V$$
という関係が得られる．これらは次の関係式と同等である．
$$dS = \frac{p}{T}dV + \frac{1}{T}dE \quad : \quad \frac{p}{T} = \left(\frac{\partial S}{\partial V}\right)_E, \quad \frac{1}{T} = \left(\frac{\partial S}{\partial E}\right)_V$$

◆ **エンタルピーと自由エネルギー**　エンタルピー H，Helmholtz の自由エネルギー A，Gibbs の自由エネルギー G は次のように定義される．
$$G = A + pV = H - TS = E + pV - TS$$
次の関係式は，それぞれの熱力学関数にふさわしい独立変数を示すものである．
$$dH = V\,dp + T\,dS \quad : \quad V = \left(\frac{\partial H}{\partial p}\right)_S, \quad T = \left(\frac{\partial H}{\partial S}\right)_p$$
$$dA = -S\,dT - p\,dV \quad : \quad S = -\left(\frac{\partial A}{\partial T}\right)_V, \quad p = -\left(\frac{\partial A}{\partial V}\right)_T$$
$$dG = -S\,dT + V\,dp \quad : \quad S = -\left(\frac{\partial G}{\partial T}\right)_p, \quad V = \left(\frac{\partial G}{\partial p}\right)_T$$
$-G/T$ は **Planck の関数**と呼ばれる．上の定義から次の関係が容易に導かれる．
$$d\left(\frac{A}{T}\right) = -\frac{E}{T^2}dT - \frac{p}{T}dV, \quad d\left(\frac{G}{T}\right) = -\frac{H}{T^2}dT + \frac{V}{T}dp$$
$$E = -T^2\left(\frac{\partial}{\partial T}\left(\frac{A}{T}\right)\right)_V, \quad H = -T^2\left(\frac{\partial}{\partial T}\left(\frac{G}{T}\right)\right)_p \quad \text{(Gibbs-Helmholtz の式)}$$

◆ **Maxwell の関係式**　（問題 1.1 参照）
$$\left(\frac{\partial p}{\partial S}\right)_V = -\left(\frac{\partial T}{\partial V}\right)_S, \quad \left(\frac{\partial V}{\partial S}\right)_p = \left(\frac{\partial T}{\partial p}\right)_S, \quad \left(\frac{\partial S}{\partial V}\right)_T = \left(\frac{\partial p}{\partial T}\right)_V, \quad \left(\frac{\partial S}{\partial p}\right)_T = -\left(\frac{\partial V}{\partial T}\right)_p$$

2.1 自由エネルギーと平衡条件

◆ **若干の関係式**

$$\left(\frac{\partial E}{\partial V}\right)_T = T\left(\frac{\partial S}{\partial V}\right)_T - p = T\left(\frac{\partial p}{\partial T}\right)_V - p \quad (\text{例題 2 参照})$$

定積比熱 (熱容量)： $C_V \equiv \left(\dfrac{d'Q}{dT}\right)_V = \left(\dfrac{\partial E}{\partial T}\right)_V = T\left(\dfrac{\partial S}{\partial T}\right)_V$

定圧比熱 (熱容量)： $C_p \equiv \left(\dfrac{d'Q}{dT}\right)_p = \left(\dfrac{\partial H}{\partial T}\right)_p = T\left(\dfrac{\partial S}{\partial T}\right)_p$

$$C_p - C_V = T\left(\frac{\partial p}{\partial T}\right)_V \left(\frac{\partial V}{\partial T}\right)_p = \frac{VT\beta^2}{\kappa_T} \quad \left(\beta \equiv \frac{1}{V}\left(\frac{\partial V}{\partial T}\right)_p, \quad \kappa_T \equiv -\frac{1}{V}\left(\frac{\partial V}{\partial p}\right)_T\right)$$

◆ **熱力学的変化の進む方向** 体系に起こり得る微小変化に対しては，熱力学第 2 法則により，不等式 $d'Q \leq TdS$ が成り立つ．したがって，この節で考えているような体系に起こり得る微小変化は下記の不等式を満たさねばならない．それらの式で，等号は可逆過程，不等号は不可逆過程の場合を表すが，実際に自然界で起こる変化は必ず不可逆過程を伴うので，実際に起こる変化に対しては，各式の不等号の方が成り立つ．

$$dE \leq -pdV + TdS, \qquad dH \leq Vdp + TdS$$
$$dA \leq -SdT - pdV, \qquad dG \leq -SdT + Vdp$$

特に，

断熱変化： $dS \geq 0$, 　等温等積変化： $dA \leq 0$, 　等温等圧変化： $dG \leq 0$

◆ **平衡条件** 体系の 1 つの熱力学的状態が熱平衡状態であるためには，その状態のエントロピーが任意の断熱変化 (実際に起こる変化である必要はない) に対して極大でなければならない．エントロピーの 1 次変分を δS, 2 次変分を $\delta^2 S$ で表すと，

$$\delta S = 0, \qquad \delta^2 S < 0 \qquad (\text{断熱})$$

が平衡条件となる．この節で考えている体系では，この条件は次のようにも表せる．

A 極小 ： $\delta A = 0$, 　 $\delta^2 A > 0$ 　 (等温等積)
G 極小 ： $\delta G = 0$, 　 $\delta^2 G > 0$ 　 (等温等圧)

断熱の条件の下で，S が 2 つ以上の極大をもつときには，最大の極大値を与える状態が熱平衡状態であり，それ以外の極大に対応する状態は**準安定な平衡状態**と呼ばれる．自由エネルギーで考える場合も同様である．

◆ **熱力学の不等式** 平衡条件から導かれる典型的な不等式を挙げておく (例題 5 参照)．

$$C_V > 0, \qquad \left(\frac{\partial p}{\partial V}\right)_T < 0 \quad (\kappa_T > 0), \qquad C_p \geq C_V$$

例題 1

n 個の独立変数 x_i $(i = 1, 2, \cdots, n)$ の関数 $F = F(x_1, x_2, \cdots, x_n)$ があり,すべての変数についての偏微分 $y_i \equiv (\partial F/\partial x_i)$ $(i = 1, 2, \cdots, n)$ が存在して連続であるものと仮定する.このとき,任意に k 個 $(1 \leqq k \leqq n)$ の変数 x_{i_s} $(s = 1, 2, \cdots, k)$ を選んで,次の式で新しい関数 $\varPhi$ を定義することを,F に対する **Legendre 変換** と呼ぶ.

$$\varPhi = F - \sum_{s=1}^{k} x_{i_s} y_{i_s}, \qquad y_{i_s} \equiv \left(\frac{\partial F}{\partial x_{i_s}}\right) \quad (s = 1, 2, \cdots, k;\ 1 \leqq k \leqq n)$$

(1) $\varPhi$ の自然な独立変数は,選んだ x_{i_s} 以外の $(n-k)$ 個の x_{i_s} と k 個の y_{i_s} であることを示せ.

(2) 基本事項で定義された熱力学関数 H, A および G は,E から Legendre 変換によって導かれたものであることを示し,それぞれの熱力学関数について基本事項で示した関係式を導け.

〔ヒント〕 k 個の x_{i_s} として $x_1, x_2, \cdots, x_k$ を選び,$\varPhi$ の全微分 $d\varPhi$ を求めてみる.

【解答】 (1) 任意の k 個の変数として $x_1, x_2, \cdots, x_k$ を選んでも一般性は失われない.仮定により,F の全微分が存在して $dF = \sum_{i=1}^{n} y_i dx_i$ と表されるから,$\varPhi$ の全微分を求めると

$$d\varPhi = dF - d\left\{\sum_{j=1}^{k} x_j y_j\right\} = \sum_{i=1}^{n} y_i dx_i - \sum_{j=1}^{k} \{y_j dx_j + x_j dy_j\} = \sum_{i=k+1}^{n} y_i dx_i + \sum_{i=1}^{k} (-x_i) dy_i$$

最後の式の形式から,$\varPhi$ の自然な独立変数は選ばれた k 個以外の $(n-k)$ 個の x_i と k 個の y_i $(i = 1, 2, \cdots, k)$ であること,また,$x_i = -(\partial \varPhi/\partial y_i)$ $(i = 1, 2, \cdots, k)$ が成り立ち,残りの $(n-k)$ 個の x_i と y_i については $y_i = (\partial \varPhi/\partial x_i)$ $(i = k+1, \cdots, n)$ が成り立つことがわかる.

(2) 基本事項◆基礎となる関係式にある全微分 dE の式により,$F = E(V, S)$ $(n = 2)$ として,$x_1 = V, y_1 = -p$ $(k = 1)$ と選んで上の結果を使うと,$H = E + pV = H(p, S)$,$dH = Vdp + TdS$,$V = (\partial H/\partial p)_S$,$T = (\partial H/\partial S)_p$ が得られる.また,$x_1 = S$,$y_1 = T$ と選ぶと,$A = E - TS = A(V, T)$,$dA = -SdT - pdV$,$S = -(\partial A/\partial T)_V$,$p = -(\partial A/\partial V)_T$ が得られる.最後に,$x_1 = V, y_1 = -p, x_2 = S, y_2 = T$ $(k = n = 2)$ と選んだときの $\varPhi$ が $G = G(T, p)$ であり,全微分 dG の式および S と V を G の偏微分で表す式が得られる.

問 題

1.1 基本事項◆ Maxwell の関係式にある 4 つの等式を導け.

1.2 基本事項◆若干の関係式にある C_V と C_p の式から次の 2 つの関係式を導け.

$$\left(\frac{\partial C_V}{\partial V}\right)_T = T\left(\frac{\partial^2 p}{\partial T^2}\right)_V, \quad \left(\frac{\partial C_p}{\partial p}\right)_T = -T\left(\frac{\partial^2 V}{\partial T^2}\right)_p$$

─── 例題 2 ───

(1) 次の2つの関係式を導け.
$$d\left(\frac{A}{T}\right) = -\frac{E}{T^2}dT - \frac{p}{T}dV, \quad d\left(\frac{G}{T}\right) = -\frac{H}{T^2}dT + \frac{V}{T}dp$$

(2) 次の等式を証明し,それを利用して理想気体のJouleの法則を導け.
$$\left(\frac{\partial E}{\partial V}\right)_T = T\left(\frac{\partial p}{\partial T}\right)_V - p$$

〔ヒント〕 (1) 基本事項にある A, G および H の定義式とそれらの全微分の表式を使う.
(2) 全微分 dE の表式を利用し,状態方程式 $pV = NkT$ を使う.

【解答】 (1) Helmholtzの自由エネルギーの定義 $A = E - TS$ とその全微分 $dA = -SdT - pdV$ とにより
$$d\left(\frac{A}{T}\right) = \frac{1}{T}dA - \frac{A}{T^2}dT = -\frac{E}{T^2}dT - \frac{p}{T}dV$$
が得られる. Gibbsの自由エネルギーの定義 $G = A + pV$ とエンタルピーの定義 $H = E + pV$,および上の結果とを利用すると
$$d\left(\frac{G}{T}\right) = d\left(\frac{A}{T}\right) + \frac{TVdp + TpdV - pVdT}{T^2} = -\frac{E}{T^2}dT - \frac{pV}{T^2}dT + \frac{V}{T}dp$$
$$= -\frac{H}{T^2}dT + \frac{V}{T}dp$$
が得られる.

(2) 全微分 $dE = -pdV + TdS$ の両辺を dV で割り,温度一定の微分と考えると
$$\left(\frac{\partial E}{\partial V}\right)_T = -p + T\left(\frac{\partial S}{\partial V}\right)_T$$
が得られる. dA が全微分であることを表すMaxwellの関係式 $(\partial S/\partial V)_T = (\partial p/\partial T)_V$ を代入すれば,求める関係式が得られる. 理想気体のときには $p = NkT/V$ であるから,
$$\left(\frac{\partial E}{\partial V}\right)_T = T\left(\frac{\partial p}{\partial T}\right)_V - p = \frac{NkT}{V} - p = 0$$
となり,Jouleの法則が成り立つ.

〔注意〕 (1)で導いた $d(A/T)$ が全微分である条件を使っても (2) が得られる.
$$\left(\frac{\partial}{\partial V}\left(\frac{E}{T^2}\right)\right)_T = \left(\frac{\partial}{\partial T}\left(\frac{p}{T}\right)\right)_V \quad \therefore \quad \left(\frac{\partial E}{\partial T}\right)_T = T\left(\frac{\partial p}{\partial T}\right)_V - p$$

～～ 問　題 ～～

2.1 第1章問題3.3のvan der Waalsの状態方程式に従う気体について $(\partial E/\partial V)_T$ を計算せよ. また,この気体の C_V は温度だけの関数であることを示せ.

2.2 $(\partial C_V/\partial V)_T = 0$ となるような気体が従う状態方程式の一般形を求めよ.

例題 3

第 1 章例題 5 の (1) により,理想気体の比熱は温度だけの関数 $C_V = C_V(T)$, $C_p = C_p(T)$ である.理想気体の熱力学関数が次のように表されることを示せ.

$$E = \int^T C_V(T')\,dT' + E_0$$

$$S = \int^T \frac{C_V(T')}{T'}\,dT' + Nk\log V + S_0$$

$$A = -T\int^T \frac{C_V(T')}{T'}\,dT' + \int^T C_V(T')\,dT' - NkT\log V + E_0 - TS_0$$

$$G = -T\int^T \frac{C_p(T')}{T'}\,dT' + \int^T C_p(T')\,dT' + NkT\log p + E_0 - TS_0'$$

ここで,E_0 と S_0 はそれぞれある定数であり,また,$S_0' = S_0 + Nk\log Nk$ である.

〔ヒント〕 $C_V = (\partial E/\partial T)_V = T(\partial S/\partial T)_V$, $(\partial S/\partial V)_T = (\partial p/\partial T)_V$, $C_p - C_V = Nk$ および A と G の定義の式を使う.

【解答】 定積比熱の定義の式 $C_V = (\partial E/\partial T)_V$ を T で積分すると

$$E = \int^T C_V(T')\,dT' + E_0(V) \quad (E_0(V) \text{ は } V \text{ のある関数})$$

となる.例題 2 の (2) の結果により,$(\partial E/\partial V)_T = (dE_0/dV) = 0$ となるから,$E_0(V)$ は V にもよらない定数 E_0 となり,求める表式が得られる.C_V の第 2 の微分の式から,同様に

$$S = \int^T \frac{C_V(T')}{T'}\,dT' + f(V) \quad (f(V) \text{ は } V \text{ のある関数})$$

が得られるが,$(\partial S/\partial V)_T = (\partial p/\partial T)_V$ と状態方程式 $pV = NkT$ を使うと

$$\left(\frac{\partial S}{\partial V}\right)_T = \frac{df}{dV} = \left(\frac{\partial p}{\partial T}\right)_V = \frac{Nk}{V} \quad \therefore\ f(V) = Nk\log V + S_0 \quad (S_0 \text{ はある定数})$$

となり,求める表式が得られる.$A = E - TS$ に上の結果を代入すれば,直ちに A の表式が得られる.状態方程式 $pV = NkT$ を使って A を T と p で表して $G = A + pV = A + NkT$ に代入し,$C_p = C_V + Nk$ を利用して整理すれば,求める G の表式が得られる.

〔注意〕 理想気体の C_V が温度によらない定数であると仮定すると,第 1 章問題 10.1 の S の式が得られ,また,他の熱力学関数の表式も簡単になる.

問 題

3.1 問題 2.1 の結果を利用して,van der Waals 状態方程式に従う気体について

$$E = \int^T C_V(T')\,dT' - \frac{N^2}{V}a + E_0$$

となることを示せ.ここで,E_0 は定数を表す.

2.1 自由エネルギーと平衡条件

―― 例題 4 ――――――――――――――――――――――――――――――

孤立系を放置すると最終的には安定した熱平衡状態に落ち着く．孤立系の熱平衡状態はエントロピー最大の状態であり，それに対して次の関係が成り立つ．

$$\Delta S < 0$$

ここで ΔS は，体系の状態を熱平衡状態からそれに近い任意の状態に変える(仮想変化)ときのエントロピー変化を表す．この事実を利用して次の問に答えよ．

(1) 閉じた系が温度 $T^{(e)}$ の熱源に接触して熱平衡状態にあるときには，

$$T^{(e)}\Delta S < \Delta' Q$$

が成り立つことを示せ．ただし，ΔS と $\Delta' Q$ は，それぞれ熱平衡状態のまわりの任意の仮想変化に対するエントロピー変化および体系に入ってくる熱量を表す．

(2) 閉じた系が熱平衡状態にあるときには次の関係式が成立することを示せ．

$$(\Delta S)_{断熱} < 0$$

(3) 体積変化以外の仕事がないような閉じた系の熱平衡状態に対しては，

$$(\Delta S)_{E,V} < 0, \qquad (\Delta E)_{S,V} > 0$$

が成り立つことを示せ．ただし，(2) と (3) で $(\Delta S)_{断熱}$ と $(\Delta S)_{E,V}$ は断熱または内部エネルギーと体積一定という条件の下でのエントロピー変化，$(\Delta E)_{S,V}$ はエントロピーと体積を一定にしたときの内部エネルギー変化を表す．

〔ヒント〕 (1) では，考えている体系と熱源とを合わせた体系を孤立系と考える．

【解答】 (1) 熱源は $\Delta' Q$ の熱量を放出するから，熱源のエントロピー変化は $-\Delta' Q/T^{(e)}$ である．考えている体系と熱源を合わせたものは1つの孤立系であるから，

$$\{-\Delta' Q/T^{(e)}\} + \Delta S < 0 \quad \therefore \quad T^{(e)}\Delta S < \Delta' Q$$

となり，求める関係が得られる．

(2) (1) で $\Delta' Q = 0$ の場合であるから，直ちに，$(\Delta S)_{断熱} < 0$ が導かれる．

(3) 熱力学第1法則により，$\Delta E = \Delta' Q + \Delta' W$ であるが，体積一定の変化では $\Delta' W = 0$ であるから，$\Delta E = \Delta' Q$ となる．したがって，E が一定のときには $\Delta' Q = 0$ となり，(2) により $(\Delta S)_{E,V} < 0$ となる．また，$\Delta S = 0$ の場合には (1) から $(\Delta E)_{S,V} > 0$ が得られる．

〔注意〕 エントロピーと内部エネルギーが，状態変数について適当な回数だけ微分可能であることを仮定すると，$\Delta S < 0, (\Delta E)_{S,V} > 0$ という関係はそれぞれ

$$\Delta S < 0 \to \delta S = 0, \delta^2 S < 0 \ ; \ (\Delta E)_{S,V} > 0 \to \delta E = 0, \delta^2 E > 0$$

と表される．ここで，δ は1次変分，δ^2 は2次変分を表す．

―― 問 題 ――

4.1 例題 4 の結果を利用して，基本事項◆平衡条件に示されている等温等積または等温等圧の下での平衡条件の式を導け．

例題 5

体積 V の容器の中が 1, 2 という 2 つの部分に分かれているような体系を考える (図 2.1). 1 と 2 の間の壁は動くことができ, さらにこの壁はエネルギー (熱) は通すが物質は通さないようなものである. また, 1 と 2 の内部はそれぞれ熱平衡状態にあるものとし, それらの内部エネルギー, 体積, エントロピーをそれぞれ $E_1, V_1, S_1; E_2, V_2, S_2$ で表す. このような体系の状態は, 1 と 2 のそれぞれの状態を与える

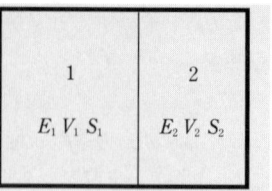

図 2.1 $E_1 + E_2 = E$,
$V_1 + V_2 = V$,
$S_1 + S_2 = S$

ことによって定められる. $E_1 + E_2 = $ 一定 $\equiv E$, $V_1 + V_2 = $ 一定 $\equiv V$ という条件の下での仮想変化を考えることにより, 体系が熱平衡にあるときには, 1 と 2 の温度 T_1, T_2 と圧力 p_1, p_2 について, 等式
$$T_1 = T_2, \quad p_1 = p_2$$
が成り立ち, また, 1 と 2 のどちらの物質についても, 定積比熱 C_V と等温圧縮率 κ_T については, 次の不等式が成り立つことを証明せよ.
$$C_V > 0, \quad \kappa_T \equiv -(\partial V/\partial p)_T/V > 0$$

〔ヒント〕 体系のエントロピーは $S = S_1 + S_2$ である. E と V を一定に保ったまま E_i と V_i ($i = 1, 2$) を変えるとき, 例題 4 の (3) により, $(\Delta S)_{E,V} \leq 0$, すなわち $\delta S = 0$, $\delta^2 S < 0$ が成り立つことを使う. なお, 不等式を証明する場合には, 1 と 2 が同じ物質からなり, その量も等しいものと考える.

【解答】 体系のエントロピー S は,
$$S = S_1 + S_2 \equiv S_1(E_1, V_1) + S_2(E_2, V_2)$$
によって与えられる. E_i と V_i をそれぞれ微小量 $\delta E_i, \delta V_i$ ($i = 1, 2$) だけ変える仮想変化を考える. 与えられた条件により, 明らかに次の関係が成り立つ.
$$\delta E_1 + \delta E_2 = 0, \qquad \delta V_1 + \delta V_2 = 0 \qquad (*)$$
一方, この場合のエントロピーの 1 次変分 δS と 2 次変分 $\delta^2 S$ は次のように表される.
$$\delta S = \delta S_1 + \delta S_2 = \left(\frac{\partial S_1}{\partial E_1}\right)_{V_1} \delta E_1 + \left(\frac{\partial S_1}{\partial V_1}\right)_{E_1} \delta V_1 + \left(\frac{\partial S_2}{\partial E_2}\right)_{V_2} \delta E_2 + \left(\frac{\partial S_2}{\partial V_2}\right)_{E_2} \delta V_2$$
$$= \frac{1}{T_1} \delta E_1 + \frac{p_1}{T_1} \delta V_1 + \frac{1}{T_2} \delta E_2 + \frac{p_2}{T_2} \delta V_2 \qquad (**)$$

$$\delta^2 S = \frac{1}{2} \sum_{i=1,2} \left\{ \left(\frac{\partial^2 S_i}{\partial E_i^2}\right)_{V_i} (\delta E_i)^2 + 2\left(\frac{\partial^2 S_i}{\partial E_i \partial V_i}\right) \delta E_i \delta V_i + \left(\frac{\partial^2 S_i}{\partial V_i^2}\right)_{E_i} (\delta V_i)^2 \right\} \quad (***)$$

ただし, $(**)$ では基本事項◆基礎となる関係式にある公式を使った. 例題 4 の (3) によ

り，体系が熱平衡状態にあるときには，$E =$ 一定，$V =$ 一定の条件の下における任意の仮想変化に対して，$\delta S = 0$, $\delta^2 S < 0$ が成立しなければならない．

まず，条件 $\delta S = 0$ を考える．(∗) と (∗∗) により，任意の δE_1 と δV_1 に対して，

$$\delta S = \left(\frac{1}{T_1} - \frac{1}{T_2}\right)\delta E_1 + \left(\frac{p_1}{T_1} - \frac{p_2}{T_2}\right)\delta V_1 = 0$$

が成り立たなければならないから，$(1/T_1) - (1/T_2) = 0$, $(p_1/T_1) - (p_2/T_2) = 0$, すなわち，

$$T_1 = T_2 \equiv T, \quad p_1 = p_2 \equiv p$$

が導かれる．

次に，条件 $\delta^2 S < 0$ を考えよう．1 と 2 が同じ物質からなり，しかもその量が等しいものとする．この場合には S_1 と S_2 は同じものになるから，簡単のために，添字を省略する．そうすると，(∗) と (∗∗∗) により，$\delta^2 S < 0$ の条件は

$$\left(\frac{\partial^2 S}{\partial E^2}\right)_V (\delta E)^2 + 2\left(\frac{\partial^2 S}{\partial E \partial V}\right)\delta E \delta V + \left(\frac{\partial^2 S}{\partial V^2}\right)_E (\delta V)^2 < 0$$

となる．この不等式の任意の δE と δV ($\delta E = \delta V = 0$ は除く) に対して成り立つための必要十分条件は，2 つの不等式

$$\left(\frac{\partial^2 S}{\partial E^2}\right)_V < 0, \quad \left(\frac{\partial^2 S}{\partial E \partial V}\right)^2 < \left(\frac{\partial^2 S}{\partial E^2}\right)_V \left(\frac{\partial^2 S}{\partial V^2}\right)_E$$

が同時に成り立つことである．ところが，熱力学の関係式により

$$\left.\begin{aligned}\left(\frac{\partial^2 S}{\partial E^2}\right)_V &= -\frac{1}{T^2 C_V} \\ \left(\frac{\partial^2 S}{\partial E \partial V}\right) &= \frac{1}{T^2 C_V}\left\{T\left(\frac{\partial p}{\partial T}\right)_V - p\right\} \\ \left(\frac{\partial^2 S}{\partial V^2}\right)_E &= \frac{1}{T}\left(\frac{\partial p}{\partial V}\right)_T - \frac{1}{T^2 C_V}\left\{T\left(\frac{\partial p}{\partial T}\right)_V - p\right\}^2\end{aligned}\right\} \quad (****)$$

という等式が成り立つから (問題 5.1 参照)，これらを上の 2 つの不等式に代入すると，

$$-\frac{1}{T^2 C_V} < 0 \quad \therefore \quad C_V > 0, \quad -\frac{1}{T^3 C_V}\left(\frac{\partial p}{\partial V}\right)_T > 0 \quad \therefore \quad \kappa_T \equiv -\frac{1}{V}\left(\frac{\partial V}{\partial p}\right)_T > 0$$

となり，求める不等式が得られる．

問題

5.1 例題 5 の解答にある S の 2 次偏微分に対する表式 (∗∗∗∗) を導け．

5.2 例題 5 の体系において，熱平衡状態ではない状態のまわりの仮想変化を考えるときには $\delta S < 0$ ということが起こり得ることを確かめよ．このことは，断熱変化では常にエントロピーが増加するという熱力学第 2 法則に反しないか．

5.3 例題 5 の体系において，$S_1 + S_2 =$ 一定，$V_1 + V_2 =$ 一定という条件の下での仮想変化を考えることにより，体系の熱平衡状態について，例題 5 と同じ結果が得られることを示せ．

2.2 化学ポテンシャル

◆ **純粋物質の化学ポテンシャル**　前節で考えた体系が同一の分子からなる純粋物質である場合を考え，その分子数を N で表す．1分子あたりの Gibbs の自由エネルギー，すなわち，$\mu \equiv G/N$ を**化学ポテンシャル**と呼ぶ (物質の量をモル数で表す場合には1モルあたりの Gibbs の自由エネルギーを化学ポテンシャルと呼ぶ)．体系の温度を T，圧力を p とすると，μ は T と p だけの関数であって，分子数 N にはよらない．

◆ **純粋物質の開いた系**　純粋物質からなる開いた系が外界と熱平衡にあるときには，体系の化学ポテンシャルは外界の物質源の化学ポテンシャルに等しい．

　前節で考えた体系が純粋物質からなる開いた系である場合には，体系の熱平衡状態を指定する独立な状態量の個数は3となる．しかし，内部エネルギー，エンタルピー，自由エネルギーの間の関係はまったく同じである．また，分子数 N を変えない限り，前節の関係式はそのまま成り立つ．念のため，主な関係式を書いておく．

$$dG = -SdT + Vdp + \mu dN : S = -\left(\frac{\partial G}{\partial T}\right)_{p,N}, V = \left(\frac{\partial G}{\partial p}\right)_{T,N}, \mu = \left(\frac{\partial G}{\partial N}\right)_{T,p} = \frac{G}{N}$$

$$dA = -SdT - pdV + \mu dN : S = -\left(\frac{\partial A}{\partial T}\right)_{V,N}, p = -\left(\frac{\partial A}{\partial V}\right)_{T,N}, \mu = \left(\frac{\partial A}{\partial N}\right)_{T,V}$$

$$dE = -pdV + TdS + \mu dN : p = -\left(\frac{\partial E}{\partial V}\right)_{S,N}, T = \left(\frac{\partial E}{\partial S}\right)_{V,N}, \mu = \left(\frac{\partial E}{\partial N}\right)_{V,S}$$

また，$G = N\mu = E - TS + pV$ から次の関係式が導かれる．

$$d(pV) = SdT + pdV + Nd\mu, \quad d\left(\frac{pV}{T}\right) = \frac{E}{T^2}dT + \frac{p}{T}dV + Nd\left(\frac{\mu}{T}\right)$$

◆ **多成分系**　体系がいくつかの違う物質からなる場合には，各種類の分子数を $N_1, \cdots, N_\nu$ で表すと，体系の Gibbs の自由エネルギー G に対して，次の関係が成り立つ．

$$G = \sum_{\alpha=1}^{\nu} N_\alpha \mu_\alpha, \quad dG = -SdT + Vdp + \sum_{\alpha=1}^{\nu} \mu_\alpha dN_\alpha, \quad \mu_\alpha = \left(\frac{\partial G}{\partial N_\alpha}\right)_{T,p,N_\beta(\beta\neq\alpha)}$$

ここで，$\mu_\alpha\ (\alpha = 1, \cdots, \nu)$ を α 種の物質の**化学ポテンシャル**という．純粋物質の場合の関係式は　多成分系に対して同様に拡張される．次の2つの等式は **Gibbs-Duhem の式**と呼ばれる．

$$-SdT + Vdp - \sum_{a=1}^{\nu} N_\alpha d\mu_\alpha = 0, \quad \sum_{\alpha=1}^{\nu} N_\alpha d\mu_\alpha = 0 \quad (\text{等温等圧})$$

◆ **混合理想気体**　状態方程式が $pV = \sum_{\alpha=1}^{\nu} N_\alpha kT$ で与えられるような混合気体を**混合理想気体** (または**理想混合気体**) と呼ぶ．p_α を $p_\alpha \equiv N_\alpha kT/V\ (\alpha = 1, \cdots, \nu)$ で定義すると，この状態方程式は $p = \sum_{\alpha=1}^{\nu} p_\alpha$ という等式で表される．p_α を α 種の気体の**分圧**といい，この等式は **Dalton の法則**と呼ばれる．

例題 6

断熱壁で囲まれた体積一定の容器の中に純粋な物質の液体とその蒸気が入っている (図 2.2). 蒸気の部分のエントロピー, 内部エネルギー, 体積, 分子数をそれぞれ S', E', V', N', 液体の部分のものを S'', E'', V'', N'' で表す. 孤立系の熱平衡状態は, 任意の仮想変化に対するエントロピーの 1 次変分 δS が 0 となるようなものであることを利用して, 熱平衡状態においては次の関係が成立することを示せ.
$$T' = T'', \quad p' = p'', \quad \mu' = \mu''$$
ただし, T', p', μ' はそれぞれ蒸気の温度, 圧力, 化学ポテンシャルを表し, T'', p'', μ'' は液体のそれぞれ対応するものを表す.

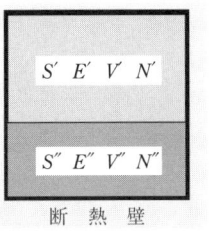

図 2.2 相平衡 (断熱)

〔ヒント〕 例題 5 で扱った体系と違うのは N' と N'' が変化できることである.

【解答】 まず, この問題で必要となる熱力学の関係式を導いておく. 基本事項◆純粋物質の開いた系にある $dE = TdS - pdV + \mu dN$ から
$$dS = \frac{1}{T}dE + \frac{p}{T}dV - \frac{\mu}{T}dN \quad \therefore \quad \left(\frac{\partial S}{\partial E}\right)_{V,N} = \frac{1}{T}, \left(\frac{\partial S}{\partial V}\right)_{E,N} = \frac{p}{T}, \left(\frac{\partial S}{\partial N}\right)_{E,V} = -\frac{\mu}{T}$$
という関係が得られる. いまの問題では, 体系のエントロピー S は
$$S = S' + S'' \equiv S'(E', V', N') + S''(E'', V'', N'')$$
である. 微小な仮想変化を, $\delta E', \delta V', \delta N'; \delta E'', \delta V'', \delta N''$ で表すと, 孤立系であるということから, これらの仮想変化は常に次の等式を満足していなければならない.
$$\delta E' + \delta E'' = 0, \quad \delta V' + \delta V'' = 0, \quad \delta N' + \delta N'' = 0$$
この条件と上に導いた関係式を使うと, エントロピーの 1 次変分 δS は
$$\begin{aligned}\delta S = \delta S' + \delta S'' &= \left(\frac{\partial S'}{\partial E'}\right)_{V',N'}\delta E' + \left(\frac{\partial S'}{\partial V'}\right)_{E',N'}\delta V' + \left(\frac{\partial S'}{\partial N'}\right)_{E',V'}\delta N' \\ &\quad + \left(\frac{\partial S''}{\partial E''}\right)_{V'',N''}\delta E'' + \left(\frac{\partial S''}{\partial V''}\right)_{E'',N''}\delta V'' + \left(\frac{\partial S''}{\partial N''}\right)_{E'',V''}\delta N'' \\ &= \left(\frac{1}{T'} - \frac{1}{T''}\right)\delta E' + \left(\frac{p'}{T'} - \frac{p''}{T''}\right)\delta V' + \left(-\frac{\mu'}{T'} + \frac{\mu''}{T''}\right)\delta N'\end{aligned}$$
となる. 任意の $\delta E', \delta V', \delta N'$ に対して $\delta S = 0$ でなければならないことから, 直ちに $T' = T'', p' = p'', \mu' = \mu''$ が導かれる.

〔付記〕 例題 6 のような平衡を**相平衡**という. 相平衡については 3.1 節を参照せよ.

問題

6.1 例題 6 のような純粋物質の蒸気と液体からなる体系において, それぞれ (1) 温度と体積一定, (2) 温度と圧力一定, の場合に相平衡の条件を求めよ.

例題 7

図 2.3 の I に示すように，体積 V の容器の内部が壁で 2 つの部分に仕切られ，体積 V_1 の部分には分子数 N_1 の種類 1 の理想気体が，体積 V_2 の部分には分子数 N_2 の種類 2 の理想気体が入っていて，どちらも温度 T，圧力 p の状態にあるものとする．外からの熱の出入りを断ったまま仕切りの壁を取り除くと，両方の気体は混合して熱平衡状態に達する．

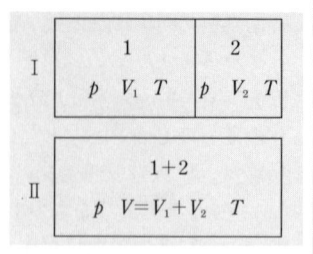

図 2.3　2 種類の理想気体の等温等圧混合

(1) 混合後の熱平衡状態は，図 2.3 の II に示されているように，温度 T，圧力 p であることを示せ．

(2) この混合によるエントロピーの変化 ΔS が次式で与えられることを導け．
$$S_{\mathrm{II}} - S_{\mathrm{I}} \equiv \Delta S = -k\left\{N_1 \log \frac{N_1}{N_1+N_2} + N_2 \log \frac{N_2}{N_1+N_2}\right\}$$

〔ヒント〕 (1) 1.2 の基本事項◆Joule の法則と本節の基本事項◆混合理想気体にある Dalton の法則を使う．(2) どちらか一方の気体だけを選択的に通すような半透膜の存在を仮定して，混合状態 II から始めの状態 I に戻す準静的過程を考える．例題 3 のエントロピーの表式を使う．

【解答】 (1) 始めの状態 I にあるときのそれぞれの理想気体の状態方程式は
$$pV_1 = N_1 kT, \quad pV_2 = N_2 kT \tag{$*$}$$
と表される．状態 I から II への変化は断熱の下で行なわれ，外からの仕事もないから，熱力学第 1 法則により内部エネルギーは不変である．1.2 の基本事項◆Joule の法則により，一定量の理想気体の内部エネルギーは温度だけの関数であるから，状態 II の温度は始めと同じ T である．混合後の圧力を p'，それぞれの気体の分圧を p_1, p_2 とすると，基本事項◆混合理想気体にある Dalton の法則と上の $(*)$ により
$$p' = p_1 + p_2 = \frac{N_1 kT}{V} + \frac{N_2 kT}{V} = \frac{pV_1}{V} + \frac{pV_2}{V} = \frac{p(V_1+V_2)}{V} = p$$
となり，p' は始めの圧力 p に等しい．

(2) 状態 I と状態 II を準静的過程で結ぶために，混合気体を図 2.4 の A に示すような特別な容器に入れる．この容器は，気体 1 を自由に通すが 2 は通さない半透膜 a をふたにもつ体積 V の箱と，気体 2 を自由に通すが 1 は通さない半透膜 b をふたにもつ体積 V の箱とが，それぞれのふた a と b が向い合うように押込まれた 2 重の筒 (入れ子) である．この容器を温度 T の熱源に接触させたまま，準静的に 2 重の筒を引き抜いてゆくと，気体 1 と 2 が分離される (図 2.4, A→C)．引き抜く途中の段階では，重なっている中央の部分には 1 と 2 の混合気体が，引き抜かれた左右の部分にはそれぞれ気体 1 と 2 が単独に

入っている (図 2.4, B). この状態で左の筒に働く力を考える. 気体1にとっては半透膜aは存在しないのと同じであるから, 気体1だけが存在する左端の部分の圧力は, 中央の部分における気体1の分圧 p_1 に等しい. したがって, 左の筒の左側の底には左向きに p_1 の大きさの圧力が働く (図 2.5). 左の筒のふた半透膜bには右向きに p_1+p_2, 左向きに p_2 の大きさの圧力が働く (図 2.5). 結局, 左の筒に働く力は全体として0となり (右の筒についても同様), 2重の筒を引き抜くための仕事は0である. すなわち, 図 2.4 の A→C の過程は外からの仕事が0で行なわれ, また, 等温であるから Joule の法則により内部エネルギーも変化しない. したがって, 熱力学第1法則により熱の出入りもないことになり, A→C の準静的過程では系のエントロピーは変化しない. 図 2.4 の C の状態で半透膜aとbを気体を通さない壁にとりかえ, それぞれの気体を等温準静的に圧縮して始めの状態, すなわち, 圧力が p で体積がそれぞれ V_1 と V_2 の状態にする (図 2.4, D). C→D の過程におけるエントロピー変化は, 例題3の結果により

$$S_D - S_C = k\{N_1 \log(V_1/V) + N_2 \log(V_2/V)\}$$

となる. 混合理想気体の状態方程式 $pV = (N_1+N_2)kT$ と (∗) を使うと, これは次のように表される.

$$S_D - S_C = k\left\{N_1 \log\frac{N_1}{N_1+N_2} + N_2 \log\frac{N_2}{N_1+N_2}\right\}$$

$S_D - S_C = S_I - S_{II} = -\Delta S$ であるから, 求める表式が得られる.

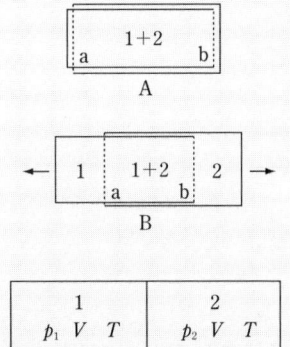

図 2.4 混合理想気体の分離 (温度一定)

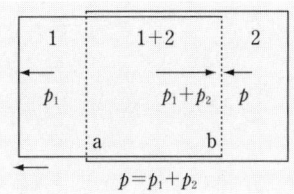

図 2.5 左の筒に動く力

〔付記〕 等温等圧の下での混合によるエントロピーの変化は一般に**混合のエントロピー**と呼ばれる. 例題7における理想気体の混合は, (1) により等温等圧の混合となるから, (2) の ΔS は2種類の理想気体の混合のエントロピーである. なお, 多成分系の場合の混合のエントロピーの表式は問題7.2をみよ.

問　題

7.1 例題7におけるような理想気体の混合は不可逆過程であることを説明せよ.

7.2 それぞれの分子数が $N_1, \cdots, N_\nu$ であるような理想気体の混合のエントロピーは

$$\Delta S = -k \sum_{\alpha=1}^{\nu} N_\alpha \log x_\alpha, \quad x_\alpha \equiv \frac{N_\alpha}{N} \quad (\alpha = 1, \cdots, \nu), \quad N \equiv \sum_{\alpha=1}^{\nu} N_\alpha$$

であることを示せ.

例題 8

分子数がそれぞれ $N_\alpha\ (\alpha=1,\cdots,\nu)$ であるような ν 種類の理想気体からなる混合理想気体が，温度 T，圧力 p の状態にあるとき，各成分気体の化学ポテンシャル μ_α は

$$\mu_\alpha = \varphi_\alpha(T) + kT\log\frac{p}{p_0} + kT\log x_\alpha,\ x_\alpha \equiv \frac{N_\alpha}{N}\ (\alpha=1,\cdots,\nu),\ N \equiv \sum_{\alpha=1}^{\nu} N_\alpha$$

と表されることを示せ．ただし，$\varphi_\alpha(T)$ は，気体 α が単独で温度 T，ある標準の圧力 p_0 の状態にあるときの化学ポテンシャルである．

〔ヒント〕 例題 7，問題 7.2 の結果と，例題 3 の G の表式を利用する．

【解答】 例題 7，問題 7.2 により，考えている混合理想気体は，温度 T，圧力 p で分離している各成分気体 (図 2.3, I) を混合することによって得られる．分離している各成分気体の内部エネルギーを E_α，体積を V_α，エントロピーを $S_\alpha\ (\alpha=1,\cdots,\nu)$ とすると，混合後の内部エネルギー E は E_α の和 (Joule の法則)，体積 V は V_α の和 (Dalton の法則)，エントロピー S は S_α の和に混合のエントロピー ΔS を加えたもの (問題 7.2) である．したがって，混合後の Gibbs の自由エネルギー $G \equiv G(T,p,N_1,\cdots,N_\nu)$ は

$$G = E + pV - TS = \sum_{\alpha=1}^{\nu}(E_\alpha + pV_\alpha - TS_\alpha) - T\Delta S = \sum_{\alpha=1}^{\nu} G_\alpha(T,p,N_\alpha) + kT\sum_{\alpha=1}^{\nu} N_\alpha \log x_\alpha$$

となる．ここで，$G_\alpha(T,p,N_\alpha) \equiv G_\alpha$ は，気体 α が単独にあるときの Gibbs の自由エネルギーを表し，そのときの化学ポテンシャルを μ_α^0 とすると $G_\alpha = N_\alpha \mu_\alpha^0$ という関係がある．例題 3 の G の表式において，C_p, E_0, S'_0 は分子数に比例する量のはずであるから，μ_α^0 は

$$\mu_\alpha^0 \equiv \mu_\alpha^0(T,p) = \varphi_\alpha(T) + kT\log(p/p_0) \quad (\alpha=1,\cdots,\nu)$$

と表される．$\varphi(T)$ は，気体 α が単独で温度 T，ある標準の圧力 p_0 の状態にあるときの化学ポテンシャルである．一方，x_α の定義から次の関係式が得られる．

$$d\left(\sum_{\alpha=1}^{\nu} N_\alpha \log x_\alpha\right) = \sum_{\alpha=1}^{\nu}(\log x_\alpha)\,dN_\alpha + \sum_{\alpha=1}^{\nu} N_\alpha \cdot \frac{dx_\alpha}{x_\alpha} = \sum_{\alpha=1}^{\nu}(\log x_\alpha)\,dN_\alpha + N\sum_{\alpha=1}^{\nu} dx_\alpha$$

$$= \sum_{\alpha=1}^{\nu}(\log x_\alpha)\,dN_\alpha \quad \left(\because \sum_{\alpha=1}^{\nu} x_\alpha = 1\right) \quad \therefore\ \frac{\partial}{\partial N_\alpha}\left(\sum_{\beta=1}^{\nu} N_\beta \log x_\beta\right) = \log x_\alpha$$

これらの関係を使って上の G を N_α で微分することにより，求める μ_α の表式が得られる．

問題

8.1 分圧 p_α を使うと，例題 8 の μ_α は次のように表されることを示せ．

$$\mu_\alpha = \varphi_\alpha(T) + kT\log(p_\alpha/p_0) \quad (\alpha=1,\cdots,\nu)$$

8.2 一般に，ν 成分系の Gibbs の自由エネルギー G は，各成分の分子数 N_α と化学ポテンシャル μ_α を使って，$G = \sum_{\alpha=1}^{\nu} N_\alpha \mu_\alpha$ と表されることを導け．

例題 9

それぞれの分子数が N_1 と N_2 である 2 種類の純粋液体を等温等圧 (温度 T, 圧力 p) の下で混合して溶液を作る．この溶液の体積 V と内部エネルギー E が

$$V = N_1 v_1^0 + N_2 v_2^0, \quad E = N_1 e_1^0 + N_2 e_2^0$$

で表されるとき，これを**理想溶液 (完全溶液)** と呼ぶ．ここで，v_1^0, v_2^0 と e_1^0, e_2^0 はそれぞれ純粋液体のときの 1 分子あたりの体積と内部エネルギーである．理想溶液の各成分の化学ポテンシャル μ_1 と μ_2 は次の式で表されることを示せ，

$$\mu_\alpha = \mu_\alpha^0 + kT \log x_\alpha, \quad x_\alpha \equiv N_\alpha/(N_1 + N_2) \quad (\alpha = 1, 2)$$

ここで，μ_1^0 と μ_2^0 はそれぞれ純粋液体のときの化学ポテンシャルを表す．

〔ヒント〕 例題 7 の (2) にある理想気体の混合のエントロピーの表式を利用する．

【解答】 N_1 と N_2 を固定して考える．純粋液体の 1 分子あたりのエントロピーを s_1^0, s_2^0，溶液のエントロピーを S とすると，次の式が成り立つ．

$$de_\alpha^0 = -pdv_\alpha^0 + Tds_\alpha^0 \quad (\alpha = 1, 2), \quad dE = -pdV + TdS$$

理想溶液の仮定を使って，溶液のエントロピーが次のように求められる．

$$dS = N_1 \frac{de_1^0 + pdv_1^0}{T} + N_2 \frac{de_2^0 + pdv_2^0}{T} = N_1 ds_1^0 + N_2 ds_2^0 = d(N_1 s_1^0 + N_2 s_2^0)$$

$$\therefore \quad S = N_1 s_1^0 + N_2 s_2^0 + C(N_1, N_2)$$

ここで，$C(N_1, N_2)$ は N_1 と N_2 の関数で，T と p には無関係な量である．いま，N_1 と N_2 は変えないで，p を小さく T を大きくする極限を考えると，溶液は気体になり，さらに混合理想気体に近づくはずである．$C(N_1, N_2)$ は T と p に無関係であるから，例題 8 の解答で示唆されている混合理想気体のエントロピーと上のエントロピーの表式とを比較すると，$C(N_1, N_2)$ は例題 7 の (2) で与えられている混合のエントロピーに他ならないことがわかる．すなわち，

$$C(N_1, N_2) = -k(N_1 \log x_1 + N_2 \log x_2)$$

したがって，溶液の Gibbs の自由エネルギー G は

$$G = E + pV - TS = N_1 \mu_1^0 + N_2 \mu_2^0 + kT(N_1 \log x_1 + N_2 \log x_2)$$

となり，化学ポテンシャルの表式はこれを微分することにより直ちに導かれる．

問題

9.1 $N_1 \gg N_2$ であるような希薄溶液の各成分の化学ポテンシャル μ_1 と μ_2 は

$$\mu_1 = \mu_1^0 + kT \log x_1, \quad \mu_2 = \bar{\mu}_2^0 + kT \log x_2, \quad x_\alpha \equiv N_\alpha/(N_1 + N_2) \quad (\alpha = 1, 2)$$

で表されることを示せ．ここで，μ_1^0 は成分 1 の純粋液体の化学ポテンシャル，$\bar{\mu}_2^0$ は上式が $x_2 = 1$ まで成り立つとした仮想的状態での成分 2 の化学ポテンシャルである．(上式が成り立つ濃度範囲にある溶液を**理想希薄溶液**という．)

例題 10

それぞれの分子数が $N_1, \cdots, N_\nu$ である ν 個の成分からなる**理想溶液**は、それぞれの成分の化学ポテンシャルが

$$\mu_\alpha = \mu_\alpha^0 + kT \log x_\alpha, \quad x_\alpha \equiv \frac{N_\alpha}{N}, \quad N \equiv \sum_{\alpha=1}^{\nu} N_\alpha \quad (\alpha = 1, \cdots, \nu)$$

で表されるような溶液として定義される。ここで、μ_α^0 は同じ温度と圧力における α 種の純粋液体の化学ポテンシャルである。実は、上の化学ポテンシャルの表式は、この式が $\alpha = 1, \cdots, \nu-1$ に対して成立していれば、$\alpha = \nu$ に対しても自動的に成り立つのである。このことを証明せよ。

〔ヒント〕 基本事項◆多成分系にある Gibbs-Duhem の式を利用する。

【解答】 等温等圧の場合の Gibbs-Duhem の式を、x_α を使って書き、μ_α^0 ($\alpha = 1, \cdots, \nu-1$) は温度と圧力だけの関数であることに注意すると、

$$0 = \sum_{\alpha=1}^{\nu} x_\alpha d\mu_\alpha = \sum_{\alpha=1}^{\nu-1} x_\alpha \frac{kT}{x_\alpha} dx_\alpha + x_\nu d\mu_\nu$$

$$\therefore \quad d\mu_\nu = -\frac{kT}{x_\nu} \sum_{\alpha=1}^{\nu-1} dx_\alpha = kT \frac{dx_\nu}{x_\nu} \quad \left(\because \sum_{\alpha=1}^{\nu} x_\alpha = 1 \text{ から } \sum_{\alpha=1}^{\nu} dx_\alpha = 0\right)$$

が得られる。これを積分して

$$\mu_\nu = kT \log x_\nu + C \quad (C \text{ は積分定数})$$

となる。この式で $x_\nu = 1$ とおくと、$C = \mu_\nu^0$ となるから

$$\mu_\nu = \mu_\nu^0 + kT \log x_\nu$$

が得られ、化学ポテンシャルの表式は $\alpha = \nu$ に対しても成り立つことが証明された。

問 題

10.1 例題 10 における理想溶液の定義は、$\nu = 2$ の場合、前の例題 9 における理想溶液の定義と同等であることを示せ。

10.2 2 種類の純粋液体を等温等圧の下で混合して溶液を作るときのエンタルピーとエントロピーの増加をそれぞれ ΔH と ΔS で表す。この溶液が理想溶液である場合には、$\Delta H = 0$ であり、ΔS は理想気体の混合のエントロピーに等しいことを示せ。

10.3 問題 10.2 で、ΔS は理想気体の混合のエントロピーに等しいが、$\Delta H \neq 0$ となるような溶液を、Hildebrand は**正則溶液**と名付けた。正則溶液の化学ポテンシャルは次の式で表されることを導け。

$$\mu_1 = \mu_1^0 + \left(\frac{\partial \Delta H}{\partial N_1}\right)_{T,p,N_2} + kT \log x_1, \quad \mu_2 = \mu_2^0 + \left(\frac{\partial \Delta H}{\partial N_2}\right)_{T,p,N_1} + kT \log x_2$$

ただし、記号の意味は例題 10 と同じである。

2.3 熱力学第3法則

◆ **熱力学第3法則**　有限の密度をもつ化学的に均質な物体のエントロピーは，温度が絶対零度に近づくに従い，化学的性質，圧力，密度，集合状態 (相) に無関係な一定値に近づく．これを**熱力学第3法則**という．一定値を 0 に選んでも一般性は失われないので，上記のような物体の場合，熱力学第3法則の表現として，

$$\lim_{T \to 0} S = 0$$

が得られる．元来，エントロピーは基準状態に相対的に定義されているが，基準状態を 0 K に選ぶことにより，エントロピーの絶対的な値を一義的に定めることができる．

◆ **絶対零度の到達不可能性**　熱力学第3法則の同等な表現として次のものがある．

いかなる方法をもってしても物体の温度を有限回の操作によって絶対零度にすることはできない (同等性については例題 12，問題 12.1 参照)．

◆ **熱力学第3法則から導かれる結果**　種々の熱力学の関係式に熱力学第3法則を使うことによって導かれる結果のうち，主なものを挙げておく (例題 11 参照)．

$$\lim_{T \to 0} C = 0, \quad \lim_{T \to 0} \left(\frac{\partial p}{\partial T}\right)_V = 0, \quad \lim_{T \to 0} \left(\frac{\partial V}{\partial T}\right)_p = 0$$

ここで，C は比熱 (熱容量) である．比熱は過程によって異なるが，どの過程の比熱に対しても上式は成り立つので，単に C で表してある．

◆ **Gibbs の自由エネルギーと熱力学第3法則**　熱力学第3法則を使うと，Gibbs の自由エネルギー G は次のように表現することができる (問題 11.2 参照)．

$$G = H_0 + \int_0^T C_p dT - T \int_0^T \frac{C_p}{T} dT$$

ここで，H_0 は 0 K におけるエンタルピーの値であり，C_p は定圧比熱を表す．また，温度 T に関する積分は圧力一定の下で行なわれるものとする．気体には直接熱力学第3法則を適用することができないが，気体と平衡にある固体 (または液体) の Gibbs の自由エネルギーを上式によって求め，平衡にある気体と固体では化学ポテンシャルが等しい (例題 6 参照) ことを利用して気体の Gibbs の自由エネルギーの絶対的な値を定めることができる．

◆ 〔付記〕 熱力学の立場からは，熱力学第3法則も他の熱力学第1法則，第2法則と同じように 1 つの経験法則であり，この 3 つで熱力学における基本法則の組は完結する．しかし，統計力学の立場では，熱力学第3法則は，量子力学に由来する当然の結果として理解される (4.2 の基本事項◆**熱力学の法則と統計力学**参照)．

―― 例題 11 ――――――――――――――――――――――――――――

有限の密度をもつ化学的に一様な物質の定圧比熱 C_p，圧力係数 α および体膨張率 β について次の関係式が成り立つことを示せ．
$$\lim_{T\to 0} C_p = 0, \quad \lim_{T\to 0} \alpha \equiv \lim_{T\to 0} \frac{1}{p}\left(\frac{\partial p}{\partial T}\right)_V = 0, \quad \lim_{T\to 0} \beta \equiv \lim_{T\to 0} \frac{1}{V}\left(\frac{\partial V}{\partial T}\right)_p = 0$$

――――――――――――――――――――――――――――――――――

〔ヒント〕 熱力学第 3 法則と 2.1 の基本事項◆ Maxwell の関係式にある等式を使う．また，数学的には，極限の存在および微分と極限の順序が変更できることを仮定する．

【解答】 熱力学第 3 法則によれば，考えている体系の熱平衡状態を指定する温度以外の独立変数の値を固定して，$T \to 0$ とするとき，
$$\lim_{T\to 0} S = 0$$
が成り立つ．したがって，定圧比熱の定義と，商の極限の存在を仮定することにより，
$$\lim_{T\to 0} C_p = \lim_{T\to 0} T\left(\frac{\partial S}{\partial T}\right)_p = \lim_{T\to 0}\left(\frac{\partial(TS)}{\partial T}\right)_p - \lim_{T\to 0} S = \lim_{T\to 0}\frac{(TS)}{T} = \lim_{T\to 0} S = 0 \quad (*)$$
という関係が得られる．

微分と極限の順序が変更できることを仮定していることから，
$$\lim_{T\to 0}\left(\frac{\partial S}{\partial V}\right)_T = 0 \quad \text{および} \quad \lim_{T\to 0}\left(\frac{\partial S}{\partial p}\right)_T = 0$$
が成り立つ．このことと 2.1 の基本事項◆ Maxwell の関係式にある等式を使うと
$$\lim_{T\to 0} \alpha = \lim_{T\to 0}\frac{1}{p}\left(\frac{\partial p}{\partial T}\right)_V = \lim_{T\to 0}\frac{1}{p}\left(\frac{\partial S}{\partial V}\right)_T = 0,$$
$$\lim_{T\to 0} \beta = \lim_{T\to 0}\frac{1}{V}\left(\frac{\partial V}{\partial T}\right)_p = -\lim_{T\to 0}\frac{1}{V}\left(\frac{\partial S}{\partial p}\right)_T = 0$$
が得られる．

〔注意〕 極限の式 $(*)$ は，一定に保つ量が p 以外の状態を指定する変数のときにも正しい．したがって，任意の過程の比熱 C についても，$\lim_{T\to 0} C = 0$ が成り立つ．

～～～～～ 問　題 ～～～～～～～～～～～～～～～～～～～～～～～～～～～～

11.1 定圧比熱と定積比熱の差 $C_p - C_V$ は，$T \to 0$ のときに T の 1 次よりも速く 0 になることを示せ．

11.2 例題 11 で考えているような体系の Gibbs の自由エネルギーは
$$G = H_0 + \int_0^T C_p\, dT - T\int_0^T \frac{C_p}{T}\, dT$$
と表されることを示せ．ここで，H_0 は $T = 0$ におけるエンタルピーを表す．

11.3 1.1 の基本事項◆理想気体で定義された状態方程式をもつ体系，すなわち，理想気体の熱力学的性質を，熱力学第 3 法則と比較してみよ．

─ 例題 12 ─────────────────────────────────

熱力学第 3 法則から，基本事項◆絶対零度の到達不可能性に述べられている事実を導け．ただし，簡単のため，考えている物体の熱平衡状態は，温度 T および体積 V または圧力 p のどちらか一方の値で指定されるものと仮定せよ．

〔ヒント〕 1 回の断熱過程で有限の温度から絶対零度に冷却できるものとすると，熱平衡状態にある物体のもつべき性質に矛盾することをいう．

【解答】 V または p を x で表す．基本事項◆絶対零度の到達不可能性に述べられている操作の内容は，考えているような体系については，ある熱平衡状態 (たとえば温度 T, $x=x_\alpha$) から，x の値を $x_\alpha \to x_\beta \to x_\alpha$ と変化させることによって，より低い温度の状態 $(T', x=x_\alpha)$ に移すことである．有限回のこのような操作によって絶対零度の $x=x_\alpha$ の状態が得られるものとすると，最後の 1 回の操作における $x_\beta \to x_\alpha$ の過程は断熱過程でなければならない．いま，1 回の断熱過程により，体系が温度 T_1, $x=x_\beta$ の状態から温度 T_2, $x=x_\alpha$ の状態に移り，始めの状態におけるエントロピーの値 $S(T_1, x_\beta) \equiv S_\beta$，終りの状態における値 $S(T_2, x_\alpha) \equiv S_\alpha$ とする (図 2.6)．

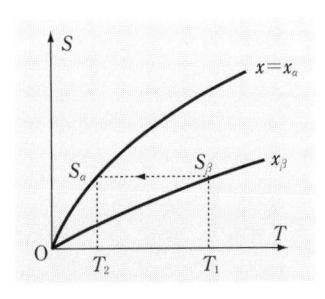

図 2.6 断熱過程 $x_\beta \to x_\alpha$

2.1 の基本事項◆熱力学的変化の進む方向にある断熱変化の条件により，不等式 $S_\alpha \geqq S_\beta$ (等号は可逆変化，不等号は不可逆変化) が成り立つ．したがって，もしもこの断熱過程によって $T_2 = 0$ が実現できたものとすると，熱力学第 3 法則により $S_\alpha = 0$ であるから，次の不等式が成り立たなければならない．

$$S_\beta = \int_0^{T_1} \left(\frac{\partial S}{\partial T} \right)_{x=x_\beta} dT = \int_0^{T_1} \frac{C_\beta}{T} dT \leqq 0 \qquad (T_1 > 0)$$

ここで，C_β は $x=x_\beta$ の体系の (定積または定圧) 比熱である．2.1 の基本事項◆熱力学の不等式により，定積比熱と定圧比熱は常に正であるから，上の不等式は成り立つはずがない．したがって，1 回の断熱過程によって有限の温度から絶対零度に冷却することは不可能である．すなわち，有限回の操作によって絶対零度に到達することはできない．

〔注意〕 例題 12 と問題 12.1 の結論，すなわち，熱力学第 3 法則と絶対零度の到達不可能性とが同等であることは，もっと一般的な体系についても証明されている．

～～ 問　題 ～～～～～～～～～～～～～～～～～～～～～～～～～～～～～～

12.1 例題 12 の体系について，絶対零度の到達不可能性を仮定して熱力学第 3 法則を導け．

12.2 例題 12 の体系について，"$T \to 0$ の極限では，任意の等温変化に伴うエントロピー変化は 0 となる" という主張と，熱力学第 3 法則とを比較せよ．

3 熱力学の応用

3.1 相平衡

◆ **相転移**　物質が物理的，化学的に一様である場合，これは 1 つの相をなすという．物質が異なる集合状態（気体，液体，固体，異なる結晶状態など）にあるとき，異なる相にあるという．異なる相の間の移り変わりを**相転移（相変化）**という．

エントロピーの不連続と体積変化（密度変化）を伴う相転移を **1 次の相転移**と呼ぶ．エントロピーや体積は連続であるが，Gibbs の自由エネルギーの 2 次以上の導関数に不連続を生ずるような相転移を**高次の相転移**と呼ぶ（エントロピーと体積は Gibbs の自由エネルギーの 1 次導関数である）．ここでは，特に断らない限り，1 次の相転移だけを考える．

◆ **純粋物質の 2 相間の平衡**　純粋物質の気相と液相，液相と固相，気相と固相が平面の境界面で相接して平衡にある場合を考える．温度を T，圧力を p，化学ポテンシャルを μ で表し，2 つの相に関する量は $'$ と $''$ を付けて区別する．平衡の条件は

$$T' = T'' \equiv T, \qquad p' = p'' \equiv p, \qquad \mu'(T,p) = \mu''(T,p)$$

である（第 2 章の例題 6 参照）．2 相間の平衡を保ちながら温度と圧力を変えるとき，

$$\frac{dp}{dT} = \frac{s' - s''}{v' - v''} = \frac{l}{T(v' - v'')}, \qquad l \equiv (s' - s'')T$$

(Clapeyron-Clausius の式)

という関係が成り立つ（例題 2 参照）．ここで，s と v はそれぞれ 1 分子あたりのエントロピーと体積であり，l は 1 分子あたりの**潜熱**である．

◆ **異なる相にある多成分系の平衡**　相の境界において力学的平衡が成り立ち，圧力は等しい場合を考える．ν 種類の成分からなる物質が r 個の相に分かれて平衡にあるとする．成分を下付きの添字 $1, 2, \cdots, \nu$ で，相を上付きの添字 $', '', \cdots, {}^{(r)}$ で表すと，この場合の平衡条件は次のようになる（例題 1 参照）．

$$T' = T'' = \cdots = T^{(r)} \equiv T, \qquad p' = p'' = \cdots = p^{(r)} \equiv p$$

$$\mu'_\alpha = \mu''_\alpha = \cdots = \mu^{(r)}_\alpha \qquad (\alpha = 1, 2, \cdots, \nu)$$

この平衡条件を満足した上でなお自由に変えることのできる変数の個数を**自由度**という．自由度 f については，

$$f = \nu - r + 2$$

という関係が成り立つ．これを **Gibbs の相律**と呼ぶ（問題 1.2 参照）．

3.1 相平衡

━━例題 1━━

ν 種類の成分からなる物質が r 個の相に分かれて平衡にある．相の境界で力学的平衡が成り立ち，各相の圧力はいずれも p に等しいものとする．また，平衡にあるから，各相の温度も等しい．この温度を T とする．k 番目の相における α 種の成分の化学ポテンシャルを $\mu_\alpha^{(k)}$ ($k=1,2,\cdots,r; \alpha=1,2,\cdots,\nu$) とすると，次の関係が成立することを示せ．

$$\mu'_\alpha = \mu''_\alpha = \cdots = \mu_\alpha^{(r)} \qquad (\alpha=1,2,\cdots,\nu)$$

〔ヒント〕 等温等圧の下での平衡条件は Gibbs の自由エネルギーが極小となることであるという事実を利用する（2.1 の基本事項◆平衡条件参照）．

【解答】 k 番目の相にある各成分の分子数を $N_1^{(k)}, N_2^{(k)}, \cdots, N_\nu^{(k)}$ で表し，この相の Gibbs の自由エネルギーを $G^{(k)} \equiv G^{(k)}(T, p, N_1^{(k)}, N_2^{(k)}, \cdots, N_\nu^{(k)})$ とする ($k=1,2,\cdots,r$)．そうすると，全体系の Gibbs の自由エネルギー G は，次のように各相の $G^{(k)}$ の和で表されることになる．

$$G = \sum_{k=1}^{r} G^{(k)}(T, p, N_1^{(k)}, N_2^{(k)}, \cdots, N_\nu^{(k)})$$

体系は平衡にあるから，T と p 一定の下で G は極小値となっている．したがって，$N_\alpha^{(k)}$ を $\delta N_\alpha^{(k)}$ だけ変える任意の変化に対して（ただし，全体系としては閉じた系でなければならないので，各成分の分子数の総和は一定であるような変化でなければならない），G の 1 次変分 $\delta G = 0$ である．いま，k 番目の相にある α 種の分子を δN_α だけ l 番目の相に移すような特別な変化を考える．k, l 以外の相では変化がないから，

$$\delta G = \frac{\partial G^{(k)}}{\partial N_\alpha^{(k)}} \delta N_\alpha^{(k)} + \frac{\partial G^{(l)}}{\partial N_\alpha^{(l)}} \delta N_\alpha^{(l)} = \{-\mu_\alpha^{(k)} + \mu_\alpha^{(l)}\}\delta N_\alpha = 0 \qquad \therefore \quad \mu_\alpha^{(k)} = \mu_\alpha^{(l)}$$

という結果が得られる．k と l は任意に選ぶことができるので，すべての相で α 種の化学ポテンシャルは等しくなければならない．すなわち，

$$\mu'_\alpha = \mu''_\alpha = \cdots = \mu_\alpha^{(r)}$$

となる．α も任意に選ぶことができるから，この関係はすべての $\alpha=1,2,\cdots,\nu$ に対して成り立つことになる．

問 題

1.1 例題 1 の解答では $N_\alpha^{(k)}$ の特別な変化を考えたが，すべての $N_\alpha^{(k)}$ を同時に変えるような変化を考えても，例題 1 の関係式が導かれることを示せ．

1.2 例題 1 の体系において，平衡状態を保ちながら自由に変えることのできる変数の数（自由度）f は，$f = \nu - r + 2$ によって与えられることを証明せよ（**Gibbs の相律**）．

1.3 純粋物質においては，気相，液相，固相の 3 相が平衡にあるような状態は 1 つに限られることを示せ（この状態を **3 重点**という（例題 2 の図 3.1 参照））．

---例題 2---

純粋物質の気相と液相が，温度 T と圧力 p で平衡にある．このときには，気相の化学ポテンシャル $\mu'(T,p)$ と液相の化学ポテンシャル $\mu''(T,p)$ とは等しくなければならない．蒸気圧曲線に沿って温度と圧力を変えるとき（図 3.1 参照），次の **Clapeyron-Clausius** の式が成り立つことを示せ．
$$\frac{dp}{dT} = \frac{s' - s''}{v' - v''} = \frac{l}{T(v' - v'')}$$

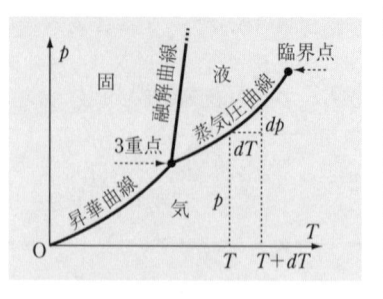

図 3.1　純粋物質の 3 相

ここで，s' と s'' はそれぞれ気相と液相における 1 分子あたりのエントロピー，v' と v'' は気相と液相の 1 分子あたりの体積であり，$l \equiv (s' - s'')T$ は 1 分子あたりの蒸発熱を表す．

【解答】 平衡を保ちながら T と p を変えるから，$\mu'(T,p) = \mu''(T,p)$ および $\mu'(T+dT, p+dp) = \mu''(T+dT, p+dp)$ が成り立つ．したがって，
$$\left(\frac{\partial \mu'}{\partial T}\right)_p dT + \left(\frac{\partial \mu'}{\partial p}\right)_T dp = \left(\frac{\partial \mu''}{\partial T}\right)_p dT + \left(\frac{\partial \mu''}{\partial p}\right)_T dp \qquad (*)$$
という関係が得られる．一方，Gibbs-Duhem の式（2.2 の基本事項）により，一般に，
$$-SdT + Vdp - Nd\mu = 0 \quad \therefore \quad \left(\frac{\partial \mu}{\partial T}\right)_p = -\frac{S}{N} \equiv -s, \left(\frac{\partial \mu}{\partial p}\right)_T = \frac{V}{N} \equiv v$$
であるから，この関係を気相と液相に使うと，$(*)$ から直ちに求める式が得られる．

〔注意〕 $'$ と $''$ を液相と固相または気相と固相と考えてもまったく同じ関係が成り立つ．前者の場合には l は融解熱であり，後者では昇華熱である（いずれも 1 分子あたり）．

問　題

2.1 例題 2 において，気相の体積変化の割合は，$(1/v')(dv'/dT) = \{1 - (l/kT)\}/T$ となることを示せ．ただし，気相は理想気体とし，$v' \gg v''$ と仮定せよ．

2.2 例題 2 において，気相と液相の 1 分子あたりの定圧比熱をそれぞれ c_p', c_p'' とすると，蒸気圧曲線上では，
$$c_p' - c_p'' = \frac{dl}{dT} - \frac{l}{T} + \frac{l}{v' - v''}\left\{\left(\frac{\partial v'}{\partial T}\right)_p - \left(\frac{\partial v''}{\partial T}\right)_p\right\}$$
という関係が成り立つことを証明せよ．また，気相が理想気体であり，しかも，$v' \gg v''$ である場合には，上の関係はどうなるか．

2.3 3 重点の近くでは，昇華曲線は蒸気圧曲線よりも温度軸に対して大きな傾斜をもつのが普通である（図 3.1 参照）この理由を説明せよ．

例題 3

一定量の純粋物質からなる体系の Helmholtz の自由エネルギーが温度 T と体積 V の関数として相 1 と 2 のおのおのについて知られているものとする．相 1 にあるときの Helmholtz の自由エネルギーを $A' \equiv A'(T,V)$ で表し，相 2 にあるときのものを $A'' \equiv A''(T,V)$ で表す．T を共通の一定値に保ち A' と A'' を V の関数として描いた 2 つのグラフが図 3.2 に示すようになる場合を考える．このとき，相 1 と 2 の間の転移は 2 つのグラフの共通接線を引くことによって定まることを示せ．

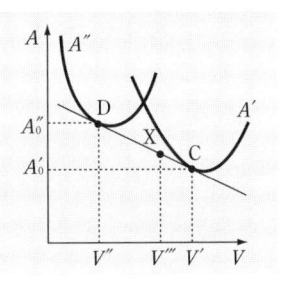

図 3.2　2 相間の転移

〔ヒント〕 基本事項の ◆純粋物質の 2 相間の平衡にある条件式を使う．

【解答】 圧力 p と Helmholtz の自由エネルギー A の間には $p = -(\partial A/\partial V)_T$ という関係があるから，T を一定に保ち A を V の関数としてグラフを描くと，圧力はこのグラフに引いた接線の勾配の符号を変えたものに等しい．したがって，図 3.2 で C と D における圧力をそれぞれ p', p'' とすると，CD が共通接線であることから，

$$p' = -\left(\frac{\partial A'}{\partial V}\right)_{T, V=V'} = -\left(\frac{\partial A''}{\partial V}\right)_{T, V=V''} \equiv p$$

が成り立つ．また，C と D における A' と A'' の値を A_0', A_0'' とすると，

$$p = -\frac{A_0'' - A_0'}{V'' - V'} \quad \therefore \quad A_0' + pV' = A_0'' + pV''$$

が得られる．この等式は C と D で Gibbs の自由エネルギーが等しいことを表す．一定量の物質を考えているから，これは C と D で化学ポテンシャルが等しいことを意味する．温度ははじめから等しいから，以上の結果により，C と D が 2 相間の転移を与えることになる．

問題

3.1 図 3.2 において，体積 V''' ($V'' < V''' < V'$) の状態 X の意味を考えよ．

3.2 Ehrenfest は "Gibbs の自由エネルギーの $(n-1)$ 次の導関数までが連続で，n 次導関数にはじめて有限の不連続が現れるような相転移" を n 次の相転移と定義した．純粋物質の相 1 と 2 の間がこの意味の 2 次の相転移である場合には，相平衡を保ちながら温度と圧力を変えるとき，次の関係式が成立することを導け．

$$\frac{dp}{dT} = \frac{c_p'' - c_p'}{vT(\beta'' - \beta')}, \quad \frac{dp}{dT} = \frac{\beta'' - \beta'}{\kappa_T'' - \kappa_T'} \quad (\text{Ehrenfest の式})$$

ここで，v と c_p は 1 分子あたりの体積と定圧比熱，$\beta \equiv (\partial v/\partial T)_p/v$ は体膨張率，$\kappa_T \equiv -(\partial v/\partial p)_T/v$ は等温圧縮率を表す．

例題 4

それぞれの分子数が N_1 と N_2 である 2 成分の理想溶液においては,各成分の化学ポテンシャル μ_1 と μ_2 は次の式で表される(第 2 章の例題 9).
$$\mu_\alpha = \mu_\alpha^0 + kT \log x_\alpha, \quad x_\alpha \equiv N_\alpha/(N_1+N_2) \quad (\alpha=1,2)$$
ここで,μ_1^0 と μ_2^0 は純粋液体の化学ポテンシャルである.この理想溶液がその蒸気と平衡にあり,蒸気は理想気体とみなせる場合には,蒸気の各成分の分圧 p_1 と p_2 は,純粋液体の飽和蒸気圧を p_1^0, p_2^0 として,
$$p_1 = x_1 p_1^0, \quad p_2 = x_2 p_2^0$$
と表されることを示せ.ただし,蒸気は十分希薄であるため,液体の 1 分子あたりの体積は気体の 1 分子あたりの体積に比べて無視できるものと仮定せよ.

〔ヒント〕 各成分の化学ポテンシャルは気相と液相で等しいことを使う.

【解答】 蒸気は理想気体であるから,気相における成分 1 の化学ポテンシャル μ_{1g} は,温度を T,ある標準の圧力を p_0 として,$\mu_{1g} = \varphi_1(T) + kT \log(p_1/p_0)$ で与えられる(第 2 章の問題 8.1).したがって,気相と液相の平衡条件 $\mu_{1g} = \mu_1$ により,
$$\varphi_1(T) + kT \log(p_1/p_0) = \mu_1^0(T,p) + kT \log x_1$$
が成り立つ.ここで,p は圧力である.$x_1 = 1$ のとき,$p_1 = p = p_1^0$ であるから,
$$\varphi_1(T) + kT \log(p_1^0/p_0) = \mu_1^0(T, p_1^0)$$
となる.この 2 つの式から,次の関係が得られる.
$$\frac{p_1}{p_1^0} = x_1 \exp\left[\frac{\mu_1^0(T,p) - \mu_1^0(T,p_1^0)}{kT}\right]$$
$\mu_1^0(T,p)$ を p_1^0 のまわりで展開して,1 次の項までとると,
$$\left|\frac{\mu_1^0(T,p) - \mu_1^0(T,p_1^0)}{kT}\right| \cong \frac{|p-p_1^0|}{kT}\left(\frac{\partial \mu_1^0}{\partial p}\right)_{T,p=p_1^0} = \frac{|p-p_1^0|}{p_1^0}\frac{v_1^0}{v_{1g}} \ll 1$$
となる.ここで,v_1^0 と v_{1g} は,温度 T と圧力 p_1^0 における液体と気体の 1 分子あたりの体積(どちらも成分 1 だけからなる)を表す.したがって,$p_1 = x_1 p_1^0$ である.成分 2 に対する $p_2 = x_2 p_2^0$ もまったく同様に導かれる.

〔注意〕 蒸気の分圧が溶液の濃度に比例することを **Raoult の法則** と呼ぶ.

問題

4.1 例題 4 において,蒸気にある各成分の分子数の割合を x_{1g} と x_{2g} ($x_{1g}+x_{2g}=1$),圧力を p とすると,$1/p = (x_{1g}/p_1^0) + (x_{2g}/p_2^0)$ が成り立つことを示せ.

4.2 分子数がそれぞれ $N_1,\cdots,N_\nu$ である溶液と平衡にある蒸気が十分に希薄で理想気体とみなせる場合,その分圧を $p_1,\cdots,p_\nu$ とすると,等温変化に対して次の関係が成り立つことを証明せよ.(**Duhem-Margules の関係式**).
$$\sum_{\alpha=1}^{\nu} x_\alpha d(\log p_\alpha) = 0, \quad x_\alpha \equiv N_\alpha/N, \quad N \equiv \sum_{\alpha=1}^{\nu} N_\alpha \quad (\alpha=1,\cdots,\nu)$$

例題 5

分子数が $N_1 \gg N_2$ を満足する 2 成分の希薄溶液では，化学ポテンシャルは
$$\mu_1 = \mu_1^0 + kT \log x_1, \quad \mu_2 = \overline{\mu}_2^0 + kT \log x_2,$$
$$x_\alpha \equiv N_\alpha/(N_1 + N_2) \quad (\alpha = 1, 2)$$
で表される（第 2 章の問題 9.1）．ここで，μ_1^0 は成分 1 の純粋液体の化学ポテンシャル，$\overline{\mu}_2^0$ は上式が $x_2 = 1$ まで成り立つとしたときの成分 2 の化学ポテンシャルである．この希薄溶液が成分 1 だけからなる純粋固体と，温度 T，圧力 p で平衡にあるとき，次の関係を導け．
$$T_0 - T = (kT_0^2/l_0)x_2 \quad \text{（凝固点降下に関する \textbf{van't Hoff} の法則）}$$
ただし，T_0 は成分 1 の純粋液体の凝固点，l_0 はそのときの 1 分子あたりの融解熱である．

〔ヒント〕 成分 1 の化学ポテンシャルは液相と固相とで等しい．

【解答】 成分 1 の純粋固体の化学ポテンシャルを $\mu_s \equiv \mu_s(T, p)$ とすると，
$$\mu_s(T, p) = \mu_1^0(T, p) + kT \log x_1 = \mu_1^0(T, p) + kT \log(1 - x_2)$$
$$\therefore \; k \log(1 - x_2) = \{\mu_s(T, p)/T\} - \{\mu_1^0(T, p)/T\} \quad (*)$$
が成り立つ．純粋液体の凝固点 T_0 は，上式で $x_2 = 0$ とおいて，$\mu_s(T_0, p) = \mu_1^0(T_0, p)$ から決定される．μ_s/T と μ_1^0/T を T_0 のまわりで展開して，1 次までとると，
$$\frac{\mu_s(T, p)}{T} - \frac{\mu_1^0(T, p)}{T} \cong (T - T_0) \left[\left\{ \frac{\partial}{\partial T}\left(\frac{\mu_s}{T}\right) \right\}_{p, T=T_0} - \left\{ \frac{\partial}{\partial T}\left(\frac{\mu_1^0}{T}\right) \right\}_{p, T=T_0} \right]$$
$$= (T - T_0)\{-(h_s/T_0^2) + (h_1^0/T_0^2)\} = (T - T_0)l_0/T_0^2$$
という関係が得られる．ただし，Gibbs-Helmholtz の式 $H/T^2 = -\{\partial(G/T)/\partial T\}_p$ を 1 分子あたりに対して使い，固体と液体の 1 分子あたりのエンタルピーを h_s, h_1^0 とすると，1 分子あたりの融解熱 l_0 は $l_0 = h_1^0 - h_s$ となることを使った．$x_2 \ll 1$ であるから，$\log(1 - x_2) \cong -x_2$ である．以上の結果を $(*)$ の両辺に代入することにより，$(T_0 - T)$ に対する求める表式が直ちに導かれる．

問 題

5.1 例題 5 において，純粋固体の代りに，この希薄溶液が成分 1 だけからなる純粋気体と平衡にある場合には，沸点上昇を表す次の関係が導かれることを示せ．
$$T - T_0 = (kT_0^2/l_0)x_2$$
ここで，T_0 は純粋液体の沸点，l_0 は 1 分子あたりの蒸発熱である．

5.2 問題 5.1 において，希薄溶液と平衡にある純粋気体が成分 2 だけからなる場合には，圧力を p とすると，$x_2 = Cp$（C は温度の関数で圧力にはよらない）という関係が成り立つことを示せ（**Henry** の法則）．ただし，気体は理想気体とみなせるものとする．

例題 6

成分1（溶媒）と成分2（溶質）からなる2成分の溶液が，溶媒は通すが溶質は通さないような半透膜を隔てて，成分1だけからなる純溶媒と温度 T で平衡にある（図3.3）．溶媒が半透膜を透過して溶液中に浸透するのをとめて平衡を保つため溶液の圧力 p は純溶媒の圧力 p_0 より高くなっている．$\pi \equiv p - p_0$ を**浸透圧**という．溶液が希薄溶液（例題5参照）である場合には，浸透圧 π は次の式で与えられることを示せ．

$$\pi = N_2 kT/V \quad （浸透圧に関する \text{ van't Hoff } の法則）$$

ここで，V は溶液の体積，N_2 は溶液における溶質の分子数である．

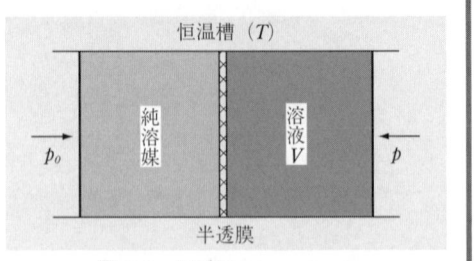

図3.3 浸透圧 $\pi \equiv p - p_0$

〔ヒント〕 成分1（溶媒）の化学ポテンシャルは純溶媒と溶液とで等しい．

【解答】 温度 T, 圧力 p における純溶媒の化学ポテンシャルを $\mu_1^0(T,p)$ とすると，例題5に与えられている希薄溶液の化学ポテンシャルの表式を使って，成分1の化学ポテンシャルが純溶媒と溶液とで等しいという平衡条件から，

$$\mu_1^0(T, p_0) = \mu_1^0(T, p) + kT \log x_1 = \mu_1^0(T, p) + kT \log(1 - x_2) \cong \mu_1^0(T, p) - kTx_2$$

$$\therefore \quad kTx_2 = \mu_1^0(T, p) - \mu_1^0(T, p_0) \qquad (*)$$

が得られる．$\pi \equiv p - p_0$ は小さいとして，$\mu_1^0(T, p_0) = \mu_1^0(T, p - \pi)$ を $\pi = 0$ のまわりで展開し，その1次までとると，

$$\mu_1^0(T, p) - \mu_1^0(T, p_0) \cong \pi (\partial \mu_1^0 / \partial p)_T = \pi v_1^0$$

となる．ここで，v_1^0 は1分子あたりの溶媒の体積を表す．溶液における溶媒の分子数を N_1 とすると，$N_1 \gg N_2$ であるから，

$$x_2 \equiv N_2/(N_1 + N_2) \cong N_2/N_1, \quad N_1 v_1^0 \cong V$$

である．これらの事実を (*) に使うと，浸透圧の表式が次のようにして得られる．

$$\pi \cong kTx_2/v_1^0 \cong N_2 kT/(N_1 v_1^0) \cong N_2 kT/V$$

〔注意〕 例題6の浸透圧の表式は理想気体の状態方程式と同じ形である．

問　題

6.1 一般の2成分溶液において，溶媒（成分1）の化学ポテンシャル μ_1 は純溶媒の化学ポテンシャルを μ_1^0 として，$\mu_1 = \mu_1^0(T,p) + kT \log a_1$ と表される（a_1 を溶媒の**活動度**という）．この溶液の浸透圧 π と問題5.1の沸点上昇 ΔT は，$\pi v_1^0 = l_0 \Delta T/T_0 = -kT_0 \log a_1$ で与えられることを示せ．ただし，T_0 は純溶媒の沸点，v_1^0 と l_0 は純溶媒の1分子あたりの体積と蒸発熱である．

3.2 種々の体系の熱力学

いままでは準静的過程で体系になされる仕事が $d'W = -pdV$ である場合を考えてきたが，一般には仕事がこの式で与えられるとは限らない．このような場合も含めて，熱力学の一般的な形式に関することをここでまとめておく．ただし，体系に電場または磁場が働いている場合の公式は，統計力学の関係式とともに，6.3 の基本事項にまとめてある．

◆ **内部エネルギーの一般の形式** 体系の状態は，エントロピー S と t 個の示量性の状態変数 $X_1, \cdots, X_t$ によって記述できるものとする．式を簡単にするため，$S \equiv X_0$ と書く．準静的な微小変化に対する体系の内部エネルギー E の変化 dE は，

$$dE = \sum_{k=0}^{t} P_k dX_k, \quad P_k = \frac{\partial E}{\partial X_k} \quad (k = 0, 1, \cdots, t) \quad (X_0 \equiv S, P_0 \equiv T)$$

と表される．ここで，T は温度である．簡単のため，偏微分で一定に保つ量を指定する添字は省略する．X が体積 V のときには対応する P は $-p$（p は圧力）であり，X が分子数 N_α のときには P は化学ポテンシャル μ_α である．

◆ **Gibbs-Duhem の式** E は $\{X_0, X_1, \cdots, X_t\}$ の関数として 1 次の同次式でなければならないことから，次の関係が導かれる．

$$E = \sum_{k=0}^{t} P_k X_k, \quad \sum_{k=0}^{t} X_k dP_k = 0$$

このうち，2 番目の関係は一般の **Gibbs-Duhem の式**である．

◆ **Legendre 変換** $s < t$ のとき，$E[P_0, P_1, \cdots, P_s]$ を次の式で定義する．

$$E[P_0, P_1, \cdots, P_s] \equiv E - \sum_{k=0}^{s} P_k X_k \quad (s < t)$$

この関数の自然な独立変数は $\{P_0, P_1, \cdots, P_s, X_{s+1}, \cdots, X_t\}$ であり，

$$dE[P_0, P_1, \cdots, P_s] = \sum_{k=0}^{s} (-X_k) dP_k + \sum_{k=s+1}^{t} P_k dX_k$$

という関係が成り立つ．このように，Legendre 変換（第 2 章の例題 1 参照）により，内部エネルギー E から種々の熱力学関数 $E[P_0, P_1, \cdots, P_s]$ が定義される．

◆ **Maxwell の関係式** $E[P_0, P_1, \cdots, P_s]$ の 2 次の偏導関数で微分の順序を変えることにより，次のような一般の **Maxwell の関係式**が導かれる．

$$\frac{\partial X_j}{\partial P_k} = \frac{\partial X_k}{\partial P_j} \quad (j, k \leq s), \quad \frac{\partial X_j}{\partial X_k} = -\frac{\partial P_k}{\partial P_j} \quad (j \leq s, k > s),$$

$$\frac{\partial P_j}{\partial X_k} = \frac{\partial P_k}{\partial X_j} \quad (j, k > s)$$

これらの偏微分はいずれも独立変数を $\{P_0, P_1, \cdots, P_s, X_{s+1}, \cdots, X_t\}$ に選んだときのものである．

例題 7

基本事項の◆内部エネルギーの一般の形式において，X_k を微小量 δX_k ($k = 0, 1, \cdots, t$) だけ変えたときの内部エネルギーの 2 次変分 $\delta^2 E$ は

$$\delta^2 E \equiv \frac{1}{2} \sum_{j=0}^{t} \sum_{k=0}^{t} E_{jk} \delta X_j \delta X_k, \qquad E_{jk} \equiv \frac{\partial^2 E}{\partial X_j \partial X_k} = \frac{\partial P_k}{\partial X_j} = \frac{\partial P_j}{\partial X_k}$$

で定義される．体系が熱平衡状態にあるときには，すべての δX_k が 0 でない限り，$\delta^2 E$ は常に正でなければならないことが知られている．

(1) 基本事項の◆Legendre 変換で定義されている $E[P_0, P_1, \cdots, P_s]$ を $\Psi^{(s)}$ と書くと，$\delta^2 E$ は次の形に表されることを示せ．

$$\delta^2 E = \frac{1}{2} \left\{ \frac{1}{E_{00}} (\delta P_0)^2 + \sum_{j=1}^{t} \sum_{k=1}^{t} \Psi_{jk}^{(0)} \delta X_j \delta X_k \right\}, \qquad \Psi_{jk}^{(0)} \equiv \frac{\partial^2 \Psi^{(0)}}{\partial X_j \partial X_k}$$

(2) (1) の手続きを繰り返して，$\delta^2 E$ の表式から $\delta X_0, \delta X_1, \cdots, \delta X_{t-1}$ を消去することにより，次の不等式が成立することを示せ．

$$\left(\frac{\partial P_0}{\partial X_0} \right)_{X_1, \cdots, X_t} \equiv \left(\frac{\partial T}{\partial S} \right)_{X_1, \cdots, X_t} > 0, \qquad \left(\frac{\partial P_k}{\partial X_k} \right)_{T, P_1, \cdots, P_{k-1}, X_{k+1}, \cdots, X_t} > 0$$
$$(k = 1, 2, \cdots, t-1)$$

【解答】(1) δX_0 を含む項を抜き出して書くと，$\delta^2 E$ は次のように表される．

$$\delta^2 E = \frac{1}{2} \left\{ E_{00} (\delta X_0)^2 + 2 \sum_{k=1}^{t} E_{0k} \delta X_0 \delta X_k + \sum_{j=1}^{t} \sum_{k=1}^{t} E_{jk} \delta X_j \delta X_k \right\}$$

$\delta P_0 \equiv E_{00} \delta X_0 + \sum_{k=1}^{t} E_{0k} \delta X_k$ であるから，$(\delta P_0)^2$ を作って上式から δX_0 を消去すると，

$$\delta^2 E = \frac{1}{2} \left\{ \frac{1}{E_{00}} (\delta P_0)^2 + \sum_{j=1}^{t} \sum_{k=1}^{t} \left(E_{jk} - \frac{E_{0j} E_{0k}}{E_{00}} \right) \delta X_j \delta X_k \right\}$$

となる．ところが，P_0 を一定に保つような偏微分に対しては，$j, k = 1, \cdots, t$ のときに，

$$\frac{\partial^2 \Psi^{(0)}}{\partial X_j \partial X_k} = \frac{\partial P_k}{\partial X_j} = \frac{\partial^2 E}{\partial X_j \partial X_k} + \frac{\partial^2 E}{\partial X_0 \partial X_k} \frac{\partial X_0}{\partial X_j} = E_{jk} + E_{0k} \left(-\frac{E_{0j}}{E_{00}} \right) = E_{jk} - \frac{E_{0j} E_{0k}}{E_{00}}$$

という関係が得られるので，これを上式に代入することにより，求める表式が導かれる．

(2) (1) で得られた $\delta^2 E$ の表式から出発する．$P_1 = \partial \Psi^{(0)} / \partial X_1$ であるから，

$$\delta P_1 = \frac{\partial^2 \Psi^{(0)}}{\partial P_0 \partial X_1} \delta P_0 + \sum_{k=1}^{t} \Psi_{1k}^{(0)} \delta X_k$$

となる．したがって，P_0 を一定に保つときの P_1 の変化を $\delta P_1^{(0)}$ で表すと，

$$\delta P_1^{(0)} = \sum_{k=1}^{t} \Psi_{1k}^{(0)} \delta X_k = \Psi_{11}^{(0)} \delta X_1 + \sum_{k=2}^{t} \Psi_{1k}^{(0)} \delta X_k$$

である．(1) で δX_0 を消去したのとまったく同様に，$\delta P_1^{(0)}$ を使って δX_1 を $\delta^2 E$ の表式から消去すると次のようになる．

$$\delta^2 E = \frac{1}{2} \left\{ \frac{1}{E_{00}} (\delta P_0)^2 + \frac{1}{\Psi_{11}^{(0)}} (\delta P_1^{(0)})^2 + \sum_{j=2}^{t} \sum_{k=2}^{t} \left(\Psi_{jk}^{(0)} - \frac{\Psi_{1j}^{(0)} \Psi_{1k}^{(0)}}{\Psi_{11}^{(0)}} \right) \delta X_j \delta X_k \right\}$$

$\Psi^{(1)} = \Psi^{(0)} - P_1 X_1$ であるから，P_0 と P_1 を一定に保つ偏微分に対して，

$$\frac{\partial^2 \Psi^{(1)}}{\partial X_j \partial X_k} = \frac{\partial P_k}{\partial X_j} = \frac{\partial^2 \Psi^{(0)}}{\partial X_j \partial X_k} + \frac{\partial^2 \Psi^{(0)}}{\partial X_1 \partial X_k} \frac{\partial X_1}{\partial X_j} = \Psi_{jk}^{(0)} + \Psi_{1k}^{(0)} \left(-\frac{\Psi_{1j}^{(0)}}{\Psi_{11}^{(0)}} \right)$$

$$(j, k = 2, \cdots, t)$$

が成り立つ．したがって，$\delta^2 E$ の表式は次のように書ける．

$$\delta^2 E = \frac{1}{2} \left\{ \frac{1}{E_{00}} (\delta P_0)^2 + \frac{1}{\Psi_{11}^{(0)}} (\delta P_1^{(0)})^2 + \sum_{j=2}^{t} \sum_{k=2}^{t} \Psi_{jk}^{(1)} \delta X_j \delta X_k \right\}, \qquad \Psi_{jk}^{(1)} \equiv \frac{\partial^2 \Psi^{(1)}}{\partial X_j \partial X_k}$$

この手続きを次々に行なって δX_{t-1} まで消去すると，$\delta^2 E$ の表式は次のようになる．

$$\delta^2 E = \frac{1}{2} \left\{ \frac{1}{E_{00}} (\delta P_0)^2 + \sum_{k=1}^{t-1} \frac{1}{\Psi_{kk}^{(k-1)}} (\delta P_k^{(k-1)})^2 + \Psi_{tt}^{(t-1)} (\delta X_t)^2 \right\} \qquad (*)$$

ここで，$\delta P_k^{(j)} (j < k)$ は，$P_0, P_1, \cdots, P_j$ を一定に保つときの P_k の微小変化を表し，

$$\Psi_{kk}^{(k-1)} \equiv \frac{\partial^2 \Psi^{(k-1)}}{\partial X_k^2} = \left(\frac{\partial P_k}{\partial X_k} \right)_{P_0, P_1, \cdots, P_{k-1}, X_{k+1}, \cdots, X_t} \qquad (k = 1, \cdots, t)$$

である．ところが，$E = \sum_{k=0}^{t} P_k X_k$ を使うと，$\Psi^{(t-1)} = P_t X_t$ であるから，

$$P_t = \frac{\partial \Psi^{(t-1)}}{\partial X_t} = P_t + X_t \frac{\partial P_t}{\partial X_t} \qquad \therefore \frac{\partial P_t}{\partial X_t} = \Psi_{tt}^{(t-1)} = 0$$

となり，結局，$\delta^2 E$ の表式は次のように書けることになる．

$$\delta^2 E = \frac{1}{2} \left\{ \frac{1}{E_{00}} (\delta P_0)^2 + \sum_{k=1}^{t-1} \frac{1}{\Psi_{kk}^{(k-1)}} (\delta P_k^{(k-1)})^2 \right\}$$

体系が熱平衡状態にあるときには常に $\delta^2 E > 0$ でなければならないから，上の表式で $(\delta P_0)^2, (\delta P_k^{(k-1)})^2 \ (k = 1, \cdots, t-1)$ の係数は正でなければならない．このことから，直ちに求める不等式が導かれる．

〔注意〕 例題 7 では Gibbs-Duhem の式が成り立つ場合（$\delta^2 E$ を定義する 2 次形式の係数から作られる $(t+1)$ 行，$(t+1)$ 列の行列式の値が 0 となる場合）について成り立つ不等式を導いた．Gibbs-Duhem の式が存在しないような場合 (たとえば，閉じた系だけを考える場合) には，例題 7 の（2）の不等式は $k = t$ に対しても成立する．

問 題

7.1 （1）$dE = TdS - pdV$ と（2）$dE = TdS - pdV + \mu dN$ の場合に例題 7 の結果を適用し，それぞれの場合に体系が熱平衡状態にあるための条件を調べよ．

7.2 体系が熱平衡状態にあるときに，不等式（1）$\partial P_k / \partial X_k > 0 \ (k = 0, 1, \cdots, t)$ と (2)$\partial X_k / \partial P_k > 0 \ (k = 0, 1, \cdots, s), \quad \partial P_k / \partial X_k > 0 \ (k = s+1, \cdots, t)$ を導け．ただし，(2) では独立変数は $\{P_0, P_1, \cdots, P_s, X_{s+1}, \cdots, X_t\}$ であるものとする．

例題 8

張られた針金またはゴム糸を考え,その張力を σ,長さを L とする.温度 T を一定に保ちながら準静的に張力を $d\sigma$ だけ増すとき,外から入ってくる熱量 $d'Q$ は次の式で与えられることを示せ.
$$d'Q = TL\lambda d\sigma, \qquad \lambda \equiv (\partial L/\partial T)_\sigma / L$$
ここで,λ は線膨張率を表す.

〔ヒント〕 外からの仕事は $d'W = \sigma dL$ であるから,準静的過程に対する内部エネルギーの変化の式 $dE = TdS + \sigma dL$ が出発点となる.

【解答】 熱力学第 1 法則 $dE = d'Q + d'W$ において,準静的な微小変化に対しては,$d'Q = TdS, d'W = \sigma dL$ となることを使うと,次の関係式が得られる.
$$dE = TdS + \sigma dL$$
Gibbs の自由エネルギー G を,$G \equiv E - TS - \sigma L$ によって定義すると,
$$dG = dE - TdS - SdT - \sigma dL - Ld\sigma = -SdT - Ld\sigma$$
が成り立つ.したがって,次の関係が導かれる.
$$S = -\left(\frac{\partial G}{\partial T}\right)_\sigma, \quad L = -\left(\frac{\partial G}{\partial \sigma}\right)_T \quad \therefore \quad \left(\frac{\partial S}{\partial \sigma}\right)_T = -\frac{\partial^2 G}{\partial \sigma \partial T} = \left(\frac{\partial L}{\partial T}\right)_\sigma \equiv L\lambda$$
エントロピー S を T と σ の関数と考えると,
$$TdS = T\left(\frac{\partial S}{\partial T}\right)_\sigma dT + T\left(\frac{\partial S}{\partial \sigma}\right)_T d\sigma = T\left(\frac{\partial S}{\partial T}\right)_\sigma dT + T\left(\frac{\partial L}{\partial T}\right)_\sigma d\sigma$$
$$= C_\sigma dT + TL\lambda d\sigma \qquad (*)$$
となる.ここで,$C_\sigma \equiv T(\partial S/\partial T)_\sigma$ は,張力 σ を一定に保つときの比熱を表す.

準静的過程で外から入ってくる熱量 $d'Q$ は $d'Q = TdS$ で与えられるから,等温変化の場合には $(*)$ で $dT = 0$ として,$d'Q = TL\lambda d\sigma$ となる.

〔注意〕 針金の場合には通常 $\lambda > 0$ であり,温度一定で張力を増すとき外から熱を吸収する.ゴム糸の場合には $\lambda < 0$ であるから,反対に外に熱を放出する.

問題

8.1 例題 8 において,断熱準静的に張力を増すときの温度変化を調べよ.

8.2 例題 8 において,次の不等式が成り立つことを証明せよ.
$$\left(\frac{\partial T}{\partial S}\right)_L > 0, \quad \left(\frac{\partial \sigma}{\partial L}\right)_T > 0$$

〔ヒント〕 例題 7 の結果およびその解答にある〔注意〕を使う.

8.3 L 一定の比熱を $C_L \equiv T(\partial S/\partial T)_L$ として,次の関係を導け.
$$C_L > 0, \quad C_\sigma - C_L = T\left(\frac{\partial \sigma}{\partial L}\right)_T \left\{\left(\frac{\partial L}{\partial T}\right)_\sigma\right\}^2 \geq 0$$

3.2 種々の体系の熱力学

━━ 例題 9 ━━

図 3.4 に示すように，針金の枠に石けん膜を張り枠の 1 辺 LM（長さ l）は働くことができるようにしておく．枠 LM を静止させるためには，石けん膜の表面を拡げる向きに $2l\gamma$ だけの力を要する．因数 2 がつくのは表面が裏，表の両方にあるからである．γ は単位長さあたりの力で，**表面張力**と呼ばれる．LM を dx だけ動かすのには $2l\gamma dx$ の仕事を必要とするが，$2ldx$ は石けん膜の表面積の増加に等しいからこれを $d\Sigma$ と書くと，仕事は $d'W = \gamma d\Sigma$ と表される．

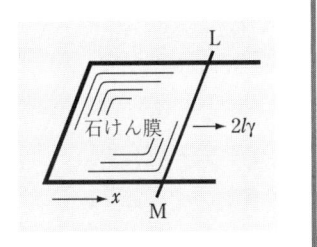

図 3.4 表面張力による力

γ は単位表面積あたりの Helmholtz の自由エネルギーに等しいこと，および単位表面積あたりの内部エネルギーは $\gamma - T(d\gamma/dT)$（T は温度）に等しいことを示せ．

〔ヒント〕 熱力学第 1 法則と第 2 法則をまとめたものは $dE = TdS + \gamma d\Sigma$ となる．

【解答】 Helmholtz の自由エネルギーを $A \equiv E - TS$ とすると，$dE = TdS + \gamma d\Sigma$ から

$$dA = -SdT + \gamma d\Sigma \quad \therefore \ S = -\left(\frac{\partial A}{\partial T}\right)_\Sigma, \ \gamma = \left(\frac{\partial A}{\partial \Sigma}\right)_T, \left(\frac{\partial S}{\partial \Sigma}\right)_T = -\left(\frac{\partial \gamma}{\partial T}\right)_\Sigma$$

という関係が得られる．$A = A(T, \Sigma)$ であるが，温度一定の下で表面積を λ 倍にすれば A も λ 倍になるはずである．すなわち，$A(T, \lambda\Sigma) = \lambda A(T, \Sigma)$ が成り立つ．この式の両辺を λ で微分してから $\lambda = 1$ とおけば，

$$A = (\partial A/\partial \Sigma)_T \Sigma = \gamma \Sigma \quad \therefore \ \gamma = A/\Sigma$$

が得られる．したがって，γ は単位表面積あたりの Helmholtz の自由エネルギーに等しい．$\gamma = (\partial A/\partial \Sigma)_T$ に $A = \gamma\Sigma$ を代入すると，$(\partial \gamma/\partial \Sigma)_T = 0$ が得られる．すなわち，γ は Σ に無関係で温度 T だけの関数である．エントロピーは $S = -\{\partial(\gamma\Sigma)/\partial T\}_\Sigma = -(d\gamma/dT)\Sigma$ で与えられるから，内部エネルギーは

$$E = A + TS = \{\gamma - T(d\gamma/dT)\}\Sigma$$

となり，$\gamma - T(d\gamma/dT)$ は単位表面積あたりの内部エネルギーに等しい．

〔注意〕 例題 9 は表面張力の極めて初等的な取扱いの一例を示すものにすぎない．

問　題

9.1 例題 9 において，温度一定で石けん膜の表面積を準静的に $\Delta\Sigma$ だけ増すとき，石けん膜に入ってくる熱量を求めよ．また，断熱で準静的に表面積を変化させるときの温度変化はどうなるか．

9.2 問題 8.2 の第 2 の不等式に相当する不等式 $(\partial \gamma/\partial \Sigma)_T > 0$ は例題 9 では成り立っていない．どうしてか．

---**例題 10**---

r 種類の分子 $Z_1,\cdots,Z_r$ からなる混合理想気体が温度 T, 圧力 p の状態にある．それぞれの分子数を $N_1,\cdots,N_r$ とする．これらの気体は化学変化を行なうことができて，その化学反応式は $\sum_{i=1}^{r}\nu_i Z_i = 0$ という形で表されるものとする．たとえば，水素と沃素が沃化水素になる反応またはその逆の反応 $H_2 + I_2 \rightleftarrows 2HI$ の場合には，$H_2 + I_2 - 2HI = 0$ と表し，$Z_1 = H_2, \nu_1 = 1, Z_2 = I_2, \nu_2 = 1, Z_3 = HI, \nu_3 = -2$ である．この体系が熱平衡状態にあるときには，次の関係式が成立することを示せ（**質量作用の法則**）．

$$\prod_{i=1}^{r} x_i^{\nu_i} = K_p(T), \quad x_i \equiv \frac{N_i}{N} \quad (i=1,\cdots,r), \quad N \equiv \sum_{i=1}^{r} N_i$$

$$K_p(T) = \Psi(T)\left(\frac{p}{p_0}\right)^{-\nu}, \quad \nu \equiv \sum_{i=1}^{r} \nu_i$$

ここで，$\Psi(T)$ は T だけのある関数，p_0 はある標準の圧力を表す．($K_p(T)$ は**平衡定数**と呼ばれる．)

〔ヒント〕 体系の Gibbs の自由エネルギーを G とすると，等温等圧のときの平衡条件は $\delta G = 0$ である．また，化学反応による分子数の仮想変化 $\delta N_1,\cdots,\delta N_r$ に対しては $\delta N_1/\nu_1 = \cdots = \delta N_r/\nu_r$ という関係が成り立つ．

【解答】 化学反応は場所によらず空間的に一様に起こっていると仮定する．化学反応による分子数の仮想変化を $\delta N_1,\cdots,\delta N_r$ とすると，

$$\frac{\delta N_1}{\nu_1} = \cdots = \frac{\delta N_r}{\nu_r} \equiv \delta\lambda \quad \therefore \quad \delta N_i = \nu_i \delta\lambda \quad (i=1,\cdots,r)$$

となり，$\delta\lambda$ は場所によらない任意の微小量である．i 番目の成分の化学ポテンシャルを μ_i とすると $(i=1,\cdots,r)$, 等温等圧のときの平衡条件 $\delta G = 0$ により,

$$\delta G = \sum_{i=1}^{r}\left(\frac{\partial G}{\partial N_i}\right)_{T,p,N_j(j\neq i)} \delta N_i = \sum_{i=1}^{r}\mu_i \delta N_i = \left(\sum_{i=1}^{r}\nu_i \mu_i\right)\delta\lambda = 0$$

$$\therefore \quad \sum_{i=1}^{r}\nu_i \mu_i = 0 \qquad (*)$$

が，化学反応に対する平衡条件として得られる．

いま考えている気体は混合理想気体であるから，化学ポテンシャルは

$$\mu_i = \varphi_i(T) + kT\log(p/p_0) + kT\log x_i \quad (i=1,\cdots,r)$$

で与えられる（第 2 章例題 8 参照）．この μ_i の表式を上の平衡条件式 $(*)$ に代入すると，次の関係式が得られる．

$$\sum_{i=1}^{r}\nu_i\left\{\varphi_i(T) + kT\log\left(\frac{p}{p_0}\right) + kT\log x_i\right\} = 0 \quad \therefore \quad \sum_{i=1}^{r}\nu_i \log x_i = \log K_p(T) \quad (**)$$

ただし，$K_p(T)$ は

$$\log K_p(T) \equiv -\frac{1}{kT} \sum_{i=1}^{r} \nu_i \left\{ \varphi_i(T) + kT \log \left(\frac{p}{p_0} \right) \right\} \qquad (***)$$

によって定義される量であるが，次のように変形される．

$$\log K_p(T) = -\frac{1}{kT} \sum_{i=1}^{r} \nu_i \varphi_i(T) - \nu \log \left(\frac{p}{p_0} \right)$$

$$\therefore \quad K_p(T) = \Psi(T) \left(\frac{p}{p_0} \right)^{-\nu}, \quad \log \Psi(T) \equiv -\frac{1}{kT} \sum_{i=1}^{r} \nu_i \varphi_i(T)$$

この結果と (**) によって求める関係式が得られる．

〔注意〕 化学反応の進む向きを考える場合には，反応分子に対する ν_i は負，生成分子に対する ν_i は正に選ぶ．反応が進むことによる分子数の変化を $dN_1, \cdots, dN_r$ とすると，

$$\frac{dN_1}{\nu_1} = \cdots = \frac{dN_r}{\nu_r} \equiv d\lambda \quad \therefore \quad dN_i = \nu_i d\lambda \quad (i=1,\cdots,r)$$

が成り立つ．λ は反応の進みを表す量である．反応が進むことによる G の変化 dG は，

$$dG = \sum_{i=1}^{r} \left(\frac{\partial G}{\partial N_i} \right)_{T,p,N_j(j\neq i)} dN_i = \left(\sum_{i=1}^{r} \nu_i \mu_i \right) d\lambda \equiv \Delta\mu d\lambda, \quad \Delta\mu \equiv \sum_{i=1}^{r} \nu_i \mu_i$$

で表される．平衡状態では上の解答中の (*) によって $\Delta\mu = 0$，したがって $dG/d\lambda = 0$ である．平衡状態の付近で反応が進むことによる体系のエンタルピーの変化を dH とすると，G と H の関係を使うことにより，$dH/d\lambda$ は次のように表される．

$$\frac{dH}{d\lambda} = \frac{dG}{d\lambda} - T \left(\frac{\partial}{\partial T} \frac{dG}{d\lambda} \right)_{p,N_1,\cdots,N_r} = -T \left(\frac{\partial \Delta\mu}{\partial T} \right)_{p,N_1,\cdots,N_r} \equiv \Delta h$$

ただし，平衡状態では $dG/d\lambda = \Delta\mu = 0$ となることを使った．$dH/d\lambda$ は**反応熱**を表し，吸熱反応では正，発熱反応では負である．

問 題

10.1 例題 10 において，定圧比熱が温度によらないような理想気体の混合である場合には，平衡定数 $K_p(T)$ は次の形に表されることを示せ．

$$K_p(T) = A \left(\frac{T}{T_0} \right)^B \exp \left\{ C \left(\frac{T_0}{T} \right) \right\} \left(\frac{p}{p_0} \right)^{-\nu}$$

（A, B, C は定数，T_0 はある標準の温度）

10.2 例題 10 で，気体 i が単独で温度 T，圧力 p の状態にあるときの 1 分子あたりのエンタルピーを h_i とするとき，次の関係式を導け．

$$(\partial \log K_p(T)/\partial T)_p = \Delta h/kT^2, \quad \Delta h \equiv \sum_{i=1}^{r} \nu_i h_i$$

10.3 例題 10 の反応が等温等積（温度 T，体積 V）で行なわれるとき，平衡状態では，

$$\prod_{i=1}^{r} \rho_i^{\nu_i} = K_c(T), \quad \rho_i \equiv \frac{N_i}{V}$$

が成り立ち，$K_c(T)$ は温度だけの関数になることを証明せよ．

例題 11

図3.5は **Daniell**（ダニエル）電池を示す．素焼きの陶器からなる壁で分けられた容器の一方（A）に $CuSO_4$ の飽和溶液をその結晶と共存させ，他方（B）には $ZnSO_4$ の飽和溶液をその結晶と共存させておき，それぞれに Cu（銅）と Zn（亜鉛）の電極を浸しておく．電池内で図の矢印の向きに電流が流れるときには，A内では電極のCuが溶けて溶液中の H_2SO_4 と反応して，

$Cu + H_2SO_4 \rightarrow CuSO_4 + H_2$

となり，$CuSO_4$ を析出し，水素は壁を通ってBに入り，

$H_2 + ZnSO_4 \rightarrow H_2SO_4 + Zn$

という反応によって Zn が析出し，Bの電極に付着する．2つの反応を加えると，

$$Cu + ZnSO_4 \rightarrow CuSO_4 + Zn \qquad (*)$$

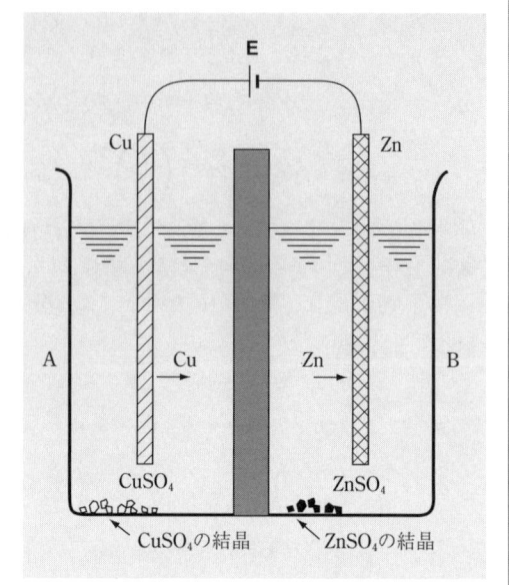

図 3.5 Daniell 電池

となるから，Cuが溶解してZnが析出する反応が起こると考えてよい．電流が逆の向きに流れると，Znが溶解してCuが析出し，元に戻る．このような電池を**可逆電池**という．回路を開いた状態ではCuの電極の方がZnよりおよそ1.1ボルトだけ電位が高くなる．これをこの電池の起電力と呼び，**E**で表す．電池の外で両方の電極を導線でつなぐと電流が流れるが，これが流れないようにするためには，図に示すように，電池の起電力を打ち消すような電源を入れればよい．この電源の起電力を加減することにより，電池内に Cu → Zn の方向にも，Zn → Cu の方向にも電流を流すことができる．導線の電気抵抗を十分大きくしておけば流れる電流の強さはいくらでも小さくなるから，Joule熱を無視することができる．この場合には，電荷を準静的に移動させることが可能になる．

温度 T を一定に保ったまま，電池の外で Zn の電極から Cu の電極へ微小な電気量 dZ を準静的に移動させるとき，電池が吸収する熱量 $d'Q$ は

$$d'Q = -T(d\mathbf{E}/dT)dZ$$

で与えられることを示せ．ただし，電池の体積変化はないものとし，電池の起電力 **E** は温度だけの関数であると仮定する．

[ヒント] 電気量が移動するとき外の電源が電池になす仕事は $\mathbf{E}dZ$ である．

【解答】 電池の内部エネルギーとエントロピーの変化をそれぞれ dE, dS とすると，仮定により，外から電池に対する仕事 $d'W$ は外の電源のなす仕事 $\mathbf{E}dZ$ だけであるから熱力学第1法則と第2法則を合わせたものは

$$dE = TdS + \mathbf{E}dZ$$

と表される．Helmholtz の自由エネルギー A を $A = E - TS$ によって定義すると，

$$dA = -SdT + \mathbf{E}dZ \quad \therefore \quad S = -\left(\frac{\partial A}{\partial T}\right)_Z, \quad \mathbf{E} = \left(\frac{\partial A}{\partial Z}\right)_T$$

が得られる．したがって，Maxwell の関係式として，

$$\left(\frac{\partial S}{\partial Z}\right)_T = -\left(\frac{\partial \mathbf{E}}{\partial T}\right)_Z = -\frac{d\mathbf{E}}{dT}$$

が成り立つ．ここで，2番目の等式は $\mathbf{E}$ が温度 T だけの関数であるという仮定による．T と Z を独立変数にすると，エントロピーの変化 dS は次のように表される．

$$dS = \left(\frac{\partial S}{\partial T}\right)_Z dT + \left(\frac{\partial S}{\partial Z}\right)_T dZ = \frac{C_Z}{T}dT - \frac{d\mathbf{E}}{dT}dZ, \quad C_Z \equiv T\left(\frac{\partial S}{\partial T}\right)_Z$$

ここで，C_Z は電流を通さないときの電池の比熱（熱容量）である．等温変化に対しては上式で $dT = 0$ として，電池が吸収する熱量 $d'Q$ は次のようになる．

$$d'Q = TdS = -T\frac{d\mathbf{E}}{dT}dZ$$

[注意] 電池の外で Zn の電極から Cu の電極へ正の電荷が移動するときには，電池の内部では例題文中にある (*) という化学反応が起こっている．ZnSO$_4$ と CuSO$_4$ は溶液中ではどちらもイオンに解離しているから，この反応は次のものと同じである．

$$\mathrm{Cu} + \mathrm{Zn}^{++} \to \mathrm{Zn} + \mathrm{Cu}^{++}$$

問　題

11.1 例題 11 において，ΔZ の電荷が電池の外で Zn の電極から Cu の電極へ等温準静的に移動するとき，電池の内部エネルギーの変化 ΔE は

$$\Delta E = \left(\mathbf{E} - T\frac{d\mathbf{E}}{dT}\right)\Delta Z$$

で与えられることを示せ．

11.2 例題 11 の Daniell 電池の起電力 $\mathbf{E}$ は次の式で与えられることを示せ．

$$\mathbf{E} = \frac{N_A}{2F}\Delta\mu, \quad \Delta\mu \equiv \mu_{\mathrm{Cu}^{++}} - \mu_{\mathrm{Cu}} + \mu_{\mathrm{Zn}} - \mu_{\mathrm{Zn}^{++}}$$

ここで，N_A は Avogadro 数，F は Faraday 定数（1価の正イオン1モルのもつ電気量，$F \fallingdotseq 9.65 \times 10^4 \mathrm{C \cdot mol}^{-1}$）であり，$\mu_{\mathrm{Cu}}$ と $\mu_{\mathrm{Cu}^{++}}$ はそれぞれ Cu と Cu^{++} の化学ポテンシャルを表し，μ_{Zn} と $\mu_{\mathrm{Zn}^{++}}$ も同様である．

例題 12

2種類の金属 A と B を連結して電流を流すとき，連結点において熱の吸収または発生が起こる（**Peltier 効果**）．単位の電流が A から B に流れるとき単位時間に吸収される熱量を Π_{AB}（**Peltier 係数**）で表すと，$\Pi_{BA} = -\Pi_{AB}$ が成り立つ．いま，A と B を 1 と 2 で連結し，1 を温度 T，2 を温度 T_0 に保ち $(T > T_0)$，起電力 **E** の電池を回路に入れて電流が流れないようにしておく（図 3.6）．**E** は回路の**熱起電力**と呼ばれる．次の関係式が成り立つことを示せ．

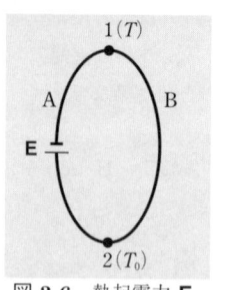

図 3.6 熱起電力 **E**

$$d\mathbf{E}/dT = \Pi_{AB}(T)/T \quad (\text{Kelvin の式または Thomson の式})$$

〔ヒント〕 単位電荷を準静的に回路を一周させるサイクルに対して，熱力学第 1 法則と 1.3 の基本事項◆ Clausius の不等式を使う．なお，Π_{AB} は A から B へ単位電荷を移動させるときに吸収される熱量になっていることに注意する．

【解答】 電流による Joule 熱の発生を無視する．このときには電荷を準静的に回路を一周させることが可能となる．いま，単位電荷からなる作業物質を，A1B2A の向きに回路を準静的に一周させるサイクルを考える（図 3.6）．熱力学第 1 法則により，この過程で作業物質が吸収する熱量と外からこれになされる仕事との和は 0 である．吸収される熱量は 1 では $\Pi_{AB}(T)$，2 では $-\Pi_{AB}(T_0)$ である．単位電荷は電池のところを陽極から陰極へ通過するから，電池のなす仕事は $-\mathbf{E}$ である．したがって，次の等式が成り立つ．

$$\Pi_{AB}(T) - \Pi_{AB}(T_0) - \mathbf{E} = 0$$

一方，準静的過程については Clausius の不等式において等号が成り立つから，

$$\{\Pi_{AB}(T)/T\} - \{\Pi_{AB}(T_0)/T_0\} = 0$$

となる．この 2 つの等式を温度 T で微分すると，

$$d\Pi_{AB}(T)/dT - d\mathbf{E}/dT = 0, \quad \{d\Pi_{AB}(T)/dT\}/T - \Pi_{AB}(T)/T^2 = 0$$

が得られ，これから直ちに求める Kelvin の式が導かれる．

〔注意〕 例題 12 と問題 12.1 を正しく扱うためには不可逆過程の熱力学に関する知識を必要とするが，正しい扱いにおいても Kelvin の式は成立することが知られている．

問　題

12.1 一様な金属の場合にも温度勾配のあるところに電流が流れると熱の吸収または発生が起こる（**Thomson 効果**）．x 方向に温度勾配 dT/dx があり，この方向に単位の電流が流れるとき，単位時間に吸収する熱量は単位長さについて $\sigma dT/dx$ と表される．σ を **Thomson 係数**という．例題 12 の解答では Thomson 効果を無視しているが，これを考慮しても Kelvin の式は成り立つことを示せ．

4 統計力学の原理

4.1 数学的準備

◆ **Stirling の公式**　N が大きな正整数であるとき，
$$N! = \sqrt{2\pi N} N^N e^{-N} \{1 + O(1/N)\}$$
$$\log N! = N \log N - N + \frac{1}{2} \log N + \frac{1}{2} \log 2\pi + O\left(\frac{1}{N}\right)$$

が成り立つ．ここで，$O(1/N)$ は大きさが $1/N$ のオーダーである量を表す．

◆ **Lagrange の未定乗数の方法**　n 変数の関数 $f(x_1, x_2, \cdots, x_n)$ の極大または極小を，
$$g_i(x_1, x_2, \cdots, x_n) = 0 \quad (i = 1, 2, \cdots, m; m < n; g_i \text{ は与えられた関数})$$
が常に満足されているという条件の下で求めるためには，m 個の未定乗数 $\lambda_1, \lambda_2, \cdots, \lambda_m$ を導入して，
$$I \equiv f + \sum_{i=1}^{m} \lambda_i g_i$$

によって I を定義し，I を $x_1, x_2, \cdots, x_n, \lambda_1, \lambda_2, \cdots, \lambda_m$ の関数と考えてそのすべての 1 次偏微係数が 0 となるところを求めればよい．すなわち，n 個の方程式
$$\frac{\partial f}{\partial x_j} + \sum_{i=1}^{m} \lambda_i \frac{\partial g_i}{\partial x_j} = 0 \quad (j = 1, 2, \cdots, n)$$

を満足するような x_j の値 $x_j^* (j = 1, 2, \cdots, n)$ を求め，x_j^* に含まれている未定乗数の値を条件 $g_i(x_1^*, x_2^*, \cdots, x_n^*) = 0 \ (i = 1, 2, \cdots, m)$ から決定すればよい．このとき，$f(x_1^*, x_2^*, \cdots, x_n^*)$ が求める極大値または極小値である．

この方法は，積分汎関数の極値を求めるときにも拡張される（問題 2.2 参照）．

◆ **確率分布**　確率変数 X が n 個（n は無限大でもよい）の離散的な値 $x_1, x_2, \cdots, x_n$ をとるとき，x_k という値をとる確率を P_k とする $(k = 1, 2, \cdots, n)$．また，X が連続的な実数値をとるときには，その値が x と $x + dx$ の間にある確率を $P(x)dx$ とする．$P(x)$ は**確率密度**と呼ばれる．しばしば，P_k と $P(x)$ は単に**分布関数**とも呼ばれる[†]．定義から，P_k と $P(x)$ は次の式を満足する．
$$P_k \geq 0, \quad \sum_{k=1}^{n} P_k = 1; \quad P(x) \geq 0, \quad \int_{-\infty}^{\infty} P(x)dx = 1$$

[†] 統計力学で分布関数というときには，$P_k, P(x)$ に比例するものも含まれる．

確率変数 X の**平均値** $\langle X \rangle$ は次のように定義される．

$$\langle X \rangle \equiv \sum_{k=1}^{n} x_k P_k; \quad \langle X \rangle \equiv \int_{-\infty}^{\infty} x P(x) dx$$

$(X - \langle X \rangle)^2$ の平均値を X の**分散**と呼び，$V(X)$ で表す．$\sqrt{V(X)}$ を X の**標準偏差**と呼び，$\sigma(X)$ で表す．定義から次の等式が成り立つ．

$$V(X) = \{\sigma(X)\}^2 = \langle (X - \langle X \rangle)^2 \rangle = \langle X^2 \rangle - (\langle X \rangle)^2$$

確率分布としては，離散的な場合の **2 項分布**，**Poisson 分布**，連続的な場合の**正規分布**（**Gauss 分布**）などがある（例題 3, 問題 3.1, 3.2 参照）．

2 個以上の確率変数を同時に扱うときには，それぞれの変数が同時にそれぞれ特定の値をとる結合の確率または確率密度を導入しなければならない．平均値，分散などはこの確率または確率密度を使って 1 変数の場合と同様に定義される．X と Y が異なる確率変数であるとき，$(X - \langle X \rangle)(Y - \langle Y \rangle)$ の平均値を X と Y の**共変量**と呼び，$C(X, Y)$ で表す．また，$C(X, Y)/\{\sigma(X)\sigma(Y)\}$ は X と Y の**相関係数**と呼ばれる．

◆ **定積分の公式**　　下の等式では，a は正の定数，n は自然数とする．

$$\int_0^\infty x^n e^{-ax} dx = \frac{n!}{a^{n+1}} \qquad \int_0^\infty x^{2n-1} e^{-ax^2} dx = \frac{(n-1)!}{2a^n}$$

$$\int_{-\infty}^\infty e^{-ax^2} dx = \sqrt{\frac{\pi}{a}} \qquad \int_0^\infty x^{2n} e^{-ax^2} dx = \frac{1 \cdot 3 \cdot 5 \cdots (2n-1)}{2^{n+1} a^n} \sqrt{\frac{\pi}{a}}$$

◆ **級数の和の公式**

$$\sum_{n=1}^\infty \frac{1}{n^2} = \frac{\pi^2}{6} \qquad \sum_{n=1}^\infty \frac{(-1)^{n+1}}{n^2} = \frac{\pi^2}{12}$$

$$\sum_{n=1}^\infty \frac{1}{n^4} = \frac{\pi^4}{90} \qquad \sum_{n=1}^\infty \frac{(-1)^{n+1}}{n^4} = \frac{7\pi^4}{720}$$

◆ **級数展開の公式**

$$\frac{1}{1 \pm x} = 1 \mp x + x^2 \mp x^3 + \cdots = \sum_{n=0}^\infty (\mp 1)^n x^n \quad (|x| < 1)$$

$$(1+x)^\alpha = 1 + \alpha x + \frac{\alpha(\alpha-1)}{2} x^2 + \cdots$$

$$= 1 + \sum_{n=1}^\infty \frac{\alpha(\alpha-1)\cdots(\alpha-n+1)}{n!} x^n \quad (|x| < 1)$$

$$\log(1 \pm x) = \pm x - \frac{1}{2} x^2 \pm \cdots = -\sum_{n=1}^\infty \frac{(\mp 1)^n}{n} x^n \quad (|x| < 1)$$

$$e^x \equiv \exp(x) = 1 + x + \frac{1}{2} x^2 + \cdots = \sum_{n=0}^\infty \frac{1}{n!} x^n \quad (|x| < \infty)$$

4.1 数学的準備

例題 1

N と n はともに自然数で,$N \gg 1, N \gg n$ のとき
$$\log[(2N)!/\{(N+n)!(N-n)!\}]$$
の近似式を Stirling の公式を用いて導け.

【解答】 Stirling の公式を使うと,

$$\log(2N)! \cong 2N\log 2N - 2N + \frac{1}{2}\log 2N + \frac{1}{2}\log 2\pi$$

$$\log(N\pm n)! \cong N\log(N\pm n) - N + \frac{1}{2}\log(N\pm n) \pm n\log(N\pm n)$$
$$\mp n + \frac{1}{2}\log 2\pi \quad \text{(複号同順)}$$

となるから次の結果が得られる.

$$\log[(2N)!/\{(N+n)!(N-n)!\}]$$
$$\cong -\left(N+\frac{1}{2}\right)\log\left(1-\frac{n^2}{N^2}\right) - n\log\left(\frac{N+n}{N-n}\right) + 2N\log 2 - \frac{1}{2}\log \pi N$$

$N \gg n$ であるから (n/N) について展開し,$(n/N)^2$ の項までをとれば,

$$\log[(2N)!/\{(N+n)!(N-n)!\}] \cong 2N\log 2 - \frac{1}{2}\log \pi N - \frac{n^2}{N}$$

という近似式が導かれる.

問題

1.1 階乗を直接計算すると,$\log 10! = 15.104413$,$\log 100! = 363.739376$,$\log 1000! = 5912.128179$ が得られる.Stirling の公式および $\log N$ 以下を省略したもっと粗い近似式 $\log N! \cong N\log N - N$ について,$N = 10, 100, 1000$ を代入して得られる近似値と上の値とを比較せよ.ただし,$\log 10 = 2.302585$,$\log 2\pi = 1.837877$ とする.

1.2 2項係数 $_nC_r \equiv n!/\{(n-r)!r!\}$ において,$n, r, (n-r)$ が 1 に比べて非常に大きいとして,$\log {_nC_r}$ の近似式を求めよ.その近似式を使って $_nC_r$ を最大にする r を求め,そのときの $_nC_r$ の最大値と総和 $\sum_{r=0}^{n} {_nC_r}$ とを比較せよ.

1.3 N 次元空間において,半径 R の球(N 次元球)の体積 V_N は,N の偶,奇によって,
$$V_N = \pi^{N/2} R^N/(N/2)! \quad \text{(偶数)};$$
$$V_N = 2^N \pi^{(N-1)/2} \{(N-1)/2\}! R^N/N! \quad \text{(奇数)}$$
と表される.$N \gg 1$ のとき,$\log V_N$ の近似式を求めよ.

── 例題 2 ──────────────────────────────

(1) 任意の正数 x に対して，不等式 $x \log x \geq x - 1$ が成立することを証明せよ．またこの式の等号は，$x = 1$ のときにだけ成り立つことを示せ．

(2) $P_i > 0, Q_i > 0$ $(i = 1, 2, \cdots, M)$ であり，しかも $\sum_{i=1}^{M} P_i = \sum_{i=1}^{M} Q_i$ であるとき，不等式 $\sum_{i=1}^{M} P_i \log P_i \geq \sum_{i=1}^{M} P_i \log Q_i$ が成立すること，また，この式の等号はすべての i について $P_i = Q_i$ であるときに限ることを証明せよ．

──────────────────────────────────────

【解答】 (1) $y \equiv \log x - 1 + (1/x)$ $(x > 0)$ とおくと，次の式が成り立つ．

$$\frac{dy}{dx} = \frac{x - 1}{x^2}$$

∴ $(dy/dx) < 0$ $(0 < x < 1)$, $(dy/dx) = 0$ $(x = 1)$, $(dy/dx) > 0$ $(x > 1)$

したがって，y は $x = 1$ で最小値 0 となり，$x > 0$, $x \neq 1$ で常に $y > 0$ となる．これより直ちに，問題の不等式が成立すること，等号は $x = 1$ のときに限ることがわかる．

(2) 上で証明した不等式において，$x = P_i/Q_i$ とおけば，次の不等式が得られる．

$$(P_i/Q_i) \log(P_i/Q_i) \geq (P_i/Q_i) - 1 \quad \therefore \quad P_i \log P_i - P_i \log Q_i \geq P_i - Q_i$$

この不等式はすべての i について成立するから，両辺を i について加えて，

$$\sum_{i=1}^{M} P_i \log P_i - \sum_{i=1}^{M} P_i \log Q_i \geq \sum_{i=1}^{M} P_i - \sum_{i=1}^{M} Q_i = 0 \quad \text{（問題の条件による）}$$

が得られる．問題の後半については，この証明法と (1) の結果から明らかである．

〔注意〕 (2) の不等式は，i を連続変数 x に，P_i, Q_i を $P(x) > 0, Q(x) > 0$ $(a \leq x \leq b)$ に変えて，次の定積分の不等式としても成立する（等号は $P(x) \equiv Q(x)$ の場合）．

$$\int_a^b P(x) dx = \int_a^b Q(x) dx \text{ のとき}, \quad \int_a^b P(x) \log P(x) dx \geq \int_a^b P(x) \log Q(x) dx$$

$$(*)$$

～～ 問　題 ～～～～～～～～～～～～～～～～～～～～～～～～～～～～～～

2.1 半径 r の円に外接する三角形のうちで面積最小のものを求めよ．[三角形の内角を変数とし，Lagrange の未定乗数の方法を用いよ．]

2.2 確率変数 x の確率密度 $P(x)$ は常に次の 2 つの条件を満足するものとする．

$$\int_{-\infty}^{\infty} P(x) dx = 1, \quad \int_{-\infty}^{\infty} x^2 P(x) dx = \sigma^2 \quad \text{（σ は正の定数）}$$

このような $P(x)$ のうちで，積分汎関数

$$S = -k \int_{-\infty}^{\infty} P(x) \log P(x) dx \quad \text{（k は正の定数）}$$

の値を最大にするものを，Lagrange の未定乗数の方法によって求めよ．

4.1 数学的準備

例題 3

容器の中に $2N$ 個の粒子が入っている.1 個の粒子が容器の右半分に見い出される確率と左半分に見い出される確率はまったく同じであり,$2N$ 個の粒子は互いに同等でまた統計的に独立であると仮定したとき,容器の右半分に $(N+n)$ 個,左半分に $(N-n)$ 個を見い出す確率 $P(n)$ を求めよ.

$N \gg 1, |n| \leq N$ のときに,$P(n)$ は次のように近似されることを示せ.

$$P(n) \cong \sqrt{(1/\pi N)}\, e^{-Nx^2},\ x \equiv n/N$$

〔ヒント〕 $P(n)$ の近似形を導くときには,例題 1 の結果を利用する.

【解答】 $2N$ 個のうちの特定の $(N+n)$ 個が容器の右半分に,残る $(N-n)$ 個が左半分に見い出される確率は,各粒子が統計的に独立であることから,次のようになる.

$$(1/2)^{N+n}(1/2)^{N-n} = 2^{-2N}$$

$2N$ 個の粒子を $(N+n)$ 個と $(N-n)$ 個の 2 群に分ける場合の数は,

$$(2N)!/\{(N+n)!(N-n)!\}$$

であり,粒子の同等性から,これらの各場合はすべて同じ事象である.したがって,

$$P(n) = \frac{1}{2^{2N}} \frac{(2N)!}{(N+n)!(N-n)!}, \quad |n| \leq N$$

が得られる.次に,$N \gg 1, |n| \ll N$ のときには,例題 1 の解答の最後の近似形式を使って,

$$P(n) \cong \sqrt{(1/\pi N)}\, e^{-n^2/N} = \sqrt{(1/\pi N)}\, e^{-Nx^2}, \quad x \equiv n/N$$

となる.

〔注意〕 $|n| \ll N$ であるから,$x = n/N$ を連続変数とみなして,x の分布に対する確率密度 $P(x)$ を導入する.区間 dx に含まれる n の値の数 Δn は,$\Delta n = N dx$ であるから,次の結果が得られる.

$$P(x)dx = P(n)\Delta n = \sqrt{(N/\pi)}\, e^{-Nx^2} dx$$

$-\infty < x < \infty$ としたとき,この $P(x)$ で与えられる分布を**正規分布(Gauss 分布)**という.

問題

3.1 容器の中に N 個の粒子が入っている.1 個の粒子が容器の右半分に見い出される確率が p,左半分に見い出される確率が $q = 1-p$ であるとき,N 個のうちの任意の M 個が右半分に,$(N-M)$ 個が左半分に見い出される確率 $P(N, M)$ を求めよ.また,M の平均値と分散とを計算せよ.ただし,粒子は互いに同等で独立とする.

3.2 問題 3.1 において,$p \to 0, N \to \infty$,ただし $Np \equiv \lambda =$ 有限値という極限をとれば,$P(N, M)$ は次の **Poisson** 分布になることを示せ.

$$P_\lambda(M) \equiv \lambda^M e^{-\lambda}/M! \quad (M = 0, 1, 2, \cdots)$$

4.2 統計集団による理論の構成

◆ **体系の固有状態**　体系の体積を V，体系を構成する粒子の数を N とする．粒子の種類が 2 つ以上ある場合には，それぞれの種類の粒子数 $N_1, N_2, \cdots$ の組をまとめて N と表しているものと考えよう．このような体系の力学的な構造は，その体系に特有な **Hamilton 演算子** $\widehat{H}$ によって与えられる．量子力学の教えるところによると，時間を含まない **Schrödinger 方程式**

$$\widehat{H}\Psi_i = E_i\Psi_i \quad (i = 1, 2, \cdots)$$

の解として，$\widehat{H}$ の固有値 E_i と固有関数 Ψ_i が決定され，体系のエネルギーの値として許されるのはこの固有値だけである．E_i の値は体系の**エネルギー準位**または**固有エネルギー**と呼ばれ，粒子数 N と体積 V の関数でもある．Ψ_i によって表される状態を体系の**固有状態**といい，固有状態の数は一般に無限個である．同じエネルギー準位に対して 2 個以上の固有状態が存在するとき，その準位は**縮退**しているといい，固有状態の個数をその準位の**縮退度**という．E という値をもつエネルギー準位の縮退度 Ω は，E だけの関数ではなく，N と V にもよるので，くわしく表すときには，この縮退度を $\Omega(N, V, E)$ と書くことにする．上の Schrödinger 方程式における番号 i はエネルギー準位の番号ではなく固有状態につけた番号であるから，E_i の中には番号が違って値の等しいものが存在することになる．

統計力学の対象となる体系の場合には，各エネルギー準位間の間隔は非常に小さなもので，実際上は準位は連続的な値をとると考えてもさしつかえない．また，各エネルギー準位の縮退度は極めて大きなものであることが知られている．

◆ **統計集団**　熱平衡状態にある 1 つの体系に対応して，この体系と力学的な構造，熱力学的状態および外界との関係がまったく同じであるような極めて多数の体系を想定し，これらの体系の集まりを**統計集団**（統計集合または**アンサンブル**）と呼ぶ．1 つの統計集団に属する個々の体系は，熱力学的にはまったく同じ体系であるが，その力学的状態（固有状態）は互いに異なっているのである．次の 3 種類の統計集団がよく用いられる．

小正準集団　内部エネルギーを E とし，熱力学的状態が (N, V, E) の値によって与えられる 1 つの孤立系に対応する統計集団である．**定エネルギー集団，小正準集合，ミクロカノニカル集団**（集合，アンサンブル）などとも呼ばれる．

正準集団　温度 T の熱源に接触している閉じた系の熱力学的状態は (N, V, T) の値によって与えられる．このような体系に対応する統計集団である．**標準集団，正準集合，カノニカル集団**（集合，アンサンブル）などとも呼ばれる．

大正準集団　温度 T の熱源と化学ポテンシャル μ の粒子源に接触している開いた系の熱力学的状態は (V, T, μ) の値によって与えられる．このような体系に対応する

統計集団である．**大正準集合**，**大きな正準集団**（集合），**大きなカノニカル集団**（集合），**グランドカノニカル集団**（集合，アンサンブル）などとも呼ばれる．粒子が2種類以上あるときには，それぞれの化学ポテンシャルの組をまとめて μ と表していることになる．また，化学ポテンシャルとしては，1粒子あたりのGibbsの自由エネルギーを使うことにする（2.2の基本事項参照）．

◆ **基本仮定** 熱力学量のうちで，純粋に力学的な意味においても定義され得る量を**力学的な熱力学量**と呼ぶことにする．粒子数，体積，内部エネルギー，圧力などがその例である．これに対し，温度，エントロピー，自由エネルギーなどは力学的な熱力学量ではない．力学的な熱力学量とは，対応する力学量を1つの体系において十分長い時間にわたって平均したものであると解釈される．一方，1つの統計集団を選び，これに属する個々の体系においてこの力学量がとる値をすべての体系について加え合わせ，それを体系の個数で割ったものを，この力学量のこの統計集団における**集団平均**と呼ぶ．

基本仮定 A ある力学量を1つの体系において十分長い時間にわたって平均したものは，この体系に対応する統計集団におけるその力学量の集団平均と，$M \to \infty$ の極限において一致する．ここで，M は統計集団を構成している体系の個数である．

基本仮定 B (N, V, E) の値が指定された小正準集団に属する体系は，$M \to \infty$ の極限において，可能なすべての力学的状態（固有状態）に関して一様に分布する．すなわち，$\Omega(N, V, E)$ 個の固有状態はいずれも等しい確率で出現している．

統計力学の理論はこの2つの基本仮定に基づいて組み立てられる．基本仮定Aにより，力学的な熱力学量は対応する力学量の集団平均に等しい．集団平均を計算するためには，その統計集団に属する個々の体系において種々の力学的状態が実現される確率が必要であるが，その確率は基本仮定Bを使って導くことができるのである（正準集団の場合については例題4，問題4.1，4.2参照）．

統計力学の理論および熱力学の関係式から導かれる主な結果を以下にまとめて示すが，その前に記号の復習をしておく．N は粒子数，V は体積，E は内部エネルギー，S はエントロピー，T は温度，p は圧力，A は Helmholtz の自由エネルギー，μ は化学ポテンシャルである．E_i は体系の i 番目の固有状態のエネルギーで N と V の関数であり，i についての和はすべての固有状態に関する和である．また，k は Boltzmann 定数である（1.1の基本事項◆理想気体参照）．

◆ **小正準集団** 基本仮定Bにより，この統計集団ではすべての固有状態がいずれも等しい確率で出現している．このような確率分布を**小正準分布**（ミクロカノニカル分布）という．次の関係式の中で，最初のものは **Boltzmann** の関係と呼ばれる．

$$k \log \Omega(N, V, E) = S$$

$$\frac{1}{kT} = \left(\frac{\partial \log \Omega}{\partial E}\right)_{N,V}, \quad \frac{p}{kT} = \left(\frac{\partial \log \Omega}{\partial V}\right)_{N,E}$$

◆ **正準集団** この統計集団から任意に選ばれた 1 つの体系が i 番目の固有状態にある確率 P_i は

$$P_i = e^{-E_i/kT}/Q$$

である．Q は次の式で定義される量で，**分配関数**または**状態和**と呼ばれる．

$$Q = Q(N, V, T) \equiv \sum_i e^{-E_i/kT}$$

この P_i で与えられる確率分布は**正準分布**（**標準分布**または**カノニカル分布**）と呼ばれる．

$$k \log Q(N, V, T) = -\frac{A}{T}$$

$$E = \sum_i E_i P_i = kT^2 \left(\frac{\partial \log Q}{\partial T}\right)_{N,V}, \quad p = \sum_i \left\{-\left(\frac{\partial E_i}{\partial V}\right)_N\right\} P_i = kT \left(\frac{\partial \log Q}{\partial V}\right)_{N,T}$$

$$S = -(\partial A/\partial T)_{N,V} = kT(\partial \log Q/\partial T)_{N,V} + k \log Q$$

n 番目のエネルギー準位の値を E_n，この準位の縮退度を $\Omega(N, V, E_n)$ とすると，

$$Q = Q(N, V, T) = \sum_n \Omega(N, V, E_n) e^{-E_n/kT}$$

となる．ここで，和はすべての異なるエネルギー準位についての和である．

◆ **大正準集団** この統計集団から任意に選ばれた 1 つの体系が粒子数 N をもち，かつ i 番目の固有状態にある確率 $P_i(N)$ は

$$P_i(N) = e^{-E_i/kT} e^{N\mu/kT}/\Xi$$

である．Ξ は次の式で定義され，**大分配関数**または**大きな状態和**と呼ばれる．

$$\Xi = \Xi(V, T, \mu) \equiv \sum_N \sum_i e^{-E_i/kT} e^{N\mu/kT} = \sum_N Q(N, V, T) e^{N\mu/kT}$$

この $P_i(N)$ で与えられる確率分布を**大正準分布**（**大きな正準分布**または**グランドカノニカル分布**）と呼ぶ．

$$k \log \Xi(V, T, \mu) = \frac{pV}{T}$$

$$E = \sum_N \sum_i E_i P_i(N) = kT^2 \left(\frac{\partial \log \Xi}{\partial T}\right)_{V,\mu} + N\mu$$

$$p = \sum_N \sum_i \left\{-\left(\frac{\partial E_i}{\partial V}\right)_N\right\} P_i(N) = kT \left(\frac{\partial \log \Xi}{\partial V}\right)_{T,\mu}$$

$$N = \sum_N \sum_i N P_i(N) = \frac{1}{\Xi} \sum_N N Q(N, V, T) e^{N\mu/kT} = kT \left(\frac{\partial \log \Xi}{\partial \mu}\right)_{V,T}$$

$$S = kT \left(\frac{\partial \log \Xi}{\partial T}\right)_{V,\mu} + k \log \Xi$$

力学量としての粒子数と熱力学量としての粒子数に同じ文字 N を使っているので，上式の中には多少紛らわしいものもあるが，混乱を起こすことはないであろう．

4.2 統計集団による理論の構成

体系が ν 種類の粒子からなっている場合には，粒子数の組 $\{N_1, N_2, \cdots, N_\nu\}$ を N，化学ポテンシャルの組 $\{\mu_1, \mu_2, \cdots, \mu_\nu\}$ を μ で表すと考えているので，上式で

$$N\mu \to \sum_{\alpha=1}^{\nu} N_\alpha \mu_\alpha$$

とおきかえ，粒子数を与える関係式は次のようになることに注意すればよい.

$$N_\alpha = kT \left(\frac{\partial \log \Xi}{\partial \mu_\alpha} \right)_{V, T, \mu_\beta (\beta \neq \alpha)} \quad (\alpha = 1, 2, \cdots, \nu)$$

◆ **統計集団の同等性** 十分に大きな体系においては，どの統計集団を使用しても，熱力学量については同じ結果が得られる．したがって，統計力学を実際の体系に応用するにあたっては，その体系に対して計算が容易になるような統計集団を選べばよい．このような同等性は，ここで考えた3つの統計集団以外のものについても成り立つ．

小正準集団における縮退度 Ω，正準集団における分配関数 Q，大正準集団における大分配関数 Ξ は，その対数をとったものがいずれも熱力学関数と結ばれているので，**一般化された分配関数**（または**状態和**）と総称される.

◆ **熱力学の法則と統計力学** 熱力学第1法則はエネルギー保存則に他ならないから，力学法則（量子力学）がエネルギー保存の原理に従う以上，これに立脚する統計力学の帰結が熱力学第1法則に従うのは当然である.

熱力学第2法則は，統計力学においては確率法則として理解される．たとえば，孤立系においてエントロピーが減少するような変化の起こる確率はほとんど0に等しいことが証明される．そして，体系が大きくなればなるほど，そのような確率はいくらでも0に近づくのである.

$T = 0$ では，体系は最もエネルギーの低い固有状態すなわち基底状態にある．量子力学によると，基底状態には縮退がないことが知られている．すなわち，基底状態のエネルギーを E_0 とすると，$\Omega(N, V, E_0) = 1$ である．したがって，統計力学から求められるエントロピーは $T = 0$ で 0 となり，熱力学第3法則が成り立つ.

◆ **ゆらぎ** 確率的に変動する量の値がその平均値のまわりに散らばる現象をゆらぎという．ゆらぎの大きさを表すには，変動量の標準偏差（4.1の基本事項◆**確率分布**参照）が用いられることが多い．力学的な熱力学量が，対応する力学量の集団平均として統計力学的に意味づけられることは上に説明した通りであるが，統計力学ではさらにすすんで力学量のゆらぎも調べることができる（例題9，問題9.1, 9.2参照）．このゆらぎの大きさは，通常，熱力学量それ自身の大きさに比べてきわめて小さい．上に述べた"統計集団の同等性"が成り立つのはこのためである．しかしながら，ゆらぎそのものについては統計集団の同等性は必ずしも成り立たない．また，ゆらぎを考慮することが重要となるような場合（たとえば相転移など）もある.

例題 4

温度 T の熱源と熱平衡にある粒子数 N, 体積 V の体系に対応する正準集団を考え, これに属する体系の数を M とする. この M 個の体系をそれぞれの熱源から取り出して1か所に集め, エネルギーの交換は許すが粒子は通さない壁で互いに接触させ, M 個の体系全体を断熱壁で囲んで1つの大きな孤立系を作る. M が十分大きい数であれば, 任意の1つの体系に着目した場合, 残りの $(M-1)$ 個の同等な体系は温度 T の熱源の役目を果たしているので, この大きな孤立系全体を1つの正準集団とみなすことが許される.

この M 個の体系よりなる大きな孤立系に対応する小正準集団を考え, その小正準集団に**基本仮定 B** を適用して, 基本事項で説明した正準分布 P_i の公式を導け[†].

〔ヒント〕 組合せの場合の数の和についての最大項の方法 (問題 1.2), Stirling の公式, Lagrange の未定乗数の方法などを利用する.

【解答】 大きな孤立系の力学的状態は, M 個の体系のそれぞれがどの固有状態にあるかで完全に指定される. M 個の体系のうち, j 番目の固有状態にある体系の個数を $m_j(j=1,2,\cdots)$ とする. m_j は 0 または正整数である. この数の値の組 $\{m_j\}$ を与えたとき, これに対応する大きな孤立系の力学的状態の個数 $\Omega(\{m_j\})$ は, 組合せの公式から,

$$\Omega(\{m_j\}) = M! / \prod_j (m_j!)$$

となる. ただし, 大きな孤立系のエネルギーを E_L とすると, 組 $\{m_j\}$ は次の 2 つの等式を満足するように与えなければならない.

$$\sum_j m_j = M, \quad \sum_j m_j E_j = E_L \quad (E_j \text{ は } j \text{ 番目の固有値}) \qquad (*)$$

したがって, 大きな孤立系に可能な力学的状態の個数 Ω_L は次のようになる.

$$\Omega_L = \sum_{\{m_j\}} \Omega(\{m_j\}) = \sum_{\{m_j\}} M! / \prod_j (m_j!)$$

ここで, 総和は条件 $(*)$ を満足するすべての m_j の値の組についてとられる.

粒子数 MN, 体積 MV, エネルギー E_L の大きな孤立系に対応する小正準集団では, **基本仮定 B** により, この Ω_L 個の力学的状態はすべて等しい確率 $(1/\Omega_L)$ で出現する. したがって, いま作られた大きな孤立系において, その力学的状態がある特定の組 $\{m_j\}$ で指定されるものである確率は $\Omega(\{m_j\})/\Omega_L$ である. 大きな孤立系の力学的状態が組 $\{m_j\}$ で指定されるときには, この孤立系から任意に選ばれた 1 つの体系が i 番目の固有状態にある確率は m_i/M である. ここで, m_i は組 $\{m_j\}$ における i 番目の数字の値である. したがって, 大きな孤立系すなわち正準集団から任意に選ばれた 1 つの体系が i 番目の固有

[†] 大正準集団から選んだ M 個の大きな孤立系についてこの考え方を適用すれば, 基本事項の大正準分布 $P_i(N)$ が導かれる.

状態にある確率 P_i は次のようになる.

$$P_i = \frac{1}{\Omega_L} \sum_{\{m_j\}} (m_i/M) \Omega(\{m_j\}) = \frac{1}{M\Omega_L} \left[\sum_{\{m_j\}} m_i \Omega(\{m_j\}) \right]$$

この式の総和も,条件 (*) を満足するすべての m_j の値の組についてとられる.

P_i の表式を,$M \to \infty$ の極限で成立するもっと便利な形にするために,最大項の方法を使う(問題 1.2 の解答にある〔注意〕参照).すなわち,条件 (*) を満足する組 $\{m_j\}$ のうちで,$\Omega(\{m_j\})$ を最大にする組 $\{m_j^*\}$ を求め,P_i と Ω_L の表式における総和を,この組 $\{m_j^*\}$ に対する項だけでおきかえるのである.条件 (*) の下で $\log \Omega(\{m_j\})$ を最大にする組 $\{m_j^*\}$ を求めるには,(*) の 2 つの式それぞれに対する Lagrange の未定乗数を α と $-\beta$ として,次の式で定義される I に Lagrange の未定乗数法を適用すればよい.

$$I \equiv \log \Omega(\{m_j\}) + \alpha\{\sum_j m_j - M\} - \beta\{\sum_j m_j E_j - E_L\}$$

$$\cong \{\sum_j m_j\} \log M - M - \sum_j \{m_j \log m_j - m_j\} + \alpha\{\sum_j m_j - M\} - \beta\{\sum_j m_j E_j - E_L\}$$

ここで,Stirling の公式を使った.M が大きいときには m_j/M を連続変数とみなしてよいから,I を最大にする組 $\{m_j^*\}$ は次のように求められる.

$$\left(\frac{\partial I}{\partial (m_i/M)}\right)_{m_i = m_i^*} = 0, \quad -\log \frac{m_i^*}{M} + \alpha - \beta E_i = 0$$

$$\therefore \quad m_i^* = M e^\alpha e^{-\beta E_i} \quad (i = 1, 2, \cdots)$$

未定乗数 α と $-\beta$ は,この m_i^* の表式を条件 (*) に代入して,次のように決定される.

$$\sum_j m_j^* = M e^\alpha \sum_j e^{-\beta E_j} = M, \quad \sum_j m_j^* E_j = M e^\alpha \sum_j E_j e^{-\beta E_j} = E_L$$

$$\therefore \quad e^{-\alpha} = \sum_j e^{-\beta E_j} \equiv Q, \quad \frac{1}{Q}\sum_j E_j e^{-\beta E_j} = \frac{E_L}{M}, \quad \frac{m_i^*}{M} = \frac{e^{-\beta E_i}}{Q} \quad \begin{pmatrix} M \to \text{のとき} \\ \text{でも有限の値} \end{pmatrix}$$

この組 $\{m_j^*\}$ が,実際に $\log \Omega(\{m_j\})$,したがって,$\Omega(\{m_j\})$ を最大にすることは,例題 2, (2) の不等式を用いて証明することができる.結局,正準分布 P_i は

$$P_i \cong m_i^* \Omega(\{m_j^*\})/\{M\Omega(\{m_j^*\})\} = m_i^*/M = e^{-\beta E_i}/Q$$

と表されることになる.パラメータ β と温度 T の関係は,下の 2 つの問題によって決定される.

問 題

4.1 温度 T の熱源に接触する 2 つの体系 A と B を,エネルギーは通すが粒子は通さない壁で接触させて 1 つの体系とする.この合わせた体系に対応する正準集団に例題 4 と同じ方法を適用することにより,例題 4 の解答に現れたパラメータ β が T の普遍的な関数であることを示せ.

4.2 例題 4 および問題 4.1 の結果,**基本仮定 A**,熱力学の関係式を利用することにより,$\beta = 1/kT$ および $A = -kT \log Q$ となることを導け.

例題 5

基本事項の◆**大正準集合**の説明には，大分配関数 $\Xi(V,T,\mu)$ と圧力 p の関係について，次の2通りの式が与えられている．
$$pV/T = k\log\Xi, \qquad p = kT(\partial\log\Xi/\partial V)_{T,\mu}$$
この2つの関係式が両立するための条件を求めよ．

【解答】　まず，2つの関係式が両立するものとすると，
$$(\log\Xi)^{-1}(\partial\log\Xi/\partial V)_{T,\mu} = 1/V$$
が成り立つから，両辺を V について積分して次の関係が得られる．
$$\log\Xi(V,T,\mu) = V\cdot f(T,\mu)$$
ただし，$f(T,\mu)$ は V にはよらず T と μ だけのある関数である．逆に，$(\log\Xi)/V$ が V によらず T と μ だけの関数であれば，$(\log\Xi)/V\equiv f(T,\mu)$ とおくことにより，上の2つの関係式が両立する．したがって，$(\log\Xi)/V$ が V によらず T と μ だけの関数であることが，必要十分条件である．

〔注意1〕上の2つの関係式が両立することは，熱力学からも要請される．すなわち，Gibbs-Duhem の式 $Nd\mu+SdT-Vdp=0$（2.2の基本事項を参照）により，$d\mu=dT=0$ ならば $dp=0$ でなければならないが，このことは $p/kT=(\log\Xi)/V$ から $(\log\Xi)/V$ が V によらず T と μ だけの関数でなければならないことを意味する．

〔注意2〕ある与えられた力学的構造をもつ体系について $\Xi(V,T,\mu)$ を計算した場合，V を有限に保っている限り，一般には $(\log\Xi)/V$ が V によらないという保証はない．したがって，上の2つの関係式は同等でないものになってしまう．一般に，統計力学における表式が熱力学量と厳密に対応するのは，体系の大きさを無限大にした極限においてだけである．このような極限を**熱力学的極限**という．これは，大正準集団の場合には $V\to\infty$ の極限をとること（このときには $\langle N\rangle$ も ∞ になる），正準集団の場合には N/V を一定に保ちながら $N\to\infty,V\to\infty$ の極限をとることを意味する．

問題

5.1 ν 種類の粒子からなる温度 T，化学ポテンシャル $\mu_\alpha(\alpha=1,2,\cdots,\nu)$ の体系に対応する大正準集団について例題4の考え方を適用すると，大正準分布とし，
$$P_i(N) = e^{-\beta E_i}e^{\gamma N}/\Xi, \quad \Xi=\Xi(V,\beta,\gamma)\equiv\sum_N\sum_i e^{-\beta E_i}e^{\gamma N}, \quad \gamma N\equiv\sum_{\alpha=1}^\nu \gamma_\alpha N_\alpha$$
が得られる．この結果から出発して問題4.1と同様に考えることにより，β は温度 T の普遍的な関数であり，各 $\gamma_\alpha(\alpha=1,2,\cdots,\nu)$ はそれぞれ T と μ_α の関数であることを示せ．さらに，問題4.2の結果，**基本仮定 A**，熱力学の関係式を用いて，$\beta=1/kT$, $\gamma_\alpha=\mu_\alpha/kT$, $k\log\Xi=pV/T$ を導け．

━ 例題 6 ━

小正準集団，正準集団，大正準集団のどの統計集団においても，エントロピー S は次の共通の形式で表されることを示せ．
$$S = -k \sum P \log P, \quad P \equiv P(i), \quad P_i, \quad \text{または} \quad P_i(N)$$
ただし，$P(i)$ は小正準集団において固有状態 Ψ_i が出現する確率であり，P_i, $P_i(N)$ は基本事項に与えた正準分布，大正準分布である．和 $\sum$ は，それぞれ i または i と N についてとられるものとする．

〔ヒント〕 **基本仮定 B**, $A = E - TS$, $G = N\mu = A + pV$ を使う．

【解答】 小正準集団：**基本仮定 B** により，エネルギー準位の等しい $\Omega(N, V, E)$ 個の固有状態はすべて等しい確率で出現するから，$P(i) = 1/\Omega \ (i = 1, 2, \cdots, \Omega)$.
$$\therefore \ -k \sum_i P(i) \log P(i) = -k \log\left(\frac{1}{\Omega}\right) \sum_i P_i = k \log \Omega(N, V, E) = S$$

正準集団：基本事項により，$A/T = -k \log Q$ であるから，
$$-k \sum_i P_i \log P_i = -k \sum_i P_i \left\{ -\frac{E_i}{kT} - \log Q \right\} = \frac{E}{T} + k \log Q = \frac{E - A}{T} = S$$

大正準集団：基本事項により，$pV/T = k \log \Xi$ であるから，
$$-k \sum_N \sum_i P_i(N) \log P_i(N) = -k \sum_N \sum_i P_i(N) \left\{ -\frac{E_i}{kT} + \frac{N\mu}{kT} - \log \Xi \right\}$$
$$= \frac{E - N\mu + pV}{T} = S$$

〔注意〕 正準分布 P_i の $T \to 0$ の極限を考える．エネルギー準位のうち最小（最低）のものを $E_0(N, V)$ とすると，縮退度 $\Omega(N, V, E_0) = 1$ である（基本事項◆**熱力学の法則と統計力学**参照）．基底状態以外の i については，$P_i/P_0 = \exp\{-(E_i - E_0)/kT\}$, $(E_i - E_0) > 0$ であるから，$T \to 0$ の極限では $P_0 = 1$, それ以外の $P_i = 0$ となる．例題 6 の表式により，$S \to 0 \ (T \to 0)$ となり，熱力学第 3 法則が成り立つ．

問 題

6.1 基本事項に示した次の 2 つの等式を証明せよ．
$$S = kT \left(\frac{\partial \log Q}{\partial T}\right)_{N,V} + k \log Q \quad \text{（正準集団）}$$
$$S = kT \left(\frac{\partial \log \Xi}{\partial T}\right)_{V,\mu} + k \log \Xi \quad \text{（大正準集団）}$$

6.2 温度 T の熱源に接触する 2 つの閉じた体系があって，互いに独立であるときには，2 つの体系を合わせた体系の A, E, S はそれぞれの体系の A, E, S の和であることを示せ．

---例題 7---
粒子数 N, 体積 V の体系が内部エネルギー E の状態にあるときのエントロピーを S とする．この体系を温度 T' の熱源と接触させ，ふたたび熱平衡になったときの内部エネルギーを E', エントロピーを S' とする．適当な統計集団を選ぶことにより，$E' \geqq E$ であれば常に，$S' > S$ であることを証明せよ．

〔ヒント〕 体系の最初の状態には小正準集団を，後の状態には正準集団を対応させる．

【解答】 この体系の固有状態をエネルギー準位に分けたとき，エネルギー準位 E_n の縮退度が $\Omega(N, V, E_n)$ ($\equiv \Omega_n$ と表す) であるとする．体系は，最初にこのエネルギー準位のうちで値が E に等しい準位 (仮に $n = 1$ とする) に属する固有状態のどれかにある．このときの体系に対応する小正準集団を考えると，体系のエントロピーは，$S = k \log \Omega_1$ で与えられる．体系が後の状態にあるときには，温度 T' の正準集団を考えることにより，分配関数 $Q \equiv Q(N, V, T')$ を使ってエントロピー S' は次のように表される．

$$S' = kT' \left(\frac{\partial \log Q}{\partial T'}\right)_{N,V} + k \log Q = \frac{E'}{T'} + k \log\{\sum_n \Omega_n e^{-E_n/kT'}\}$$

指数関数は常に正値であるから，分配関数は和の任意の 1 項より大きい．したがって，

$$S' > \frac{E'}{T'} + k\left\{\log \Omega_1 - \frac{E_1}{kT'}\right\} = k \log \Omega_1 + \frac{(E' - E)}{T'} \geqq S \quad (E' \geqq E = E_1)$$

━━問 題━━

7.1[†] 粒子数 N, 体積 V, エネルギー E の孤立系が，ある束縛条件の下で熱平衡にあるときのエントロピーを S' とする．孤立系のままでエネルギーを変えずにこの束縛条件を取り除いて，ふたたび熱平衡になったときのエントロピーを S とすると，$S > S'$ であることを示せ．

7.2 巨視的な大きさの孤立系では，エントロピーが減少するような変化が自然に起こる確率は，ほとんど 0 であることを証明せよ (基本事項◆熱力学の法則と統計力学 参照)．

7.3[†] 粒子数 N, 体積 V の体系が，ある種の束縛条件の下で温度 T の熱平衡状態にあるときの Helmholtz の自由エネルギーの値を A' とし，N, V, T 一定のまま束縛条件を取り除いたあとの平衡状態での自由エネルギーの値を A とすると，$A < A'$ であることを示せ．

---

† 束縛条件の下にあるということは，体系にもともと許された固有状態のうちの一部だけが実現される状態になっていることをいう．たとえば，気体を入れた容器の中央に仕切りの壁を入れて，気体の粒子が容器の一方の半分にはまったく来られぬようになっている状態のことで，壁を取り除けば気体は容器全体に広がって平衡状態となる．

例題 8

温度 T の熱源に接触する 2 つの閉じた体系 A と B があり,それぞれの量子力学的状態は互いに独立であると仮定する.A と B に対応するそれぞれの正準集団において,A がその固有状態 i(エネルギー準位 E_i)にある確率を $P_A(E_i)$,B がその固有状態 s(エネルギー準位 E_s)にある確率を $P_B(E_s)$ とする.A と B を合わせて 1 つの体系 AB とみなしたときの正準集団において,A が固有状態 i にあり同時に B が固有状態 s にある確率,すなわち,合わせた体系 AB としてエネルギー準位 $(E_i + E_s)$ の固有状態にある確率を $P_{AB}(E_i + E_s)$ とする.2 つの独立な事象に関する確率論の定理により,

$$P_{AB}(E_i + E_s) = P_A(E_i) \cdot P_B(E_s) \quad (i, s = 1, 2, \cdots) \quad (*)$$

が成り立つはずである.E_i と E_s は実際上連続的な値をとるものと仮定すると,上式を満足する P_A, P_B, P_{AB} は共通なパラメータをもつ正準分布に限られることを示せ.

【解答】 $(*)$ の式の対数をとり,E_i または E_s について偏微分した結果を比較して,

$$\frac{1}{P_{AB}(E_i+E_s)} \cdot \frac{dP_{AB}(E_i+E_s)}{d(E_i+E_s)} = \frac{1}{P_A(E_i)} \cdot \frac{dP_A(E_i)}{dE_i} = \frac{1}{P_B(E_s)} \cdot \frac{dP_B(E_s)}{dE_s}$$

が導かれる.この等式は E_i と E_s の任意の値について成立するから,各項はエネルギー準位と無関係な定数に等しく,また,この定数は体系 A と B の N と V にもよらない.すなわち,この定数を $-\beta$ とすると,β は共通の温度 T だけで定まる.等式の各項を $-\beta$ に等しいとおいて積分すれば,P_A, P_B, P_{AB} が求められる.たとえば,P_A は

$$P_A(E_i) = C_A e^{-\beta E_i}, \quad C_A = \{\sum_i e^{-\beta E_i}\}^{-1} \quad (\because \quad \sum_i P_A(E_i) = 1)$$

と求められる.P_B と P_{AB} も,同じ β をもつ同型の表式となる.$\beta = 1/kT$ と考えると,これらは基本事項◆正準集団に示した正準分布に他ならない.

〔注意〕 正準集団における固有状態の相対的な出現確率は,固有状態を規定する量のうちで最も普遍的なものであるエネルギー準位の値だけで定まる.

問題

8.1 例題 8 において,E_i と E_s を連続変数と仮定する代わりに,確率 $P_A(E_i)$ は

$$f \equiv -\sum_i P_A(E_i) \log P_A(E_i) = 最大, \quad ただし \begin{cases} \sum_i P_A(E_i) = 1, \\ \sum_i E_i P_A(E_i) = 一定 \equiv E_A \end{cases}$$

という条件を満足し,$P_B(E_s)$ と $P_{AB}(E_i + E_s)$ も同様な条件を満足するものであると仮定する.これらの確率の形を決定し,さらに $(*)$ の式と合わせて正準分布を導け.

---例題 9---

正準集団と大正準集団における平均値を，それぞれ簡単に $\langle \cdots \rangle_N$ と $\langle \cdots \rangle$ で表すことにすると，それぞれの集団における圧力 p のゆらぎは次の式で与えられることを示せ．

$$\langle (p - \langle p \rangle_N)^2 \rangle_N / (\langle p \rangle_N)^2 = \frac{kT}{p^2} \left\{ \left(\frac{\partial p}{\partial V} \right)_{N,T} - \left\langle \frac{\partial p}{\partial V} \right\rangle_N \right\} \quad \text{(正準集団)}$$

$$\langle (p - \langle p \rangle)^2 \rangle / (\langle p \rangle)^2 = -\frac{kT}{p^2} \left\langle \frac{\partial p}{\partial V} \right\rangle \quad \text{(大正準集団)}$$

ただし，$\langle \partial p / \partial V \rangle_N$ と $\langle \partial p / \partial V \rangle$ は，$-(\partial^2 E_i / \partial V^2)_N$ をそれぞれ正準分布と大正準分布について平均したものである．

〔ヒント〕 大正準集団の場合には，熱力学の関係式 $(\partial p / \partial V)_{T,\mu} = 0$ を使う．

【解答】 正準集団：$\left(\frac{\partial P_i}{\partial V} \right)_{N,T} = -\frac{1}{kT} \left(\frac{\partial E_i}{\partial V} \right)_N P_i + \frac{1}{kT} P_i \sum_j \left(\frac{\partial E_j}{\partial V} \right)_N P_j$ により，次の式が導かれる．

$$\left(\frac{\partial p}{\partial V} \right)_{N,T} = -\left(\frac{\partial}{\partial V} \left\{ \sum_i \left(\frac{\partial E_i}{\partial V} \right)_N P_i \right\} \right)_{N,T} = -\sum_i \left(\frac{\partial^2 E_i}{\partial V^2} \right)_N P_i - \sum_i \left(\frac{\partial E_i}{\partial V} \right)_N \left(\frac{\partial P_i}{\partial V} \right)_{N,T}$$

$$= \left\langle \frac{\partial p}{\partial V} \right\rangle_N + \frac{1}{kT} \sum_i \left(\frac{\partial E_i}{\partial V} \right)_N^2 P_i - \frac{1}{kT} \left\{ \sum_i \left(\frac{\partial E_i}{\partial V} \right)_N P_i \right\} \left\{ \sum_j \left(\frac{\partial E_j}{\partial V} \right)_N P_j \right\}$$

$$= \left\langle \frac{\partial p}{\partial V} \right\rangle_N + \frac{1}{kT} \{ \langle p^2 \rangle_N - (\langle p \rangle_N)^2 \} = \left\langle \frac{\partial p}{\partial V} \right\rangle_N + \frac{1}{kT} \langle (p - \langle p \rangle_N)^2 \rangle$$

移項して $kT/p^2 \equiv kT/(\langle p \rangle_N)^2$ をかければ，求める等式が得られる．

大正準集団：$(\partial P_i(N) / \partial V)_{T,\mu}$ について，正準集団のときとまったく同じ形の式が成り立つこと，また，Gibbs-Duhem の式から $(\partial p / \partial V)_{T,\mu} = 0$ となること（例題 5 参照）に注意すれば，上の証明と同様にして，$\langle \partial p / \partial V \rangle + (kT)^{-1} \langle (p - \langle p \rangle)^2 \rangle = 0$ が導かれ，求める等式が得られる．

問題

9.1 正準集団において次の関係式が成り立つことを示せ．
$$\langle (E - \langle E \rangle)^2 \rangle_N = kT^2 \left(\frac{\partial E}{\partial T} \right)_{N,V}, \quad \langle (E - \langle E \rangle_N)(p - \langle p \rangle_N) \rangle_N = kT^2 \left(\frac{\partial p}{\partial T} \right)_{N,V}$$

9.2 化学ポテンシャルが μ_1, μ_2，粒子数が N_1, N_2 であるような 2 成分系を大正準集団で扱うときには，次の関係式が成り立つことを証明せよ．
$$\langle N_1 N_2 \rangle - \langle N_1 \rangle \langle N_2 \rangle = kT \left(\frac{\partial N_1}{\partial \mu_2} \right)_{V,T,\mu_1} = kT \left(\frac{\partial N_2}{\partial \mu_1} \right)_{V,T,\mu_2}$$
$$\langle N_\alpha^2 \rangle - (\langle N_\alpha \rangle)^2 = kT \left(\frac{\partial N_\alpha}{\partial \mu_\alpha} \right)_{V,T,\mu_\beta (\beta \neq \alpha)} \quad (\alpha = 1, 2)$$

4.3 相互作用のない体系の統計力学

◆ **区別できる粒子系** 体系を構成する s 番目の粒子の座標を x_s で表す ($s=1,2,\cdots,N$). x_s は粒子の位置座標だけではなく，スピンなどの内部自由度に対応する座標もまとめて表しているものとする．体系の固有関数は $x_1, x_2, \cdots, x_N$ の関数である．粒子間に相互作用の力が働いていないような体系の Hamilton 演算子は

$$\widehat{H} = \widehat{h}^{(1)}(x_1) + \widehat{h}^{(2)}(x_2) + \cdots + \widehat{h}^{(N)}(x_N) = \sum_{s=1}^{N} \widehat{h}^{(s)}(x_s)$$

という形に表される．ここで，$\widehat{h}^{(s)}(x_s)$ は s 番目の粒子の座標だけに作用する Hamilton 演算子である．$\widehat{h}^{(s)}(x_s)$ の i_s 番目の固有関数 $\psi_{i_s}^{(s)}(x_s)$ と固有値 $\varepsilon_{i_s}^{(s)}$ は，1 粒子に対する **Schrödinger 方程式**

$$\widehat{h}^{(s)}(x_s)\psi_{i_s}^{(s)}(x_s) = \varepsilon_{i_s}^{(s)}\psi_{i_s}^{(s)}(x_s) \quad (s=1,2,\cdots,N;\ i_s=1,2,\cdots)$$

の解として決定される．体系全体の固有関数と固有値は，それぞれ 1 粒子の固有関数の積および 1 粒子の固有値の和である．

このような体系の分配関数 Q は次の形に表される（例題 10 参照）．

$$Q = q_1 q_2 \cdots q_N = \prod_{s=1}^{N} q_s$$

ここで，q_s は s 番目の粒子の**分配関数**であり，次の式で定義される．

$$q_s = \sum_{i_s} \exp\{-\varepsilon_{i_s}^{(s)}/kT\} \quad (s=1,2,\cdots,N)$$

N 個がすべて異なる種類の粒子であるような場合には，この体系が区別できる粒子系となることは当然である．しかし，同種類の粒子からなる体系でも，これらの粒子がそれぞれ空間の異なる場所に局在しているような場合には，どの場所に局在しているかということで粒子を区別することができる．このときには，$\widehat{h}^{(s)}$ などの添字 s は，その粒子が局在している場所を表すことになる．

◆ **粒子の統計性** 同種類の N 個の粒子が共通の空間内で運動しているような体系を考える．量子力学においては，このような粒子を互いに区別することは原理的に不可能である．そのため，このような体系の固有関数 $\Psi(x_1, x_2, \cdots, x_N)$ は，時間を含まない Schrödinger 方程式を満足する以外に，任意の 2 つの粒子の座標の交換に対して不変であるかまたは符号だけ変わるようなものでなければならない．前者の性質をもつ粒子を **Bose-Einstein 統計**（簡単には **Bose 統計**）に従う粒子または **Bose 粒子**（**boson** ともいう）と呼ぶ．後者の性質をもつ粒子を **Fermi-Dirac 統計**（簡単には **Fermi 統計**）に従う粒子または **Fermi 粒子**（**fermion** ともいう）と呼ぶ．粒子の統計性は，質量などと並んで，粒子のもつ基本的な性質の 1 つである．

以上は，相互作用のある一般の場合も含めてのことであるが，相互作用のない粒子系の場合には，粒子の統計性をもっとわかりやすい形に表現することができる．この場合には，体系の Hamilton 演算子は

$$\widehat{H} = \widehat{h}(x_1) + \widehat{h}(x_2) + \cdots + \widehat{h}(x_N) = \sum_{s=1}^{N} \widehat{h}(x_s)$$

という形に表される．$\widehat{h}(x_s)$ は s 番目の粒子の座標だけに作用する Hamilton 演算子であるが，どの s に対しても同じ演算子である．1 粒子の **Schrödinger 方程式**

$$\widehat{h}(x)\psi_i(x) = \varepsilon_i \psi_i(x) \quad (i = 1, 2, \cdots)$$

のすべての固有関数 $\psi_i(x)$ と固有値 ε_i が求められたとすると，体系全体の 1 つの固有状態は，0 または正整数値の n_i の 1 つの組 $\{n_i\}$ によって指定される．ここで，n_i は上の Schrödinger 方程式の i 番目の固有状態を占めている粒子の数である．このときの体系のエネルギーを E とすると，次の等式が成り立つ．

$$\sum_i n_i = N, \quad \sum_i n_i \varepsilon_i = E$$

粒子の統計性は，n_i に許される値が次のようになることによって表現される．

  Bose 粒子のとき ：$n_i = 0, 1, 2, \cdots$ （0 およびすべての自然数）
  Fermi 粒子のとき：$n_i = 0, 1$

Fermi 粒子のこのような性質は，**Pauli の原理**または **Pauli の排他律**と呼ばれる．

◆ **分配関数** 相互作用のない Bose 粒子系と Fermi 粒子系の分配関数を，それぞれ Q_BE, Q_FD とすると，それらは次の形に表されることになる．

$$Q_\text{BE} = \sum_{\substack{\{n_i\} \\ n_i = 0,1,2,\cdots}} \exp\{-\sum_i n_i \varepsilon_i / kT\}, \quad Q_\text{FD} = \sum_{\substack{\{n_i\} \\ n_i = 0,1}} \exp\{-\sum_i n_i \varepsilon_i / kT\}$$

ただし，この和は $\sum_i n_i = N$ を満足するすべての組 $\{n_i\}$ についてとられる．

粒子が区別できるものと仮定すると，そのときの分配関数 Q_d は

$$Q_d = \sum_{\substack{\{n_i\} \\ n_i = 0,1,2,\cdots}} \frac{N!}{\prod_i (n_i!)} \exp\{-\sum_i n_i \varepsilon_i / kT\} = q^N, \quad q \equiv \sum_i e^{-\varepsilon_i / kT}$$

となる（例題 11 参照）．区別できる同種類の粒子からなる体系の分配関数が，

$$Q_\text{MB} \equiv Q_d / N! = q^N / N!$$

によって定義される Q_MB であるとしたとき，この粒子は **Maxwell-Boltzmann 統計**(簡単には **Boltzmann 統計**)に従う，または**古典統計**に従うという．Bose 統計と

Fermi 統計をまとめて**量子統計**と呼ぶ．（相互作用のある粒子系の場合の Boltzmann 統計も同様に定義される．すなわち，N 個の同種類の粒子が区別できるものとして計算される分配関数を Q_d とすると，Boltzmann 統計に従う粒子系の分配関数 Q_MB は $Q_\text{MB} \equiv Q_d/N!$ によって定義されるのである．）

◆ **大分配関数**　相互作用のない同種類の粒子が体積 V の空間内で運動しているような体系を統計力学的に扱うには大正準集団を使うのが便利である．1 粒子の Schrödinger 方程式は体積 V の空間で解かれるから，1 粒子固有状態のエネルギー ε_i は V の関数である．Bose 統計，Fermi 統計，古典統計のそれぞれに特有な式には，BE, FD, MB の記号をつけることにする．大分配関数を $\Xi(V,T,\mu) \equiv \Xi$ とすると，

$$\frac{pV}{kT} = \log \Xi = \mp \sum_i \log[1 \mp \exp\{-(\varepsilon_i - \mu)/kT\}] \quad \text{複号は} \begin{cases} \text{上が BE} \\ \text{下が FD} \end{cases}$$

$$\frac{pV}{kT} = \log \Xi = \sum_i \exp\{-(\varepsilon_i - \mu)/kT\} = qe^{\mu/kT} \qquad \text{MB}$$

となる（例題 12 参照）．他の熱力学量の表式は，一般論に従い，この $\log \Xi$ の式から導かれる（問題 12.1 参照）．特に，粒子数 N，内部エネルギー E の表式は，

$$N = \sum_i [\exp\{(\varepsilon_i - \mu)/kT\} \mp 1]^{-1} \qquad \text{複号は} \begin{cases} \text{上が BE} \\ \text{下が FD} \end{cases}$$

$$N = \sum_i \exp\{-(\varepsilon_i - \mu)/kT\} = qe^{\mu/kT} = \frac{pV}{kT} \qquad \text{MB}$$

$$E = \sum_i \varepsilon_i [\exp\{(\varepsilon_i - \mu)/kT\} \mp 1]^{-1} \qquad \text{複号は} \begin{cases} \text{上が BE} \\ \text{下が FD} \end{cases}$$

$$E = \sum_i \varepsilon_i \exp\{-(\varepsilon_i - \mu)/kT\} \qquad \text{MB}$$

となる．このうち，粒子数に対する表式は，(N,V,T) を独立変数に選ぶ場合には，化学ポテンシャル μ を求める式として用いられる．

◆ **粒子数の分布**　大正準集団における平均を $\langle \cdots \rangle$ で表すことにする．i 番目の 1 粒子固有状態を占める粒子数の平均値 $\langle n_i \rangle$ は，

$$\langle n_i \rangle = [\exp\{(\varepsilon_i - \mu)/kT\} \mp 1]^{-1} \quad \text{複号は，$-$ が BE，$+$ が FD}$$

$$\langle n_i \rangle = \exp\{-(\varepsilon_i - \mu)/kT\} \qquad \text{MB}$$

で与えられる（問題 13.1 参照）．これらの式で与えられる粒子数の分布を，それぞれ **Bose-Einstein 分布**（簡単には **Bose 分布**），**Fermi-Dirac 分布**（簡単には **Fermi 分布**），**Maxwell-Boltzmann 分布**（簡単には **Boltzmann 分布**）と呼ぶ．この $\langle n_i \rangle$ を使うと，粒子数と内部エネルギーは次のように表される．

$$N = \sum_i \langle n_i \rangle, \quad E = \sum_i \varepsilon_i \langle n_i \rangle$$

例題 10

相互作用のない N 個の区別できる粒子からなる体系の分配関数 Q は
$$Q = \prod_{s=1}^{N} q_s, \quad q_s \equiv \sum_{i_s} \exp\{-\varepsilon_{i_s}^{(s)}/kT\} \quad (s=1,2,\cdots,N)$$
で与えられることを示せ．ただし，$\varepsilon_{i_s}^{(s)}$ は s 番目の粒子に対する Hamilton 演算子の i_s 番目の固有値である $(i_s = 1, 2, \cdots)$．

[ヒント] 基本事項◆区別できる粒子系を参照する．

【解答】 体系の Hamilton 演算子 $\widehat{H}$ および s 番目の粒子に対する Schrödinger 方程式は
$$\widehat{H} = \sum_{s=1}^{N} \widehat{h}^{(s)}(x_s), \quad \widehat{h}^{(s)}(x_s)\psi_{i_s}^{(s)}(x_s) = \varepsilon_{i_s}^{(s)}\psi_{i_s}^{(s)}(x_s)$$
$$(s = 1,2,\cdots,N; i_s = 1,2,\cdots)$$
である．体系全体の 1 つの固有状態は $\{i_1, i_2, \cdots, i_N\}$ の 1 つの組で指定される．この組を i で表し，Ψ_i と E_i を次のように定義する．
$$\Psi_i \equiv \prod_{s=1}^{N} \psi_{i_s}^{(s)}(x_s), \quad E_i \equiv \sum_{s=1}^{N} \varepsilon_{i_s}^{(s)}$$
この Ψ_i と E_i が体系の Schrödinger 方程式 $\widehat{H}\Psi_i = E_i\Psi_i$ を満足することは容易に確かめられるから，これらはそれぞれ体系の固有関数と固有値である．体系の分配関数を求めるにはすべての固有状態についての和をとらねばならないが，すべての i について和をとることは，$i_1, i_2, \cdots, i_N$ のそれぞれについて独立に和をとることと同等である．したがって，体系の分配関数は次のように計算される．

$$\begin{aligned}
Q &= \sum_i e^{-E_i/kT} \\
&= \sum_{i_1}\sum_{i_2}\cdots\sum_{i_N} \exp\left[\{-\varepsilon_{i_1}^{(1)}/kT\} + \{-\varepsilon_{i_2}^{(2)}/kT\} + \cdots + \{-\varepsilon_{i_N}^{(N)}/kT\}\right] \\
&= \left[\sum_{i_1}\exp\{-\varepsilon_{i_1}^{(1)}/kT\}\right]\left[\sum_{i_2}\exp\{-\varepsilon_{i_2}^{(2)}/kT\}\right]\cdots\left[\sum_{i_N}\exp\{-\varepsilon_{i_N}^{(N)}/kT\}\right] = \prod_{s=1}^{N} q_s
\end{aligned}$$

問題

10.1 それぞれの粒子数が $N_1, N_2, \cdots, N_\nu$ であるような ν 種類の粒子からなる体系において，異なる種類の粒子間には相互作用がないような場合（同種類の粒子の間には相互作用があってもよい）の分配関数は
$$Q = Q_1 Q_2 \cdots Q_\nu = \prod_{\alpha=1}^{\nu} Q_\alpha$$
となることを示せ．ここで，$Q_\alpha \ (\alpha = 1, 2, \cdots, \nu)$ は α 番目の粒子（粒子数 N_α）だけがあるときの分配関数である．

4.3 相互作用のない体系の統計力学

例題 11

相互作用のない N 個の同種類の粒子からなる体系の固有状態は，0 または自然数の組 $\{n_i\}$ によって指定される．ここで，n_i は 1 粒子の Schrödinger 方程式の i 番目の固有状態（エネルギー ε_i）を占める粒子の数である．粒子が区別できると仮定した場合の体系の分配関数 Q_d が次のようになることを示せ．

$$Q_d = q^N, \quad q \equiv \sum_i e^{-\varepsilon_i/kT}$$

〔ヒント〕 基本事項の◆粒子の統計性と◆分配関数を参照する．

【解答】 粒子が区別できる場合には，1つの組 $\{n_i\}$ が与えられたとき，これに対応する体系の固有状態の数は1つではなく，$N!/\prod_i (n_i!)$ 個の異なる固有状態が存在する．これらの固有状態のエネルギーはいずれも $\sum_i n_i \varepsilon_i$ である．したがって，体系の分配関数は次の式で表される．

$$Q_d = \sum_{\substack{\{n_i\} \\ n_i=0,1,2,\cdots}} \frac{N!}{\prod_i (n_i!)} \exp\{-\sum_i n_i \varepsilon_i/kT\}$$

ただし，右辺の和は $\sum_i n_i = N$ を満足するすべての組 $\{n_i\}$ についてとられる．一方，q^N を多項定理によって展開すると次のように変形される．

$$q^N = \{\sum_i e^{-\varepsilon_i/kT}\}^N = \sum_{\substack{\{n_i\} \\ n_i=0,1,2,\cdots}} \frac{N!}{\prod_i (n_i!)} \prod_i \{e^{-\varepsilon_i/kT}\}^{n_i}$$

この2つの結果を比較することにより，$Q_d = q^N$ が導かれる．

〔注意1〕 多項定理は普通，有限個の和について与えられているが，上のように，無限個の和に対しても拡張される．

〔注意2〕 この例題の結果は，例題10において，$q_1 = q_2 = \cdots = q_N = q$ としても得られる．

問題

11.1 Maxwell-Boltzmann 統計に従う相互作用のない粒子系では，q/V は温度 T だけの関数となることを，正準集団における関係式を使って示せ．

11.2 同一の粒子が Bose 粒子になったり Fermi 粒子になったりすることはないが，仮に，そのようなことが可能であるような架空の粒子を考えよう．さらに，この粒子は古典統計に従うことも可能であると仮定しよう．このような粒子からなる体系の分配関数については，相互作用のない場合，次の不等式が成立することを証明せよ．

$$Q_{\text{BE}} > Q_{\text{MB}} > Q_{\text{FD}}$$

---例題 12---

相互作用のない同種類の粒子からなる体系（体積 V）の大分配関数 $\Xi(V,T,\mu)$ は，Bose 統計，Fermi 統計，古典統計の場合，それぞれ次の式で与えられることを示せ．

$$\Xi(V,T,\mu) = \prod_i [1 \mp \exp\{-(\varepsilon_i - \mu)/kT\}]^{\mp 1} \qquad 複号は \begin{cases} 上が \text{BE} \\ 下が \text{FD} \end{cases}$$

$$\Xi(V,T,\mu) = \exp(qe^{\mu/kT}), \qquad q \equiv \sum_i e^{-\varepsilon_i/kT} \qquad \text{MB}$$

ここで，ε_i は 1 粒子の Schrödinger 方程式の i 番目の固有値である．

【解答】 Bose 統計の場合を考える．4.2 の基本事項◆大正準集団にある大分配関数と分配関数の関係式に，この節の基本事項◆分配関数にある Q_BE の表式を代入する．この Q_BE における和では組 $\{n_i\}$ について $\sum n_i = N$ という制限があるが，Ξ の式に代入したときには N についての和をとるから，この制限は必要がなくなり，Ξ における和は，すべての n_i について独立に和をとることになる．この和を簡単に $\sum$ で表すことにすると，

$$\Xi = \sum_{N=0}^\infty Q_\text{BE} e^{N\mu/kT} = \sum \prod_i [\exp\{-n_i(\varepsilon_i - \mu)/kT\}]$$

$$= \prod_i \left[\sum_{n_i=0}^\infty \exp\{-n_i(\varepsilon_i - \mu)/kT\} \right] \qquad (*)$$

$$= \prod_i [1 - \exp\{-(\varepsilon_i - \mu)/kT\}]^{-1} \quad (\because \sum_{n=0}^\infty x^n = 1/(1-x), \ |x|<1) \qquad \text{BE}$$

となる．Fermi 統計の場合には，上の $(*)$ の最後の式で $n_i = 0, 1$ だけの和をとればよいから，直ちに求める結果が得られる．古典統計の場合はもっと簡単に次のようになる．

$$\Xi = \sum_{N=0}^\infty Q_\text{MB} e^{N\mu/kT} = \sum_{N=0}^\infty \frac{1}{N!} q^N e^{N\mu/kT} = \exp\{qe^{\mu/kT}\} \qquad \text{MB}$$

〔注意〕 上の解答および基本事項の◆分配関数にある Q_d と Q_MB の表式から，大正準集団において，組 $\{n_i\}$ で与えられる状態が出現する確率は次の式で与えられる．

$$\frac{1}{\Xi} \prod_i [\exp\{-n_i(\varepsilon - \mu)/kT\}] \qquad （量子統計）$$

$$\frac{1}{\Xi} \prod_i \left[\frac{1}{n_i!} \exp\{-n_i(\varepsilon_i - \mu)/kT\} \right] \qquad （古典統計）$$

問 題

12.1 基本事項◆大分配関数にある粒子数 N と内部エネルギー E の表式を導け．また，Helmholtz の自由エネルギー A に対する次の表式を導け．

$$A = \begin{cases} \pm kT \sum_i \log[1 \mp \exp\{-(\varepsilon_i - \mu)/kT\}] + \mu N & 複号は \begin{cases} 上が \text{BE} \\ 下が \text{FD} \end{cases} \\ -kT \sum_i \exp\{-(\varepsilon_i - \mu)/kT\} + \mu N = -NkT - NkT\log(q/N) & \text{MB} \end{cases}$$

4.3 相互作用のない体系の統計力学

例題 13

相互作用のない同種類の粒子からなる体系において，1粒子固有状態の i 番目（固有値 ε_i）を占める粒子数の大正準集団における平均値を $\langle n_i \rangle$ とする．この体系の大分配関数 Ξ を $\varepsilon_i (i=1,2,\cdots)$ の関数と考えたとき，次の等式が成立することを証明せよ．

$$\langle n_i \rangle = -kT \frac{\partial \log \Xi}{\partial \varepsilon_i}$$

【解答】 基本事項の◆大分配関数と◆粒子数の分布にある $\log \Xi$ と $\langle n_i \rangle$ の表式を使えば簡単に証明できるが，これらの表式を使わない証明法を試みよう．まず，量子統計の場合を考える．例題 12 の〔注意〕を参照すると，定義により，

$$\Xi = \sum \prod_k \exp\left\{-\frac{n_k(\varepsilon_k - \mu)}{kT}\right\}, \quad \langle n_i \rangle = \frac{1}{\Xi} \sum n_i \prod_k \exp\left\{-\frac{n_k(\varepsilon_k - \mu)}{kT}\right\}$$

となる．ここで $\sum$ はすべての n_k について独立に和をとることを表す．Bose 統計と Fermi 統計の違いは，n_k に許される値の違いだけである．上の両辺を比較すると，

$$-kT\frac{\partial \Xi}{\partial \varepsilon_i} = \Xi \langle n_i \rangle \quad \therefore \quad \langle n_i \rangle = -kT \frac{\partial \log \Xi}{\partial \varepsilon_i}$$

となり，求める結果が得られる．

古典統計の場合は，Ξ と $\langle n_i \rangle$ は次のようになるから，同じ結果が得られる．

$$\Xi = \sum \prod_k \frac{1}{n_k!} \exp\left\{-\frac{n_k(\varepsilon_k - \mu)}{kT}\right\}, \quad \langle n_i \rangle = \frac{1}{\Xi} \sum n_i \prod_k \frac{1}{n_k!} \exp\left\{-\frac{n_k(\varepsilon_k - \mu)}{kT}\right\}$$

問 題

13.1 例題 13 の結果を使わないで，基本事項◆粒子数の分布にある $\langle n_i \rangle$ の表式を導け．

13.2 相互作用のない同種類の粒子からなる体系のエントロピーの表式を，$\langle n_i \rangle$ を使って表せ．

13.3 大正準集団における平均値を $\langle \cdots \rangle$ で表すとき，相互作用のない同種類の粒子からなる体系における $\langle n_i n_j \rangle - \langle n_i \rangle \langle n_j \rangle$ の値を求めよ．ここで，$n_i(n_j)$ は1粒子固有状態の $i(j)$ 番目を占める粒子の数である．[例題 13 の解答と同様な考えにより，$\langle n_i n_j \rangle - \langle n_i \rangle \langle n_j \rangle = -kT(\partial \langle n_i \rangle / \partial \varepsilon_j)$ という関係式を導き，これを利用せよ．]

13.4 1粒子の Schrödinger 方程式の固有値 ε が連続であり ($0 \leq \varepsilon < \infty$)，固有値が ε と $\varepsilon + d\varepsilon$ の間にあるような固有状態の数が $C\varepsilon^\alpha d\varepsilon$ (C と α は定数で，$\alpha > -1$) であるとき，$\log \Xi$ に対する表式を導け．

5 単原子理想気体

5.1 統計力学における理想気体

◆ **理想気体** 相互作用のない N 個の自由粒子が体積 V の箱の中に入っているような体系を，統計力学における**理想気体**と定義しよう．この粒子が Bose 粒子の場合には**理想 Bose 気体**，Fermi 粒子の場合には**理想 Fermi 気体**，古典統計に従う場合には**古典理想気体**と呼ぶことにする．この章では粒子が質点とみなせる場合を扱う．

◆ **箱の中の自由粒子** 1辺の長さ L の立方体（体積 $V = L^3$）の中にある質量 m の自由粒子を考える．粒子の位置を表すには，直角座標 (x, y, z) または各座標を成分とする位置ベクトル $\boldsymbol{r}$ を使う．この粒子に対する Schrödinger 方程式を周期的な境界条件の下で解いたときの固有関数 $\psi_k(\boldsymbol{r})$ と対応する固有値 ε_k は次のようになる（例題 1 参照）．

$$\psi_{\boldsymbol{k}}(\boldsymbol{r}) = \frac{1}{\sqrt{V}} e^{i\boldsymbol{k}\cdot\boldsymbol{r}} \quad (\boldsymbol{k} \equiv (k_x, k_y, k_z)), \qquad \varepsilon_{\boldsymbol{k}} = \frac{\hbar^2 \boldsymbol{k}^2}{2m} \equiv \frac{\hbar^2}{2m}(k_x^2 + k_y^2 + k_z^2)$$

ここで，i は虚数単位 $(i^2 = -1)$，$\hbar \equiv h/2\pi$（h は **Planck 定数**）である[†]．また，粒子の並進運動に関する固有状態を指定する**波数ベクトル** $\boldsymbol{k}$ は次の値をとる．

$$k_\xi = \frac{2\pi}{L} n_\xi, \quad n_\xi = 0, \pm 1, \pm 2, \cdots \quad (\xi = x, y, z)$$

◆ **状態密度** 巨視的な大きさの立方体の場合，1粒子固有状態についての和は

$$\sum_i \equiv g\sum_{k_x}\sum_{k_y}\sum_{k_z} \to g\left(\frac{L}{2\pi}\right)^3 \iiint_{-\infty}^{+\infty} dk_x dk_y dk_z \equiv \frac{gV}{(2\pi)^3}\int d\boldsymbol{k}, \quad g \equiv 2S+1$$

というような $\boldsymbol{k}$ に関する積分でおきかえられる．ただし，S は粒子のもつスピンの大きさである．さらに，被積分関数が $|\boldsymbol{k}| \equiv k$ だけの関数である場合には，積分変数を $\varepsilon = \hbar^2 k^2/2m$ に選ぶことにより，固有状態についての和は次のような積分となる．

$$\sum_i \to \int_0^\infty d\varepsilon\, \omega(\varepsilon), \qquad \omega(\varepsilon) \equiv \frac{gV}{(2\pi)^2}\left(\frac{2m}{\hbar^2}\right)^{3/2}\sqrt{\varepsilon} = 2\pi gV\left(\frac{2m}{h^2}\right)^{3/2}\sqrt{\varepsilon}$$

$\omega(\varepsilon)d\varepsilon$ はエネルギーが ε と $\varepsilon + d\varepsilon$ の間にあるような固有状態の数を表すので，この $\omega(\varepsilon)$ は自由粒子の**状態密度**と呼ばれる（問題 1.2 参照）．

◆ **圧力と内部エネルギーの関係** 単原子理想気体の圧力 p と内部エネルギー E の間には $pV = (2/3)E$ という関係が成り立つ（**Bernoulli の式**，例題 3 参照）．

[†] $h = 6.6262 \times 10^{-34}\,\mathrm{J\cdot s}, \quad \hbar = 1.0546 \times 10^{-34}\,\mathrm{J\cdot s}$

5.1 統計力学における理想気体

例題 1

1辺の長さ L の立方体の箱（体積 $V = L^3$）の中にある質量 m の自由粒子の量子力学的状態は，次の1粒子 Schrödinger 方程式の解 $\psi_i(\boldsymbol{r})$ で表される．

$$-\frac{\hbar^2}{2m}\left(\frac{\partial^2}{\partial x^2} + \frac{\partial^2}{\partial y^2} + \frac{\partial^2}{\partial z^2}\right)\psi_i(\boldsymbol{r}) = \varepsilon_i\psi_i(\boldsymbol{r}) \quad (0 \leq x, y, z \leq L)$$

立方体のそれぞれ向い合う壁のところで，周期的境界条件

$$\psi_i(0, y, z) = \psi_i(L, y, z), \quad (\partial\psi_i/\partial x)(0, y, x) = (\partial\psi_i/\partial x)(L, y, z)$$

（y, z 方向も同様）を満足する固有関数 $\psi_i(\boldsymbol{r})$ とその固有値 ε_i を求めよ．

〔ヒント〕 $\psi_i(\boldsymbol{r}) = f(x)g(y)h(z)$ とおいて，変数分離の方法を用いる．

【解答】 $\psi_i(\boldsymbol{r})$ をヒントのようにおいて Schrödinger 方程式に代入すると，

$$\{f''(x)/f(x)\} + \{g''(y)/g(y)\} + \{h''(z)/h(z)\} = -2m\varepsilon_i/\hbar^2$$

が得られる．ここで，$f''(x)$ などは2次導関数を表す．上式が恒等的に成り立つためには，左辺の各項がそれぞれ定数に等しくなければならない．したがって，k_x, k_y, k_z を定数として，次の関係が導かれる．

$$\left.\begin{array}{l}f''(x) = -k_x^2 f(x),\ g''(y) = -k_y^2 g(y),\ h''(z) = -k_z^2 h(z) \\ \text{ただし，} k_x^2 + k_y^2 + k_z^2 = 2m\varepsilon_i/\hbar^2\end{array}\right\} \quad (*)$$

$f(x)$ に対する微分方程式の2つの独立な解は，$k_x \neq 0$ のときには $e^{ik_x x}$ と $e^{-ik_x x}$ であり，$k_x = 0$ のときには 1 と x である．一方，$\psi_i(\boldsymbol{r})$ に対する境界条件から，$f(x)$ は，$f(0) = f(L), f'(0) = f'(L)$ という条件を満足していなければならない（$f'(x)$ は1次導関数を表す）．したがって，求める解は，A を任意定数として，$f(x) = Ae^{ik_x x}$ ($k_x = (2\pi/L)n_x$, $n_x = 0, \pm 1, \pm 2, \cdots$) となる．$g(y), h(z)$ についても同様であるから，C を新しい任意定数として，固有関数と固有値は

$$\psi_i(\boldsymbol{r}) \equiv \psi_{\boldsymbol{k}}(\boldsymbol{r}) = Ce^{i\boldsymbol{k}\cdot\boldsymbol{r}}, \quad \varepsilon_i \equiv \varepsilon_{\boldsymbol{k}} = \frac{\hbar^2}{2m}\boldsymbol{k}^2, \quad \boldsymbol{k} = \frac{2\pi}{L}(n_x, n_y, n_z)$$
$$(n_\xi = 0, \pm 1, \pm 2, \cdots)$$

と表される．規格化の条件 $\int_V |\psi_i(\boldsymbol{r})|^2 d\boldsymbol{r} = 1$ を使うと，$C = 1/\sqrt{V}$ となる．

問 題

1.1 古典力学の運動量ベクトル $\boldsymbol{p}$ に対応する量子力学の演算子は $\widehat{\boldsymbol{p}} \equiv \dfrac{\hbar}{i}\left(\dfrac{\partial}{\partial x}, \dfrac{\partial}{\partial y}, \dfrac{\partial}{\partial z}\right)$ である．例題1で求めた $\psi_{\boldsymbol{k}}(\boldsymbol{r})$ は $\widehat{\boldsymbol{p}}$ の固有関数でもあることを確かめよ．

1.2 例題1の固有状態は，3つの整数の組 (n_x, n_y, n_z) によって区別される．箱の体積 V が十分大きいときには，状態密度 $\omega(\varepsilon)$ が $\sqrt{\varepsilon}$ に比例することを示せ．

---**例題 2**---

例題 1 において，立方体のそれぞれ向い合う壁のところで境界条件

$$\psi_i(0,y,z) = \psi_i(L,y,z) = 0 \quad (y,z \text{ 方向についても同様})$$

を満足するような固有関数 $\psi_i(\boldsymbol{r})$ とその固有値 ε_i を求めよ．

〔ヒント〕 例題 1 と同様に変数分離の方法を用いる．

【解答】 $\psi_i(\boldsymbol{r}) = f(x)g(y)h(z)$ とおくと，例題 1 の (*) が得られる．$f(x)$ に対する方程式の 2 つの独立な解として，$k_x \neq 0$ のときには $\cos k_x x$ と $\sin k_x x$，$k_x = 0$ のときには 1 と x を選ぶ．$\psi_i(\boldsymbol{r})$ に対する境界条件から，$f(x)$ は $f(0) = f(L) = 0$ を満足しなければならない．$k_x = 0$ の解はどちらもこの条件を満足し得ないから，$k_x \neq 0$ でなければならない（固有関数は恒等的に 0 であってはならない）．$k_x \neq 0$ のときの解のうちで，$\cos k_x x$ は $f(x)$ に対する条件を満足し得ないが，$\sin k_x x$ の方は，n_x を整数として $k_x = (\pi/L)n_x$ ととることによって条件を満足させられる．k_x の符号を変えたとき，$\sin k_x x$ は符号が変わるだけであるから，n_x は正整数だけに制限しておかなければならない（符号だけ，もっと一般に定数因数だけ，異なるような 2 つの固有関数は異なる固有関数とみなしてはならない）．したがって，A を任意定数として，$f(x) = A\sin(n_x\pi x/L)$ $(n_x = 1,2,3,\cdots)$ が求める解である．$g(y), h(z)$ についても同様であるから，C を新しい任意定数として，固有関数と固有値は次のように表される．

$$\psi_i(\boldsymbol{r}) \equiv \psi_{n_x n_y n_z}(\boldsymbol{r}) = C \sin\frac{n_x\pi x}{L} \sin\frac{n_y\pi y}{L} \sin\frac{n_z\pi z}{L}$$

$$\varepsilon_i \equiv \varepsilon_{n_x n_y n_z} = \frac{\hbar^2}{2m}\left(\frac{\pi}{L}\right)^2(n_x^2 + n_y^2 + n_z^2), \quad (n_x, n_y, n_z = 1,2,3,\cdots)$$

規格化の条件 $\int_V |\varphi_i(\boldsymbol{r})|^2 d\boldsymbol{r} = 1$ を使うと，$C = \sqrt{8/V}$ となる．

〔注意〕 例題 2 の固有状態は，運動量 $\boldsymbol{p}$ の固有状態ではない．

問題

2.1 例題 2 の固有状態について，箱の体積 V が十分大きいときの状態密度 $\omega(\varepsilon)$ を求め，その結果を問題 1.2 の結果と比較せよ．

2.2 長さ L の直線上を運動する 1 次元自由粒子および 1 辺 L の正方形の面内を運動する 2 次元自由粒子に対する Schrödinger 方程式は，例題 1 において微分演算子をそれぞれ 1 次元と 2 次元の Laplace 微分演算子に変えたものである．この場合の状態密度は次のようになることを示せ．粒子は大きさ S のスピンをもつとする．

$$\omega(\varepsilon) = \frac{gL}{2\pi}\sqrt{\frac{2m}{\hbar^2}}\frac{1}{\sqrt{\varepsilon}} \quad (1\text{ 次元}), \qquad \omega(\varepsilon) = \frac{gL^2}{4\pi}\left(\frac{2m}{\hbar^2}\right) \quad (2\text{ 次元})$$

$$g \equiv 2S+1$$

5.1 統計力学における理想気体

━━ 例題 3 ━━━

体積 V の箱の中に同種類の N 個の相互作用のない自由粒子が入っている．この体系の圧力を p，内部エネルギーを E とすると，粒子が，Bose 統計，Fermi 統計，古典統計のいずれに従う場合でも，Bernoulli の式

$$pV = \frac{2}{3}E$$

が成立することを示せ．

〔ヒント〕 4.2 の基本事項◆大正準集団に示した $p = kT(\partial \log \Xi/\partial V)_{T,\mu}$ および 4.3 節の基本事項◆大分配関数に示した $\log \Xi$ と E の表式を用い，例題 1，例題 2 で求めた固有値 ε_i の V 依存性に注意する．

【解答】 例題 1 と例題 2 の解答により，この体系の 1 粒子固有状態の固有値 ε_i は体積 V の $(2/3)$ 乗に逆比例するから，$(d\varepsilon_i/dV) = -(2\varepsilon_i/3V)$ が成り立つ．したがって量子統計の場合には，4.3 の基本事項◆大分配関数にある $\log \Xi$ と E の表式から（複号は上が BE，下が FD），

$$p = kT\left(\frac{\partial \log \Xi}{\partial V}\right)_{T,\mu} = kT\left(\frac{\partial}{\partial V}\{\mp\sum_i \log[1 \mp \exp\{-(\varepsilon_i - \mu)/kT\}]\}\right)_{T,\mu}$$

$$= \sum_i \left(-\frac{d\varepsilon_i}{dV}\right)\exp\{-(\varepsilon_i - \mu)/kT\}[1 \mp \exp\{-(\varepsilon_i - \mu)/kT\}]^{-1}$$

$$= \frac{2}{3V}\sum_i \varepsilon_i[\exp\{(\varepsilon_i - \mu)/kT\} \mp 1]^{-1} = \frac{2E}{3V}$$

となる．古典統計の場合についてもまったく同様にして，次が導かれる．

$$p = kT\left(\frac{\partial}{\partial V}[\sum_i \exp\{-(\varepsilon_i - \mu)/kT\}]\right)_{T,\mu}$$

$$= \frac{2}{3V}\sum_i \varepsilon_i \exp\{-(\varepsilon_i - \mu)/kT\} = \frac{2E}{3V}$$

〔注意〕 状態密度の表式を使っても，Bernoulli の式は証明できる（問題 3.1 参照）．

問題

3.1 4.3 の基本事項◆大分配関数に示した pV/kT と E の表式について，固有状態についての和を連続エネルギー変数 ε についての積分で表して比較することにより，状態密度が $\omega(\varepsilon) = C\varepsilon^\alpha$ (C と α は定数，$\alpha > -1$) と表される自由粒子系では，次の関係が成立することを示せ．

$$pV = E/(\alpha + 1)$$

3.2 1 次元自由粒子系と 2 次元自由粒子系とにおいては，例題 3 の Bernoulli の式に対応する p と E の関係は，どのように表されるか．

5.2 縮退が弱い場合の単原子理想気体

◆ **縮退**　4.3 の基本事項の◆粒子数の分布にある $\langle n_i \rangle$ の表式からわかるように，

$$\exp\{(\varepsilon_i - \mu)/kT\} \gg 1 \quad (\text{すべての } i \text{ について}) \qquad (*)$$

という不等式が成立する場合には，Bose 分布と Fermi 分布はどちらも Boltzmann 分布に近づく．そして，この場合には，Bose 粒子系と Fermi 粒子系の熱力学的性質も古典統計に従う粒子系の性質に近づく．このようなとき，体系は**縮退が弱い**と呼ばれる．これに対して，(*) の条件が成り立たない場合には，量子統計と古典統計の違いが著しい．このようなときには体系は**縮退している**という（同じ言葉ではあるが，固有値の縮退とは関係がない）．

◆ **単原子古典理想気体**　4.3 の基本事項の◆分配関数にある $Q_{\text{MB}} = q^N/N!$ の q を，5.1 の基本事項の◆状態密度にある $\omega(\varepsilon)$ の式を使って計算し，$A = -kT \log Q_{\text{MB}}$ から Helmholtz の自由エネルギーの表式を求めると次のようになる（例題 4 参照）．

$$A \equiv A(N, V, T) = -NkT \log \left\{ \left(\frac{mkT}{2\pi\hbar^2}\right)^{3/2} \frac{gVe}{N} \right\} \equiv -NkT \log \left(\frac{gVe}{\Lambda^3 N}\right)$$

ただし，Stirling の公式で第 2 項までとったものを使った．また，Λ は長さの次元をもつ量で**熱的 de Broglie**（ドブロイ）**波長**と呼ばれ，次の式で定義される．

$$\Lambda \equiv \sqrt{\frac{2\pi\hbar^2}{mkT}} = \sqrt{\frac{h^2}{2\pi mkT}}$$

他の熱力学量はこの A の表式から求められる．特に，圧力は $p = NkT/V$ となる．この状態方程式は熱力学における理想気体の状態方程式と同じものである．したがって，k が普遍定数であることだけがわかっているという立場に立つと，この結果から k は Boltzmann 定数であることが導かれることになる（問題 4.2 の解答の〔**注意**〕参照）．

◆ **縮退が弱い場合の展開式**　単原子理想気体の場合，縮退が弱い条件 (*) は

$$\frac{\Lambda^3 N}{V} \equiv \left(\frac{2\pi\hbar^2}{mkT}\right)^{3/2} \frac{N}{V} \ll 1$$

と表される（問題 7.2 参照）．このとき，化学ポテンシャルを μ，内部エネルギーを E とすると，次の展開式が導かれる（問題 6.1，例題 7 参照）．ただし，複号は上が Bose 統計，下が Fermi 統計の場合である．

$$e^{\mu/kT} = \frac{\Lambda^3 N}{gV} \left\{ 1 \mp \frac{1}{2^{3/2}} \left(\frac{\Lambda^3 N}{gV}\right) + \left(\frac{1}{4} - \frac{1}{3^{3/2}}\right) \left(\frac{\Lambda^3 N}{gV}\right)^2 + \cdots \right\}$$

$$E = \frac{3}{2} NkT \left\{ 1 \mp \frac{1}{2^{5/2}} \left(\frac{\Lambda^3 N}{gV}\right) - \left(\frac{2}{3^{5/2}} - \frac{1}{8}\right) \left(\frac{\Lambda^3 N}{gV}\right)^2 + \cdots \right\}$$

例題 4

質量 m, スピンの大きさ S の同種類の自由粒子 N 個 $(N \gg 1)$ が, 体積 V の箱の中に入っていて, 温度 T の熱平衡状態にある. 体積 V が十分大きいときには, 1 個の由由粒子のエネルギー固有値は, 実際上連続な数値をとる(問題 1.2, 2.1 を参照). この自由粒子が古典統計(MB)に従うときの分配関数 Q_{MB} の表式において, 1 粒子固有状態についての総和を連続変数 ε の積分でおきかえて評価することにより, Helmholtz の自由エネルギー $A(N, V, T)$ が次の式で与えられることを示せ.

$$\text{古典統計}: \quad A = -NkT \log\left(\frac{gVe}{\Lambda^3 N}\right), \quad \Lambda \equiv \sqrt{\frac{h^2}{2\pi mkT}}, \quad g \equiv 2S + 1$$

〔ヒント〕 4.3 の基本事項◆分配関数にある Q_{MB} の表式と 5.1 の基本事項◆状態密度の公式を利用し, 4.1 の基本事項◆ **Stirling** の公式と◆定積分の公式を用いる.

【解答】 古典統計に従うときの分配関数 Q_{MB} は

$$Q_{\mathrm{MB}} = q^N / N!, \quad q = \sum_i e^{-\varepsilon_i/kT}$$

であるが, q の固有状態についての総和を, 固有値 ε_i が連続的であるとして積分で評価する. 状態密度 $\omega(\varepsilon)$ の表式(問題 1.2, 2.1 を参照)を使うと,

$$q = \int_0^\infty d\varepsilon\, \omega(\varepsilon) e^{-\varepsilon/kT} = \frac{gV}{4\pi^2}\left(\frac{2m}{\hbar^2}\right)^{3/2} \int_0^\infty d\varepsilon\, \sqrt{\varepsilon}\, e^{-\varepsilon/kT}$$

となる. $\sqrt{\varepsilon} = x$ とおいて定積分の公式を用いると, 次の結果が得られる.

$$q = \frac{gV}{2\pi^2}\left(\frac{2m}{\hbar^2}\right)^{3/2} \int_0^\infty dx\, x^2 e^{-x^2/kT} = \frac{gV}{2\pi^2}\left(\frac{2m}{\hbar^2}\right)^{3/2} \frac{kT\sqrt{\pi kT}}{4}$$

$$= gV\left(\frac{2\pi mkT}{h^2}\right)^{3/2} = \frac{gV}{\Lambda^3}$$

ただし, $\Lambda \equiv \sqrt{h^2/2\pi mkT}$ は熱的 de Broglie 波長である.

$$\therefore \quad Q_{\mathrm{MB}} = (gV/\Lambda^3)^N/N!$$

対数をとり, $\log N! \cong N \log N - N$ と近似すれば, 次の表式が得られる.

$$A = -kT \log Q_{\mathrm{MB}} \cong -kT\left\{N \log\left(\frac{gV}{\Lambda^3}\right) - N \log N + N\right\} = -NkT \log\left(\frac{gVe}{\Lambda^3 N}\right)$$

問 題

4.1 熱的 de Broglie 波長 Λ が, 長さの次元をもつことを示せ.

4.2 例題 4 の体系の圧力 p が, 次式で与えられることを示せ.

$$p = NkT/V \quad \text{(理想気体の状態方程式)}$$

4.3 例題 4 の体系に大正準集団の方法を適用し, 古典統計に従うときの大分配関数 Ξ を求めて, 状態方程式 $pV = NkT$ を導け.

例題 5

例題 4 の自由粒子系が古典統計に従うときに,この体系を単原子古典理想気体と呼ぶ. 例題 4 の Helmholtz の自由エネルギー $A(N,V,T)$ の表式を用いて,単原子古典理想気体の内部エネルギー E,エントロピー S,化学ポテンシャル μ,定積比熱 C_V が,次の式で与えられることを示せ.

$$E = \frac{3}{2}NkT, \quad S = Nk\log\left(\frac{gVe^{5/2}}{\Lambda^3 N}\right), \quad \mu = -kT\log\left(\frac{gV}{\Lambda^3 N}\right), \quad C_V = \frac{3}{2}Nk$$

ここで,$\Lambda = \sqrt{h^2/2\pi mkT}$ は熱的 de Broglie 波長である.

〔ヒント〕 熱力学の関係式と 4.2 の基本事項◆正準集団に示された公式を用いる.

【解答】 例題 4 の結果 $A = -NkT\log(gVe/\Lambda^3 N)$ と $d\log\Lambda/dT = -1/(2T)$ であることから,次のように計算される.

$$E = -T^2\left(\frac{\partial}{\partial T}\left(\frac{A}{T}\right)\right)_{N,V} = NkT^2\left(\frac{\partial}{\partial T}\left\{-3\log\Lambda + \log\left(\frac{gVe}{N}\right)\right\}\right)_{N,V} = \frac{3}{2}NkT,$$

$$S = -\left(\frac{\partial A}{\partial T}\right)_{N,V} = Nk\log\left(\frac{gVe}{\Lambda^3 N}\right) - NkT\frac{d}{dT}(-3\log\Lambda) = Nk\log\left(\frac{gVe^{5/2}}{\Lambda^3 N}\right),$$

$$\mu = \left(\frac{\partial A}{\partial N}\right)_{V,T} = -kT\log\left(\frac{gVe}{\Lambda^3 N}\right) - NkT\frac{d}{dN}(-\log N) = -kT\log\left(\frac{gV}{\Lambda^3 N}\right),$$

$$C_V = \left(\frac{\partial E}{\partial T}\right)_{N,V} = T\left(\frac{\partial S}{\partial T}\right)_{N,V} = \frac{3}{2}NkT$$

ただし,S と μ は $S = (E-A)/T$, $\mu = (A+pV)/N = (A/N) + kT$ から求めてもよい.

〔注意〕 状態方程式 $pV = NkT$ を用いると,S と μ を次のように表すことができる.

$$S = Nk\log\left(\frac{gkTe^{5/2}}{\Lambda^3 p}\right), \quad \mu = -kT\log\left(\frac{gkT}{\Lambda^3 p}\right)$$

問題

5.1 熱力学の関係式により,定圧比熱 C_p は,$C_p = T(\partial S/\partial T)_{N,p}$ で与えられる. 単原子古典理想気体については,$C_p - C_V = Nk$ が成り立つことを示せ.

5.2 例題 4 の単原子古典理想気体に大正準集団の方法を適用すれば,4.3 の基本事項◆粒子数の分布に示された公式により,$E = \sum_i \varepsilon_i \langle n_i \rangle$, $N = \sum_i \langle n_i \rangle$, $\langle n_i \rangle = \exp\{-(\varepsilon_i - \mu)/kT\}$ となる. この公式による E が,例題 5 の正準集団の方法による結果と一致することを示せ.

5.3 大正準集団の方法によって単原子古典理想気体のエントロピーを求め,例題 5 の S の式と一致することを示せ.

5.2 縮退が弱い場合の単原子理想気体

---**例題 6**---

例題 4 の体系において，自由粒子が Bose 統計（BE）に従うときにこの体系を理想 Bose 気体と呼び，Fermi 統計（FD）に従うときには理想 Fermi 気体と呼ぶ．両方の理想気体を合わせて**理想量子気体**とも呼び，単原子古典理想気体と区別する．理想量子気体において，$\exp\{(\varepsilon_i - \mu)/kT\} \gg 1$（すべての i について）が成り立つ（すなわち縮退が弱い）ときには，次の展開式が成立することを示せ．

$$N = \left(\frac{gV}{\Lambda^3}\right) \sum_{n=1}^{\infty} (\pm 1)^{n-1} \frac{1}{n^{3/2}} e^{n\mu/kT}, \quad \Lambda = \sqrt{h^2/2\pi mkT} \quad \left(\text{複号は } \begin{array}{c} \text{上が BE} \\ \text{下が FD} \end{array}\right)$$

〔ヒント〕 4.3 の基本事項◆大分配関数に示された BE と FD の N の表式において，ε_i を連続変数とみなし，$\exp\{-(\varepsilon - \mu)/kT\}$ の整級数に展開して項別積分する．

【解答】 理想量子気体の粒子数 N は，V が十分大きいとして

$$N = \sum_i \frac{1}{\exp\{(\varepsilon_i - \mu)/kT\} \mp 1} = \frac{gV}{(2\pi)^2} \left(\frac{2m}{\hbar^2}\right)^{3/2} \int_0^{\infty} \frac{\sqrt{\varepsilon} \cdot \exp\{-(\varepsilon - \mu)/kT\}}{1 \mp \exp\{-(\varepsilon - \mu)/kT\}} d\varepsilon$$

と表される．ただし，この公式と以下の式では，複号は上が BE を，下が FD を表す．与えられた条件により $\exp\{-(\varepsilon - \mu)/kT\} \ll 1$ であるから，被積分関数の分母をこの指数関数についての整級数に展開すれば，4.1 の基本事項◆級数展開の公式を用いて，

$$N = \frac{gV}{(2\pi)^2} \left(\frac{2m}{\hbar^2}\right)^{3/2} \int_0^{\infty} \sqrt{\varepsilon} \exp\{-(\varepsilon - \mu)/kT\} \left[\sum_{n=0}^{\infty} (\pm 1)^n e^{-n\varepsilon/kT} \cdot e^{n\mu/kT}\right] d\varepsilon$$

となる．$\sqrt{\varepsilon} = x$ とおき，4.1 の基本事項◆定積分の公式を用いて項別積分すると，

$$N = \frac{gV}{(2\pi)^2} \left(\frac{2m}{\hbar^2}\right)^{3/2} \cdot 2 \cdot \sum_{n=1}^{\infty} (\pm 1)^{n-1} \cdot e^{n\mu/kT} \int_0^{\infty} x^2 e^{-nx^2/kT} dx$$

$$= \frac{gV}{(2\pi)^2} \left(\frac{2m}{\hbar^2}\right)^{3/2} \cdot \frac{2 \cdot 1 \cdot \sqrt{\pi}(kT)^{3/2}}{2^2} \cdot \sum_{n=1}^{\infty} \frac{(\pm 1)^{n-1}}{n^{3/2}} e^{n\mu/kT} = \left(\frac{gV}{\Lambda^3}\right) \sum_{n=1}^{\infty} \frac{(\pm 1)^{n-1}}{n^{3/2}} \cdot e^{n\mu/kT}$$

となり，求める展開式が得られる．

問題

6.1 例題 6 の展開式は，N, V, T を与えたときに化学ポテンシャル $\mu(N, V, T)$ を求める公式と考えることができる．μ/kT は無次元の量 $y \equiv \Lambda^3 N/gV$ だけの関数となるが，$y \ll 1$ のときには次の展開式が成立することを示せ．

$$\frac{\mu}{kT} = \log y \mp \frac{1}{2^{3/2}} y - \left(\frac{1}{3^{3/2}} - \frac{3}{16}\right) y^3 + \cdots \quad \left(\text{複号は } \begin{array}{c} \text{上が BE} \\ \text{下が FD} \end{array}\right)$$

6.2 体積 $1\,\mathrm{m}^3$ の箱の中に，アルゴン原子と同じ質量（$m = 6.63 \times 10^{-26}\,\mathrm{kg}$）でスピンの大きさ 0 の自由粒子 0.1 モルが入っている．温度がそれぞれ 300 K および 4.2 K のときの y の数値はいくらか．

---例題 7---

例題 6 と同じ理想量子気体（理想 Bose 気体または理想 Fermi 気体）の内部エネルギー E は，縮退が弱いときには次の展開式で表されることを示せ．

$$E = \frac{3}{2}NkT\left\{1 \mp \frac{1}{2^{5/2}}\left(\frac{\Lambda^3 N}{gV}\right) - \left(\frac{2}{3^{5/2}} - \frac{1}{8}\right)\left(\frac{\Lambda^3 N}{gV}\right)^2 + \cdots\right\} \quad \left(\text{複号は} \begin{array}{l}\text{上が BE}\\\text{下が FD}\end{array}\right)$$

〔ヒント〕 4.3 の基本事項◆大分配関数に示された BE と FD の E の表式において，例題 6 と同様に $e^{\mu/kT}$ の整級数の形に表し，問題 6.1 の解答で求めた $e^{\mu/kT}$ を $(\Lambda^3 N/gV)$ の整級数で表す結果を代入する．

【解答】 例題 6 の解答とまったく同じようにして，次の展開式を積分する（複号は上が BE，下が FD の場合に対応する）．

$$E = \sum_i \frac{\varepsilon_i}{\exp\{(\varepsilon_i - \mu)/kT\} \mp 1} = \frac{gV}{(2\pi)^2}\left(\frac{2m}{\hbar^2}\right)^{3/2}\int_0^\infty \varepsilon^{3/2}\left[\sum_{n=1}^\infty (\pm 1)^{n-1} e^{-n\varepsilon/kT} \cdot e^{n\mu/kT}\right]d\varepsilon$$

$\sqrt{\varepsilon} = x$ とおき，4.1 の基本事項◆定積分の公式を用いて項別積分を行なうと，

$$E = \frac{gV}{(2\pi)^2}\left(\frac{2m}{\hbar^2}\right)^{3/2} \cdot 2 \cdot \sum_{n=1}^\infty (\pm 1)^{n-1} e^{n\mu/kT} \int_0^\infty x^4 e^{-nx^2/kT} dx$$

$$= \left(\frac{gV}{\Lambda^3}\right) \cdot \frac{3kT}{2} \sum_{n=1}^\infty (\pm 1)^{n-1} \cdot \frac{1}{n^{5/2}} e^{n\mu/kT}$$

$$\therefore \quad \frac{E}{(3NkT/2)} = \left(\frac{gV}{\Lambda^3 N}\right)\left\{e^{\mu/kT} \pm \frac{1}{2^{5/2}}e^{2\mu/kT} + \frac{1}{3^{5/2}}e^{3\mu/kT} + \cdots\right\}$$

という展開式が得られる．問題 6.1 の結果により，

$$e^{\mu/kT} = \left(\frac{\Lambda^3 N}{gV}\right) \mp \frac{1}{2^{3/2}}\left(\frac{\Lambda^3 N}{gV}\right) + \left(\frac{1}{4} - \frac{1}{3^{3/2}}\right)\left(\frac{\Lambda^3 N}{gV}\right)^2 + \cdots$$

となるから，$E/(3NkT/2)$ の式に代入して，$(\Lambda^3 N/gV)$ の整級数に整理すれば，

$$\frac{E}{(3NkT/2)} = 1 \mp \frac{1}{2^{5/2}}\left(\frac{\Lambda^3 N}{gV}\right) - \left(\frac{2}{3^{5/2}} - \frac{1}{8}\right)\left(\frac{\Lambda^3 N}{gV}\right)^2 + \cdots \quad \left(\text{複号は} \begin{array}{l}\text{上が BE}\\\text{下が FD}\end{array}\right)$$

が得られる．

===問 題===

7.1 例題 6，例題 7 と同じ条件の下で，次の展開式が成立することを示せ．

$$p = \frac{NkT}{V}\left\{1 \mp \frac{1}{2^{5/2}}\left(\frac{\Lambda^3 N}{gV}\right) - \left(\frac{2}{3^{5/2}} - \frac{1}{8}\right)\left(\frac{\Lambda^3 N}{gV}\right)^2 + \cdots\right\} \quad \left(\text{複号は} \begin{array}{l}\text{上が BE}\\\text{下が FD}\end{array}\right)$$

$$\frac{A}{NkT} = -\log\left(\frac{gVe}{\Lambda^3 N}\right) \mp \frac{1}{2^{5/2}}\left(\frac{\Lambda^3 N}{gV}\right) - \left(\frac{2}{3^{5/2}} - \frac{1}{16}\right)\left(\frac{\Lambda^3 N}{gV}\right)^2 + \cdots$$

7.2 N, V, T の値が与えられた理想量子気体においては，縮退が弱いという条件は $\Lambda^3 N/V \ll 1$ と表されることを示せ．

5.3 Bose-Einstein 凝縮

◆ **Bose 分布の性質** 1粒子基底状態のエネルギーと縮退度をそれぞれ ε_0, g_0 とすると、この状態にある粒子数は、4.3 の基本事項◆粒子数の分布により、$\langle n_0 \rangle = g_0[\exp\{(\varepsilon_0 - \mu)/kT\} - 1]^{-1}$ で与えられる。$\langle n_0 \rangle$ は負であってはならないので、化学ポテンシャルは $\mu \leq \varepsilon_0$ を満足しなければならない。自由粒子の場合には $\varepsilon_0 = 0$ であるから、この条件は $\mu \leq 0$ となる。

◆ **数学** 変数 x の変域が $0 \leq x < 1$ であるとき、パラメータ s を含む関数 $F_s(x)$ を

$$F_s(x) \equiv \sum_{n=1}^{\infty} \frac{1}{n^s} x^n \quad (0 \leq x < 1)$$

で定義する。$F_s(x)$ は x の単調増加関数であり、また、次の公式が成り立つ。

$$xF'_s(x) = F_{s-1}(x), \quad F_{s+1}(x)F_{s-1}(x) \geq \{F_s(x)\}^2$$

ここで、$F'_s(x)$ は $F_s(x)$ の x についての導関数を表す。$x \to 1-0$ における $F_s(x)$ の極限に対しては、

$$\lim_{x \to 1-0} F_s(x) \equiv F_s(1) = \begin{cases} +\infty, & s \leq 1 \\ \zeta(s), & s > 1 \end{cases}$$

が成立する。ここで、$\zeta(s)$ は **Riemann** の ζ 関数と呼ばれ、次の式で定義される。

$$\zeta(s) \equiv \sum_{n=1}^{\infty} \frac{1}{n^s} \quad (s > 1) \quad : \zeta\left(\frac{3}{2}\right) \fallingdotseq 2.612, \quad \zeta\left(\frac{5}{2}\right) \fallingdotseq 1.341$$

◆ **基底状態にある粒子数** 理想 Bose 気体において、粒子数 N と体積 V を一定に保ったまま温度 T を下げると、$\langle n_0 \rangle/N$ は次のような温度変化を示す（例題8参照）。

$$\langle n_0 \rangle/N = \begin{cases} 0, & T \geq T_0 \\ 1 - (T/T_0)^{3/2}, & T \leq T_0 \end{cases}$$

ここで、T_0 は次の関係式によって定義される温度で、N/V の関数である。

$$\left(\frac{2\pi\hbar^2}{mkT_0}\right)^{3/2} \cdot \frac{N}{gV} = \zeta\left(\frac{3}{2}\right) \fallingdotseq 2.612$$

$T = T_0$ におけるこのような移り変わりを **Bose-Einstein 凝縮**（簡単には **Bose 凝縮**）と呼ぶ。化学ポテンシャルは $T > T_0$ では $\mu < 0$、$T \leq T_0$ では $\mu \equiv 0$ となる。Bose 凝縮は一種の相転移であり、他の熱力学量も $T = T_0$ である種の不連続を示す。

◆ **液体ヘリウム** He^4 原子はスピンが 0 $(g = 1)$ で Bose 統計に従う。He^4 の気体は非常な低温で液体になり、さらに温度を下げると、2.19 K で相転移を起こし、液体ヘリウム II と呼ばれる奇妙な性質をもつ液体となる。液体ヘリウムを理想 Bose 気体とみなした場合には上で定義された T_0 は 3.14 K となり、普通の液体ヘリウムから液体ヘリウム II への相転移を Bose 凝縮として解釈しようとすることが試みられている。

例題 8

例題 6 で導いた N の展開式は，本節の基本事項◆数学で定義された関数 $F_s(x)$ を使うと，理想 Bose 気体の場合には次のように表される．
$$N = (gV/\Lambda^3)F_{3/2}(\lambda) \quad (\lambda \equiv e^{\mu/kT},\ \Lambda = \sqrt{h^2/2\pi mkT}) \qquad (*)$$
N と V を固定して温度 T を変えたとき，この式は λ，したがって，μ を T の関数として決めるために使われる．しかし，この式は，$(h^2/2\pi mkT_0)^{3/2}(N/gV) = \zeta(3/2)$ で定まる温度 T_0 よりも低い温度では正しくない．この事実を確かめよ．

このような結果となったのは，上の式の右辺において1粒子基底状態にある粒子数 $\langle n_0 \rangle$ が無視されているためである．$N/V = $ 一定で $N \to \infty$ のときに
$$\langle n_0 \rangle / N = 0 \quad (T \geq T_0), \quad \langle n_0 \rangle / N = 1 - (T/T_0)^{3/2} \quad (T \leq T_0)$$
となることを示せ．

[ヒント]　基本事項◆ **Bose 分布の性質**にあるように，$\mu \leq 0$，したがって $0 \leq \lambda \leq 1$ であり，$F_{3/2}(\lambda) \leq \zeta(3/2)$ である．T_0 の近くでの $\langle n_0 \rangle$ の表式を求めるためには，x が1より小さい正数で1に近いときに成り立つ公式 $F_s(x) - \zeta(s) = (-\log x)^{s-1} \cdot \Gamma(1-s) + O(\log x)$ を利用する．ここで，$\Gamma(x)$ はガンマ関数であり，s は整数ではないものとする．

【解答】　$F_{3/2}(\lambda)$ は λ の単調増加関数であるから，$(*)$ によって決定される λ の値は温度を下げると増加する．しかし，理想 Bose 気体では λ の値は1を超えることができないので，$F_{3/2}(\lambda) \leq F_{3/2}(1) = \zeta(3/2)$ でなければならない．したがって，$(N\Lambda^3/gV) > \zeta(3/2)$ となるような低温では，$(*)$ を満足する $\lambda\ (0 \leq \lambda \leq 1)$ は存在しない．すなわち，T_0 よりも低い温度では $(*)$ は正しくない．

このような結果となったのは，例題 6 の解答において，$\sqrt{\varepsilon}$ に比例する状態密度を使って1粒子固有状態についての和を積分におきかえたために，$\varepsilon_0 = 0$ の基底状態にある粒子数からの N への寄与が無視されてしまったからである．

4.3 の基本事項◆**大分配関数**にある BE の N の式を，$N = \langle n_0 \rangle + N'$ と分けて書く．ここで，$\langle n_0 \rangle$ は基底状態にある粒子数であり，N' は基底状態以外の固有状態 ($\varepsilon_i > 0$) にある粒子数の和である．N' については和を積分でおきかえることが許されるから，例題 6 の結果により $N' = (gV/\Lambda^3)F_{3/2}(\lambda)$ となる．上で定義された T_0 を使って N' を表すと，結局，$(*)$ は次の式でおきかえられることになる．
$$N = \frac{g\lambda}{1-\lambda} + N\left(\frac{T}{T_0}\right)^{3/2} \cdot \frac{F_{3/2}(\lambda)}{\zeta(3/2)} \quad \left(\langle n_0 \rangle = \frac{g}{e^{-\mu/kT}-1} = \frac{g\lambda}{1-\lambda}\right) \qquad (**)$$

(a) $T < T_0$ の場合には，$(**)$ は $\lambda = 1 - O(N^{-1})$ の解をもち，右辺第 2 項の $F_{3/2}(\lambda)$ は $F_{3/2}(1) = \zeta(3/2)$ でおきかえてよいから，$\langle n_0 \rangle = N\{1 - (T/T_0)^{3/2}\}$ が得られる．

(b) $T > T_0$ の場合には，$(**)$ は $1 - \lambda = O(1)$，$\lambda = O(1)$ という解をもち，右辺の第 1 項は $O(1)$ となる．したがって，$N \to \infty$ の極限で $\langle n_0 \rangle / N = 0$ となり，$(*)$ が成り立つ．

(c) $T \cong T_0$ の場合には，$\lambda \to 1$ のときに (**) の右辺の 2 つの項がどのように振舞うかを調べる必要がある．$\lambda \equiv 1 - \delta$ $(0 < \delta \ll 1)$, $T/T_0 \equiv 1 + \theta$ $(|\theta| \ll 1)$ とおいて，ヒントにある $F_s(x)$ の近似公式を利用して (**) の右辺の各項を展開すると，

$$g + N\delta\{-C\delta^{1/2} + (3/2)\theta + O(\delta) + O(\delta^{1/2}\theta) + O(\theta^2)\} + O(\delta) = 0,$$
$$C \equiv -\Gamma(-1/2)/\zeta(3/2) = 2\sqrt{\pi}/2.612$$

となる．$|\theta N^{1/3}| \ll 1$ と仮定すると，この式で $O(\delta)$ などの項はすべて無視することができ，さらに $\{\ \}$ の中の $(3/2)\theta$ を省略した式から δ の主要部が $(g/NC)^{2/3}$ と求められる．$\delta = (g/NC)^{2/3}(1 + a\theta)$ とおいて上の式に代入すると，$a = (N/gC^2)^{1/3}$ と求められるから，結局 $\langle n_0 \rangle$ は次のように表されることになる．

$$\langle n_0 \rangle \cong \frac{g}{\delta} = g^{1/3}(NC)^{2/3} \cdot \left\{1 - \frac{T - T_0}{T_0}\left(\frac{N}{gC^2}\right)^{1/3}\right\}, \quad |T - T_0| \ll N^{-1/3}T_0$$

この結果から，$T = T_0$ では $\langle n_0 \rangle/N = O(N^{-1/3})$ であり，(a) の場合と (b) の場合の移り変わりが $N^{-1/3}T_0$ 程度の狭い温度範囲 ΔT で起こることがわかる．N/V を有限に保ちながら $N \to \infty$ とする極限では $\Delta T = 0$, $\langle n_0 \rangle/N(T = T_0) = 0$ であるから，(a) の場合と (b) の場合とが T_0 で連続的につながることになる．すなわち，

$$\langle n_0 \rangle/N = 0 \quad (T \geq T_0), \quad \langle n_0 \rangle/N = 1 - (T/T_0)^{3/2} \quad (T \leq T_0)$$

問題

8.1 理想 Bose 気体の内部エネルギー E は次の式で表されることを示せ．

$$E = \frac{3}{2}NkT \cdot \left(\frac{gV}{\Lambda^3 N}\right) \cdot F_{5/2}(\lambda) = \frac{3}{2}NkT \cdot \left(\frac{T}{T_0}\right)^{3/2} \cdot \frac{F_{5/2}(\lambda)}{\zeta(3/2)} \quad (\lambda \equiv e^{\mu/kT})$$

8.2 例題 8 で N と T を固定して V を変えるときに次の式が成り立つことを示せ．

$$\langle n_0 \rangle/N = 0 \quad (v \geq v_0), \quad \langle n_0 \rangle/N = 1 - (v/v_0) \quad (v \leq v_0)$$

ただし，$v \equiv V/N$ であり，v_0 は $v_0 \equiv (h^2/2\pi mkT)^{3/2}/\{g\zeta(3/2)\}$ で定義される量で温度の関数である．また，$v \leq v_0$ では $\lambda = 1$, したがって $\mu = 0$ であることを確かめよ．

〔付記〕 自由粒子の基底状態は運動量 $\boldsymbol{p} = 0$ の状態でもある（問題 1.1 参照）．理想 Bose 気体を温度一定で圧縮するとき，問題 8.2 により，v が v_0 よりも小さくなると $\boldsymbol{p} = 0$ の状態の粒子数が N のオーダーになる．例題 9 に示すように，$v < v_0$ では圧力 p は体積に無関係で一定値となる．圧力のこのような振舞は，普通の気体を等温圧縮して液相への凝縮が始まったときとよく似ているので，Bose 凝縮を "運動量空間における凝縮" と表現することもある．

例題 9

理想 Bose 気体の圧力 p に対する次の式を導き，等温線の略図を描け．
$$p = \left(\frac{kT}{v_0}\right) \cdot \frac{F_{5/2}(\lambda)}{\zeta(3/2)} \quad \left(\lambda \equiv e^{\mu/kT},\ v_0 \equiv \frac{(h^2/2\pi mkT)^{3/2}}{g\zeta(3/2)}\right)$$

〔ヒント〕 Bernoulli の式と例題 8，問題 8.1，8.2 の結果を利用し，基本事項◆数学にある $F_s(x)$ の微分の公式を使う．

【解答】 Bernoulli の式と問題 8.1 の E の式から，
$$p = \frac{2E}{3V} = kT\left(\frac{N}{V}\right)\left(\frac{T}{T_0}\right)^{3/2}\frac{F_{5/2}(\lambda)}{\zeta(3/2)}$$
$$= \left(\frac{kT}{v_0}\right) \cdot \frac{F_{5/2}(\lambda)}{\zeta(3/2)} \quad (*)$$

が得られる．例題 8 と問題 8.2 により λ は T と $v (\equiv V/N)$ の関数として，$T > T_0\ (v > v_0)$ のときには $0 \leq \lambda < 1$ の範囲で，
$$\left.\begin{array}{l} F_{3/2}(\lambda) = (T_0/T)^{3/2} \cdot \zeta(3/2) \\ = (v_0/v) \cdot \zeta(3/2) \end{array}\right\} \quad (**)$$

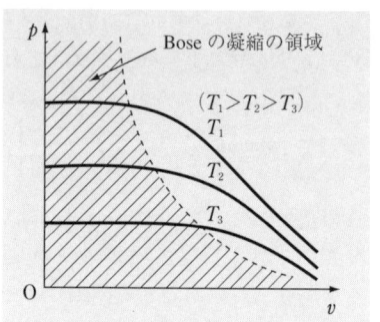

図 5.1 理想 Bose 気体の等温線

から決定され，$T < T_0\ (v < v_0)$ のときには $\lambda = 1$ である．$F_{3/2}(\lambda)$ は λ の増加関数であるから，T を固定したときには λ は v の減少関数であり，v を固定したときには T の減少関数である．温度を固定したときの p の変化を調べる．$v < v_0$ のときには $\lambda = 1$ であるから，p は一定値となり，等温線は水平である．$v > v_0$ のときには λ は v の減少関数であるから，$(*)$ により，p も v の減少関数である．等温線が $v = v_0$ でなめらかであることは，次のようにしてわかる．公式 $xF_s'(x) = F_{s-1}(x)$ を使うと，$(**)$ の微分から $(\partial\lambda/\partial v)_T = -(\lambda v_0/v^2)\{\zeta(3/2)/F_{1/2}(\lambda)\}$ であるから，
$$v \to v_0 + 0\ (\lambda \to 1-0): \left(\frac{\partial p}{\partial v}\right)_T = \left(\frac{kT}{v_0}\right)\left(\frac{F_{3/2}(\lambda)}{\lambda\zeta(3/2)}\right)\left(\frac{\partial \lambda}{\partial v}\right)_T = -\left(\frac{kT}{v^2}\right)\frac{F_{3/2}(\lambda)}{F_{1/2}(\lambda)} \to 0$$

となる．$v < v_0$ の等温線の水平部分の高さは $T^{5/2}$ に比例しているから，温度を上げると等温線は上に移動する．以上の結果から，理想 Bose 気体の等温線は図 5.1 のようになる．図 5.1 の斜線を付けた領域は $\mu = 0\ (\lambda = 1)$ の Bose 凝縮の状態を示し，その境界を表す破線は $p = [h^2\zeta(5/2)/2\pi mg^{2/3}\{\zeta(3/2)\}^{5/3}] \cdot v^{-5/3}$ と表される．

問 題

9.1 $T < T_0$ における理想 Bose 気体のエントロピー S は次式で与えられることを示せ．
$$S = (5Nk/2)(T/T_0)^{3/2}\{\zeta(5/2)/\zeta(3/2)\}$$

9.2 理想 Bose 気体の定積比熱 C_V が正であることと，$T = T_0$ で連続であることを示せ．また，$T = T_0$ における C_V の値を求めよ．

5.4 強く縮退した理想 Fermi 気体

◆ **Fermi 分布の性質**　4.3 の基本事項◆粒子数の分布にある Fermi 分布の表式でエネルギーを連続変数とみなしたときの関数 $f(\varepsilon)$ を **Fermi 分布関数**と呼ぶ．すなわち
$$f(\varepsilon) \equiv [\exp\{(\varepsilon - \mu)/kT\} + 1]^{-1}$$
このとき，化学ポテンシャル μ は **Fermi 準位**とも呼ばれる．粒子数 N と体積 V を固定して考えると，温度 T が 0 のときの Fermi 分布関数 $f_0(\varepsilon)$ は次のようになる．
$$f_0(\varepsilon) = \begin{cases} 1, & \varepsilon_0 \leq \varepsilon < \mu_0 \\ 0, & \varepsilon > \mu_0 \end{cases}$$
ここで，μ_0 は $T=0$ のときの μ の値であり，ε_0 は 1 粒子基底状態のエネルギーである．自由粒子の場合には $\varepsilon_0 = 0$ であるから，μ_0 は正の量でなければならない．

◆ **絶対零度**　理想 Fermi 気体の μ_0 および $T=0$ における内部エネルギー E_0 は
$$\mu_0 = \frac{h^2}{2m}\left(\frac{3N}{4\pi gV}\right)^{2/3}, \quad E_0 = \frac{3}{5}N\mu_0 = N\frac{3h^2}{10m}\left(\frac{3N}{4\pi gV}\right)^{2/3} \quad (g \equiv 2S+1)$$
で与えられる（問題 10.2 参照）．

◆ **縮退が強い条件**　理想 Fermi 気体において，縮退が強い条件は
$$\frac{kT}{\mu_0} \ll 1 \quad \text{すなわち} \quad \left(\frac{mkT}{2\pi\hbar^2}\right)^{3/2}\frac{V}{N} \equiv \frac{V}{\Lambda^3 N} \ll 1$$
と表される．このときには，$kT/\mu \ll 1, (\mu_0 - \mu)/\mu_0 \ll 1$ も成立する．

◆ **低温における展開式**　理想 Fermi 気体の化学ポテンシャル（Fermi 準位）μ，内部エネルギー E，定積比熱 C_V に対して次の展開式が成り立つ（例題 11, 問題 11.1, 11.2 参照）．
$$\mu = \mu_0\left[1 - \frac{\pi^2}{12}\left(\frac{kT}{\mu_0}\right)^2 - \frac{\pi^4}{80}\left(\frac{kT}{\mu_0}\right)^4 + O\left\{\left(\frac{kT}{\mu_0}\right)^6\right\}\right],$$
$$E = \frac{3}{5}N\mu_0\left[1 + \frac{5\pi^2}{12}\left(\frac{kT}{\mu_0}\right)^2 - \frac{\pi^4}{16}\left(\frac{kT}{\mu_0}\right)^4 + O\left\{\left(\frac{kT}{\mu_0}\right)^6\right\}\right],$$
$$C_V = Nk\frac{\pi^2}{2}\left(\frac{kT}{\mu_0}\right)\left[1 - \frac{3\pi^2}{10}\left(\frac{kT}{\mu_0}\right)^2 + O\left\{\left(\frac{kT}{\mu_0}\right)^4\right\}\right]$$

◆ **金属内の自由電子**　金属の簡単なモデルとして，規則正しく配列したイオンの間を電子が自由に動きまわっているというモデルを採用する場合，室温 ($T \sim 300\,\mathrm{K}$) にある金属においても，この自由電子を強く縮退した理想 Fermi 気体とみなしてよいことが知られている．ただし，電子のスピンの大きさは $1/2$ であるから，この節の式を金属内の自由電子に適用するときには，$g=2$ としなければならない（問題 10.4 および問題 11.2 の解答の〔付記〕参照）．

例題 10

Fermi 分布関数 $f(\varepsilon)$ を含む $\int_0^\infty g(\varepsilon)f(\varepsilon)d\varepsilon$ の型の積分において,関数 $g(\varepsilon)$ は $\varepsilon \to \infty$ のときに $\lim_{\varepsilon \to \infty} e^{-\varepsilon/kT} \int_0^\varepsilon g(t)dt = 0$ となるようなものであり,さらに $\varepsilon = \mu$ の近くで十分ゆるやかに変化するものであるとする.$kT/\mu \ll 1$ が成り立つときには次の展開式が成立することを示せ.

$$\int_0^\infty g(\varepsilon)f(\varepsilon)d\varepsilon = \int_0^\mu g(\varepsilon)d\varepsilon + \frac{\pi^2}{6}(kT)^2 g'(\mu) + \frac{7\pi^4}{360}(kT)^4 g'''(\mu) + \cdots$$

ここで,$g'(\mu), g'''(\mu)$ はそれぞれ $(dg/d\varepsilon)_{\varepsilon=\mu}, (d^3g/d\varepsilon^3)_{\varepsilon=\mu}$ を表す.

〔ヒント〕 $-f'(\varepsilon) \equiv -(df/d\varepsilon)$ は $\varepsilon = \mu$ で鋭い極大をもちその両側では急速に 0 となることを利用する.

【解答】 求める定積分を I とし $G(\varepsilon) \equiv \int_0^\varepsilon g(t)dt$ と表すと,$g(\varepsilon)$ の性質により,

$$I = \left[G(\varepsilon)f(\varepsilon)\right]_0^\infty - \int_0^\infty G(\varepsilon)f'(\varepsilon)d\varepsilon = \int_0^\infty G(\varepsilon)\{-f'(\varepsilon)\}d\varepsilon$$

$$-f'(\varepsilon) = (1/kT)\exp\{(\varepsilon-\mu)/kT\}/[\exp\{(\varepsilon-\mu)/kT\}+1]^2$$
$$= (1/kT)[\exp\{(\varepsilon-\mu)/kT\}+1]^{-1} \cdot [1+\exp\{-(\varepsilon-\mu)/kT\}+1]^{-1}$$

となる.$-f'(\varepsilon)$ は $(\varepsilon-\mu)$ の偶関数であり,図 5.2 に示すように $\varepsilon = \mu$ で鋭い極大をもち,その値が 0 でないのは $|(\varepsilon/\mu)-1| \lesssim (kT/\mu)$ の成り立つ範囲と考えてよい.$(kT/\mu) \ll 1$ であり,$G(\varepsilon)$ は $\varepsilon = \mu$ の近くでゆるやかに変化するので,I に対する第 1 近似は $G(\varepsilon)$ を定数 $G(\mu)$ でおきかえたものである.$G(\varepsilon)$ が変化することによる補正を求めるため,$G(\varepsilon)$ を $\varepsilon = \mu$ のまわりで Taylor 展開する.$(d^n g/d\varepsilon^n)_{\varepsilon=\mu} \equiv g^{(n)}(\mu)$ と表すと,

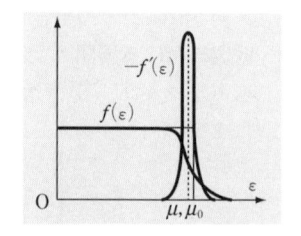

図 5.2 $f(\varepsilon)$ と $-f'(\varepsilon)$.
(細線は $T = 0$ の $f_0(\varepsilon)$)

$$G(\varepsilon) = G(\mu) + \sum_{n=1}^\infty \frac{1}{n!}\left(\frac{d^nG}{d\varepsilon^n}\right)_{\varepsilon=\mu}(\varepsilon-\mu)^n = \int_0^\mu g(\varepsilon)d\varepsilon + \sum_{n=1}^\infty \frac{g^{(n-1)}(\mu)}{n!} \cdot (\varepsilon-\mu)^n$$

と展開されるので,これを被積分関数に代入する.

$$I = \int_0^\mu g(\varepsilon)d\varepsilon \cdot \int_0^\infty \{-f'(\varepsilon)\}d\varepsilon + \sum_{n=1}^\infty \frac{g^{(n-1)}(\mu)}{n!} \cdot \int_0^\infty (\varepsilon-\mu)^n\{-f'(\varepsilon)\}d\varepsilon$$

右辺第 1 項は $(kT/\mu) \ll 1$ により,

$$\int_0^\mu g(\varepsilon)d\varepsilon \cdot \int_0^\infty \{-f'(\varepsilon)\}d\varepsilon = \int_0^\mu g(\varepsilon)d\varepsilon \cdot \frac{1}{(e^{-\mu/kT}+1)} = \int_0^\mu g(\varepsilon)d\varepsilon + O(e^{-\mu/kT})$$

となる.第 2 項の級数は,$x \equiv (\varepsilon-\mu)/kT$ を積分変数にとることにより,

$$\sum_{n=1}^\infty \frac{(kT)^n}{n!} \cdot g^{(n-1)}(\mu) \cdot I_n, \quad I_n \equiv \int_{-\mu/kT}^\infty \frac{x^n dx}{(e^x+1)(1+e^{-x})}$$

と表される．定積分 I_n において積分の下限を $-\infty$ まで延長する．これによる誤差は $O(e^{-\mu/kT})$ であり，いまの場合は無視できる．n が奇数のときには被積分関数が奇関数であるから積分は 0 となり，n が偶数 $2m$ のときには被積分関数は偶関数であるから，

$$I_{2m} = 2\int_0^\infty \frac{x^{2m}e^{-x}}{(1+e^{-x})^2}dx + O(e^{-\mu/kT}) \quad (m=1,2,\cdots)$$

となる．4.1 の基本事項◆級数展開の公式により，

$$\frac{e^{-x}}{(1+e^{-x})^2} = \frac{d}{dx}\left\{\frac{1}{1+e^{-x}}\right\} = \frac{d}{dx}\left\{\sum_{l=0}^\infty (-1)^l e^{-lx}\right\} = \sum_{l=1}^\infty (-1)^{l+1}\cdot l\cdot e^{-lx} \quad (x>0)$$

と展開されるから，4.1 の基本事項◆定積分の公式を用いて I_{2m} は次のようになる．

$$I_{2m} = 2\{(2m)!\}\sum_{l=1}^\infty (-1)^{l+1}\cdot l^{-2m} + O(e^{-\mu/kT})$$

以上の結果により，$kT/\mu \ll 1$ の場合，求める定積分は次のように展開される．

$$I = \int_0^\mu g(\varepsilon)d\varepsilon + 2\sum_{m=1}^\infty (kT)^{2m}g^{(2m-1)}(\mu)\left\{\sum_{l=1}^\infty (-1)^{l+1}l^{-2m}\right\} + O(e^{-\mu/kT}) \quad (*)$$

$g(\varepsilon)$ が特に ε のべき関数である場合には容易に確かめられるように，級数の第 m 項は右辺第 1 項に比べて $O\{(kT/\mu)^{2m}\}$ という大きさである．$m \geq 3$ の項と $O(e^{-\mu/kT})$ の量を省略し，4.1 の基本事項◆級数の和の公式を用いて，次の展開式が得られる．

$$\begin{aligned}\int_0^\infty g(\varepsilon)f(\varepsilon)d\varepsilon &= \int_0^\mu g(\varepsilon)d\varepsilon + 2(kT)^2\left\{\sum_{l=1}^\infty (-1)^{l+1}l^{-2}\right\}g'(\mu) \\ &\quad + 2(kT)^4\left\{\sum_{l=1}^\infty (-1)^{l+1}l^{-4}\right\}g'''(\mu) + \cdots \\ &= \int_0^\mu g(\varepsilon)d\varepsilon + \frac{\pi^2}{6}(kT)^2 g'(\mu) + \frac{7\pi^4}{360}(kT)^4 g'''(\mu) + \cdots\end{aligned}$$

〔注意〕 $(*)$ の級数は一般に漸近級数と呼ばれる発散級数であり，有限項で打ち切っておかなければならない．第 m 項で打ち切るときの誤差が $O\{(kT/\mu)^{2m+2}\}$ となる．

問題

10.1 理想 Fermi 気体の場合には，$N = \sum_i \langle n_i \rangle$ について和を積分でおきかえることが常に許されることを説明せよ．

10.2 理想 Fermi 気体の $T=0$ における化学ポテンシャル μ_0 と内部エネルギー E_0 が，次式で与えられることを示せ．

$$\mu_0 = \frac{h^2}{2m}\left(\frac{3N}{4\pi gV}\right)^{2/3}, \quad E_0 = N\frac{3h^2}{10m}\left(\frac{3N}{4\pi gV}\right)^{2/3}$$

10.3 問題 10.2 の E_0 を，問題 1.2 の結果と Pauli の排他律とを用いて導け．

10.4 $1\,\text{cm}^3$ に 10^{22} 個の自由電子 ($m = 9.11 \times 10^{-31}\,\text{kg}$, $S=1/2$) があるとき，この自由電子系を理想 Fermi 気体とみなして μ_0 と E_0 の大きさを計算せよ．

10.5 問題 10.4 の自由電子系を理想 Fermi 気体とみなして，$T = 0\,\text{K}$ の圧力を求めよ．

例題 11

縮退が強い理想 Fermi 気体の化学ポテンシャル μ が次のように展開されることを示せ. ただし, μ_0 は $T=0$ における μ の値である.

$$\mu = \mu_0\left[1 - \frac{\pi^2}{12}\left(\frac{kT}{\mu_0}\right)^2 - \frac{\pi^4}{80}\left(\frac{kT}{\mu_0}\right)^4 + O\left\{\left(\frac{kT}{\mu_0}\right)^6\right\}\right]$$

〔ヒント〕 基本事項◆縮退が強い条件により $kT/\mu_0 \ll 1$, $kT/\mu \ll 1$ である. 例題 10 の結果を $g(\varepsilon) = \sqrt{\varepsilon}$ として利用し, 問題 10.2 の結果を用いて μ と μ_0 の関係を導く.

【解答】 4.3 の基本事項◆粒子数の分布により $N = \dfrac{gV}{(2\pi)^2}\left(\dfrac{2m}{\hbar^2}\right)^{3/2}\displaystyle\int_0^\infty f(\varepsilon)\cdot\sqrt{\varepsilon}d\varepsilon$ であるから, 例題 10 の展開式を利用し, 問題 10.2 の μ_0 の表式を使うと,

$$\begin{aligned}\frac{2}{3}\mu_0^{3/2} &= \left(\frac{h^2}{2m}\right)^{3/2}\cdot\frac{N}{2\pi gV} = \int_0^\infty \sqrt{\varepsilon}f(\varepsilon)d\varepsilon \\ &= \int_0^\mu \sqrt{\varepsilon}d\varepsilon + \frac{\pi^2}{12}(kT)^2\mu^{-1/2} + \frac{7\pi^4}{960}(kT)^4\mu^{-5/2} + O\{(kT)^6\mu^{-9/2}\}\end{aligned}$$

$$\therefore\ \left(\frac{\mu}{\mu_0}\right)^{3/2} - 1 = -\frac{\pi^2}{8}\left(\frac{kT}{\mu_0}\right)^2\left(\frac{\mu}{\mu_0}\right)^{-1/2} - \frac{7\pi^4}{640}\left(\frac{kT}{\mu_0}\right)^4\left(\frac{\mu}{\mu_0}\right)^{-5/2} + O\left\{\left(\frac{kT}{\mu_0}\right)^6\right\}$$

となる. この式から, μ/μ_0 は $(kT/\mu_0)^2$ の関数となることがわかる. $T=0$ では $\mu = \mu_0$ であるから, $\mu/\mu_0 = 1 + a(kT/\mu_0)^2 + b(kT/\mu_0)^4 + \cdots$ とおいて両辺に代入し, 4.1 の基本事項◆級数展開の公式を用いて a と b を定める. 簡単な計算によって, $a = -\pi^2/12$, $b = -\pi^4/80$ という結果が得られ, 求める展開式が導かれる.

問題

11.1 強く縮退した理想 Fermi 気体の内部エネルギー E が次式で与えられることを示せ.

$$E = \frac{3}{5}N\mu_0\left[1 + \frac{5\pi^2}{12}\left(\frac{kT}{\mu_0}\right)^2 - \frac{\pi^4}{16}\left(\frac{kT}{\mu_0}\right)^4 + O\left\{\left(\frac{kT}{\mu_0}\right)^6\right\}\right]$$

11.2 強く縮退した理想 Fermi 気体の Helmholtz の自由エネルギー A, エントロピー S, 定積比熱 C_V が, $(kT/\mu_0)^2$ の範囲まででは, 次式で与えられることを示せ.

$$A \cong \frac{3}{5}N\mu_0\left\{1 - \frac{5\pi^2}{12}\left(\frac{kT}{\mu_0}\right)^2\right\},\quad S \cong Nk\frac{\pi^2}{2}\left(\frac{kT}{\mu_0}\right),\quad C_V \cong Nk\frac{\pi^2}{2}\left(\frac{kT}{\mu_0}\right)$$

11.3 状態密度が $\omega(\varepsilon)$ である相互作用のない Fermi 粒子系では, $kT/\mu_0 \ll 1$ のときに

$$\mu = \mu_0 - \frac{\pi^2}{6}(kT)^2\frac{\omega'(\mu_0)}{\omega(\mu_0)} + \cdots,\quad E = E_0 + \frac{\pi^2}{6}(kT)^2\omega(\mu_0) + \cdots$$

が成り立つことを示せ. ここで, μ_0 と E_0 は $T=0$ における μ と E の値である.

5.4 強く縮退した理想 Fermi 気体

例題 12

1辺 L の正方形の面内を運動する質量 m の N 個の自由粒子からなる 2 次元理想 Bose 気体と 2 次元理想 Fermi 気体の化学ポテンシャルをそれぞれ μ_-, μ_+ とすると,L^2 が十分大きいときには,それらは次の式で与えられることを示せ.

$$\mu_- = kT\log\left\{1-\exp\left(-\frac{\Lambda^2 N}{gL^2}\right)\right\}, \quad \mu_+ = kT\log\left\{\exp\left(\frac{\Lambda^2 N}{gL^2}\right)-1\right\}$$

この結果を利用して,2次元理想 Bose 気体では Bose 凝縮が起こらないことを示せ.ただし,$\Lambda = \sqrt{h^2/2\pi mkT}$, $g = 2S+1$ (S はスピンの大きさ)とする.

〔ヒント〕 4.3 の基本事項◆大分配関数にある N の式を,問題 2.2 の 2 次元自由粒子の状態密度を使って積分で表す.

【解答】 問題 2.2 の結果から $\omega(\varepsilon) = (gL^2/4\pi)(2m/\hbar^2)$ であるから,

$$N = \frac{gL^2}{4\pi}\left(\frac{2m}{\hbar^2}\right)\int_0^\infty \frac{d\varepsilon}{\exp\{(\varepsilon-\mu_\mp)/kT\}\mp 1} = g\left(\frac{L}{\Lambda}\right)^2 \int_{-\mu_\mp/kT}^\infty \frac{e^{-x}dx}{(1\mp e^{-x})}$$

$$= \mp g\left(\frac{L}{\Lambda}\right)^2 \log(1\mp e^{\mu_\mp/kT}) \qquad \left(\begin{array}{c}\text{複号は} \begin{array}{l}\text{上が BE}\\ \text{下が FD}\end{array}\end{array}\right)$$

と表される,これを μ_- と μ_+ について解けば,直ちに求める式が得られる.

$\lambda \equiv e^{\mu_-/kT}$ とおくと,2 次元理想 Bose 気体の場合の結果は次のように書ける.

$$(N/gL^2)(h^2/2\pi mkT) = -\log(1-\lambda) \ (\equiv F_1(\lambda))$$

Bose 統計では,$\mu_- \leq 0$,したがって $0 \leq \lambda \leq 1$ でなければならない.いまの場合,温度が有限である限り,上式は常に $\lambda = O(1)$, $1-\lambda = O(1)$ となる解 λ をもつ.したがって,有限の温度で $\langle n_0 \rangle = O(N)$ となることはないから,Bose 凝縮は起こらない.

問 題

12.1 同一の粒子が Bose 粒子になったり Fermi 粒子になったりすることはないが,例題 12 の 2 種類の理想気体が同一の粒子からなっているものと仮定した場合,それぞれの内部エネルギー E_- と E_+ について次の関係が成立することを示せ.

$$E_+ - E_- = \frac{\pi\hbar^2 N^2}{gmL^2} = E_+ \quad (T=0)$$

12.2 2 次元理想量子気体の定積比熱 C は,量子統計の違いにはよらず同じ表式で表されることを示し,次の式を導け.

$$C = N\left(\frac{\pi^2}{3}\right)\left(\frac{2\pi mgL^2}{h^2}\right)k^2 T + O\left\{\exp\left(-\frac{\Lambda^2 N}{gL^2}\right)\right\} \quad \left(\frac{\Lambda^2 N}{L^2} \gg 1\right)$$

$$C = Nk\left[1 - \frac{1}{36}\left(\frac{Nh^2}{2\pi mkTL^2}\right)^2 + O\left\{\left(\frac{\Lambda^2 N}{L^2}\right)^3\right\}\right] \quad \left(\frac{\Lambda^2 N}{L^2} \ll 1\right)$$

12.3 状態密度が $C\varepsilon^\alpha$(C と α は定数)で与えられるような理想 Bose 気体においては,$-1 < \alpha \leq 0$ の場合には Bose 凝縮が起こらないことを説明せよ.

6 相互作用のない体系の統計力学の応用

6.1 光子気体

◆ **光子** 量子論によれば,光(電磁波)は波動であると同時に粒子的な面ももっている.この粒子を**光子**(フォトン)と呼ぶ.光子は質量が 0 で,Bose 統計に従う.振動数 ν,波長 λ の光に対応する光子のエネルギー ε と運動量 p は

$$\varepsilon = h\nu = hc/\lambda = cp, \quad p = h/\lambda = h\nu/c = \varepsilon/c$$

という関係を満足する.ここで,c は真空中の光速度である.

◆ **熱放射** 一定の温度 T に保たれた壁で完全に囲まれた体積 V の真空の領域を考え,これを**空洞**と呼ぼう.空洞中には壁の温度に対応する**熱放射**が存在して,この熱放射は壁と熱平衡状態にある.空洞の壁に極めて小さな孔をあけ,そこから出てくる電磁波を調べることにより,空洞内部の電磁場の様子を知ることができる.この電磁波は空洞から放射されるので**空洞放射**と呼ばれる.

空洞中の電磁波で,振動数が ν と $\nu+d\nu$ の間にあるようなものの数を $g(\nu)d\nu$ とすると,電磁波が横波であってその偏りに 2 種類あることを考慮して,$g(\nu)$ は

$$g(\nu) = (8\pi V/c^3)\nu^2$$

によって与えられる(問題 1.2 参照).

◆ **空洞内の光子気体** 空洞中の電磁波を光子と考えると,体積 V,温度 T の**光子気体**を扱っていることになる.上の $g(\nu)d\nu$ は,振動数が ν と $\nu+d\nu$ の間にあるような光子の種類の数を表すことになる.光子は発生や消滅が許されるから,光子気体における光子の数は固定されていない.このことは光子気体の化学ポテンシャルが 0 であることを意味する.

振動数が ν であるような空洞中の光子の数 $\langle n_\nu \rangle$ は次の式で与えられる(例題 1 参照).

$$\langle n_\nu \rangle = [e^{h\nu/kT} - 1]^{-1}$$

振動数が ν と $\nu+d\nu$ であるような空洞放射のエネルギーを $E_\nu d\nu$,波長が λ と $\lambda+d\lambda$ であるような空洞放射のエネルギーを $E_\lambda d\lambda$ とすると,

$$E_\nu = \frac{8\pi V}{c^3} \frac{h\nu^3}{e^{h\nu/kT} - 1}, \quad E_\lambda = \frac{8\pi V hc}{\lambda^5} \frac{1}{e^{hc/\lambda kT} - 1}$$

が成り立つ,これを **Planck** の**熱放射式**という(例題 2 参照).

例題 1

温度が T である壁で密閉された体積 V の真空の空洞内部に存在する電磁波は，この空洞内の電磁波の固有振動の重ね合わせで表される．このことから，基本事項◆空洞内の光子気体に示されている $\langle n_\nu \rangle$ の式を導け．

〔ヒント〕 量子論によれば，振動数が ν の電磁波のエネルギーは $\{n + (1/2)\}h\nu$ $(n = 0, 1, 2, \cdots)$ のとびとびの値をとる．n はこの電磁波の量子数と呼ばれ，振動数 ν をもつ光子の数と解釈される．

【解答】 空洞の内部には，与えられた境界条件の下では，偏りが e_j で振動数 ν_j $(j = 1, 2, \cdots)$ をもつ電磁波の固有振動が存在する．空洞内の任意の電磁波はこれらの固有振動の重ね合わせで表され，そのエネルギー E は固有振動のエネルギーの和として，

$$E = \sum_j \left(n_j + \frac{1}{2}\right) h\nu_j = E(\{n_j\}) + E_0, \quad E(\{n_j\}) \equiv \sum_j n_j h\nu_j, \quad E_0 \equiv \sum_j \frac{1}{2} h\nu_j$$

と表される．ここで，E_0 は空洞の零点エネルギーと呼ばれる．E_0 をエネルギーの原点にとると，空洞内の任意の電磁波の状態は，0 または正整数の値をとる n_j の組 $\{n_j\}$ で指定され，そのエネルギーは $E(\{n_j\})$ で与えられる．したがって，空洞内の電磁波に対する分配関数は，4.2 の基本事項◆正準集団の公式により，

$$Q = \sum_{\{n_j\}} e^{-E(\{n_j\})/kT} = \sum_{n_1=0}^{\infty} \sum_{n_2=0}^{\infty} \cdots \exp\left\{-\sum_{j=1}^{\infty} n_j h\nu_j/kT\right\} = \prod_{j=1}^{\infty} [1 - e^{-h\nu_j/kT}]^{-1}$$

と表される．特定の偏りをもち振動数が ν であるような固有振動の量子数 n_ν の平均値 $\langle n_\nu \rangle$ は，$\nu = \nu_i$, $n_\nu = n_i$ と考えて，

$$\langle n_\nu \rangle = \sum_{\{n_j\}} n_i e^{-E(\{n_j\})/kT}/Q = e^{-h\nu/kT}[1 - e^{-h\nu/kT}]^{-1} = [e^{h\nu/kT} - 1]^{-1}$$

となる（第 4 章問題 13.1 の解答参照）．真空中の電磁場の場合には振動数の大きさは偏りによらないから，この $\langle n_\nu \rangle$ は，独立な 2 つの偏りについて共通である．

〔注意〕 例題 1 の結果と 4.2 の基本事項◆粒子数の分布の式と比較すると，空洞内の熱放射は化学ポテンシャル $\mu = 0$ の自由 Bose 粒子（光子）気体と考えられる．

問 題

1.1 波長がそれぞれ 10 cm（UHF 波），5000 Å（緑色可視光線），1.54 Å（X 線，CuK_α 線）である光子のエネルギーを計算せよ．

1.2 1 辺 L の立方体の空洞において，壁のところでの振幅が 0 となる境界条件の下では，空洞内の電磁波の固有振動の振動数は

$$\nu = (c/2L)\sqrt{l_x^2 + l_y^2 + l_z^2} \quad (l_x, l_y, l_z = 1, 2, 3, \cdots)$$

で与えられることが知られている．この場合に，振動数が ν と $\nu + d\nu$ の範囲にある固有振動の数 $g(\nu)d\nu$ を求めよ．

例題 2

温度が T で体積 V の空洞内の熱放射について，振動数が ν と $\nu + d\nu$ の範囲にある熱放射のエネルギー $E_\nu d\nu$ を求めよ．また，空洞内の熱放射の全エネルギー E は次のように表されることを示せ．

$$E = \frac{8\pi^5 (kT)^4}{15 c^3 h^3} V$$

【解答】 例題 1 と問題 1.2 の結果から，

$$E_\nu d\nu = h\nu \langle n_\nu \rangle g(\nu) d\nu = \frac{8\pi V}{c^3} \frac{h\nu^3}{e^{h\nu/kT} - 1} d\nu$$
（Planck の熱放射式）

が得られる．E_ν の略図を図 6.1 に示す．空洞内の熱放射の全エネルギー E は

$$E = \int_0^\infty E_\nu d\nu = \frac{8\pi V}{c^3} \int_0^\infty \frac{h\nu^3}{e^{h\nu/kT} - 1} d\nu$$
$$= \frac{8\pi V}{c^3} \sum_{n=1}^\infty \int_0^\infty h\nu^3 e^{-nh\nu/kT} d\nu$$

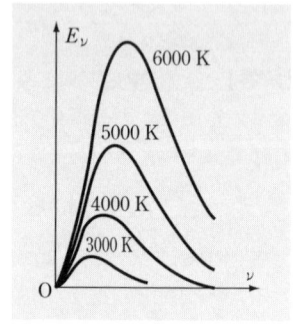

図 **6.1** E_ν の略図

と表されるが，4.1 の基本事項◆定積分の公式と◆級数の和の公式を利用すると，

$$E = \frac{8\pi V}{c^3} \cdot \frac{(kT)^4}{h^3} \sum_{n=1}^\infty \int_0^\infty x^3 e^{-nx} dx = \frac{8\pi V (kT)^4}{c^3 h^3} \sum_{n=1}^\infty \frac{3!}{n^4} = \frac{8\pi^5 (kT)^4}{15 c^3 h^3} \cdot V$$

が導かれる．

〔付記〕 温度 T の空洞内の電磁エネルギー密度 E/V が T だけの関数となることを **Kirchhoff の法則**，T^4 に比例することを **Stefan-Boltzmann の法則**と呼ぶ．

問題

2.1 波長が λ と $\lambda + d\lambda$ の範囲にある熱放射のエネルギーを $E_\lambda d\lambda$ とする．$\lambda \gg hc/kT$ が成り立つとき，$E_\lambda \cong 8\pi V kT/\lambda^4$ となることを示せ．

2.2 問題 2.1 の E_λ は，空洞にあけた小さな孔から洩れる空洞放射のスペクトル分布を表す．空洞の温度が T のときにスペクトルの最も強い部分の波長を λ_m とすると，$\lambda_m T = $ 一定（**Wien の変位則**）が成り立つことを示せ．

2.3 例題 2 の熱放射を光子気体とみなして，空洞の壁が受ける圧力（放射圧）p が $p = E/(3V)$ となることを示せ．

2.4 光子気体の Helmholtz の自由エネルギー A とエントロピー S は，それぞれ $A = -(1/3)E$，$S = (4/3)(E/T)$ という関係を満足することを示せ．

2.5 光子気体の平均個数 N は E/T に比例し，化学ポテンシャル μ は 0 となることを示せ．

6.2 格子振動による比熱

◆ **調和振動子** 原点から距離に比例する引力を受けながら一直線上を運動する質点を**調和振動子**という．質量を m，振動数を ν，座標を x，運動量を p とすると，調和振動子の Hamilton 関数 $h(p, x)$ は次の式で表される．
$$h(p,\ x) = (p^2/2m) + 2\pi^2 m\nu^2 x^2$$
調和振動子に対する Schrödinger 方程式の固有値は
$$\varepsilon_n = (h\nu/2) + nh\nu \quad (n = 0, 1, 2, \cdots)$$
で与えられ，基底状態のエネルギー $h\nu/2$ は**零点エネルギー**と呼ばれる．各固有状態には縮退がないので，調和振動子の分配関数は次のように求められる．
$$q = \sum_{n=0}^{\infty} e^{-\varepsilon_n/kT} = \frac{e^{-h\nu/2kT}}{1 - e^{-h\nu/kT}} = \frac{e^{h\nu/2kT}}{e^{h\nu/kT} - 1}$$

◆ **格子振動** N 個の単原子分子からなる固体を考える．固体では空間的に規則正しく並んだ格子点があり，各分子はそれぞれの格子点の付近で微小振動を行なっている．これを**格子振動**という．分子の振動は互いに独立ではないが，各分子の格子点からの変位を表す $3N$ 個の座標の適当な 1 次結合によって $3N$ 個の新しい座標 q_i ($i = 1, 2, \cdots, 3N$) を定義すると，固体内のすべての分子の運動を記述する Hamilton 関数は
$$H = E_0 + \frac{1}{2}\sum_{i=1}^{3N}(p_i^2 + 4\pi^2 \nu_i^2 q_i^2)$$
と表される．E_0 はすべての分子がそれぞれの格子点に静止しているときの固体のエネルギーであり，これは N と体積 V の関数である．p_i は q_i に共役な運動量を表す．このような q_i を**基準座標**と呼ぶ．この H は $3N$ 個の調和振動子の和であり，各々の調和振動子は**基準振動**と呼ばれ，ν_i は**基準振動数**と呼ばれる．

このとき，固体の Helmholtz の自由エネルギーは次の式で与えられる．
$$A = E_0 + \sum_{i=1}^{3N} \left\{ \frac{1}{2} h\nu_i + kT \log(1 - e^{-h\nu_i/kT}) \right\}$$
基準振動数の値は実際上は連続的に分布していると考えてよい．振動数が ν と $\nu + d\nu$ の間にあるような基準振動の数を $g(\nu)d\nu$ とすると，上式における和は
$$\sum_{i=1}^{3N} \to \int_0^{\infty} d\nu g(\nu)$$
のように積分でおきかえられる．基準振動の総数は $3N$ 個であるから，$g(\nu)$ は
$$\int_0^{\infty} g(\nu)d\nu = 3N \qquad (*)$$
という関係を満足している．

◆ **Debye の理論** $g(\nu)$ を求めるために，Debye は固体を連続的な弾性体とみなし，基準振動の代りにこの弾性体を伝わる弾性波の種類を考えた．しかし，実際には固体が分子からなることを考慮するため，ある限界の振動数 ν_m より大きい振動数をもつ

弾性波は分子論的な立場からは意味のないものとして捨て，ν_m は (*) が満足されるように決定した．このようにして求められた $g(\nu)$ は次の通りである（例題 4 参照）．

$$g(\nu) = \begin{cases} \dfrac{9N}{\nu_m^3}\nu^2, & 0 < \nu < \nu_m \\ 0, & \nu > \nu_m \end{cases} \qquad \nu_m \equiv \left\{ \dfrac{9N}{4\pi V} \bigg/ \left(\dfrac{1}{c_l^3} + \dfrac{2}{c_t^3} \right) \right\}^{1/3}$$

ここで，c_l と c_t はそれぞれ縦波の弾性波の速さと横波の弾性波の速さを表す．

この $g(\nu)$ を使うと，固体の Helmholtz の自由エネルギーは

$$A = E_0 + \frac{9}{8}Nk\Theta + 3NkT\log(1 - e^{-\Theta/T}) - NkTD\left(\frac{\Theta}{T}\right)$$

となる（例題 4 参照）．ここで，$\Theta \equiv h\nu_m/k$ は **Debye 温度**（または **Debye の特性温度**）と呼ばれ，$D(x)$ は **Debye 関数**と呼ばれて次の式で定義される．

$$D(x) \equiv \frac{3}{x^3}\int_0^x \frac{t^3}{e^t - 1}dt$$

このとき，固体の定積比熱は次の式で表される（例題 6 参照）．

$$C_V = 3Nk\left\{4D\left(\frac{\Theta}{T}\right) - \frac{3\Theta/T}{e^{\Theta/T} - 1}\right\} = \begin{cases} 3Nk\left\{1 - \dfrac{1}{20}\left(\dfrac{\Theta}{T}\right)^2 + \cdots\right\}, & T \gg \Theta \\ 3Nk\left\{\dfrac{4\pi^4}{5}\left(\dfrac{T}{\Theta}\right)^3 + O\left(\dfrac{\Theta}{T}e^{-\Theta/T}\right)\right\}, & T \ll \Theta \end{cases}$$

◆ **フォノン** 固体に基準振動が存在する状態を，6.1 の空洞内の熱放射と同じように，量子力学に従う粒子の集まりと考えることができる．すなわち，振動数 ν_i の基準振動の n_i 番目の固有状態は，零点エネルギーを除けば，エネルギー $h\nu_i$ の粒子が n_i 個存在する状態と考えられる．個数 n_i は，基準振動の固有状態の番号であるから，0 または正整数の任意の値が許される．したがって，この粒子は Bose 統計に従い，平均の数 $\langle n_i \rangle$ は，化学ポテンシャル μ が 0 であるような Bose 分布で与えられる．すなわち，

$$\langle n_i \rangle = [e^{h\nu_i/kT} - 1]^{-1}$$

基準振動を表すこの粒子は，光子（フォトン）との類推から，**フォノン**（**音響量子**，または**音子**）と呼ばれ，i はフォノンの状態を指定する番号を表すことになる．

基本事項◆**格子振動**で与えたような Hamilton 関数で固体の格子振動を表すことは**調和近似**と呼ばれ，低温では良い近似である．格子振動のある固体を，$3N$ 種類の状態を取り得るフォノンからなるフォノン気体と考える立場に立つと，調和近似とはフォノン間の相互作用を無視する近似であるということができる．

6.2 格子振動による比熱

例題 3

同じ振動数 ν_E をもつ独立な $3N$ 個の調和振動子の体系があり，それぞれの調和振動子の固有状態の量子数が $n_i(i=1,2,\cdots,3N)$ であるときの体系のエネルギーが，

$$E_0 + \sum_{i=1}^{3N}\left(n_i+\frac{1}{2}\right)h\nu_E$$

と表されるものとする．ここで，E_0 は負の値で振動子の状態にはよらない．この体系が温度 T で熱平衡にあるとき，Helmholtz の自由エネルギー A と定積比熱 C_V は，それぞれ次の式で表されることを示せ．

$$A = E_0 + \frac{3}{2}Nh\nu_E + 3NkT\log(1-e^{-h\nu_E/kT}),$$

$$C_V = 3Nk\left(\frac{h\nu_E}{kT}\right)^2 \frac{e^{h\nu_E/kT}}{(e^{h\nu_E/kT}-1)^2}$$

【解答】 例題 1 の分配関数の計算と同じようにして，この体系の分配関数は

$$Q = \sum_{\{n_j\}}\exp\left[-\left\{E_0+\sum_{i=1}^{3N}\left(n_i+\frac{1}{2}\right)h\nu_E\right\}\bigg/kT\right]$$

$$= e^{-E_0/kT}\prod_{i=1}^{3N}\left[\sum_{n_i=0}^{\infty}\exp\left\{-\left(n_i+\frac{1}{2}\right)h\nu_E\bigg/kT\right\}\right] = e^{-E_0/kT}\cdot(q_E)^{3N}$$

と表される．ここで，q_E は基本事項◆調和振動子の q の式で $\nu=\nu_E$ とおいたものである．この結果から，Helmholtz の自由エネルギー A の表式は，

$$A = -kT\log Q = E_0 - 3NkT\log q_E = E_0 + (3/2)Nh\nu_E + 3NkT\log(1-e^{-h\nu_E/kT})$$

となる．定積比熱 C_V の表式は，$C_V = -T(\partial^2 A/\partial T^2)_{N,V}$ から直ちに求められる．

〔付記〕 例題 3 の体系は，N 個の単原子分子からなる結晶の **Einstein** 模型と呼ばれる．ν_E と $\Theta_E \equiv h\nu_E/k$ を，それぞれ **Einstein** の特性振動数，**Einstein** の特性温度と呼ぶ．ν_E と E_0 は，結晶の体積 V と分子数 N の関数と考えなければならない．

問 題

3.1 例題 3 の定積比熱 C_V は，高温と低温とではそれぞれ次のようになることを示せ．

$$C_V \cong 3Nk \quad (T \gg \Theta_E), \quad C_V \cong 3Nk(\Theta_E/T)^2 e^{-\Theta_E/T} \quad (T \ll \Theta_E)$$

3.2 例題 3 の体系のエントロピー S は次の式で与えられることを導け．

$$S = 3Nk\left\{\frac{(\Theta_E/T)}{e^{\Theta_E/T}-1} - \log(1-e^{-\Theta_E/T})\right\}$$

3.3 例題 3 の体系の内部エネルギー E に対して次の関係を導け．

$$E \cong \begin{cases} E_0 + 3NkT & (T \gg \Theta_E) \\ E_0 + (3/2)Nk\Theta_E + 3Nk\Theta_E e^{-\Theta_E/T} & (T \ll \Theta_E) \end{cases}$$

---- 例題 4 ----

等方的な弾性体の内部には，偏りが進行方向に平行な縦波の弾性波（速さ c_l）と，進行方向に垂直で互いに直交する偏りをもつ 2 つの横波の弾性波（速さはどちらも c_t）とが存在する．弾性体を 1 辺の長さ L の立方体とするとき，周期的境界条件の場合には，それぞれの弾性波の振動数はいずれも

$$\nu = \frac{c}{L}\sqrt{n_x^2 + n_y^2 + n_z^2} \quad (n_x, n_y, n_z = 0, \pm1, \pm2, \cdots)$$

で与えられる．ここで，c は c_l または c_t を表す．このことを利用して，基本事項 ◆ Debye の理論にある振動数の分布 $g(\nu)$ の式を導き，さらに固体の Helmholtz の自由エネルギー A の表式を導け．

〔ヒント〕 $k \equiv |\boldsymbol{k}| = 2\pi\nu/c$ とおいて，第 5 章問題 1.2 と同じように考える．

【解答】 振動数が ν と $\nu + d\nu$ の範囲にあるような縦波の種類（モード）の数は $(L/2\pi)^3 4\pi k^2 dk = 4\pi V(\nu^2/c_l^3)d\nu$ であり，横波の種類の数は，偏りが 2 つあるから，$4\pi V(2\nu^2/c_t^3)d\nu$ である．Debye の理論では，弾性波の種類の数を格子の基準振動の数と考えるので，

$$g(\nu)d\nu = 4\pi V\left(\frac{1}{c_l^3} + \frac{2}{c_t^3}\right) \cdot \nu^2 d\nu$$

となる．ただし，ある振動数 ν_m より大きい ν については，$g(\nu) \equiv 0$ としなければならない．ν_m は，基本事項◆格子振動にある (*) が成立するように決定される．すなわち

$$3N = \int_0^\infty g(\nu)d\nu = 4\pi V\left(\frac{1}{c_l^3} + \frac{2}{c_t^3}\right)\int_0^{\nu_m} \nu^2 d\nu \quad \therefore \quad \nu_m = \left\{\frac{9N}{4\pi V}\bigg/\left(\frac{1}{c_l^3} + \frac{2}{c_t^3}\right)\right\}^{1/3}$$

となる．基本事項◆格子振動の A の表式における和をこの $g(\nu)$ についての積分とすると，

$$A = E_0 + \int_0^{\nu_m}\left\{\frac{1}{2}h\nu + kT\log(1 - e^{-h\nu/kT})\right\}\frac{9N\nu^2}{\nu_m^3}d\nu$$

と表される．積分変数を $t = h\nu/kT$ に選んで部分積分を行ない，$h\nu_m/k = \Theta$ とおくと，

$$A = E_0 + \frac{9}{8}Nk\Theta + 3NkT\log(1 - e^{-\Theta/T}) - NkTD\left(\frac{\Theta}{T}\right)$$

が得られる．ここで，$D(x)$ は基本事項◆ Debye の理論で定義された Debye 関数である．

～～ 問　題 ～～

4.1 Debye の理論では，単原子分子 N 個からなる固体の内部エネルギー E とエントロピー S は，それぞれ次の式で表されることを示せ．

$$E = E_0 + \frac{9}{8}Nk\Theta + 3NkT \cdot D\left(\frac{\Theta}{T}\right),$$

$$S = 3Nk\left\{\frac{4}{3}D\left(\frac{\Theta}{T}\right) - \log(1 - e^{-\Theta/T})\right\}$$

6.2 格子振動による比熱

── 例題 5 ──

Debye 関数 $D(x)$ について次の展開式が成り立つことを示せ.

$$D(x) \equiv \frac{3}{x^3}\int_0^x \frac{t^3}{e^t-1}dt = \begin{cases} 1 - \dfrac{3}{8}x + \dfrac{1}{20}x^2 + \cdots, & x \ll 1 \\ \dfrac{\pi^4}{5}\dfrac{1}{x^3} - 3e^{-x} + O\left(\dfrac{e^{-x}}{x}\right), & x \gg 1 \end{cases}$$

〔ヒント〕 4.1 の基本事項◆級数展開の公式,◆定積分の公式と◆級数の和の公式を使う.
$x \gg 1$ のときには,積分区間を $(0,\infty)$ と (x,∞) の 2 つに分ける.

【解答】 $x \ll 1$ のときには,$t \ll 1$ として被積分関数を展開すると,

$$\frac{3}{x^3}\int_0^x \frac{t^3}{e^t-1}dt = \frac{3}{x^3}\int_0^x \frac{t^3 dt}{\{t+(1/2)t^2+(1/6)t^3+\cdots\}}$$
$$= \frac{3}{x^3}\int_0^x t^2\left\{1-\frac{1}{2}t+\frac{1}{12}t^2+\cdots\right\}dt$$

となり,項別に積分して求める展開式が得られる.

$$D(x) = 1 - \frac{3}{8}x + \frac{1}{20}x^2 + \cdots \quad (x \ll 1)$$

$x \gg 1$ のときには,積分区間を $(0,\infty)$ と (x,∞) の 2 つに分けると,

$$\frac{3}{x^3}\int_0^x \frac{t^3}{e^t-1}dt = \frac{3}{x^3}\int_0^x \frac{t^3 e^{-t}}{1-e^{-t}}dt = \frac{3}{x^3}\left[\int_0^\infty \left\{\sum_{n=1}^\infty t^3 e^{-nt}\right\}dt - \int_x^\infty \left\{\sum_{n=1}^\infty t^3 e^{-nt}\right\}dt\right]$$

[ ] の第 1 の定積分は,4.1 の基本事項◆定積分の公式と◆級数の和の公式を用いると,$\pi^4/15$ となる.第 2 の積分は,項別に部分積分を 3 回行なうと,

$$\sum_{n=1}^\infty \int_x^\infty t^3 e^{-nt} dt = \sum_{n=1}^\infty \left\{\frac{x^3}{n}+\frac{3x^2}{n^2}+\frac{6x}{n^3}+\frac{6}{n^4}\right\}e^{-nx}$$

となる.$e^{-x} \ll 1$ であるから $n=1$ の項だけをとり,第 1 の定積分の結果と合わせて,

$$D(x) = \frac{\pi^4}{5}\cdot\frac{1}{x^3} - 3e^{-x} + O\left(\frac{e^{-x}}{x}\right) \quad (x \gg 1)$$

が得られる.

問題

5.1 $\mu > 0$ として次の展開式を導け.ただし,$\Gamma(\mu+1)$ と $\zeta(\mu+1)$ はそれぞれガンマ関数と Riemann の ζ 関数である.

$$\frac{\mu}{x^\mu}\int_0^x \frac{t^\mu}{e^t-1}dt = \frac{\mu\Gamma(\mu+1)\zeta(\mu+1)}{x^\mu} - \mu e^{-x} + O\left(\frac{e^{-x}}{x}\right) \quad (x \gg 1)$$

5.2 $D(x)$ の微分について次の関係式を導け.

$$x\frac{dD(x)}{dx} = -3D(x) + \frac{3x}{e^x-1}, \quad x^2\frac{d}{dx}\left(\frac{D(x)}{x}\right) = -4D(x) + \frac{3x}{e^x-1}$$

例題 6

単原子分子 N 個からなる固体の定積比熱 C_V は，Debye の理論によると，

$$C_V = 3Nk\left\{4D\left(\frac{\Theta}{T}\right) - \frac{3(\Theta/T)}{e^{\Theta/T}-1}\right\} = \begin{cases} 3Nk\left\{1 - \frac{1}{20}\left(\frac{\Theta}{T}\right)^2 + \cdots\right\}, & T \gg \Theta \\ 3Nk\left\{\frac{4\pi^4}{5}\left(\frac{T}{\Theta}\right)^3 + O\left(\frac{\Theta}{T}e^{-\Theta/T}\right)\right\}, & T \ll \Theta \end{cases}$$

と表されることを示せ．

〔ヒント〕 問題 4.1, 5.2 の結果と例題 5 の展開式を利用する．

【解答】 問題 4.1 の E の式から，

$$C_V = \left(\frac{\partial E}{\partial T}\right)_{N,V} = 3Nk\left(\frac{\partial}{\partial T}\left\{TD\left(\frac{\Theta}{T}\right)\right\}\right)_{N,V}$$
$$= -3Nk\left[x^2\frac{d}{dx}\left\{\frac{D(x)}{x}\right\}\right]_{x=\Theta/T}$$

と表されるから，問題 5.2 の第 2 の微分の式を使うと，

$$C_V = 3Nk\left\{4D\left(\frac{\Theta}{T}\right) - \frac{3(\Theta/T)}{e^{\Theta/T}-1}\right\}$$

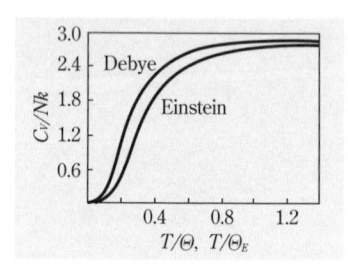

図 6.2 Debye の理論の C_V と Einstein 模型の C_V

が得られる．例題 5 の $D(x)$ の展開の式を利用すると，$T \gg \Theta$ のときには，

$$C_V = 3Nk\left[4\left\{1 - \frac{3}{8}\left(\frac{\Theta}{T}\right) + \frac{1}{20}\left(\frac{\Theta}{T}\right)^2 + \cdots\right\} - 3\left\{1 - \frac{1}{2}\left(\frac{\Theta}{T}\right) + \frac{1}{12}\left(\frac{\Theta}{T}\right)^2 + \cdots\right\}\right]$$

と展開され，反対に $T \ll \Theta$ のときには，

$$C_V = 3Nk\left[4\left\{\frac{\pi^4}{5}\left(\frac{T}{\Theta}\right)^3 + e^{-\Theta/T} + \cdots\right\} - 3\left(\frac{\Theta}{T}\right)\left\{e^{-\Theta/T} + e^{-2\Theta/T} + \cdots\right\}\right]$$

と展開されるから，それぞれ整理して例題の展開式が得られる．

〔付記〕 参考のため，Debye の理論による C_V と Einstein 模型の C_V (例題 3) の比較を図 6.2 に示す．

問題

6.1 Debye の理論では，E_0 と Θ は N を固定したときには体積 V だけの関数と考える．このとき，固体の状態方程式が次の式で与えられることを示せ．

$$p = -\frac{dE_G}{dV} + \gamma\frac{E_T}{V}, \quad \text{ただし，} \quad E_G \equiv E_0 + \frac{9}{8}Nk\Theta, \quad E_T \equiv 3NkT\cdot D\left(\frac{\Theta}{T}\right)$$

であり，γ は $\gamma \equiv -(V/\Theta)(d\Theta/dV)$ で定義される量である．

6.2 振動数の分布 $g(\nu)$ が $\nu \to 0$ のとき $\nu^\alpha (\alpha > -1)$ に比例するときには，低温における定積比熱 C_V は $T^{\alpha+1}$ に比例することを示せ．

6.3 固体物性への応用

体系に電場または磁場が作用している場合についてはいままでに触れる機会がなかったので，ここで熱力学を含めて公式をまとめておく．

◆ **誘電体と磁性体**　外からの一様な電場 $\boldsymbol{E}_0$ または磁場 $\boldsymbol{H}_0$ の中に置かれた一様で等方的な体系（誘電体または磁性体）を考える．体系の体積を V とし，その形は楕円体であり，1つの主軸が外場 $\boldsymbol{E}_0$ または $\boldsymbol{H}_0$ の方向と平行になるように置かれているものとする．このような場合には，体系における電磁気に関する種々のベクトル量はすべて外場に平行であり，その大きさは場所に無関係である．単位としては，MKSA単位系を使う．

誘電体における**電場の強さ**を $\boldsymbol{E}$，**電束密度**を $\boldsymbol{D}$，**電気分極**を $\boldsymbol{P}$ とすると，$\boldsymbol{D} = \varepsilon_0 \boldsymbol{E} + \boldsymbol{P}$ という関係がある．誘電体の**電気双極子モーメント**は $\widetilde{\boldsymbol{P}} \equiv \boldsymbol{P}V$ である．
磁性体における**磁場の強さ**を $\boldsymbol{H}$，**磁束密度**を $\boldsymbol{B}$，**磁気分極**を $\boldsymbol{M}$ とすると，$\boldsymbol{B} = \mu_0 \boldsymbol{H} + \boldsymbol{M}$ という関係がある．磁性体の**磁気双極子モーメント**は $\widetilde{\boldsymbol{M}} \equiv \boldsymbol{M}V$ である．

◆ **電場または磁場がある場合の熱力学**　体系の内部エネルギーを E，温度を T，エントロピーを S，圧力を p，粒子数と化学ポテンシャルを N_α, μ_α $(\alpha = 1, 2, \cdots, \nu)$ とする．基礎となる熱力学の関係式は微分形式で書かれた次の式である．

$$dE = TdS - pdV + \sum_{\alpha=1}^{\nu} \mu_\alpha dN_\alpha + \begin{cases} \boldsymbol{E}_0 \cdot d\widetilde{\boldsymbol{P}} & \text{（誘電体）} \\ \boldsymbol{H}_0 \cdot d\widetilde{\boldsymbol{M}} & \text{（磁性体）} \end{cases}$$

内部エネルギーの代りに，次の式で定義される E^* もよく使われる．

$$E^* \equiv E - \boldsymbol{E}_0 \cdot \widetilde{\boldsymbol{P}} \text{（誘電体）}, \qquad E^* \equiv E - \boldsymbol{H}_0 \cdot \widetilde{\boldsymbol{M}} \text{（磁性体）}$$

E^* は電気的または磁気的エンタルピーと呼ばれることがあり，体系と外場との相互作用のエネルギーも含めたときの内部エネルギーであると解釈されている．E^* については次の関係式が成立する．

$$dE^* = TdS - pdV + \sum_{\alpha=1}^{\nu} \mu_\alpha dN_\alpha - \begin{cases} \widetilde{\boldsymbol{P}} \cdot d\boldsymbol{E}_0 & \text{（誘電体）} \\ \widetilde{\boldsymbol{M}} \cdot d\boldsymbol{H}_0 & \text{（磁性体）} \end{cases}$$

統計力学との関連においては次の2種類の自由エネルギー A^* と G^* が便利である．

$$A^* \equiv E^* - TS, \quad dA^* = -SdT - pdV + \sum_{\alpha=1}^{\nu} \mu_\alpha dN_\alpha - \begin{cases} \widetilde{\boldsymbol{P}} \cdot d\boldsymbol{E}_0 & \text{（誘電体）} \\ \widetilde{\boldsymbol{M}} \cdot d\boldsymbol{H}_0 & \text{（磁性体）} \end{cases}$$

$$G^* \equiv A^* + pV, \quad dG^* = -SdT + Vdp + \sum_{\alpha=1}^{\nu} \mu_\alpha dN_\alpha - \begin{cases} \widetilde{\boldsymbol{P}} \cdot d\boldsymbol{E}_0 & \text{（誘電体）} \\ \widetilde{\boldsymbol{M}} \cdot d\boldsymbol{H}_0 & \text{（磁性体）} \end{cases}$$

$G^* = \sum_{\alpha=1}^{\nu} \mu_\alpha N_\alpha$ が成り立ち，いまの場合の **Gibbs-Duhem** の式は次のようになる．

$$0 = -SdT + Vdp - \sum_{\alpha=1}^{\nu} N_\alpha d\mu_\alpha - \begin{cases} \widetilde{\boldsymbol{P}} \cdot d\boldsymbol{E}_0 & \text{（誘電体）} \\ \widetilde{\boldsymbol{M}} \cdot d\boldsymbol{H}_0 & \text{（磁性体）} \end{cases}$$

（これより以下，ε_0 は真空の誘電率，μ_0 は真空の透磁率を表す．）

6 相互作用のない体系の統計力学の応用

◆ **電場または磁場がある場合の統計力学**　外場 $\boldsymbol{E}_0$ または $\boldsymbol{H}_0$ が新しい変数として現れるだけで，本質的には 4.2 の基本事項で説明したことに変化はない．粒子数と化学ポテンシャルの組 $\{N_\alpha\}$ と $\{\mu_\alpha\}$ をまとめて N, μ と書くことにする．体系の Hamilton 演算子 $\hat{H}$ が $\boldsymbol{E}_0$ または $\boldsymbol{H}_0$ によっているから，時間を含まない Schrödinger 方程式 $\hat{H}\Psi_i = E_i\Psi_i$ を解いて決定される固有値 E_i も $\boldsymbol{E}_0$ または $\boldsymbol{H}_0$ の関数である．すなわち

$$E_i = E_i(N, V, \boldsymbol{E}_0) \quad (誘電体), \qquad E_i = E_i(N, V, \boldsymbol{H}_0) \quad (磁性体)$$

体系の i 番目の固有状態における電気双極子モーメントの値 $\widetilde{\boldsymbol{P}}_i$ または磁気双極子モーメントの値 $\widetilde{\boldsymbol{M}}_i$ はそれぞれ次の式で与えられる．

$$\widetilde{\boldsymbol{P}}_i = (\partial E_i/\partial \boldsymbol{E}_0) \quad (誘電体), \qquad \widetilde{\boldsymbol{M}}_i = (\partial E_i/\partial \boldsymbol{H}_0) \quad (磁性体)$$

正準集団は，いまの場合，$N, V, T, \boldsymbol{E}_0$ または $\boldsymbol{H}_0$ の値が指定された統計集団であり，分配関数 Q は，4.2 の基本事項の場合と同様，

$$Q = Q(N, V, T, \boldsymbol{E}_0 \text{ または } \boldsymbol{H}_0) \equiv \sum_i \exp(-E_i/kT)$$

によって定義される．熱力学との関連は，Q が自由エネルギー A^* と

$$A^* = -kT \log Q$$

という式で結ばれることによって与えられる．したがって，特に

$$\widetilde{\boldsymbol{P}} = -\left(\frac{\partial A^*}{\partial \boldsymbol{E}_0}\right)_{N,V,T} = kT\left(\frac{\partial \log Q}{\partial \boldsymbol{E}_0}\right)_{N,V,T} \quad (誘電体)$$

$$\widetilde{\boldsymbol{M}} = -\left(\frac{\partial A^*}{\partial \boldsymbol{H}_0}\right)_{N,V,T} = kT\left(\frac{\partial \log Q}{\partial \boldsymbol{H}_0}\right)_{N,V,T} \quad (磁性体)$$

という関係式が成り立つ．

大正準集団においては，大分配関数 Ξ が，

$$\Xi = \Xi(V, T, \mu, \boldsymbol{E}_0 \text{ または } \boldsymbol{H}_0) \equiv \sum_N \sum_i e^{-E_i/kT} e^{N\mu/kT}$$

$$= \sum_N Q(N, V, T, \boldsymbol{E}_0 \text{ または } \boldsymbol{H}_0) e^{N\mu/kT}$$

によって定義され，熱力学とは次の関係式で結ばれる．

$$pV = kT \log \Xi$$

したがって，特に

$$\widetilde{\boldsymbol{P}} = \left(\frac{\partial(pV)}{\partial \boldsymbol{E}_0}\right)_{V,T,\mu} = kT\left(\frac{\partial \log \Xi}{\partial \boldsymbol{E}_0}\right)_{V,T,\mu} \quad (誘電体)$$

$$\widetilde{\boldsymbol{M}} = \left(\frac{\partial(pV)}{\partial \boldsymbol{H}_0}\right)_{V,T,\mu} = kT\left(\frac{\partial \log \Xi}{\partial \boldsymbol{H}_0}\right)_{V,T,\mu} \quad (磁性体)$$

から，$\widetilde{\boldsymbol{P}}$ と $\widetilde{\boldsymbol{M}}$ が計算される．

$\boldsymbol{E}_0$ または $\boldsymbol{H}_0$ を固定したときの熱力学量と分配関数または大分配関数との関係式は，4.2 の基本事項◆正準集団と◆大正準集団にあるものと，A を A^* におきかえればまったく同じである．

6.3 固体物性への応用

例題 7

磁性体は閉じた系であると仮定し，粒子数を熱力学変数から除く．以下で ξ は体積 V または圧力 p を表すものとする．

(1) 次の Maxwell の関係式を導け．
$$(\partial \boldsymbol{H}_0/\partial S)_{\widetilde{\boldsymbol{M}},\xi} = (\partial T/\partial \widetilde{\boldsymbol{M}})_{S,\xi}, \qquad (\partial \widetilde{\boldsymbol{M}}/\partial S)_{\boldsymbol{H}_0,\xi} = -(\partial T/\partial \boldsymbol{H}_0)_{S,\xi},$$
$$(\partial S/\partial \widetilde{\boldsymbol{M}})_{T,\xi} = -(\partial \boldsymbol{H}_0/\partial T)_{\widetilde{\boldsymbol{M}},\xi}, \qquad (\partial S/\partial \boldsymbol{H}_0)_{T,\xi} = (\partial \widetilde{\boldsymbol{M}}/\partial T)_{\boldsymbol{H}_0,\xi}$$

(2) $\kappa_{T,\xi}, \kappa_{S,\xi}$ および 2 種類の比熱（正確には熱容量）$C_{\boldsymbol{H}_0,\xi}, C_{\widetilde{\boldsymbol{M}},\xi}$ を
$$V\kappa_{T,\xi} \equiv (\partial \widetilde{\boldsymbol{M}}/\partial \boldsymbol{H}_0)_{T,\xi}, \quad V\kappa_{S,\xi} \equiv (\partial \widetilde{\boldsymbol{M}}/\partial \boldsymbol{H}_0)_{S,\xi},$$
$$C_{\boldsymbol{H}_0,\xi} \equiv T(\partial S/\partial T)_{\boldsymbol{H}_0,\xi}, \quad C_{\widetilde{\boldsymbol{M}},\xi} \equiv T(\partial S/\partial T)_{\widetilde{\boldsymbol{M}},\xi}$$
によって定義するとき，$\kappa_{T,\xi}/\kappa_{S,\xi} = C_{\boldsymbol{H}_0,\xi}/C_{\widetilde{\boldsymbol{M}},\xi}$ が成立することを示せ．

【解答】 (1) 基本事項にある熱力学の関係式から，$H \equiv E + pV$, $H^* \equiv H - \boldsymbol{H}_0 \cdot \widetilde{\boldsymbol{M}}$, $G \equiv H - TS$, $G^* \equiv H^* - TS$ に対して，次の等式が成り立つ．
$$dH = TdS + Vdp + \boldsymbol{H}_0 \cdot d\widetilde{\boldsymbol{M}}, \qquad dH^* = TdS + Vdp - \widetilde{\boldsymbol{M}} \cdot d\boldsymbol{H}_0,$$
$$dG = -SdT + Vdp + \boldsymbol{H}_0 \cdot d\widetilde{\boldsymbol{M}}, \qquad dG^* = -SdT + Vdp - \widetilde{\boldsymbol{M}} \cdot d\boldsymbol{H}_0$$

したがって，$(\partial \boldsymbol{H}_0/\partial S)_{\widetilde{\boldsymbol{M}},p} = (\partial^2 H/\partial S \partial \widetilde{\boldsymbol{M}})_p = (\partial^2 H/\partial \widetilde{\boldsymbol{M}} \partial S)_p = (\partial T/\partial \widetilde{\boldsymbol{M}})_{S,p}$ などにより，$\xi = p$ のときの Maxwell の関係式が導かれる．$\xi = V$ のときには，E, $E^* \equiv E - \boldsymbol{H}_0 \cdot \widetilde{\boldsymbol{M}}$, $A \equiv E - TS$, $A^* \equiv E^* - TS$ に対する式を使えばよい．

(2) ヤコビアンの方法（1.1 の基本事項◆独立変数の変換）により次のように証明される．
$$\kappa_{S,\xi} = \frac{1}{V}\left(\frac{\partial \widetilde{\boldsymbol{M}}}{\partial \boldsymbol{H}_0}\right)_{S,\xi} = \frac{1}{V}\frac{\partial(\widetilde{\boldsymbol{M}}, S, \xi)}{\partial(\boldsymbol{H}_0, S, \xi)} = \frac{1}{V}\frac{\partial(\widetilde{\boldsymbol{M}}, S, \xi)}{\partial(\widetilde{\boldsymbol{M}}, T, \xi)}\frac{\partial(\widetilde{\boldsymbol{M}}, T, \xi)}{\partial(\boldsymbol{H}_0, T, \xi)}\frac{\partial(\boldsymbol{H}_0, T, \xi)}{\partial(\boldsymbol{H}_0, S, \xi)}$$
$$= \frac{1}{V}\left(\frac{\partial S}{\partial T}\right)_{\widetilde{\boldsymbol{M}},\xi}\left(\frac{\partial \widetilde{\boldsymbol{M}}}{\partial \boldsymbol{H}_0}\right)_{T,\xi}\left(\frac{\partial T}{\partial S}\right)_{\boldsymbol{H}_0,\xi} = \kappa_{T,\xi}\left(\frac{C_{\widetilde{\boldsymbol{M}},\xi}}{C_{\boldsymbol{H}_0,\xi}}\right)$$

〔注意〕 $\boldsymbol{H}_0 \to \boldsymbol{E}_0$, $\widetilde{\boldsymbol{M}} \to \widetilde{\boldsymbol{P}}$ とすれば，上の関係式は誘電体の場合にも成り立つ．

問　題

7.1 次の関係式を導け．ただし，ξ は V または p を表すものとする．
$$\left(\frac{\partial V}{\partial \boldsymbol{H}_0}\right)_{T,p} = -\left(\frac{\partial \widetilde{\boldsymbol{M}}}{\partial p}\right)_{T,\boldsymbol{H}_0}, \qquad C_{\boldsymbol{H}_0,\xi} - C_{\widetilde{\boldsymbol{M}}_0,\xi} = \frac{T}{V\kappa_{T,\xi}}\left\{\left(\frac{\partial \widetilde{\boldsymbol{M}}}{\partial T}\right)_{\boldsymbol{H}_0,\xi}\right\}^2$$

7.2 磁性体の**帯磁率**は $\chi_{T,p} \equiv (\partial M/\partial H)_{T,p}$ で定義される．楕円体の 1 つの主軸の方向と一致する外場 $\boldsymbol{H}_0$ を z 軸に選ぶと，磁性体の磁場の強さ H，磁気分極 M も z 方向の量であって，$H = H_0 - (N_z/\mu_0)M$ が成り立つ．N_z は z 方向の**反磁場係数**と呼ばれ，楕円体の 3 つの主軸の長さの比だけで決まる定数であり，常に $0 \leq N_z \leq 1$ となる．磁場による体積変化を無視すると，$(\kappa_{T,p})^{-1} = (\chi_{T,p})^{-1} + (N_z/\mu_0)$ が成立することを示せ．

例題 8

Curie の法則 $\chi_{T,p} = C/T$（C は正の定数）に従う帯磁率をもち，外からの磁場が 0 である場合の比熱 $C_{\boldsymbol{H}_0,p}$ が $C_{\boldsymbol{H}_0,p} = VB/T^2$（$B$ は正の定数）で与えられるような磁性体が外からの磁場 $\boldsymbol{H}_0$ の中に置かれ，その温度は T_i である．外からの磁場を等圧の下で断熱的に 0 にすると，磁性体は $T_f = T_i\{1 + (C/B)\boldsymbol{H}_0^2\}^{-1/2}$ で与えられる温度 T_f になることを示せ．ただし，$\widetilde{\boldsymbol{M}} = V\kappa_{T,p}\boldsymbol{H}_0$, $\kappa_{T,p} = \chi_{T,p}$ が成り立つことを仮定し，さらに体積 V の変化は無視できるものとせよ．

〔ヒント〕 例題 7 にある Maxwell の関係式 $(\partial T/\partial \boldsymbol{H}_0)_{S,p} = -(\partial \widetilde{\boldsymbol{M}}/\partial S)_{\boldsymbol{H}_0,p}$ から出発する．なお，記号の意味については，基本事項，例題 7，問題 7.2 を参照する．

【解答】 等圧断熱の下で外場を変えるときの温度変化を求めるには，$(\partial T/\partial \boldsymbol{H}_0)_{S,p}$ を考えればよい．Maxwell の関係式を使って変形すると，この量は次のように表される．

$$\left(\frac{\partial T}{\partial \boldsymbol{H}_0}\right)_{S,p} = -\left(\frac{\partial \widetilde{\boldsymbol{M}}}{\partial S}\right)_{\boldsymbol{H}_0,p} = -\left(\frac{\partial \widetilde{\boldsymbol{M}}}{\partial T}\right)_{\boldsymbol{H}_0,p} \bigg/ \left(\frac{\partial S}{\partial T}\right)_{\boldsymbol{H}_0,p} = -\frac{TV}{C_{\boldsymbol{H}_0,p}}\left(\frac{\partial \kappa_{T,p}}{\partial T}\right)_{\boldsymbol{H}_0,p} \boldsymbol{H}_0$$

$$= \frac{VC}{TC_{\boldsymbol{H}_0,p}}\boldsymbol{H}_0 \qquad (*)$$

これを積分して温度変化の式を導くためには，$C_{\boldsymbol{H}_0,p}$ と $\boldsymbol{H}_0$ の関係を知らねばならない．Maxwell の関係式を使って $(\partial C_{\boldsymbol{H}_0,p}/\partial \boldsymbol{H}_0)_{T,p}$ を変形すると次のようになる．

$$\left(\frac{\partial C_{\boldsymbol{H}_0,p}}{\partial \boldsymbol{H}_0}\right)_{T,p} = T\left(\frac{\partial^2 S}{\partial \boldsymbol{H}_0 \partial T}\right)_p = T\left(\frac{\partial^2 \widetilde{\boldsymbol{M}}}{\partial T^2}\right)_{\boldsymbol{H}_0,p} = TV\left(\frac{\partial^2 \kappa_{T,p}}{\partial T^2}\right)_{\boldsymbol{H}_0,p}\boldsymbol{H}_0 = \frac{2CV}{T^2}\boldsymbol{H}_0$$

$\boldsymbol{H}_0$ が 0 のときに $C_{\boldsymbol{H}_0,p} = VB/T^2$ となることを使って上式を積分すると $C_{\boldsymbol{H}_0,p} = V(B + C\boldsymbol{H}_0^2)/T^2$ が得られる．これを $(*)$ に使って積分すると求める結果が得られる．すなわち，

$$\left(\frac{\partial T}{\partial \boldsymbol{H}_0}\right)_{S,p} = \frac{TC\boldsymbol{H}_0}{B + C\boldsymbol{H}_0^2} \quad \therefore \quad \frac{dT}{T} = \frac{C\boldsymbol{H}_0}{B + C\boldsymbol{H}_0^2}d\boldsymbol{H}_0 \quad \therefore \quad \frac{T_f}{T_i} = 1\bigg/\sqrt{1 + \frac{C}{B}\boldsymbol{H}_0^2}$$

〔付記〕 例題 8 のような手続きを**断熱消磁**と呼び，極低温を得るのに用いられる．なお，例題中の定数 C と B は一般に圧力 p の関数である．

問題

8.1 例題 8 で扱った磁性体の $C_{\widetilde{\boldsymbol{M}},p}$ および断熱帯磁率 $\chi_{S,p} \equiv (\partial \boldsymbol{M}/\partial \boldsymbol{H})_{S,p}$ を求めよ．

8.2 磁性体に働く外からの磁場を等温等圧の下で 0 から $\boldsymbol{H}_0$ までに増したときの磁性体の体積変化 ΔV（**磁歪**）は，$|\Delta V| \ll V$ が成り立つ場合には，

$$\frac{\Delta V}{V} = \frac{1}{2}\left\{\beta\kappa_{T,p}^* - \left(\frac{\partial \kappa_{T,p}^*}{\partial p}\right)_T\right\}\boldsymbol{H}_0^2$$

で与えられることを示せ．ただし，$\boldsymbol{M} = \kappa_{T,p}^*\boldsymbol{H}_0$ が成り立ち，かつ $\kappa_{T,p}^*$ と等温圧縮率 $\beta \equiv -V^{-1}(\partial V/\partial p)_{T,\boldsymbol{H}_0}$ はどちらも $\boldsymbol{H}_0$ によらないものと仮定せよ．

6.3 固体物性への応用

─ 例題 9 ─

大きさ 1/2 のスピンをもつ粒子が外からの磁場 $\boldsymbol{H}_0$ の中に置かれると，磁場がないときに 2 重に縮退していたエネルギー準位 ε_i が $\varepsilon_i - \mu \boldsymbol{H}_0$ と $\varepsilon_i + \mu \boldsymbol{H}_0$ の 2 つに分かれ（**Zeeman 効果**），それぞれ磁場の方向に磁気モーメント μ または $-\mu$ をもつ．このような粒子 N 個からなる体系が一様な磁場 $\boldsymbol{H}_0$ の中に置かれ，温度 T に保たれている場合，体系の磁気双極子モーメント $\widetilde{\boldsymbol{M}}$，エントロピー S，内部エネルギー E を求めよ．ただし，粒子は互いに区別できるものとし，さらに，粒子間に相互作用はないことを仮定せよ．

〔ヒント〕 4.3 の基本事項◆区別できる粒子系と本節の基本事項を利用する．

【解答】 正準集団を使用する．問題とする体系は，4.3 の基本事項◆区別できる粒子系において，1 粒子分配関数がすべて等しい場合である．それを q と書くと，q は

$$q = \sum_i \left\{ \exp\left(-\frac{\varepsilon_i - \mu \boldsymbol{H}_0}{kT}\right) + \exp\left(-\frac{\varepsilon_i + \mu \boldsymbol{H}_0}{kT}\right) \right\} = q_0 \cosh\left(\frac{\mu \boldsymbol{H}_0}{kT}\right), \quad q_0 \equiv 2\sum_i e^{-\varepsilon_i/kT}$$

と求められる．体系の分配関数は $Q = q^N$ であるから，本節の基本事項にある公式により，自由エネルギー A^* は次のようになる．

$$A^* = -kT \log Q = -NkT \log q_0 - NkT \log\{\cosh(\mu \boldsymbol{H}_0/kT)\}$$

したがって，さらに本節の基本事項にある公式を使って次の結果が得られる．

$$\widetilde{\boldsymbol{M}} = -(\partial A^*/\partial \boldsymbol{H}_0)_{T,V} = N\mu \tanh(\mu \boldsymbol{H}_0/kT),$$

$$S = -(\partial A^*/\partial T)_{\boldsymbol{H}_0,V} = Nk\{\log q_0 + T(\partial \log q_0/\partial T)_V\}$$
$$\quad + Nk[\log\{\cosh(\mu \boldsymbol{H}_0/kT)\} - (\mu \boldsymbol{H}_0/kT)\tanh(\mu \boldsymbol{H}_0/kT)],$$

$$E^* = -T^2(\partial(A^*/T)/\partial T)_{\boldsymbol{H}_0,V} = NkT^2(\partial \log q_0/\partial T)_V - N\mu \boldsymbol{H}_0 \tanh(\mu \boldsymbol{H}_0/kT),$$

$$E = E^* + \boldsymbol{H}_0 \cdot \widetilde{\boldsymbol{M}} = NkT^2(\partial \log q_0/\partial T)_V$$

ただし，粒子数 N は常に一定に保つので，偏微分のときの添字から N を省略した．

問 題

9.1 例題 9 の体系において，比熱 $C_{\boldsymbol{H}_0,V}$ と $C_{\widetilde{\boldsymbol{M}},V}$ を計算せよ．

9.2 外からの磁場 $\boldsymbol{H}_0$ の方向に値 $g\mu_B M (M = -J, -J+1, \cdots, J-1, J; J$ は正の整数または半整数）だけをもち得る磁気モーメントがある．このような磁気モーメント N 個からなる体系（体積 V）の磁気双極子モーメント $\widetilde{\boldsymbol{M}}$ を求めよ．ただし，磁気モーメント間の相互作用はないものとする．また，$g\mu_B J \boldsymbol{H}_0/kT \ll 1$ が成り立つ場合には $\widetilde{\boldsymbol{M}}/V\boldsymbol{H}_0$ の値はどうなるかを調べよ．

9.3 磁気分極 $\boldsymbol{M} \equiv \widetilde{\boldsymbol{M}}/V$ が $\boldsymbol{H}_0/T$ だけの関数であるような磁性体（**理想常磁性体**）の内部エネルギーを E とすると，$(\partial E/\partial \boldsymbol{H}_0)_{T,V} = 0$ と $(\partial E/\partial \widetilde{\boldsymbol{M}})_{T,V} = 0$ が成立することを示せ．

例題 10

波数ベクトル k, エネルギー $\varepsilon_k = \hbar^2 k^2/2m$ をもつ自由電子が外からの磁場 H_0 の中に置かれると，2重に縮退していたエネルギー準位が $\varepsilon_k \pm \mu_B H_0$ の2つに分かれる．このような自由電子 N 個からなる体系（体積 V）の磁気分極を M とすると，

$$\lim_{H_0 \to 0} \frac{M}{H_0} = \frac{N\mu_B^2}{2V} \left\{ \int_0^\infty \frac{1}{\sqrt{\varepsilon}} f(\varepsilon) d\varepsilon \right\} \Big/ \left\{ \int_0^\infty \sqrt{\varepsilon} f(\varepsilon) d\varepsilon \right\}$$

が成り立つことを示せ．ここで，$f(\varepsilon)$ は Fermi 分布関数 $f(\varepsilon) = [e^{(\varepsilon-\mu)/kT}+1]^{-1}$ であり，μ は磁場がないときの Fermi 準位である．

〔ヒント〕 電子が Fermi 統計に従うことに注意して大分配関数を計算する．

【解答】 磁場があるときの Fermi 準位を $\widetilde{\mu}$ と書くと，4.3 の基本事項◆大分配関数にある大分配関数 Ξ の表式は，いまの場合，次のように表される．

$$\log \Xi = \sum_{\sigma=\pm 1} \left[\sum_k \log \left\{ 1 + \exp\left(-\frac{\varepsilon_k - \sigma\mu_B H_0 - \widetilde{\mu}}{kT}\right) \right\} \right]$$

第5章問題 1.2 の解答にある状態密度を使って，k についての和を積分に直すと，

$$\log \Xi = 2\pi V \left(\frac{2m}{h^2}\right)^{3/2} \sum_{\sigma=\pm 1} \left[\int_0^\infty \sqrt{\varepsilon} \log\left\{1 + \exp\left(-\frac{\varepsilon - \sigma\mu_B H_0 - \widetilde{\mu}}{kT}\right)\right\} d\varepsilon \right]$$

となる．したがって，N と M の表式は次のように求められる．

$$N = kT \left(\frac{\partial \log \Xi}{\partial \widetilde{\mu}}\right)_{V,T,H_0} = 2\pi V \left(\frac{2m}{h^2}\right)^{3/2} \sum_{\sigma=\pm 1} \left[\int_{-\sigma\mu_B H_0}^\infty \sqrt{\varepsilon + \sigma\mu_B H_0}\, \widetilde{f}(\varepsilon)\, d\varepsilon\right],$$

$$M = \frac{kT}{V} \left(\frac{\partial \log \Xi}{\partial H_0}\right)_{V,T,\widetilde{\mu}} = 2\pi \left(\frac{2m}{h^2}\right)^{3/2} \mu_B \sum_{\sigma=\pm 1}\left[\sigma \int_{-\sigma\mu_B H_0}^\infty \sqrt{\varepsilon + \sigma\mu_B H_0}\, \widetilde{f}(\varepsilon)\, d\varepsilon\right]$$

ここで，$\widetilde{f}(\varepsilon)$ は $f(\varepsilon)$ で $\mu \to \widetilde{\mu}$ とおいた関数を表す．$H_0 = 0$ の場合には $\widetilde{\mu} = \mu$ である．上式から，$\widetilde{\mu}$ は H_0 の偶関数，M は奇関数であることがわかる．H_0 が小さいときには，それぞれの最低次の項では $\widetilde{f}(\varepsilon) \to f(\varepsilon)$ とすることができて，

$$N = 2\pi V \left(\frac{2m}{h^2}\right)^{3/2} 2\int_0^\infty \sqrt{\varepsilon} f(\varepsilon) d\varepsilon + O(H_0^2), \quad M = 2\pi \left(\frac{2m}{h^2}\right)^{3/2} \mu_B^2 H_0 \int_0^\infty \frac{1}{\sqrt{\varepsilon}} f(\varepsilon) d\varepsilon + O(H_0^3)$$

となる．これから直ちに求める関係式が得られる．

〔注意〕 例題 10 では電子の運動状態が磁場によって変化しないと仮定してスピンによる常磁性（**Pauli** のスピン常磁性）を求めたが，実際には，磁場によって電子の運動状態が変化することも考慮しなければならない（**Landau** の反磁性）．

問 題

10.1 例題 10 で導かれた $\lim_{H_0 \to 0} M/H_0$ の表式を，体系の縮退が弱い場合と縮退が強い場合について具体的に計算せよ．

6.3 固体物性への応用

例題 11

結晶中の格子点と格子点の間のところどころ分子が1個だけ入れるような空間（格子間隙）があり，その数 M は格子点の数 N と同程度のものとする．有限温度の結晶は，何個かの分子が格子点から格子間隙に移動している不完全結晶の状態にある（図 6.3）．N 個の格子点と M 個の格子間隙はそれぞれ互いに同等であり，格子点にある分子1個を格子間隙に移すのに必要なエネルギーを $w(>0)$ とする．$kT \ll w$ が成り立つような低温では，格子間隙にある分子の数 n は $n = \sqrt{NM} \cdot e^{-w/2kT}$ で与えられることを示せ．

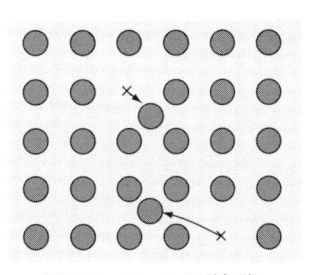

図 6.3 Frenkel 型欠陥

〔ヒント〕 n 個の分子が格子間隙に移動している状態に小正準集団の方法を適用し，エントロピーが最大になるように n を決める．

【解答】 分子がすべて格子点に配列している完全結晶の状態のエネルギーを E_0 とすると，n 個の分子が格子点から格子間隙に移動している状態のエネルギー E は，

$$E = E_0 + nw \qquad (*)$$

と表される．この E の値に対応する不完全結晶の微視的状態の数は，2項係数を使うと ${}_NC_n \cdot {}_MC_n$ である．したがって，4.2 の基本事項◆小正準集団の Boltzmann の関係により，

$$S = k \log \Omega(N, M, E) = k \log({}_NC_n \cdot {}_MC_n)$$

と表される．熱平衡にある結晶では，$(*)$ の E が一定の条件の下で，S を最大にするような n の値が実現している．$(*)$ の条件に対する Lagrange の未定乗数を α とし，$1 \ll n \ll N, M$ と仮定して Stirling の公式を使うと，求める n の値は

$$\left(\frac{\partial}{\partial n}\{S - \alpha E\}\right)_{N,M} = k\left(\frac{\partial \log {}_NC_n}{\partial n}\right)_N + k\left(\frac{\partial \log {}_MC_n}{\partial n}\right)_M - \alpha w$$

$$\cong -2k \log n + k \log N + k \log M - \alpha w = 0$$

$$\therefore \quad n = \sqrt{N \cdot M} e^{-\alpha w/2k}$$

となる．基本事項◆小正準集団に示された公式と上の偏微分の式から，

$$T^{-1} = (\partial k \log \Omega / \partial E)_{N,V} = w^{-1}(\partial S/\partial n)_{N,M} = \alpha w^{-1}(\partial E/\partial n)_{N,M} = \alpha$$

となるから，例題の式が得られる．また，$kT \ll w$ が成り立つような低温では，$1 \ll n \ll N, M$ の仮定が許されることがわかる．

〔付記〕 例題 11 の状態にある結晶を，**Frenkel 型欠陥**をもつ不完全結晶と呼ぶ．

問題

11.1 例題 11 の不完全結晶を正準集団の方法で扱い，エントロピーと内部エネルギーの表式が例題 11 の結果から求められるものと一致することを確かめよ．

例題 12

結晶内部の格子点にある分子の何個かが，結晶の表面の格子点に移動しているような不完全結晶の状態を考える（図 6.4）．内部の格子点にある分子 1 個を表面に移すのに必要なエネルギーはどの格子点についても同じ値 $w(>0)$ であり，表面の格子点のどの位置を占めても不完全結晶の状態としては区別しないものと仮定する．$kT \ll w$ が成り立つような低温では，表面に移動している分子の数 n は

$$n = Ne^{-w/kT}$$

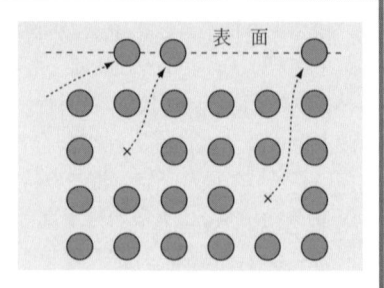

図 6.4 Schottky 型欠陥

で与えられることを示せ．ただし，N は固体の分子の総数であり，体積変化の影響は考えないものとする．

〔ヒント〕 例題 11 と同様に，小正準集団の方法とエントロピー最大の条件を使う．

【解答】 N 個の分子がすべて結晶内部の格子点に規則正しく配列している完全結晶の状態のエネルギーを E_0 とすると，n 個の分子が内部の格子点から表面の格子点に移動している状態のエネルギーは

$$E = E_0 + nw \qquad (*)$$

である．この E の値に対応する不完全結晶の微視的状態の数は，結晶内部の N 個の格子点のうち任意の n 個を空（空孔 vacancy）にする場合の数 $_NC_n$ に等しい．したがって，4.2 の基本事項◆小正準集団の Boltzmann の関係式から，エントロピー S は

$$S = k \log \Omega(n, N) = k \log {_NC_n}$$

となる．例題 11 と同様にして，$(*)$ の E が一定の条件の下で S を最大にする n を求める．$1 \ll n \ll N$ と仮定し，α を $(*)$ の条件に対する Lagrange の未定乗数とすると，

$$\left(\frac{\partial}{\partial n}\{S - \alpha E\}\right)_N = \left(\frac{\partial k \log {_NC_n}}{\partial n}\right)_N - \alpha w \cong k \log N - k \log n - \alpha w = 0$$

$$\therefore \quad n = Ne^{-\alpha w/k}$$

となる．例題 11 と同様に，$\alpha = 1/T$ が示されるから，例題の式が得られる．また，$w \ll kT$ が成り立つような低温では，$1 \ll n \ll N$ の仮定が許されることがわかる．

〔付記〕 例題 12 の状態にある結晶を，**Schottky 型欠陥**をもつ不完全結晶と呼ぶ．

問題

12.1 例題 12 の不完全結晶の Helmholtz の自由エネルギー A は，$kT \ll w$ が成り立つような低温では次の式で与えられることを示せ．

$$A = E_0 - NkTe^{-w/kT}$$

例題 13

気体の分子が固体の表面に付着して薄い膜を作る現象は，**吸着**（adsorption）と呼ばれる．右図のように，固体の表面に気体の分子が1個ずつ入れる吸着中心が N_0 個あり，1つの吸着中心に入った気体分子は $-\varepsilon\ (\varepsilon > 0)$ のエネルギーをもつものとする．吸着膜がまわりの気体と熱平衡にあるとき，N_0 個の吸着中心のうち気体分子によって占められているものの数の割合 θ（吸着比）は次の式で与えられることを示せ．

$$\theta = [\exp\{-(\varepsilon + \mu)/kT\} + 1]^{-1}$$

図 6.5 気体の吸着

ここで，T と μ はまわりの気体の温度と化学ポテンシャルである．

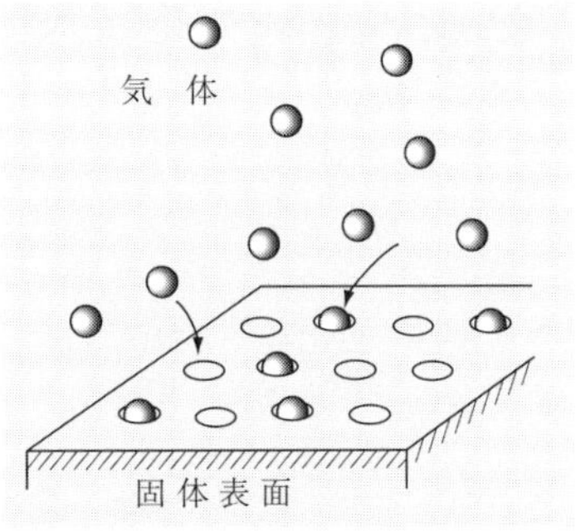

〔ヒント〕 まわりの気体を粒子源と考えて，吸着膜にある気体分子の集まりに対して大正準集団の方法を適用する．

【解答】 吸着膜に N 個 $(0 \leq N \leq N_0)$ の気体分子が存在する状態のエネルギーは $-N\varepsilon$ であり，そのような状態の数は，N 個の気体分子を N_0 個の吸着中心に入れる場合の数 ${}_{N_0}C_N$ に等しい．したがって，吸着膜に対する大分配関数 Ξ は，4.2 の基本事項◆大正準集団の公式により，

$$\Xi = \sum_{N=0}^{N_0} {}_{N_0}C_N e^{N\varepsilon/kT} \cdot e^{N\mu/kT} = [\exp\{(\varepsilon + \mu)/kT\} + 1]^{N_0}$$

となる．吸着膜にある平均の分子数 $\langle N \rangle$ は $\langle N \rangle = kT(\partial \log \Xi / \partial \mu)_{N_0, T}$ によって計算されるから，吸着比 $\theta = \langle N \rangle / N_0$ は次のように求められる．

$$\theta = \frac{\langle N \rangle}{N_0} = \frac{kT}{N_0}\left(\frac{\partial \log \Xi}{\partial \mu}\right)_{N_0, T} = \frac{1}{\exp\{-(\varepsilon + \mu)/kT\} + 1}$$

問 題

13.1 例題 13 でまわりの気体が温度 T，圧力 p の単原子古典理想気体であるときには，吸着比 θ は次の式で与えられることを示せ（**Langmuir** の**等温吸着式**）．

$$\theta = p/\{p + \alpha(T)\}, \quad \alpha(T) \equiv (gkT/\Lambda^3)e^{-\varepsilon/kT}, \quad \Lambda = \sqrt{h^2/2\pi mkT}$$

ただし，気体分子の質量を m，スピンの大きさを S，$g \equiv 2S + 1$ とする．

13.2 例題 13 において，吸着中心に入った気体分子のとり得るエネルギー準位が $-\varepsilon_i\ (i = 1, 2, \cdots)$ である場合には，吸着比 θ は次の式で表されることを示せ．

$$\theta = q(T)/\{q(T) + e^{-\mu/kT}\}, \quad q(T) \equiv \sum_i e^{\varepsilon_i/kT}$$

13.3 例題 13 の吸着膜のエントロピーを計算せよ．

例題 14

N 個の不純物原子を含む n 型半導体（体積 V）の簡単な模型として次のような電子系を考える．電子間に相互作用はなくその総数は N とする．各電子は，エネルギーが正の自由粒子の状態か，不純物原子に局在してエネルギーが $-\varepsilon_D$ $(\varepsilon_D > 0)$ の状態（不純物準位）かのいずれかにある．不純物準位は電子のスピンによって 2 重に縮退しているが，2 個の電子が同時に 1 つの不純物原子に局在することはないものとする．自由粒子の状態にある電子系は常に古典統計によって扱えるものと仮定すると，その数 N_C は次の関係を満足することを示せ．

$$\frac{N_C^2}{N - N_C} = \frac{V}{\Lambda^3} e^{-\varepsilon_D/kT} \quad \left(\Lambda = \sqrt{\frac{h^2}{2\pi mkT}},\ m\text{ は電子の質量}\right)$$

〔ヒント〕 自由粒子の状態にある電子系と不純物原子に局在している電子系とに分けて考え，後者については問題 13.2 の結果を使う．

【解答】 自由粒子の状態にある電子系と不純物原子に局在している電子系とは平衡状態にあるから，両方の化学ポテンシャルは等しい．それを μ で表す．局在している電子の数を N_D とし，問題 13.2 の結果をエネルギー準位が 2 つありそのエネルギーが等しい場合に適用すると，N_D は次の式で与えられることになる．

$$\frac{N_D}{N} = \frac{2\exp(\varepsilon_D/kT)}{2\exp(\varepsilon_D/kT) + \exp(-\mu/kT)} = \frac{1}{(1/2)\exp\{-(\varepsilon_D+\mu)/kT\} + 1}$$

一方，自由粒子の状態にある電子系については，第 5 章例題 5 の結果で $g = 2$ として，

$$N_C = (2V/\Lambda^3)e^{\mu/kT}$$

となる．上の 2 つの式から $e^{\mu/kT}$ を消去すると，

$$\frac{(N - N_D)N_C}{N_D} = \frac{V}{\Lambda^3} e^{-\varepsilon_D/kT}$$

となり，$N_D = N - N_C$ であることに注意すると，直ちに求める関係式が得られる．

〔付記〕 **n 型半導体**では，例題 14 におけるような不純物原子を**ドナー**（donor），不純物準位を**ドナー準位**，ε_D を**励起エネルギー**と呼ぶ．また，N_C は n 型半導体における伝導電子の数を表す．半導体には n 型半導体以外に，**p 型半導体**，**真性半導体**と呼ばれるものがある．

問題

14.1 例題 14 において，0 K では電子はすべてドナー準位を占めていること，また，高温 ($kT \gg \varepsilon_D$) ではほとんどのドナーが電子を失うことを確かめよ．

14.2 例題 14 で考えた電子系の化学ポテンシャル（Fermi 準位）μ は，$T = 0$ においては $\mu = -\varepsilon_D/2$ で与えられることを示せ．

7 古典統計力学

7.1 古典統計力学における諸公式

◆ **位相空間** 自由度 f の力学系を古典力学（Newton 力学）で記述する場合には，一般化された座標 $q_1, q_2, \cdots, q_f$（まとめて q と表す）とそれに正準共役な一般化された運動量 $p_1, p_2, \cdots, p_f$（まとめて p と表す）が用いられる．これらの座標と運動量を座標軸にとった $2f$ 次元の空間を**位相空間**と呼ぶ．古典力学においては，体系の力学的構造は p と q の関数である **Hamiltom 関数** $H(p,q)$ によって与えられ，体系の力学的状態は位相空間内の点で表される．同じ体系を量子力学で扱ったときの 1 つの固有状態は，古典力学の位相空間における体積 h^f（h は Planck 定数）の領域に対応することが知られている．また，量子力学で用いられる Hamilton 演算子 $\widehat{H}$ は，p と q を演算子とみなすことにより Hamilton 関数 $H(p,q)$ から作られる．

◆ **1 粒子分配関数** 自由度 f をもつ 1 個の粒子に対する Hamilton 関数を $h(p,q)$ とすると，古典統計力学における **1 粒子分配関数** q_c は次の積分で与えられる．

$$q_c = \frac{1}{h^f} \int \cdots \int \exp\{-h(p,q)/kT\} dp_1 \cdots dp_f dq_1 \cdots dq_f$$

粒子のもつ自由度のうち，その一部だけは古典力学的に扱える場合を考えよう．そのような自由度に対応する一般化された運動量と座標をまとめて $(p^{(1)}, q^{(1)})$ と表し，残りの自由度に対応するものをまとめて $(p^{(2)}, q^{(2)})$ と表す．さらに，粒子の Hamilton 関数が $h(p,q) = h^{(1)}(p^{(1)}, q^{(1)}) + h^{(2)}(p^{(2)}, q^{(2)})$ という形に書けるものと仮定する．このような場合には，1 粒子分配関数は $q = q_c^{(1)} q^{(2)}$ という形になる．ここで，$q_c^{(1)}$ は Hamilton 関数 $h^{(1)}$ から上のように計算される古典統計力学の 1 粒子分配関数であり，$q^{(2)}$ は $h^{(2)}$ に対応する Hamilton 演算子 $\widehat{h}_2$ から計算される量子統計力学の 1 粒子分配関数である．

古典統計力学の場合，相互作用のない N 個の粒子からなる体系の分配関数 Q_c は，4.3 の基本事項◆区別できる粒子系における Q の式と◆分配関数における Q_{MB} の式とに対応して，1 粒子分配関数を使ってそれぞれ次のように表される．

$$Q_c = \prod_{s=1}^{N} (q_s)_c \quad \begin{pmatrix} \text{粒子が異なる場合} \\ \text{または} \\ \text{粒子が局在している場合} \end{pmatrix}$$

$$Q_c = \frac{1}{N!} (q_c)^N \quad \begin{pmatrix} \text{共通の空間を運動する} \\ \text{同種類の粒子の場合} \end{pmatrix}$$

7 古典統計力学

◆ **正準分布と分配関数**　自由度 f の体系の Hamilton 関数を $H(p,q)$ とする．古典統計力学における正準集団では，一般化された運動量が $\{p_1, p_2, \cdots, p_f\}$ と $\{p_1+dp_1, p_2+dp_2, \cdots, p_f+dp_f\}$ の間にあり，一般化された座標が $\{q_1, q_2, \cdots, q_f\}$ と $\{q_1+dq_1, q_2+dq_2, \cdots, q_f+dq_f\}$ の間にあるような確率を $P(p,q)dp_1 dp_2 \cdots dp_f dq_1 dq_2 \cdots dq_f$ とすると，$P(p,q)$ は

$$P(p,q) = \frac{1}{Q_c h^f} \exp\{-H(p,q)/kT\}$$

で与えられる．ここで，Q_c は古典統計力学における**分配関数**であり，

$$Q_c = \frac{1}{h^f} \int \cdots \int \exp\{-H(p,q)/kT\} dp_1 dp_2 \cdots dp_f dq_1 dq_2 \cdots dq_f$$

によって定義される．この $P(p,q)$ によって与えられる確率分布を古典統計力学における**正準分布**という．分配関数と熱力学量との関係は量子統計力学の場合とまったく同じである．特に，Helmholtz の自由エネルギー A とは $A = -kT \log Q_c$ という関係にある．

◆ **エネルギー等分配の法則**　一般化された座標または運動量の 1 つを ξ で表す．体系の Hamilton 関数が，$a^2 \xi^2$ という項と ξ をまったく含まない部分との和である場合を考える．a は ξ 以外の座標や運動量の関数であってもよい．ξ は任意の実数値をとれるものと仮定すると，Hamilton 関数の中のこの項は分配関数に $\sqrt{kT}$ という因数を与え，したがって，内部エネルギーに $kT/2$ という寄与を与える（問題 2.2 参照）．

　Hamilton 関数の中にこのような項が n 個あるときには，それらは内部エネルギーに $nkT/2$ という寄与を与えることになる．

◆ **同種類の粒子からなる体系**　同種類の N 個の粒子が共通の空間（体積 V）の中で運動しているような体系の分配関数は，上の Q_c の表式を $N!$ で割ったものである．したがって，正準分布 $P(p,q)$ の表式も $N!$ で割ったものとなる．

　特に，粒子が質量 m の質点とみなせる場合を考える．$f = 3N$ である．各粒子の位置ベクトルと運動量をそれぞれ $\boldsymbol{r}_1, \boldsymbol{r}_2, \cdots, \boldsymbol{r}_N$（まとめて $\boldsymbol{r}$）と $\boldsymbol{p}_1, \boldsymbol{p}_2, \cdots, \boldsymbol{p}_N$（まとめて $\boldsymbol{p}$）で表す．体系のポテンシャルエネルギーは粒子の位置だけの関数であると仮定し，それを $U_N(\boldsymbol{r}_1, \boldsymbol{r}_2, \cdots, \boldsymbol{r}_N) \equiv U_N(\boldsymbol{r})$ で表す．この場合には，体系の Hamilton 関数 $H(\boldsymbol{p}, \boldsymbol{r})$ は次の形に書くことができる．

$$H(\boldsymbol{p}, \boldsymbol{r}) = \frac{1}{2m} \sum_{i=1}^{N} \boldsymbol{p}_i^2 + U_N(\boldsymbol{r}_1, \boldsymbol{r}_2, \cdots, \boldsymbol{r}_N)$$

このとき，分配関数における積分のうち，運動量についての積分は実行することができて，分配関数 $Q_c(N, V, T)$ は次の形に表される（例題 4 参照）．

$$Q_c(N, V, T) = \frac{1}{N! \Lambda^{3N}} Z_N(V, T), \quad \Lambda \equiv \sqrt{\frac{h^2}{2\pi mkT}}$$

$$Z_N(V, T) \equiv Z_N \equiv \iint_V \cdots \int \exp\{-U_N(\boldsymbol{r})/kT\} d\boldsymbol{r}_1 d\boldsymbol{r}_2 \cdots d\boldsymbol{r}_N$$

7.1 古典統計力学における諸公式

ここで，Λ は 5.2 の基本事項◆単原子理想気体において定義された熱的 de Broglie 波長であり，$Z_N(V,T)$ は**配位積分**（または**配位分配関数**）と呼ばれる．

◆ **Maxwell（Maxwell-Boltzmann）の速度分布則** 　上で考えたような Hamilton 関数 $H(\boldsymbol{p},\boldsymbol{r})$ をもつ体系においては，速度が $\boldsymbol{v}$ と $\boldsymbol{v}+d\boldsymbol{v}$ の間にあるような粒子の数は

$$N\left(\frac{m}{2\pi kT}\right)^{3/2}\exp\left\{-\frac{m}{2kT}(v_x^2+v_y^2+v_z^2)\right\}dv_x dv_y dv_z$$

で与えられる．ここで，v_x, v_y, v_z は速度 $\boldsymbol{v}$ の成分である（問題 4.2 参照）．

◆ **大分配関数** 　古典統計力学における**大分配関数** Ξ_c は，分配関数 Q_c を使って，

$$\Xi_c \equiv \Xi_c(V,T,\mu) = \sum_N Q_c(N,V,T)e^{N\mu/kT}$$

と定義される．Ξ_c と熱力学量の関係も量子統計力学のときとまったく同じである．分配関数が配位積分を使って表される場合には，大分配関数は

$$\Xi_c(V,T,z) = 1+\sum_{N=1}^{\infty}\frac{z^N}{N!}Z_N(V,T),\quad z\equiv\frac{1}{\Lambda^3}e^{\mu/kT}$$

となる（例題 4 参照）．この z は**活動度**（または**逃散能**）と呼ばれる．

◆ **古典統計力学における小正準集団** 　統計力学の基礎に関することを問題にする場合を除くと，古典統計力学で小正準集団を考える必要性はほとんど起こらない．この理由から，本書では古典統計力学の小正準集団に関する事項は省略することにする．

◆ **古典統計力学と量子統計力学** 　古典統計力学は，量子統計力学において Planck 定数 h を 0 とする極限をとったものである（分配関数の表式には h^f があるので，まだ h が残っているが，これがあるために熱力学量が影響を受けることはない）．したがって，原理的には，統計力学は量子統計力学だけで十分なはずである．しかしながら，量子統計力学に比べると，古典統計力学は数学的な取り扱いがはるかに簡単であるため，古典統計力学が実用上十分役に立つことがわかっている場合には，量子統計力学を経由することなく，直接，古典統計力学が使われる．通常の気体や液体を扱うときには，古典統計力学で十分であることが知られている．

1 粒子分配関数のときと同様に，体系のもつ自由度のうち，その一部だけが古典統計力学で扱うことが許される場合には，体系の分配関数は，古典統計力学から計算される部分と量子統計力学から計算される部分との積になる．たとえば，粒子の重心運動の自由度が内部自由度と独立であり，重心運動の自由度は古典統計力学で扱えるような場合である．$\boldsymbol{v}$ が粒子の重心の速度であると考えると，上の Maxwell の速度分布則はこのような場合にも成り立つのである．

例題 1

質量 m，振動数 ν の調和振動子の Hamilton 関数は，座標を x，運動量を p として，$h(p,x) = (p^2/2m) + 2\pi^2 m \nu^2 x^2$ と表される．調和振動子のエネルギーが ε であるとき，方程式 $h(p,x) = \varepsilon$ は位相空間における楕円を表す．一方，調和振動子に対する Schrödinger 方程式の固有値は $\varepsilon_n = (h\nu/2) + nh\nu \ (n = 0, 1, 2, \cdots)$ であり，各固有状態は縮退していないことが知られている．$\varepsilon = \varepsilon_n$ のときの楕円と $\varepsilon = \varepsilon_{n+1}$ のときの楕円とで囲まれる位相空間の面積は Planck 定数 h に等しいことを示せ．また，古典統計力学における調和振動子の分配関数を求めよ．

〔ヒント〕 2 つの半径が a と b であるような楕円の面積は $\pi a b$ である．

【解答】 方程式 $h(p,x) = \varepsilon$ は

$$\frac{p^2}{2m\varepsilon} + \frac{x^2}{(\varepsilon/2\pi^2 m \nu^2)} = 1$$

と書けるから，この楕円の面積は $\pi\sqrt{2m\varepsilon}\sqrt{(\varepsilon/2\pi^2 m\nu^2)} = \varepsilon/\nu$ である．したがって，求める面積は $(\varepsilon_{n+1}/\nu) - (\varepsilon_n/\nu) = h\nu/\nu = h$ となる．

基本事項の◆**1 粒子分配関数**にある公式により，古典統計力学における分配関数 q_c は

$$q_\mathrm{c} = \frac{1}{h}\int_{-\infty}^{\infty}\int_{-\infty}^{\infty} \exp\left\{-\frac{p^2}{2mkT} - \frac{2\pi^2 m\nu^2}{kT}x^2\right\} dp\, dx = \frac{1}{h}\sqrt{2\pi mkT}\sqrt{\frac{\pi kT}{2\pi^2 m\nu^2}} = \frac{kT}{h\nu}$$

と求められる．ただし，4.1 の基本事項◆**定積分の公式**を利用した．

〔注意〕 $\varepsilon = \varepsilon_{n+1}$ の楕円と $\varepsilon = \varepsilon_n$ の楕円とで囲まれる位相空間の面積が h となることは，量子力学における 1 つの固有状態が古典力学の位相空間における面積 h の領域に対応していることを示している（自由度 1 の場合）．

問 題

1.1 量子統計力学における調和振動子の分配関数 q について，

$$q = \frac{kT}{h\nu}\left\{1 - \frac{1}{24}\left(\frac{h\nu}{kT}\right)^2 + O\left(\frac{h\nu}{kT}\right)^4\right\}, \quad \frac{h\nu}{kT} \ll 1$$

が成り立つことを示し，古典統計力学における分配関数 q_c と比較せよ．

1.2 体積 V の箱に入れられた 1 個の自由粒子（質量 m）の古典統計力学における分配関数 q_c は

$$q_\mathrm{c} = \left(\frac{2\pi mkT}{h^2}\right)^{3/2} V = \frac{V}{\Lambda^3}, \quad \Lambda = \sqrt{\frac{h^2}{2\pi mkT}} = \sqrt{\frac{2\pi\hbar^2}{mkT}}$$

となることを示し，量子統計力学における分配関数と比較せよ．

例題 2

ξ は体系の一般化された運動量 $p_1,\cdots,p_f$ または座標 $q_1,\cdots,q_f$ のうちの 1 つを表し,その変域を $a \leqq \xi \leqq b$ とする.体系の Hamilton 関数を H とし,次の 3 つの条件のうち,いずれか 1 つが成り立つものと仮定する.

(i) $a = 0$, $(H)_{\xi=b} = +\infty$ (ii) $(H)_{\xi=a} = +\infty$, $b = 0$
(iii) $(H)_{\xi=a} = +\infty$, $(H)_{\xi=b} = +\infty$

このとき,古典統計力学においては次の等式が成立することを証明せよ.

$$\left\langle \xi \frac{\partial H}{\partial \xi} \right\rangle = kT$$

ここで,$\langle\cdots\rangle$ は古典統計力学の正準分布に関する平均を表すものとする.

〔ヒント〕 $\langle \xi(\partial H/\partial \xi)\rangle$ の表式に部分積分を行なう.

【解答】 $\xi = p_1$ としても一般性を失わない.部分積分を行なうと仮定のどの場合にも

$$\iint\cdots\int p_1 \frac{\partial H}{\partial p_1} e^{-H/kT} dp_1 dp_2 \cdots dq_f$$
$$= \iint\cdots\int \left\{ -kT \left[p_1 e^{-H/kT} \right]_{p_1=a}^{p_1=b} + kT \int e^{-H/kT} dp_1 \right\} dp_2 \cdots dq_f$$
$$= kT \iint\cdots\int e^{-H/kT} dp_1 dp_2 \cdots dq_f$$

となる.したがって,次のように例題の等式が得られる.

$$\left\langle p_1 \frac{\partial H}{\partial p_1} \right\rangle \equiv \frac{\iint\cdots\int p_1(\partial H/\partial p_1)\exp(-H/kT) dp_1 dp_2 \cdots dq_f}{\iint\cdots\int \exp(-H/kT) dp_1 dp_2 \cdots dq_f} = kT$$

〔注意〕 例題 2 はエネルギー等分配の法則を一般化したものである(問題 2.2 参照).

問題

2.1 体系の Hamilton 関数が $H = \sum_{i=1}^{m} a_i p_i^r + \sum_{j=1}^{n} b_j q_j^r$ (a_i, b_j, r は定数)であり,ここに現れるすべての p_i, q_j が例題 2 に仮定された性質を満足しているときには,次の等式が成立することを示せ.

$$\langle H \rangle = (m+n)kT/r$$

2.2 体系の Hamilton 関数が,一般化された座標または運動量のうちの 1 つ ξ をまったく含まない部分と項 $a^2\xi^2$ との和で表され,ξ の値は任意の実数値をとれるものとする.古典統計力学においては,Hamilton 関数の中のこの項は,体系の内部エネルギーに $kT/2$ の寄与を与えることを示せ(**エネルギー等分配の法則**).

2.3 6.2 の格子振動による比熱を古典統計力学で扱うと,$C_V = 3Nk$ となる.この結果をエネルギー等分配の法則を利用して導け(**Dulong-Petit の法則**).

―― 例題 3 ――――――――――――――――――――――――――――――

古典力学に従う質点系において，i 番目の質点の位置座標を $\boldsymbol{r}_i$，これに働く力を $\boldsymbol{F}_i$ とする ($i = 1, 2, \cdots, N$). 質点系の運動エネルギーを K とすると，

$$\overline{K} = -\frac{1}{2}\sum_{i=1}^{N}\overline{\boldsymbol{r}_i \cdot \boldsymbol{F}_i}$$

が成り立つことを示せ（Clausius のビリアル定理）．ここで，$\overline{}$ は時間平均を表し，また，質点系の運動は有界であることが仮定されているものとする．

――――――――――――――――――――――――――――――――――――

【解答】 i 番目の質点の質量を m_i，運動量を $\boldsymbol{p}_i$ とし，時刻を t で表すと，

$$\frac{d\boldsymbol{p}_i}{dt} = \boldsymbol{F}_i, \quad \boldsymbol{p}_i = m_i \frac{d\boldsymbol{r}_i}{dt} \quad (i = 1, 2, \cdots, N)$$

が成り立つ．したがって，

$$-\frac{1}{2}\sum_{i=1}^{N}\overline{\boldsymbol{r}_i \cdot \boldsymbol{F}_i} = -\lim_{T \to \infty}\frac{1}{2T}\sum_{i=1}^{N}\int_0^T \boldsymbol{r}_i \cdot \boldsymbol{F}_i\, dt = -\lim_{T \to \infty}\frac{1}{2T}\sum_{i=1}^{N}\int_0^T\left\{\frac{d}{dt}(\boldsymbol{r}_i \cdot \boldsymbol{p}_i) - \frac{d\boldsymbol{r}_i}{dt}\boldsymbol{p}_i\right\}dt$$

$$= -\lim_{T \to \infty}\frac{1}{2T}\sum_{i=1}^{N}\{\boldsymbol{r}_i(T) \cdot \boldsymbol{p}_i(T) - \boldsymbol{r}_i(0) \cdot \boldsymbol{p}_i(0)\}$$

$$+ \lim_{T \to \infty}\frac{1}{T}\int_0^T\left\{\sum_{i=1}^{N}\frac{\boldsymbol{p}_i^2}{2m_i}\right\}dt = \overline{K}$$

となる．ただし，仮定により，$\boldsymbol{r}_i$ と $\boldsymbol{p}_i$ の値は常に有限であることを使った．

〔注意〕 例題の等式の右辺の量はビリアルと呼ばれる．

～～～ 問 題 ～～～～～～～～～～～～～～～～～～～～～～～～～～～～～～～～

3.1 例題 3 において，力がポテンシャル U から導かれる保存力であり，さらに U が座標について n 次の同次関数であるときには，$\overline{K} = n\overline{U}/2$ が成立することを示せ．

3.2 例題 3 において，N 個の質点が体積 V の容器に入れられ，温度 T，圧力 p で平衡状態にあるものとする．さらに，質点に働く力は容器の壁によるもの以外は保存力であって，そのポテンシャルを U とする．平衡状態においては時間平均と集団平均は等しい（4.2 の**基本仮定 A**）ことを利用して，ビリアル定理から関係式

$$pV = NkT - \frac{1}{3}\left\langle \sum_{i=1}^{N}\boldsymbol{r}_i \cdot \frac{\partial U}{\partial \boldsymbol{r}_i}\right\rangle$$

を導け．ここで，$\langle \cdots \rangle$ は正準分布による平均を表す．

3.3 問題 3.2 において，質点が全部同種類のものであり，さらにポテンシャルが

$$U = \sum_{1 \leq i < j \leq N} u(r_{ij}), \quad r_{ij} \equiv |\boldsymbol{r}_i - \boldsymbol{r}_j|$$

という形である場合には，次の関係式が成り立つことを示せ．

$$pV = NkT - \frac{1}{6}N(N-1)\langle r_{12}u'(r_{12})\rangle, \quad u'(r) \equiv \frac{du(r)}{dr}$$

7.1 古典統計力学における諸公式

例題 4

質量 m の質点とみなせる N 個の粒子からなる体系の Hamilton 関数 H が

$$H = \frac{1}{2m}\sum_{i=1}^{N} \boldsymbol{p}_i^2 + U_N(\boldsymbol{r}_1, \boldsymbol{r}_2, \cdots, \boldsymbol{r}_N)$$

であるとする．ここで，$\boldsymbol{p}_i, \boldsymbol{r}_i \, (i=1,2,\cdots,N)$ は粒子の運動量と位置ベクトルであり，U_N は体系のポテンシャルエネルギーを表す．この体系が体積 V の空間を占めているとき，古典統計力学における分配関数 Q_c と大分配関数 Ξ_c は

$$Q_c \equiv Q_c(N,V,T) = \frac{1}{N!\Lambda^{3N}}Z_N(V,T), \quad \Lambda = \sqrt{\frac{h^2}{2\pi mkT}} = \sqrt{\frac{2\pi\hbar^2}{mkT}}$$

$$\Xi_c \equiv \Xi_c(V,T,z) = 1 + \sum_{N=1}^{\infty}\frac{z^N}{N!}Z_N(V,T), \quad z = \frac{1}{\Lambda^3}e^{\mu/kT}$$

と表されることを示せ．ただし，配位積分 $Z_N(V,T)$ は次の式で定義される．

$$Z_N \equiv Z_N(V,T) \equiv \iint_V \cdots \int \exp\{-U_N(\boldsymbol{r}_1,\boldsymbol{r}_2,\cdots,\boldsymbol{r}_N)/kT\}d\boldsymbol{r}_1 d\boldsymbol{r}_2 \cdots d\boldsymbol{r}_N$$

【解答】 同種類の粒子からなる体系であるから，分配関数は $N!$ で割っておかねばならない．運動量についての積分を実行することにより，分配関数は次のように計算される．

$$\begin{aligned}
Q_c &= \frac{1}{N!h^{3N}}\int\cdots\int e^{-H/kT}d\boldsymbol{p}_1\cdots d\boldsymbol{p}_N d\boldsymbol{r}_1\cdots d\boldsymbol{r}_N \\
&= \frac{1}{N!h^{3N}}\int\cdots\int e^{-U_N/kT}d\boldsymbol{r}_1\cdots d\boldsymbol{r}_N \int\cdots\int \exp\left\{-\sum_{i=1}^{N}\frac{\boldsymbol{p}_i^2}{2mkT}\right\}d\boldsymbol{p}_1\cdots d\boldsymbol{p}_N \\
&= \frac{Z_N}{N!h^{3N}}\left\{\int_{-\infty}^{\infty}e^{-p^2/2mkT}dp\right\}^{3N} = \frac{Z_N}{N!h^{3N}}(\sqrt{2\pi mkT})^{3N} = \frac{1}{N!\Lambda^{3N}}Z_N
\end{aligned}$$

大分配関数は，4.2 の基本事項◆大正準集団にある公式により次のように計算される．

$$\Xi_c = 1 + \sum_{N=1}^{\infty}Q_c(N,V,T)e^{N\mu/kT} = 1 + \sum_{N=1}^{\infty}\frac{z^N}{N!}Z_N(V,T)$$

問題

4.1 例題 4 の体系が温度 T の熱源に接触して平衡状態にあるとき，それぞれの粒子の座標が $\{\boldsymbol{r}_1,\cdots,\boldsymbol{r}_N\}$ と $\{\boldsymbol{r}_1+d\boldsymbol{r}_1,\cdots,\boldsymbol{r}_N+d\boldsymbol{r}_n\}$ の間にある確率を $P_N d\boldsymbol{r}_1\cdots d\boldsymbol{r}_N$ とすると，P_N は次の式で与えられることを示せ．

$$P_N \equiv P_N(\boldsymbol{r}_1,\cdots,\boldsymbol{r}_N) = \frac{1}{Z_N(V,T)}\exp\{-U_N(\boldsymbol{r}_1,\cdots,\boldsymbol{r}_N)/kT\}$$

4.2 問題 4.1 において，速度が $\boldsymbol{v}$ と $\boldsymbol{v}+d\boldsymbol{v}$ の間にあるような粒子の数は

$$N\left(\frac{m}{2\pi kT}\right)^{3/2}\exp\left\{-\frac{m}{2kT}(v_x^2+v_y^2+v_z^2)\right\}dv_x dv_y dv_z$$

で与えられることを示せ（**Maxwell の速度分布則**）．

例題 5

例題 4 で考えた体系において,ポテンシャルエネルギー U_N が粒子の座標について n 次の同次関数であるとき,古典統計力学によって求められる Helmholtz の自由エネルギー A は次のような形で表されることを示せ.

$$A = -3NkT\left(\frac{1}{2} + \frac{1}{n}\right)\log T + NkTf\left(\frac{VT^{-3/n}}{N}\right)$$

ここで,$f(x)$ は x のある関数を表すものとする.

〔ヒント〕 ξ を任意の正数とするとき,$U_N(\xi\boldsymbol{r}_1,\cdots,\xi\boldsymbol{r}_N) = \xi^n U_N(\boldsymbol{r}_1,\cdots,\boldsymbol{r}_N)$ が成立することを利用して分配関数に対する偏微分方程式を導き,その一般解を求める.

【解答】 ξ を任意の正数として,ヒントにある U_N の性質を使うと,配位積分 $Z_N(V,T)$ に対して次のような関係が得られる.

$$\begin{aligned}
Z_N(\xi^3 V, \xi^n T) &= \int\cdots\int_{\xi^3 V} \exp\{-U_N(\boldsymbol{r}_1,\cdots,\boldsymbol{r}_N)/(\xi^n kT)\}d\boldsymbol{r}_1\cdots d\boldsymbol{r}_N \\
&= \xi^{3N}\int\cdots\int_V \exp\{-U_N(\xi\boldsymbol{r}_1,\cdots,\xi\boldsymbol{r}_N)/(\xi^n kT)\}d\boldsymbol{r}_1\cdots d\boldsymbol{r}_N \\
&= \xi^{3N}\int\cdots\int_V \exp\{-U_N(\boldsymbol{r}_1,\cdots,\boldsymbol{r}_N)/kT\}d\boldsymbol{r}_1\cdots d\boldsymbol{r}_N = \xi^{3N}Z_N(V,T)
\end{aligned}$$

ただし,2 行目に移るときには変数変換 $\boldsymbol{r}_i \to \xi\boldsymbol{r}_i$ $(i=1,2,\cdots,N)$ を行なった.したがって,分配関数 $Q_c(N,V,T)$ の対数に対しては次の関係が成り立つ.

$$\log Q_c(N,\xi^3 V,\xi^n T) = 3N\left(1+\frac{n}{2}\right)\log\xi + \log Q_c(N,V,T)$$

この式の両辺を ξ で微分してから $\xi = 1$ とおくと,

$$3V\frac{\partial\log Q_c}{\partial V} + nT\frac{\partial\log Q_c}{\partial T} = 3N\left(1+\frac{n}{2}\right)$$

が得られるが,この式は $\log Q_c$ を V と T の関数と考えたときの $\log Q_c$ に対する偏微分方程式となっている.この方程式の一般解は,$f(x)$ を x の任意関数として,

$$\log Q_c = \frac{3N\left(1+\dfrac{n}{2}\right)}{n}\log T - Nf\left(\frac{VT^{-3/n}}{N}\right)$$

で与えられる.したがって,$A = -kT\log Q_c$ により,求める結果が得られる.

問題

5.1 例題 5 の体系の内部エネルギーを E,圧力を p として,次の関係を導け.

$$E + \frac{3}{n}pV = 3NkT\left(\frac{1}{2} + \frac{1}{n}\right)$$

5.2 ビリアル定理を使わずに分配関数を計算することにより問題 3.2 の結果を導け.

例題 6

N 個の分子からなる気体が体積 V の容器に入れられ，温度 T で平衡状態にある．器壁に面積 a の小さな孔をあけたとき，単位時間にもれる気体分子の数を計算せよ．ただし，容器の外は真空であるとする．

〔ヒント〕 Maxwell の速度分布則を利用する．

【解答】 速度が $\boldsymbol{v}$ と $\boldsymbol{v}+d\boldsymbol{v}$ の間にあるような分子の数を $f(\boldsymbol{v})dv_x dv_y dv_z$ とすると，Maxwell の速度分布則によって，$f(\boldsymbol{v})$ は次の式で与えられる．

$$f(\boldsymbol{v}) = N\left(\frac{m}{2\pi kT}\right)^{3/2} \exp\left\{-\frac{m}{2kT}(v_x^2 + v_y^2 + v_z^2)\right\}$$

孔は平面 $x=0$ の上にあり，$x>0$ が容器の内側であるとする．速度が $\boldsymbol{v}$ であるような分子に着目する．δt 時間に孔をもれるのは図 7.1 に示した斜めの筒（a を底面とし $|\boldsymbol{v}|\delta t$ を母線とする筒）の中にある分子である．ただし，分子が容器の外に出るためには $v_x < 0$ でなければならない．この筒の体積は $a|v_x|\delta t$ であるから，この筒の中にある速度 $\boldsymbol{v}$ の分子の数は $f(\boldsymbol{v})a|v_x|\delta t/V$ となる．したがって，δt 時間に孔をもれる分子の総数 δN は，これをすべての $\boldsymbol{v}$（ただし，$v_x < 0$）について積分することによって計算される．すなわち，

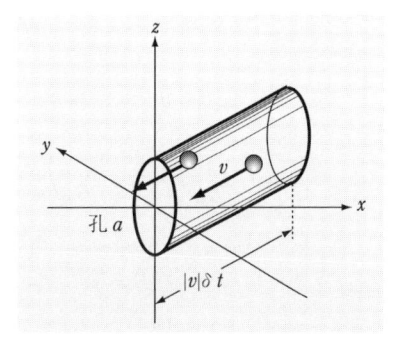

図 7.1 容器の壁を yz 面とし，$x > 0$ を容器の内側とする．速度が $\boldsymbol{v}$ であるような粒子のうちで，図の斜めの筒の中にある粒子だけが δt 時間に底面の孔を通って容器の外に出られる．

$$\delta N = \int_{-\infty}^{0} dv_x \int_{-\infty}^{\infty} dv_y \int_{-\infty}^{\infty} dv_z \frac{N}{V} a\delta t \left(\frac{m}{2\pi kT}\right)^{3/2} |v_x| \exp\left\{-\frac{m}{2kT}(v_x^2 + v_y^2 + v_z^2)\right\}$$

$$= \frac{N}{V} a\delta t \left(\frac{m}{2\pi kT}\right)^{1/2} \int_0^{\infty} v_x \exp\left\{-\frac{m}{2kT}v_x^2\right\} dv_x = \frac{N}{V} a\delta t \left(\frac{kT}{2\pi m}\right)^{1/2}$$

単位時間にもれる分子数は $\delta N/\delta t$ であるから，それは次の式で与えられる．

$$\frac{\delta N}{\delta t} = a\frac{N}{V}\sqrt{\frac{kT}{2\pi m}}$$

問 題

6.1 等式 $\langle v^s \rangle = (2/\sqrt{\pi})(2kT/m)^{s/2} \Gamma((s+3)/2)$ を導け．ここで，$\langle \cdots \rangle$ は Maxwell の速度分布則による平均を表し，$v \equiv |\boldsymbol{v}|$ であり，s は実数で $s > -3$ とする．

6.2 前問で速さのゆらぎ $\langle (v - \langle v \rangle)^2 \rangle$ を計算せよ．また，最も起こりやすい速さの値 v_0 を求めよ．

7.2 種々の理想気体（古典統計力学）

◆ **棒の回転運動**　固定点 O のまわりで自由に回転する棒の位置は，O を原点とする極座標の角 θ と φ によって与えられる（図7.2参照）．θ と φ に共役な運動量をそれぞれ p_θ, p_φ，O を通り棒に垂直な軸のまわりの慣性モーメントを I とすると，棒の回転運動に対する Hamilton 関数 h_r は次の式で表される．

$$h_r = \frac{1}{2I}\left(p_\theta^2 + \frac{1}{\sin^2\theta}p_\varphi^2\right) \quad (*)$$

h_r に対応する Hamilton 演算子 $\widehat{h}_r$ から求められるエネルギー準位 ε_j は

$$\varepsilon_j = \frac{j(j+1)h^2}{8\pi^2 I}, \quad j = 0, 1, 2, \cdots$$

であり，その縮退度は $(2j+1)$ となることが知られている．

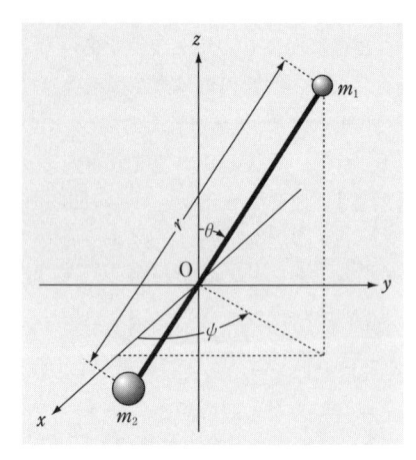

図 7.2　棒の回転運動と 2 原子分子の重心のまわりの回転を表す (θ, φ) と振動を表す r．O は固定点または分子の重心．

◆ **2 原子分子のモデル**　分子を構成する電子や原子核は基底状態にあると仮定し，2 原子分子は質点とみなせる 2 つの原子からなる質点系であると考える．質点系の運動は，重心の並進運動と重心に相対的な運動に分けられる．いまの場合，後者はさらに，重心のまわりの回転と 2 つの質点間の距離の振動に分けられる．質点間の距離の振動は小さいと仮定すると，重心のまわりの分子の回転運動を扱うときには質点間の距離はその平衡の値に固定されていると考えてよい．

2 つの原子の質量を m_1, m_2，原子間の距離を r とし，重心 O のまわりの回転を極座標の角 θ と φ で表す（図7.2参照）．重心の運動量を $\bm{P}_c$，θ と φ に共役な運動量を p_θ, p_φ とする．原子間の平衡の距離を r_0 として $\xi \equiv r - r_0$ を定義し，ξ に共役な運動量を p_ξ とする．1 つの 2 原子分子の Hamilton 関数 h は，重心の並進運動に関する h_t，分子の回転に関する h_r，分子の振動に関する h_v の和である．すなわち

$$h = h_t + h_r + h_v, \quad h_t = \frac{1}{2(m_1 + m_2)}\bm{P}_c^2, \quad h_v = -D + \frac{1}{2\mu}p_\xi^2 + 2\pi^2\mu\nu^2\xi^2$$

ここで，μ は換算質量 $\mu \equiv m_1 m_2/(m_1 + m_2)$ であり，振動数 ν は 2 つの原子間に働く力によって決められる．定数 D は，$D - (h\nu/2)$ が 0 K における分子の解離エネルギーを表すものと解釈される．なお，h_r は上の $(*)$ 式で与えられるが，いまの場合，慣性モーメント I は $I = \mu r_0^2$ で与えられる．

7.2 種々の理想気体（古典統計力学）

── 例題 7 ──

長さの方向に一定の大きさ μ の電気双極子モーメントをもつ棒状の分子 N 個からなる理想気体（体積 V）が，外からの一様な電場 $\boldsymbol{E}_0$ の中に置かれている．古典統計力学における分配関数を計算することにより，この気体の電気双極子モーメント $\widetilde{\boldsymbol{P}}$ を求めよ．また，$\mu\boldsymbol{E}_0 \ll kT$ の場合には，この気体の誘電率 ε は

$$\varepsilon = \varepsilon_0 + \frac{1}{3}\frac{N}{V}\frac{\mu^2}{kT}$$

で表されることを示せ．ただし，気体の中の電場も $\boldsymbol{E}_0$ であるとせよ．

〔ヒント〕 1つの双極子と $\boldsymbol{E}_0$ とのなす角を θ とすると，双極子のポテンシャルエネルギーは $-\mu\boldsymbol{E}_0\cos\theta$ で与えられる．なお，本節および 6.3 の基本事項も参照のこと．

【解答】 1分子分配関数を q_c とすると，体系の分配関数は $Q_c = (q_c)^N/N!$ である．分子の質量を M，重心の座標と運動量を $\boldsymbol{X}_c$ と $\boldsymbol{P}_c$ で表す．$\boldsymbol{E}_0$ の方向に z 軸を選び，重心のまわりの慣性モーメントを I とすると，基本事項中の h_r により，1分子の Hamilton 関数 h は

$$h = \frac{1}{2M}\boldsymbol{P}_c^2 + \frac{1}{2I}\left(p_\theta^2 + \frac{1}{\sin^2\theta}p_\varphi^2\right) - \mu\boldsymbol{E}_0\cos\theta$$

である．この分子の運動の自由度は 5 であるから，q_c は次のように計算される．

$$\begin{aligned} q_c &= \frac{1}{h^5}\int_0^\pi d\theta \int_0^{2\pi} d\varphi \int_{-\infty}^\infty dp_\theta \int_{-\infty}^\infty dp_\varphi \int_V d\boldsymbol{X}_c \int_{-\infty}^\infty d\boldsymbol{P}_c\, e^{-h/kT} \\ &= \frac{V}{\Lambda^3}\frac{2\pi IkT}{h^2}2\pi \int_0^\pi d\theta \sin\theta \exp\left(\frac{\mu\boldsymbol{E}_0\cos\theta}{kT}\right), \quad \Lambda = \sqrt{\frac{h^2}{2\pi MkT}} \\ &= \frac{V}{\Lambda^3}\frac{4\pi^2 IkT}{h^2}\frac{kT}{\mu\boldsymbol{E}_0}(e^{\mu\boldsymbol{E}_0/kT} - e^{-\mu\boldsymbol{E}_0/kT}) = \frac{V}{\Lambda^3}\frac{8\pi^2 IkT}{h^2}\frac{\sinh(\mu\boldsymbol{E}_0/kT)}{\mu\boldsymbol{E}_0/kT}\end{aligned}$$

したがって，6.3 の基本事項により，体系の電気双極子モーメント $\widetilde{\boldsymbol{P}}$ は

$$\widetilde{\boldsymbol{P}} = kT\left(\frac{\partial \log Q_c}{\partial \boldsymbol{E}_0}\right)_{N,V,T} = N\mu L\left(\frac{\mu\boldsymbol{E}_0}{kT}\right), \quad L(x) \equiv \coth x - \frac{1}{x}$$

と求められる．$L(x)$ は **Langevin** 関数と呼ばれる．電場の強さを E として，$\varepsilon - \varepsilon_0 = P/E = \widetilde{P}/VE$ であり，$x \ll 1$ のとき $L(x) \cong x/3$ であるから，$\boldsymbol{E} = \boldsymbol{E}_0$ と仮定することにより，誘電率 ε に対して求める表式が得られる．

~~~ 問　題 ~~~

7.1 例題7において，1つの分子がもつ双極子モーメントの $\boldsymbol{E}_0$ 方向の成分の平均を正準分布によって計算することにより，例題と同じ結果を導け．

7.2 第6章の問題9.2の解答にある **Brillouin** 関数 $B_J(x)$ について，$B_\infty(x) = L(x)$ という関係が成り立つことを示せ．

例題 8

質量と核スピンの大きさがそれぞれ m_1, S_1 と m_2, S_2 である 2 つの原子から構成された 2 原子分子 N 個からなる理想気体（体積 V）の状態方程式と比熱を計算せよ．ただし，2 原子分子には基本事項にあるモデルを採用し，2 つの原子は異なるものである（異核分子）とし，分子の電子に関する基底状態には縮退がないものとする．さらに，分子の重心運動は常に古典統計力学で扱うことができ，分子の回転の**特性温度** $\Theta_r \equiv h^2/(8\pi^2 I k)$ と振動の**特性温度** $\Theta_v \equiv h\nu/k$ との間には $\Theta_r \ll \Theta_v$ という関係があることを仮定せよ．

【解答】 1 分子の分配関数を q とすると，体系の分配関数は $Q = q^N/N!$ である．q のうち，重心の並進運動に関する部分は例題 7 と同様にして $V\{2\pi(m_1+m_2)kT/h^2\}^{3/2}$ となり，振動に関する部分 $q^{(v)}$ は因数 $\exp(D/kT)$ を除けば 6.2 の基本事項◆調和振動子にある q の表式と同じものである．回転運動に関する部分 $q^{(r)}$ は本節の基本事項◆棒の回転運動にある事項を使い，核スピンによる縮退度 $(2S_1+1)(2S_2+1)$ を考慮することにより，体系の分配関数 Q は結局次のように書くことができる．

$$Q = \frac{1}{N!}q^N, \qquad q = V\left\{\frac{2\pi(m_1+m_2)kT}{h^2}\right\}^{3/2}(2S_1+1)(2S_2+1)q^{(r)}q^{(v)}$$

$$q^{(r)} = \sum_{j=0}^{\infty}(2j+1)\exp\left\{\frac{-j(j+1)\Theta_r}{T}\right\}, \qquad q^{(v)} = e^{D/kT}\frac{e^{\Theta_v/2T}}{e^{\Theta_v/T}-1}$$

(1) 状態方程式：$q^{(r)}$ と $q^{(v)}$ は体積 V によらないから，圧力 p は

$$p = kT\left(\frac{\partial \log Q}{\partial V}\right)_{T,N} = NkT\left(\frac{\partial \log q}{\partial V}\right)_T = \frac{NkT}{V}$$

と求められる．すなわち，熱力学における理想気体の状態方程式と同じものが得られる．

(2) 比熱：定積比熱 C_V は次のように表される（E は内部エネルギー）．

$$C_V = \left(\frac{\partial E}{\partial T}\right)_{V,N} = kT\left(\frac{\partial^2 (T\log Q)}{\partial T^2}\right)_{V,N} = NkT\left(\frac{\partial^2(T\log q)}{\partial T^2}\right)_V = \frac{3}{2}Nk + C^{(r)} + C^{(v)}$$

$$C^{(r)} \equiv NkT\frac{d^2(T\log q^{(r)})}{dT^2}, \qquad C^{(v)} \equiv NkT\frac{d^2(T\log q^{(v)})}{dT^2}$$

高温または低温における $q^{(r)}, q^{(v)}$ の漸近形は（高温の $q^{(r)}$ については問題 8.1 参照），

$$q^{(r)} = \begin{cases} (T/\Theta_r)\{1+O(\Theta_r/T)\}, & T \gg \Theta_r \\ 1 + O(e^{-\Theta_r/T}), & T \ll \Theta_r \end{cases}$$

$$q^{(v)} = \begin{cases} (T/\Theta_v)\{1+O(\Theta_v/T)^2\}e^{D/kT}, & T \gg \Theta_v \\ e^{-\Theta_v/2T}\{1+O(e^{-\Theta_v/kT})\}e^{D/kT}, & T \ll \Theta_v \end{cases}$$

で与えられるから，$C^{(r)}$ と $C^{(v)}$ については，

$$C^{(r)} = \begin{cases} Nk, & T \gg \Theta_r \\ 0, & T \ll \Theta_r \end{cases} \qquad C^{(v)} = \begin{cases} Nk, & T \gg \Theta_v \\ 0, & T \ll \Theta_v \end{cases}$$

となる．高温における値はエネルギー等分配の法則からも求められる（7.1 の基本事項参照）．結局，種々の温度範囲における比熱の値は次のようになることがわかる．

$T \gg \Theta_v(\gg \Theta_r)$ のとき $C_V = (3/2)Nk + Nk + Nk = (7/2)Nk$

$\Theta_v \gg T \gg \Theta_r$ のとき $C_V = (3/2)Nk + Nk = (5/2)Nk$

$T \ll \Theta_r$ のとき $C_V = (3/2)Nk$

〔注意〕2つの原子が同じものである場合（等核分子）には，$m_1 = m_2 = m$, $S_1 = S_2 = S$ となるだけではなく，核スピンと回転運動とを分離することができない．その理由は 4.3 の基本事項にある粒子の統計性のためである．核スピンと回転を記述する波動関数は 2 つの原子の交換に対して，Fermi 粒子では符号を変え（反対称），Bose 粒子では不変（対称）である．回転の波動関数は，j が偶数のときには対称，奇数のときには反対称である．また，全体で $(2S+1)^2$ 個あるスピン状態のうち，$(S+1)(2S+1)$ 個は対称，$S(2S+1)$ 個は反対称である．したがって，等核分子からなる理想気体の分配関数 Q は

$$Q = \frac{1}{N!}q^N, \quad q = V\left(\frac{4\pi mkT}{h^2}\right)^{3/2} q^{(n,r)} q^{(v)}$$

$$q^{(n,r)} = \begin{cases} S(2S+1)q_e^{(r)} + (S+1)(2S+1)q_o^{(r)}, & S = 1/2, 3/2, \cdots \text{（Fermi 粒子）} \\ (S+1)(2S+1)q_e^{(r)} + S(2S+1)q_o^{(r)}, & S = 0, 1, 2, \cdots \text{（Bose 粒子）} \end{cases}$$

$$q_e^{(r)} \equiv \sum_{j=0,2,4,\cdots} (2j+1)\exp\{-j(j+1)\Theta_r/T\},$$

$$q_o^{(r)} \equiv \sum_{j=1,3,\cdots} (2j+1)\exp\{-j(j+1)\Theta_r/T\}$$

となる．水素分子 H_2 ($S=1/2$) の場合，核スピンが平行（j は奇数）のものは**オルト水素**，核スピンが反平行（j は偶数）のものは**パラ水素**と呼ばれている．

問　題

8.1 $l \le x < \infty$（l は整数）で無限回微分可能な関数 $f(x)$ に対して，

$$\sum_{n=l}^{\infty} f(n) = \int_l^{\infty} f(x)dx + \frac{1}{2}f(l) - \frac{1}{12}f'(l) + \frac{1}{720}f'''(l) - \frac{1}{30240}f^{(5)}(l) + \cdots$$

という **Euler-Maclaurin** の総和公式が成り立つ．これを利用して，例題 8 の解答にある回転運動の分配関数 $q^{(r)}$ に対して次の展開式を導け（**Mulholland の式**）．

$$q^{(r)} = \frac{T}{\Theta_r}\left\{1 + \frac{1}{3}\frac{\Theta_r}{T} + \frac{1}{15}\left(\frac{\Theta_r}{T}\right)^2 + \frac{4}{315}\left(\frac{\Theta_r}{T}\right)^3 + O\left(\frac{\Theta_r}{T}\right)^4\right\}$$

8.2 回転運動に対する古典統計力学の分配関数 $q_c^{(r)}$ は T/Θ_r に等しいことを示せ．問題 8.1 の結果により，これは $\lim_{T\to\infty} q^{(r)}/q_c^{(r)} = 1$ を意味する．上の〔注意〕の中で定義された $q_e^{(r)}$ と $q_o^{(r)}$ について，次の関係が成立することを証明せよ．

$$\lim_{T\to\infty} q_e^{(r)}/q_c^{(r)} = \lim_{T\to\infty} q_o^{(r)}/q_c^{(r)} = 1/2$$

例題 9

高温の水素分子気体中においては，オルト水素分子の数とパラ水素分子の数との比は 3:1 で与えられることを示せ．ただし，気体は理想気体であると考えてよいものとする．

[ヒント] 例題 8 の解答の後にある [注意] を参照し，問題 8.2 の結果を使う．

【解答】 水素分子 1 個に対する分配関数の中で，核スピンと回転運動に関する部分 $q^{(n,r)}$ は，例題 8 の解答の後の [注意] にある式で $S=1/2$ とおいて，

$$q^{(n,r)} = 3q_o^{(r)} + q_e^{(r)}$$

である．$3q_o^{(r)}/q^{(n,r)}$ は水素分子がオルトの状態（核スピンが平行）にある確率，$q_e^{(r)}/q^{(n,r)}$ はパラの状態（核スピンが反平行）にある確率を表す．したがって，N 個の水素分子の中で，オルトの状態にある分子数 N_o とパラの状態にある分子数 N_p の比は

$$N_o/N_p = 3q_o^{(r)}/q_e^{(r)} \qquad (*)$$

によって与えられる．問題 8.2 の結果により，$T \gg \Theta_r$ では $q_o^{(r)} = q_e^{(r)}$ であるから，高温においては，N_o と N_p の比は 3:1 である．

[注意] $(*)$ により，N_o と N_p の比は温度によって変化する．$q_o^{(r)}$ と $q_e^{(r)}$ の定義式からわかるように，この比は $T \to 0$ のときに 0 となる．すなわち，$T=0$ では水素分子はすべてパラの状態になるはずである．ところが実際には，オルトとパラの状態の間の移り変わりの速さが極めて遅いため（常温常圧の気体で約 3 年間を要する），温度を下げても N_o と N_p の比は 3:1 に保たれたままであり，2 つの状態にある分子は別種の分子であるかのように振舞う．その結果，実際に測定される水素気体の比熱は，上の $q^{(n,r)}$ を使って計算されるものとは異なることになる（問題 9.3 参照）．

問題

9.1 2 つの重陽子 D（スピンの大きさは 1）からなる重水素分子の場合にも，オルト重水素（回転の量子数 j が偶数）とパラ重水素（j が奇数）の区別が重要である．例題 9 と同様に考えて，高温における両者の分子数の比は 2:1 で与えられることを導け．

9.2 上の [注意] で述べたように，水素分子のオルトとパラの状態の間の変化は遅いので，2 種類の分子として分離することが可能である．それぞれの比熱を求める式を導き，低温ではパラ水素の比熱の方が大きいことを示せ．

9.3 水素分子からなる理想気体において，オルト水素分子とパラ水素分子の数の比が 3:1 であるような混合気体と考えたときの比熱と，分子数の比が上の $(*)$ で与えられる真の熱平衡値であるときの比熱とを比較せよ．

例題 10

体積 V の容器の中に仕切りの壁を入れて体積が V_1 と V_2 である 2 つの部分に分け ($V = V_1 + V_2$)，それぞれの部分に異なる種類の単原子理想気体を入れ，等しい温度 T と圧力 p で平衡に保つ．外からの熱の出入りを断ったまま仕切りの壁を取り去ると，2 種類の気体は混合し，ふたたび平衡状態に達する．この場合のエントロピー変化 ΔS を古典統計力学によって計算せよ．

〔ヒント〕 単原子理想気体の場合，古典統計力学の分配関数 Q_c と古典統計による分配関数 Q_{MB}（第 5 章の例題 4）とはスピンによる縮退度を除いて一致する．

【解答】 7.1 の基本事項◆同種類の粒子からなる体系にある表式で $U_N \equiv 0$ とすると，$Z_N = V^N$ であり，したがって $Q_c = V^N/(N!\Lambda^{3N})$ となり，第 5 章の例題 4 の解答にある $Q_{MB} = (gV)^N/(N!\Lambda^{3N})$ と Q_c との違いは定数の因数 g^N だけである．この因数は状態方程式には影響しないから，古典統計力学における理想気体の状態方程式は熱力学におけるものと一致する（第 5 章問題 4.2 参照）．熱力学において，理想気体の内部エネルギーが体積によらず温度だけの関数（粒子数は一定）という性質は状態方程式から導かれる．例題にある変化では熱力学第 1 法則によって内部エネルギーは不変，したがって混合した後の温度は混合前の温度 T に等しい．

2 種類の粒子の質量を m_1 と m_2，粒子数を N_1, N_2 とすると，混合後の分配関数は

$$Q_c = V^{N_1+N_2}/(N_1!N_2!\Lambda_1^{3N_1}\Lambda_2^{3N_2}), \quad \Lambda_i = \sqrt{\frac{h^2}{2\pi m_i kT}} \quad (i=1,2)$$

であるから，混合後のエントロピーは次のように求められる（第 5 章例題 4, 5 参照）．

$$S = kT\left(\frac{\partial \log Q_c}{\partial T}\right)_{V,N} + k\log Q_c = N_1 k \log\left(\frac{Ve^{5/2}}{\Lambda_1^3 N_1}\right) + N_2 k \log\left(\frac{Ve^{5/2}}{\Lambda_2^3 N_2}\right)$$

$p = N_1 kT/V_1 = N_2 kT/V_2$ に注意して，エントロピー変化 ΔS は次のように計算される．

$$\Delta S = S - \left\{N_1 k \log\left(\frac{V_1 e^{5/2}}{\Lambda_1^3 N_1}\right) + N_2 k \log\left(\frac{V_2 e^{5/2}}{\Lambda_2^3 N_2}\right)\right\} = N_1 k \log\frac{V}{V_1} + N_2 k \log\frac{V}{V_2}$$
$$= -k[N_1 \log\{N_1/(N_1+N_2)\} + N_2 \log\{N_2/(N_1+N_2)\}]$$

〔注意〕 この ΔS は第 2 章例題 7 で求めた混合のエントロピーと同じものである．

問題

10.1 例題 10 において，混合後の圧力も p であることを示し，$p_1 \equiv N_1 kT/V$, $p_2 \equiv N_2 kT/V$ とすると $p = p_1 + p_2$ が成り立つ（**Dalton の法則**）ことを導け．

10.2 例題 10 において，両方の理想気体が同じものである場合には，仕切りの壁を除いても何の変化も起こらないはずであるが，例題の結果をそのまま使うとエントロピーが増加することになる（**Gibbs の逆説**）．この矛盾を解決せよ．

8 相互作用のある体系の統計力学

8.1 不完全気体

◆ **2体力近似** 同種類の N 個の分子からなる体系を考え，各分子の座標を位置ベクトル $\boldsymbol{r}_1, \boldsymbol{r}_2, \cdots, \boldsymbol{r}_N$ で表す．分子間の相互作用の力によるポテンシャルエネルギーを U_N とすると，これは N 個の分子の座標の関数である．いま，U_N が

$$U_N \equiv U_N(\boldsymbol{r}_1, \boldsymbol{r}_2, \cdots, \boldsymbol{r}_N) = \sum_{1 \leq i < j \leq N} u(r_{ij}), \quad r_{ij} = |\boldsymbol{r}_i - \boldsymbol{r}_j|$$

という形で表されるとき，この体系は **2体力近似** を満足すると呼ばれる．この近似は，対象としている体系で上式が正確に成り立つかどうか不明であるという意味であり，統計力学の理論としての近似を意味するものではない．上式で重要なことは，$u(r_{ij})$ が体系全体の分子数にも体系の温度や体積にもよらないことである．すなわち，$u(r_{ij})$ は，i 番目の分子と j 番目の分子が距離 r_{ij} だけ離れて単独に存在するときのポテンシャルエネルギーを表す．2体力近似は，気体だけでなく，液体や固体を統計力学的に扱う場合にも使われる．

2つの分子が十分離れると相互作用の力は働かないから，$r \to \infty$ で $u(r)$ は一定値に近づく．この一定値が0になるようにエネルギーの原点を選ぶ．また，分子は有限の大きさをもつから，2つの分子が重なりあうことはない．すなわち，$r \to 0$ のとき $u(r) \to +\infty$ となる．

電気的に中性な分子では，$r \to \infty$ のとき $u(r)$ は十分速く0に近づく．このような場合には，分子間力として次の **Lennard-Jones** のポテンシャルがよく用いられる．

$$\begin{aligned} u(r) &= 4\varepsilon \left\{ \left(\frac{\sigma}{r}\right)^{12} - \left(\frac{\sigma}{r}\right)^{6} \right\} \\ &= \varepsilon \left\{ \left(\frac{r_0}{r}\right)^{12} - 2\left(\frac{r_0}{r}\right)^{6} \right\} \end{aligned}$$

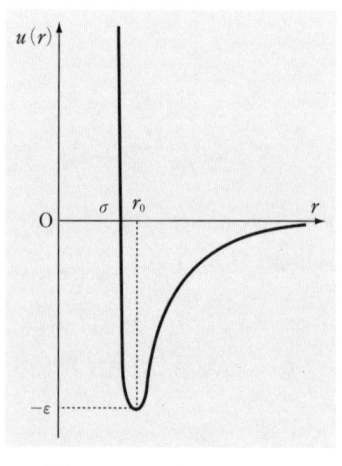

図 8.1 L-J ポテンシャル

ここで，ε と $r_0 \equiv 2^{1/6}\sigma$ は分子の種類によって定まるパラメータである．図 8.1 にこのポテンシャルの略図を示す．

この節と次の節では，特に断らない限り，2体力近似が成り立つ体系を扱う．また，$u(r)$ としては $r \to \infty$ で十分速く0になるようなものを考えることにする．

8.1 不完全気体

◆ **Maxwell の規則** 不完全気体の 1 つの等温線に，図 8.2 に示すような山と谷が現れる場合（縦軸は圧力 p，横軸は 1 分子あたりの体積 v を表す），山と谷の部分に水平線 JLN を引き，J と N の間では，安定な状態としての等温線は，曲線 JKLMN ではなく，水平線 JLN であることが知られている．J は気体の一部が液化し始める点，N は全部が液体になってしまう点であり，その中間の水平線 JLN は気体と液体が共存している状態を表す（例題 1，問題 2.1 参照）．水平線 JLN は，図で JKLJ と NMLN の面積が等しくなるように引かれる．これを **Maxwell の規則** または **等面積の規則** という．この規則は，J と N で化学ポテンシャルが等しいということと同等である（例題 2，問題 2.3 参照）．

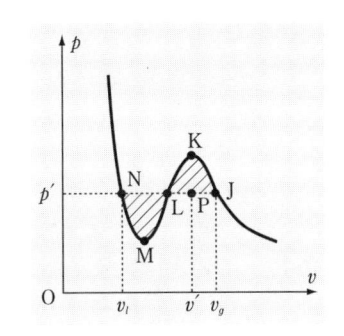

図 **8.2** 山と谷をもつ等温線 p は圧力，v は 1 分子あたりの体積

◆ **ビリアル展開** 密度の小さい気体の状態方程式は
$$p/kT = \rho + B\rho^2 + C\rho^3 + \cdots$$
という形に展開される．ここで，ρ は単位体積中の分子数 ($\rho \equiv N/V$) を表す．これはビリアル展開と呼ばれ，$B, C, \cdots$ を **第 2 ビリアル係数**，**第 3 ビリアル係数**，$\cdots$ という．これらの係数は一般に温度の関数である．

◆ **統計力学によるビリアル係数の表式** 分配関数 $Q(N,V,T)$ から，$Z_N^*(V,T)$ を
$$Z_N^*(V,T)/N! = Q(N,V,T)V^N/\{Q(1,V,T)\}^N$$
によって定義する．さらに，b_2 と b_3 を次の式によって定義する ($Z_N^* \equiv Z_N^*(V,T)$)．
$$b_2 = \lim_{V \to \infty} \frac{1}{2V}(Z_2^* - V^2), \quad b_3 = \lim_{V \to \infty} \frac{1}{6V}(Z_3^* - 3Z_2^*V + 2V^3)$$
このとき，ビリアル係数 B と C は次の式で表される（例題 3 参照）．
$$B = -b_2, \quad C = -2b_3 + 4b_2^2$$
この結果は，2 体力近似と関係なく，また量子統計力学においても成り立つ．

◆ **T–p 集団** 体系の熱力学的状態が，粒子数 N，温度 T，圧力 p で指定されているとき，この体系に対応する統計集団を **T–p 集団** または **圧力集団** と呼ぶ．この集団における 1 つの体系の体積が V と $V + dV$ の間にあり，かつその力学的状態が i 番目の固有状態（そのエネルギーは $E_i(N,V)$）にある確率は $\exp\{-(E_i + pV)/kT\}dV/Y(N,T,p)$ である．ここで，$Y(N,T,p)$ は **T–p 分配関数** と呼ばれ，次の式で定義される．
$$Y(N,T,p) \equiv \int_0^\infty dV \sum_i e^{-(E_i+pV)/kT} = \int_0^\infty Q(N,V,T) e^{-pV/kT} dV$$
Gibbs の自由エネルギーを G とすると，$G = -kT \log Y(N,T,p)$ が成り立つ．

例題 1

圧力 p, 体積 V, 温度 T, 分子数 N として, **van der Waals** の状態方程式

$$\{p+(N/V)^2 a\}(V-Nb)=NkT$$

に従う体系の等温線について調べよ. ただし, a と b は正の定数である.

【解答】 $v \equiv V/N$ とすると, 状態方程式は次のようになる.

$$\left(p+\frac{a}{v^2}\right)(v-b)=kT$$

T を一定にして v を変えたときの p の変化を調べる. $v \to +\infty$ では, $p \to kT/v$ で p は 0 に近づく. v の値は $v>b$ の範囲だけが許され, $v \to b$ のとき, $p \to +\infty$ となる. 途中の様子は温度によって異なる. 高温では v を小さくすると p は単調に増加するが (図 8.3 の曲線 I), 低温では等温線に山と谷が現れる (曲線 III). その境目の温度 T_c の等温線は, 曲線上の 1 点だけで $(\partial p/\partial v)_T=0$ と

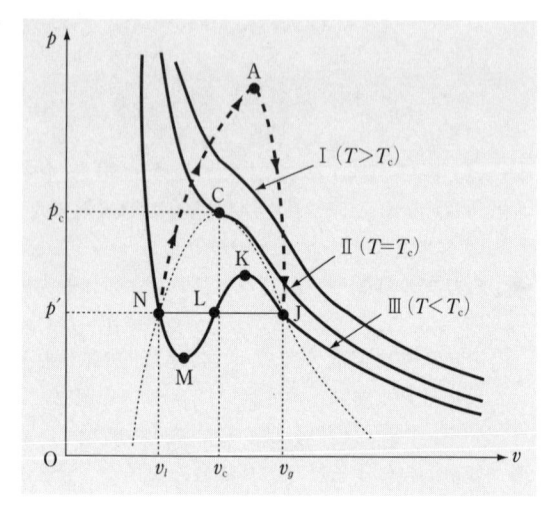

図 8.3 van der Waals の状態方程式の等温線

なる (曲線 II). T_c およびその等温線上で $(\partial p/\partial v)_T=0$ となるような v と p の値 v_c, p_c は $(\partial p/\partial v)_T=(\partial^2 p/\partial v^2)_T=0$ という条件によって決定される. それらの値は

$$kT_c=8a/27b, \quad v_c=3b, \quad p_c=a/27b^2$$

となることがわかる. T_c は**臨界温度**, p_c は**臨界圧力**, 図 8.3 の点 C は**臨界点**である.

臨界温度以下の等温線では, 図 8.3 に示すように, Maxwell の規則 (例題 2 参照) によって山と谷の部分に水平線を引く. 安定な状態としての等温線は, 曲線 JKLMN の部分を線分 JLN でおきかえたものである. JK の部分は気体の**準安定**な状態, MN の部分は液体の準安定な状態を表すものと解釈できる. KLM の部分は, $(\partial p/\partial v)_T>0$ であるから, 不安定な状態を表す (2.1 の基本事項◆熱力学の不等式参照).

問題

1.1 van der Waals の状態方程式に従う気体の臨界点における温度, 圧力, 分子数密度をそれぞれ $T_c, p_c, \rho_c(\equiv 1/v_c)$ として, 次のことを示せ ($\rho \equiv 1/v$).

(1) $\rho=\rho_c, T>T_c$ のとき, 等温圧縮率 κ_T は $(T-T_c)^{-1}$ に比例する.

(2) $T=T_c$ のとき, 臨界点の近くでは, $p-p_c$ は $(\rho-\rho_c)^3$ に比例する.

8.1 不完全気体

━━ 例題 2 ━━━━━━━━━━━━━━━━━━━━━━━━━━━━━━━━━━━

基本事項の図 8.2 において，J にある気体と N にある液体とでは化学ポテンシャルが等しくなければならない．このことから Maxwell の規則を証明せよ．

〔ヒント〕 NMLKJ という道筋に沿う準静的過程を使って計算される J と N のエントロピー差を，化学ポテンシャルが等しいことから得られるエントロピー差と等置する．

【解答】 図 8.2 の等温線の温度を T，J にある気体の 1 分子あたりの体積を v_g，N にある液体の 1 分子あたりの体積を v_l，J と N に共通な圧力を p' とする．気体と液体の化学ポテンシャルをそれぞれ μ_g, μ_l で表すと，平衡条件は $\mu_g(T, p') = \mu_l(T, p')$ である．気体と液体の 1 分子あたりのエントロピーを s_g, s_l，内部エネルギーを e_g, e_l で表すと，化学ポテンシャルが 1 分子あたりの Gibbs の自由エネルギーであることに注意して，$\mu_g = \mu_l$ から次の関係が得られる（2.1 の基本事項参照）．

$$s_g - s_l = \frac{1}{T}(e_g - e_l) + \frac{p'}{T}(v_g - v_l) \qquad (*)$$

一方，体系の状態を NMLKJ という道筋に沿って準静的に N から J へ変化させたときのエントロピーの増し高 $s_g - s_l$ は次のように計算される（1.2 と 1.3 の基本事項参照）．

$$s_g - s_l = \int_{\mathrm{NMLKJ}} \frac{d'q}{T} = \int_{\mathrm{NMLKJ}} \frac{de + pdv}{T} = \frac{1}{T}(e_g - e_l) + \frac{1}{T}\int_{v_l}^{v_g} pdv$$

$s_g - s_l$ に対する 2 つの表式を等しいと置くことにより，

$$(v_g - v_l)p' = \int_{v_l}^{v_g} pdv$$

という関係が得られる．この関係は，図 8.2 で JKLJ の面積と NMLN の面積が等しいことを意味しているから，Maxwell の規則が証明された．

問 題

2.1 基本事項の図 8.2 において，水平線 JLN 上の任意の点 P は気相と液相が共存している状態を表す．P での 1 分子あたりの体積を v' とする．この状態で気相にある分子数を N_g，液相にある分子数を N_l とすると，$N_g/N_l = (v' - v_l)/(v_g - v')$ が成り立つことを示せ．

2.2 問題 1.1 において，$T < T_c$ のとき，共存する気体と液体の分子数密度を ρ_g, ρ_l とすると，臨界点の近くでは，$\rho_l - \rho_g$ は $(T_c - T)^{1/2}$ に比例することを示せ．

2.3 例題 2 における Maxwell の規則の証明は，熱力学的には存在し得ない状態（図 8.2 の MLK の部分）を含む準静的過程を使っている点で不完全である．van der Waals の状態方程式の場合には，実現可能な状態だけからなる準静的過程を使うことによって Maxwell の規則を証明できることを示せ．

---例題 *3*---

1種類の分子からなる不完全気体の圧力 p は，密度が小さい場合には，

$$p/kT = \rho + B\rho^2 + C\rho^3 + \cdots$$

という形に表される（ビリアル展開）．ここで，ρ は単位体積中の分子数である．第2ビリアル係数 B と第3ビリアル係数 C の統計力学による表式を導け．

〔ヒント〕 大正準集団を使うのが最も簡単である．

【解答】 4.2の基本事項◆大正準集団にある表式を使う．大分配関数を Ξ とすると，

$$e^{pV/kT} = \Xi = 1 + \sum_{N=1}^{\infty} Q(N,V,T) e^{N\mu/kT}$$

が成り立つ．ここで，$Q(N,V,T)$ は分配関数である．便宜上，z と $Z_N^*(V,T) \equiv Z_N^*$ を

$$z \equiv \frac{Q(1,V,T)}{V} e^{\mu/kT}, \quad \frac{Z_N^*(V,T)}{N!} \equiv \frac{V^N Q(N,V,T)}{\{Q(1,V,T)\}^N}$$

によって定義すると，Ξ の表式は次のように書き直される．

$$e^{pV/kT} = \Xi = 1 + \sum_{N=1}^{\infty} \frac{Z_N^*(V,T)}{N!} z^N \qquad (*)$$

いま，p/kT が z の級数として，次のように展開できるものと仮定しよう．

$$\frac{p}{kT} = \sum_{l=1}^{\infty} b_l z^l \qquad (**)$$

そうすると，$e^{pV/kT}$ も z の級数として，次のように展開されることになる．

$$e^{pV/kT} = \exp\left\{V\sum_{l=1}^{\infty} b_l z^l\right\} = 1 + \left\{V\sum_{l=1}^{\infty} b_l z^l\right\} + \frac{1}{2!}\left\{V\sum_{l=1}^{\infty} b_l z^l\right\}^2 + \frac{1}{3!}\left\{V\sum_{l=1}^{\infty} b_l z^l\right\}^3 + \cdots$$

$$= 1 + Vb_1 z + \left\{Vb_2 + \frac{1}{2}(Vb_1)^2\right\}z^2 + \left\{Vb_3 + (Vb_2)(Vb_1) + \frac{1}{6}(Vb_1)^3\right\}z^3 + \cdots$$

この結果と $(*)$ を比較することによって次の関係が得られる．

$$Z_1^* = Vb_1, \; \frac{1}{2}Z_2^* = Vb_2 + \frac{1}{2}(Vb_1)^2, \; \frac{1}{6}Z_3^* = Vb_3 + (Vb_2)(Vb_1) + \frac{1}{6}(Vb_1)^3, \cdots$$

定義から $Z_1^* = V$ であることを注意して，上の関係から，b_l を Z_N^* で表すと，

$$b_1 = 1, \; b_2 = \frac{1}{2V}(Z_2^* - V^2), \; b_3 = \frac{1}{6V}(Z_3^* - 3Z_2^* V + 2V^3), \cdots$$

となる．体積 V は大きいので，b_l は V に無関係で，温度 T だけの関数である．もっと厳密には，熱力学的極限 $V \to \infty$ をとって（第4章例題5〔注意**2**〕参照），

$$b_1 = 1, \; b_2 = \lim_{V \to \infty} \frac{1}{2V}(Z_2^* - V^2), \; b_3 = \lim_{V \to \infty} \frac{1}{6V}(Z_3^* - 3Z_2^* V + 2V^3), \cdots$$

と考える．この極限では，z も V に無関係な量となる．

次に，z と ρ の関係を求める．大正準集団においては，分子数 N は，$N = kT(\partial \log \Xi/\partial \mu)_{V,T} = z(\partial \log \Xi/\partial z)_{V,T}$ によって求められるから，熱力学的極限をとって，分子数密度 ρ は

$$\rho = \lim_{V\to\infty} \frac{N}{V} = \lim_{V\to\infty} z\left(\frac{\partial}{\partial z}\frac{1}{V}\log \Xi\right)_{V,T} = z\left(\frac{\partial}{\partial z}\frac{p}{kT}\right)_T = \sum_{l=1}^{\infty} lb_l z^l \quad (***)$$

と表される．ただし，(**) の表式を使った．ρ は小さいので，z が ρ の級数として，

$$z = \rho + a_2\rho^2 + a_3\rho^3 + \cdots$$

と展開できるものと仮定する．これを $(***)$ の最後の表式に代入して係数 $a_2, a_3, \cdots$ を決定すると ($b_1 = 1$ に注意)，$a_2 = -2b_2, a_3 = -3b_3 + 8b_2^2, \cdots$ と求められる．

したがって，z を ρ の級数で表す式を (**) に代入すると，

$$\frac{p}{kT} = z + b_2 z^2 + b_3 z^3 + \cdots = \rho - b_2 \rho^2 + (-2b_3 + 4b_2^2)\rho^3 + \cdots$$
$$\therefore \quad B = -b_2, \quad C = -2b_3 + 4b_2^2$$

となり，これが求める結果である．

〔注意〕 上の解答では，種々の級数展開で始めの数項だけを具体的に書いてあるが，それぞれの場合について一般項の表式を書くこともできる．また，任意の次数のビリアル係数の表式も知られている．

問　題

3.1 例題 1 の van der Waals の状態方程式に従う気体の第 2 ビリアル係数は $b - (a/kT)$ であることを示せ．

3.2 単原子理想量子気体（第 5 章例題 6 参照）の第 2 ビリアル係数を例題 3 の結果を使って計算し，第 5 章問題 7.1 の結果から得られるものと一致することを確かめよ．

3.3 2 体力近似が成り立つ不完全気体を古典統計力学で扱う場合には，第 2 ビリアル係数 B と第 3 ビリアル係数 C は次の式で表されることを示せ．

$$B = -\frac{1}{2}\int f(r)d\boldsymbol{r} \equiv -\frac{1}{2}\int_0^\infty f(r)4\pi r^2 dr,$$
$$C = -\frac{1}{3}\int\int f(r)f(r')f(|\boldsymbol{r}'-\boldsymbol{r}|)d\boldsymbol{r}d\boldsymbol{r}'$$

ここで，$f(r)$ は，2 分子間のポテンシャルを $u(r)$ として，

$$f(r) \equiv \exp\{-u(r)/kT\} - 1$$

によって定義される関数である．

3.4 2 種類の分子からなる気体の圧力は，それぞれの分子数密度 ρ_1, ρ_2 が小さいときには，

$$p/kT = \rho_1 + \rho_2 + B_{20}\rho_1^2 + B_{11}\rho_1\rho_2 + B_{02}\rho_2^2 + \cdots$$

と展開される．B_{20}, B_{11}, B_{02} の統計力学による表式を導け．

─── **例題 4** ───────────────────────────────────

σ と ε は正の定数，m は 3 より大きい定数として，2 分子間ポテンシャルが

$$u(r) = \begin{cases} +\infty & , \; r < \sigma \\ -\varepsilon(\sigma/r)^m & , \; r > \sigma \end{cases}$$

で与えられるような不完全気体を考える．$u(r)$ のうち，$r < \sigma$ の部分は斥力，$r > \sigma$ の部分は引力を表している．古典統計力学でこの気体の第 2 ビリアル係数を求め，その結果から，van der Waals の状態方程式に現れる 2 つの定数 a と b の意味を考えよ．

───

〔ヒント〕 問題 3.1 と 3.3 の結果を利用する．

【解答】 問題 3.3 にある第 2 ビリアル係数 B の表式を与えられた $u(r)$ のときに計算すると次のようになる．

$$B = -\frac{1}{2}\int_0^\sigma (-1)4\pi r^2 dr - \frac{1}{2}\int_\sigma^\infty \left[\exp\left\{\frac{\varepsilon}{kT}\left(\frac{\sigma}{r}\right)^m\right\} - 1\right]4\pi r^2 dr$$

$$= \frac{2\pi\sigma^3}{3} - \frac{1}{2}\sum_{s=1}^\infty \frac{1}{s!}\left(\frac{\varepsilon}{kT}\right)^s 4\pi\sigma^{ms}\int_\sigma^\infty r^{-ms+2}dr = \frac{2\pi\sigma^3}{3}\left\{1 - \sum_{s=1}^\infty \frac{3}{s!(ms-3)}\left(\frac{\varepsilon}{kT}\right)^s\right\}$$

van der Waals の状態方程式の第 2 ビリアル係数の値 $b - (a/kT)$ と比較するため，高温の場合 ($\varepsilon/kT \ll 1$) を考える．このときには，B は

$$B \cong \frac{2\pi\sigma^3}{3} - \frac{2\pi\sigma^3}{m-3}\frac{\varepsilon}{kT} \quad \left(\frac{\varepsilon}{kT} \ll 1\right)$$

となり，van der Waals の状態方程式における定数 a, b との間に

$$a \leftrightarrow \frac{2\pi\sigma^3\varepsilon}{m-3}, \quad b \leftrightarrow \frac{2\pi\sigma^3}{3}$$

という対応関係が見い出される．すなわち，a は，分子間力のうち，引力による効果，b は斥力による効果を表すパラメータと解釈することができる．

〔付記〕 例題 4 の $u(r)$ で $\varepsilon = 0$ としたもの，すなわち，引力の項のないものは**剛体球ポテンシャル**と呼ばれる．

～～ **問　題** ～～～～～～～～～～～～～～～～～～～～～～～～～～

4.1 σ と ε を正の定数として，2 分子間ポテンシャルが $u(r) = \varepsilon(\sigma/r)^6$ で与えられる場合，古典統計力学から求められる第 2 ビリアル係数は $B = (2\pi\sigma^3/3)(\pi\varepsilon/kT)^{1/2}$ となることを示せ．一般に，$u(r) = \varepsilon(\sigma/r)^m \;\; (m > 3)$ の場合はどうか．

4.2 例題 4 の結果によれば，剛体球ポテンシャルの場合，古典統計力学における第 2 ビリアル係数は $B = 2\pi\sigma^3/3$ である．この場合，第 3 ビリアル係数は $C = (5/8)B^2 = 5\pi^2\sigma^6/18$ となることを示せ．

例題 5

分子数 N_α, 体積 V_α, 温度 T_α ($\alpha = 1, 2, \cdots, n$) の n 種類の体系を考える. どの体系においても 2 体力近似が成り立ち, α 番目の体系における 2 分子間ポテンシャル $u_\alpha(r)$ は $u_\alpha(r) = \varepsilon_\alpha f(r/\sigma_\alpha)$ という形に書けるものと仮定する. ここで, ε_α と σ_α は各体系に固有な定数であるが, 関数 f はすべての体系に共通なものである. このとき, 古典統計力学においては, これらの体系の状態方程式は

$$p_\alpha^* = F(v_\alpha^*, T_\alpha^*) \quad (\alpha = 1, 2, \cdots, n)$$

という形に表されることを示せ. ただし, $p_\alpha^* \equiv p_\alpha \sigma_\alpha^3 / \varepsilon_\alpha$ (p_α は α 番目の体系の圧力), $v_\alpha^* \equiv V_\alpha/(N_\alpha \sigma_\alpha^3)$, $T_\alpha^* \equiv kT_\alpha/\varepsilon_\alpha$ であり, 関数 F はすべての体系に共通なものである.

〔ヒント〕 第 7 章例題 4 により, 圧力 p は $p = kT(\partial \log Q_c/\partial V)_{N,T} = kT(\partial \log Z_n/\partial V)_{N,T}$ で与えられるから, 配位積分 Z_N について考えればよい.

【解答】 任意の α 番目の体系について考えるが, 簡単のため, 添字 α を省略する. 2 体力近似を使うと, 配位積分 Z_N は次のように変形される ($\boldsymbol{x}_i \equiv \boldsymbol{r}_i/\sigma$).

$$\begin{aligned}
Z_N &= \iint_V \cdots \int \exp\left\{-\sum\sum \frac{u(r_{ij})}{kT}\right\} d\boldsymbol{r}_1 d\boldsymbol{r}_2 \cdots d\boldsymbol{r}_N \\
&= \sigma^{3N} \iint_{V/\sigma^3} \cdots \int \exp\left\{-\frac{\varepsilon}{kT}\sum\sum f(|\boldsymbol{x}_i - \boldsymbol{x}_j|)\right\} d\boldsymbol{x}_1 d\boldsymbol{x}_2 \cdots d\boldsymbol{x}_N \\
&\equiv \sigma^{3N} \Phi\left\{\frac{V}{\sigma^3}, \frac{kT}{\varepsilon}, N\right\} = \sigma^{3N} \Phi(Nv^*, T^*, N)
\end{aligned}$$

この関数 Φ はすべての体系について共通である. 圧力 p は次のように計算される.

$$p = kT\left(\frac{\partial \log Z_N}{\partial V}\right)_{N,T} = \frac{kT}{\sigma^3}\frac{1}{N}\left\{\frac{\partial}{\partial v^*}\log \Phi(Nv^*, T^*, N)\right\}_{N, T^*}$$

$$\therefore \quad p^* \equiv \frac{p\sigma^3}{\varepsilon} = T^* \frac{1}{N}\left\{\frac{\partial}{\partial v^*}\log \Phi(Nv^*, T^*, N)\right\}_{N, T^*}$$

正確には, 圧力は, 上式の第 3 辺で熱力学的極限をとったもので与えられるから (第 4 章例題 5 の〔注意 2〕参照), 第 3 辺で $N \to \infty$ の極限をとったものを $F(v^*, T^*)$ と書くと, これが p^* に等しい. 明らかに, 関数 F はすべての体系に共通である.

〔付記〕 "ある一群の物質の状態方程式が, 圧力, 体積, 温度をある特定の状態 (たとえば臨界点) におけるそれぞれの値を単位にとって表すと, すべて同一の形に書ける" という主張を**対応状態の法則** (または**相応状態の原理**) と呼ぶ.

問題

5.1 van der Waals の状態方程式は $\{p^* + 3(v^*)^{-2}\}\{v^* - (1/3)\} = 8T^*/3$ と書けることを示せ. ただし, $p^* \equiv p/p_c, v^* \equiv v/v_c, T^* \equiv T/T_c$ である.

例題 6

直線上を運動する N 個の分子からなる 1 次元気体を考え，分子の座標を $x_1, x_2, \cdots, x_N$ で表す．2 体力ポテンシャル $u(x)$ は

$$u(x) = \begin{cases} -\infty, & 0 < x < \sigma \\ v(x), & \sigma < x < 2\sigma \\ 0, & x > 2\sigma \end{cases}$$

で与えられている．古典統計力学によってこの気体の状態方程式を求めよ．

〔ヒント〕 基本事項の◆ **T–p 集団**を適用する．

【解答】 普通の気体の体積にあたるものはこの場合には長さであり，それを L とする．$x_1, x_2, \cdots, x_N$ の値は 0 と L の間にあるものとする．体系のポテンシャルエネルギーを $U_N(x_1 x_2, \cdots, x_N) \equiv U_N$ で表すと，1 次元気体の分配関数 $Q(N, L, T) \equiv Q$ は

$$Q = \frac{1}{N!\Lambda^N} \int_0^L \int_0^L \cdots \int_0^L e^{-U_N/kT} dx_1 dx_2 \cdots dx_N = \frac{1}{\Lambda^N} \iint \cdots \int_{0 < x_1 < x_2 < \cdots < x_N < L} e^{-U_N/kT} dx_1 dx_2 \cdots dx_N$$

である（添字 c は省略）．Λ^N となっているのは 1 次元のためである（$\Lambda \equiv h(2\pi m kT)^{-1/2}$）．上式の第 3 辺では分子の並び方の順序が決まっている．また，$u(x)$ についての仮定から，相互作用は隣り合う分子間だけに考えればよい．したがって，第 3 辺においては，U_N を $U_N = u(x_2 - x_1) + u(x_3 - x_2) + \cdots + u(x_N - x_{N-1})$ と表してよい．

基本事項◆ **T–p 集団**にある T–p 分配関数 $Y(N, T, p)$ は，V を L でおきかえて，

$$Y(N, T, p) = \int_0^\infty Q(N, L, T) e^{-pL/kT} dL$$

$$= \frac{1}{\Lambda^N} \int_0^\infty dL \int_0^L dx_1 \int_{x_1}^L dx_2 \cdots \int_{x_{N-1}}^L dx_N \exp\left[-\frac{1}{kT} \sum_{s=2}^N u(x_s - x_{s-1}) - \frac{pL}{kT}\right]$$

$$= \frac{1}{\Lambda^N} \left(\frac{kT}{p}\right)^2 \left[\int_0^\infty \exp\left\{-\frac{u(x)}{kT} - \frac{px}{kT}\right\} dx\right]^{N-1}$$

と計算される．したがって，Gibbs の自由エネルギー G は，$O(1)$ の項を省略して，

$$G = -NkT \log y(T, p), \quad y(T, p) \equiv \frac{1}{\Lambda} \int_0^\infty \exp\left\{-\frac{u(x)}{kT} - \frac{px}{kT}\right\} dx$$

となり，状態方程式は $L = -NkT(\partial \log y(T, p)/\partial p)_T$ から求められる．

問題

6.1 例題 6 で $v(x) \equiv 0$ の場合には，状態方程式は $p/kT = \rho/(1 - \rho\sigma)$ となることを示せ．ただし，$\rho = N/L$（1 次元剛体球気体に対する **Tonks の状態方程式**）．

6.2 問題 6.1 の 1 次元剛体球気体の場合には，T–p 集団を使わなくても，分配関数を直接計算できる．分配関数を計算することによって状態方程式を求めよ．

8.2 液体の統計力学

◆ **液体**　気体, 液体, 固体という3種類の状態のうち, 液体は気体と固体との間の中間的な状態である. しかし, 気体の状態と液体の状態の間には臨界点が存在するので, 両方の状態の間には本質的な違いはなく, 両者をまとめて扱うことも多い. 気体と液体を総称するときには流体という言葉が使われる（第3章例題2の図3.1参照）.

　熱平衡状態にある液体を統計力学的に扱う方法は, **格子理論**, **分布関数の方法**, **摂動展開の方法**の3つに大別される.

◆ **基礎となる式**　この節では, 古典統計力学を使い, 分子間の相互作用については前節で説明した2体力近似を仮定する. すなわち, 分子数を N, 体積を V, 温度を T とすると, 体系の分配関数 Q は次の式で与えられる（7.1の基本事項参照）.

$$Q \equiv Q(N,V,T) = Z_N(V,T)/(N!\Lambda^{3N}), \quad \Lambda = \sqrt{2\pi\hbar^2/mkT}$$

$$Z_N(V,T) \equiv Z_N = \int\int\cdots\int_V \exp\{-U_N(\boldsymbol{r}_1,\boldsymbol{r}_2,\cdots,\boldsymbol{r}_N)/kT\}d\boldsymbol{r}_1 d\boldsymbol{r}_2 \cdots d\boldsymbol{r}_N$$

$$U_N(\boldsymbol{r}_1,\boldsymbol{r}_2,\cdots,\boldsymbol{r}_N) \equiv U_N = \sum_{1\leq i < j \leq N} u(r_{ij}), \quad r_{ij} \equiv |\boldsymbol{r}_i - \boldsymbol{r}_j|$$

大正準集団の場合には, 化学ポテンシャルを μ として, 大分配関数 Ξ は

$$\Xi \equiv \Xi(V,T,z) = 1 + \sum_{N=1}^{\infty} \frac{z^N}{N!} Z_N(V,T), \quad z = \frac{1}{\Lambda^3}e^{\mu/kT}$$

である. ただし, 古典統計力学を示す添字 c は省略した.

◆ **格子理論**　液体にも固体の場合と同じような構造を仮定し, 各分子は格子点のまわりで他の分子からの力を受けながら運動していると考えるモデルを液体の**格子理論**という. 各分子の運動は格子点のまわりの小さな細胞の中に限られるので, **細胞理論**とも呼ばれる. この種の理論で最も簡単なものについて説明しておく.

　体系を同じ大きさと形の N 個の細胞に分割し, 分子を1つずつ細胞の中に入れる. 着目する1つの分子が細胞の中心から $\boldsymbol{r}$ だけ変位したときにもつポテンシャルエネルギーを $\phi(\boldsymbol{r})$ で表す. 液体の Helmholtz の自由エネルギー A は次の式で与えられる.

$$A = -NkT\log\left(\frac{v_f e}{\Lambda^3}\right) + \frac{1}{2}N\phi(0), \quad v_f \equiv \int_{細胞} \exp[-\{\phi(\boldsymbol{r})-\phi(0)\}/kT]d\boldsymbol{r}$$

この v_f は**自由体積**と呼ばれる. この種の理論では, $\phi(\boldsymbol{r})$ を与えられた分子間相互作用ポテンシャル $u(r)$ から計算することが問題となる（例題7参照）.

◆ **動径分布関数**　分子数密度 $\rho(\equiv N/V)$ の液体または気体を考える. 体系の中に任意に選ばれた原点に1つの分子が存在するとき, この点から距離 r だけ離れたところにある体積素片 $d\boldsymbol{r}$ の中に存在する分子の数を $\rho g(r)d\boldsymbol{r}$ で表す. このようにして定義される $g(r)$ を**動径分布関数**と呼ぶ. $g(r)$ は r だけでなく, 体系の温度と密度の関数でもある.

距離が離れると分子間相互作用が働かなくなること，分子は有限の大きさをもつことから，$g(r)$ は一般に次のような性質をもつ．

$$\lim_{r\to\infty} g(r) = 1, \quad \lim_{r\to 0} g(r) = 0$$

液体による X 線または中性子線の散乱から動径分布関数の形を実験的に求めることができる．液体アルゴン (85 K) の動径分布関数の実験値を図 8.4 に示す．

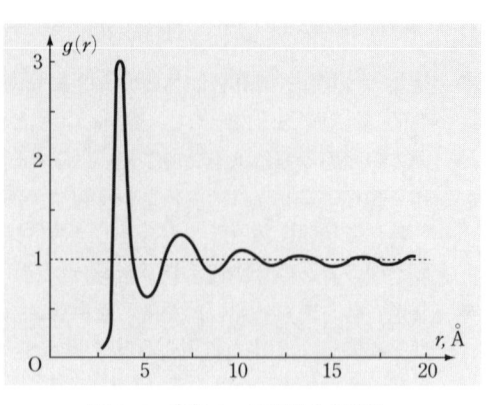

図 8.4 液体 Ar の動径分布関数

◆ **分布関数** 体系から任意に選ばれた n 個の分子の位置に関する分布関数を，正準分布の場合には $\rho_N^{(n)}(\boldsymbol{r}_1,\cdots,\boldsymbol{r}_n)$，大正準分布の場合には $\rho^{(n)}(\boldsymbol{r}_1,\cdots,\boldsymbol{r}_n)$ で表すことにする．これらは $\boldsymbol{n}$ **体分布関数**と呼ばれ，その定義は次の通りである．

$$\rho_N^{(n)}(\boldsymbol{r}_1,\cdots,\boldsymbol{r}_n) = \frac{N!}{(N-n)!} \frac{1}{Z_N} \int\cdots\int_V e^{-U_N/kT} d\boldsymbol{r}_{n+1}\cdots d\boldsymbol{r}_N \quad \text{（正準集団）}$$

$$\rho^{(n)}(\boldsymbol{r}_1,\cdots,\boldsymbol{r}_n) = \frac{1}{\Xi} \sum_{N=n}^{\infty} \frac{z^N}{(N-n)!} \int\cdots\int_V e^{-U_N/kT} d\boldsymbol{r}_{n+1}\cdots d\boldsymbol{r}_N \quad \text{（大正準集団）}$$

液体，気体では，$\rho_N^{(1)}(\boldsymbol{r}_1)$ と $\rho^{(1)}(\boldsymbol{r}_1)$ は $\boldsymbol{r}_1$ によらず，どちらも分子数密度 ρ に等しく，$\rho_N^{(2)}(\boldsymbol{r}_1,\boldsymbol{r}_2)$ と $\rho^{(2)}(\boldsymbol{r}_1,\boldsymbol{r}_2)$ も動径分布関数 $g(r)$ と次のような関係にある．

$$\rho_N^{(2)}(\boldsymbol{r}_1,\boldsymbol{r}_2) = \rho^{(2)}(\boldsymbol{r}_1,\boldsymbol{r}_2) = \rho^2 g(r_{12}), \quad r_{12} \equiv |\boldsymbol{r}_1 - \boldsymbol{r}_2|$$

◆ **動径分布関数と熱力学量** 内部エネルギー E，圧力 p，等温圧縮率 κ_T は $g(r)$ を使って次のように表される（例題 9，問題 9.2 参照）．

$$\frac{E}{NkT} = \frac{3}{2} + \frac{\rho}{2kT} \int_0^\infty u(r) g(r) 4\pi r^2 dr$$

$$\frac{p}{\rho kT} = 1 - \frac{\rho}{6kT} \int_0^\infty r \frac{du(r)}{dr} g(r) 4\pi r^2 dr \quad \text{（圧力方程式，ビリアル方程式）}$$

$$\rho kT \kappa_T \equiv kT \left(\frac{\partial \rho}{\partial p}\right)_T = 1 + \rho \int_0^\infty \{g(r) - 1\} 4\pi r^2 dr \quad \text{（圧縮率方程式）}$$

圧縮率方程式は 2 体力近似とは無関係に成立する．

分布関数の方法では $g(r)$ を理論的に求めることが問題となる．たいていの場合，積分方程式を解いて $g(r)$ を求めることになるので，分布関数の方法は**積分方程式の方法**とも呼ばれる．

8.2 液体の統計力学

例題 7

基本事項の◆格子理論で定義されたポテンシャルエネルギー $\phi(\boldsymbol{r})$ を次の仮定の下で計算せよ（**Lennard-Jones and Devonshire の理論**）．ただし，分子間力としては，8.1 の基本事項にある Lennard-Jones のポテンシャルを用いよ．

(1) 細胞の中心の配列は与えられた格子構造をもち，最近接格子点間の距離を a, 1つの格子点の最近接格子点の数を z とする（面心立方格子では $z=12$）．

(2) 着目する分子に力を及ぼすのは最近接格子点を中心とする細胞内にある分子だけであり，しかも，この z 個の分子はそれぞれの中心に静止している．

(3) 最近接格子点にある z 個の分子は，図 8.5 に示す半径 a の球面上に一様に塗りつぶされて分布していると近似する（したがって，細胞の形も球と近似する）．

【解答】 細胞の体積を $v(=V/N)$ とすると，$\gamma \equiv a^3/v$ で定義される γ は与えられた格子構造によって決まる定数である（面心立方格子のときには $\gamma=\sqrt{2}$）．着目する分子が細胞の中心 O から $\boldsymbol{r}$ だけ変位した点 P にあるときにもつポテンシャルエネルギーは，与えられた仮定の下では，$r \equiv |\boldsymbol{r}|$ だけの関数になる（図 8.5 参照）．点 P と球面上の 1 点との距離 R は $R=(r^2+a^2-2ar\cos\theta)^{1/2}$ であるから，2 分子間のポテンシャルを $u(r)$ とすると，

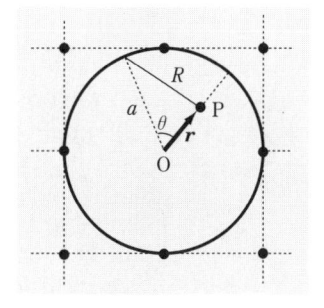

$$\phi(\boldsymbol{r})\equiv\phi(r)=\int_0^\pi u(R)z\frac{2\pi a^2 \sin\theta d\theta}{4\pi a^2}=\frac{z}{2ar}\int_{a-r}^{a+r}u(R)RdR$$

図 8.5 $\phi(r)$ の計算

$u(R)$ に Lennard-Jones のポテンシャルを代入して積分を行なうと，容易に次の結果が得られる．

$$\phi(r)-\phi(0)=z\varepsilon\left\{\left(\frac{v_0}{v}\right)^4 l\left(\frac{r^2}{a^2}\right)-2\left(\frac{v_0}{v^2}\right)^2 m\left(\frac{r^2}{a^2}\right)\right\},\quad \phi(0)=z\varepsilon\left\{\left(\frac{v_0}{v}\right)^4-2\left(\frac{v_0}{v}\right)^2\right\}$$

ここで，v_0 は $v_0\equiv r_0^3/\gamma$ で定義される定数であり，$l(x)$ と $m(x)$ は次の関数を表す．

$$l(x)\equiv\frac{1}{(1-x)^{10}}(1+12x+25.2x^2+12x^3+x^4),\quad m(x)\equiv\frac{1+x}{(1-x)^4}-1$$

問題

7.1 例題 7 の $\phi(r)$ から自由体積 v_f を求めるときの積分変数 r の上限 r_m は，条件 $4\pi r_m^3/3=v$ によって決められる．このことから，状態方程式を計算せよ．

7.2 Lennard-Jones and Devonshire の理論による状態方程式は対応状態の法則に従うこと，また，第 2 ビリアル係数は 0 となることを示せ．

---**例題 8**---

正準集団における n 体分布関数 $\rho_N^{(n)}(\boldsymbol{r}_1,\cdots,\boldsymbol{r}_n) \equiv \rho_N^{(n)}$ は次の関係を満足することを示せ．ただし，$n \geqq 2$ とする．

$$\frac{\partial \log \rho_N^{(n)}}{\partial \boldsymbol{r}_1} = -\frac{1}{kT}\sum_{i=2}^{n}\frac{\partial u(r_{1i})}{\partial \boldsymbol{r}_1} - \frac{1}{kT}\int_V \frac{\partial u(r_{1,n+1})}{\partial \boldsymbol{r}_1}\frac{\rho_N^{n+1}(\boldsymbol{r}_1,\cdots,\boldsymbol{r}_n,\boldsymbol{r}_{n+1})}{\rho_N^{(n)}(\boldsymbol{r}_1,\cdots,\boldsymbol{r}_n)}d\boldsymbol{r}_{n+1}$$

〔ヒント〕 $\rho_N^{(n)}(\boldsymbol{r}_1,\cdots,\boldsymbol{r}_n)$ は基本事項の◆分布関数で定義されている．

【解答】 基本事項の◆基礎となる式と◆分布関数により，

$$\rho_N^{(n)}(\boldsymbol{r}_1,\cdots,\boldsymbol{r}_n) = \frac{N!}{(N-n)!}\frac{1}{Z_N}\int\cdots\int_V e^{-U_N/kT}d\boldsymbol{r}_{n+1}\cdots d\boldsymbol{r}_N, \quad U_N = \sum\sum_{1\leqq i<j\leqq N}u(r_{ij})$$

である．この $\rho_N^{(n)}$ の式を $\boldsymbol{r}_1$ で微分し，関係式

$$\frac{\partial U_N}{\partial \boldsymbol{r}_1} = \sum_{i=1}^{N}\frac{\partial u(r_{1i})}{\partial \boldsymbol{r}_1} = \sum_{i=1}^{n}\frac{\partial u(r_{1i})}{\partial \boldsymbol{r}_1} + \sum_{i=n+1}^{N}\frac{\partial u(r_{1i})}{\partial \boldsymbol{r}_1}$$

が成り立つことと分子の同等性を使うと，$n \geqq 2$ の場合には，

$$\frac{\partial \rho_N^{(n)}}{\partial \boldsymbol{r}_1} = \frac{N!}{(N-n)!}\frac{1}{Z_N}\int\cdots\int_V \left(-\frac{1}{kT}\right)\left\{\sum_{i=1}^{n}\frac{\partial u(r_{1i})}{\partial \boldsymbol{r}_1} + \sum_{i=n+1}^{N}\frac{\partial u(r_{1i})}{\partial \boldsymbol{r}_1}\right\}e^{-U_N/kT}d\boldsymbol{r}_{n+1}\cdots d\boldsymbol{r}_N$$

$$= -\frac{1}{kT}\left\{\sum_{i=1}^{n}\frac{\partial u(r_{1i})}{\partial \boldsymbol{r}_1}\right\}\rho_N^{(n)}$$

$$\quad -\frac{1}{kT}\frac{N!}{(N-n)!}\frac{1}{Z_N}\iint\cdots\int_V (N-n)\frac{\partial u(r_{1,n+1})}{\partial \boldsymbol{r}_1}e^{-U_N/kT}d\boldsymbol{r}_{n+1}d\boldsymbol{r}_{n+2}\cdots d\boldsymbol{r}_N$$

$$= -\frac{1}{kT}\left\{\sum_{i=1}^{n}\frac{\partial u(r_{1i})}{\partial \boldsymbol{r}_1}\right\}\rho_N^{(n)} - \frac{1}{kT}\int_V \frac{\partial u(r_{1,n+1})}{\partial \boldsymbol{r}_1}\rho_N^{(n+1)}(\boldsymbol{r}_1,\cdots,\boldsymbol{r}_n,\boldsymbol{r}_{n+1})d\boldsymbol{r}_{n+1}$$

となり，両辺を $\rho_N^{(n)}$ で割って求める結果が得られる．

〔注意〕 $\rho_N^{(n)}$ に対しては熱力学的極限 ($N/V = $ 一定 $\equiv \rho, N\to\infty, V\to\infty$) をとることが許される．そのときには例題 8 の関係式における積分は無限空間で行なわれる．

問 題

8.1 大正準集団における分布関数も例題 8 と同じ関係式を満足することを示せ．

8.2 気体の動径分布関数 $g(r)$ は，分子数密度 ρ が小さいときには，

$$g(r) = \exp\{-u(r)/kT\}[1 + \rho g_1(r) + \rho^2 g_2(r) + \cdots]$$

と展開される．密度が小さいときの n 体分布関数（正確には熱力学的極限をとったもの）は次のような形になることが知られている．

$$\rho^{(n)}(\boldsymbol{r}_1,\cdots,\boldsymbol{r}_n) = \rho^n \exp\{-U_n(\boldsymbol{r}_1,\cdots,\boldsymbol{r}_n)/kT\}[1 + O(\rho)]$$

この事実と例題 8 の関係式とを利用して，$g_1(r)$ に対する次の表式を導け．

$$g_1(r_{12}) = \int f(r_{13})f(r_{23})d\boldsymbol{r}_3, \quad f(r) \equiv \exp\{-u(r)/kT\} - 1$$

例題 9

体積 V, 分子数 N の気体または液体の内部エネルギー E と圧力 p は, 動径分布関数 $g(r)$ を使って, 次の式で与えられることを示せ ($\rho \equiv N/V$).

$$\frac{E}{NkT} = \frac{3}{2} + \frac{\rho}{2kT} \int_0^\infty u(r)g(r)4\pi r^2 dr$$

$$\frac{p}{\rho kT} = 1 - \frac{\rho}{6kT} \int_0^\infty r \frac{du(r)}{dr} g(r) 4\pi r^2 dr \quad \text{(圧力方程式)}$$

〔ヒント〕 圧力の式を導くには, 第 7 章問題 3.3 の結果を使う.

【解答】
$$E = kT^2 \left(\frac{\partial \log Q}{\partial T}\right)_{N,V} = \frac{3}{2}NkT + kT^2 \left(\frac{\partial \log Z_N}{\partial T}\right)_{N,V} \quad (*)$$

である. この第 2 項は, 配位積分と分布関数の定義を使って, 次のように計算される.

$$kT^2 \left(\frac{\partial \log Z_N}{\partial T}\right)_{N,V} = \frac{1}{Z_N} \int \cdots \int_V U_N e^{-U_N/kT} d\boldsymbol{r}_1 \cdots d\boldsymbol{r}_N$$

$$= \frac{1}{Z_N} \int \cdots \int_V \left\{ \sum_{1 \leq i < j \leq N} u(r_{ij}) \right\} e^{-U_N/kT} d\boldsymbol{r}_1 \cdots d\boldsymbol{r}_N$$

$$= \frac{N(N-1)}{2} \frac{1}{Z_N} \iint_V u(r_{12}) \left\{ \int \cdots \int_V e^{-U_N/kT} d\boldsymbol{r}_3 \cdots d\boldsymbol{r}_N \right\} d\boldsymbol{r}_1 d\boldsymbol{r}_2$$

$$= \frac{1}{2} \iint_V u(r_{12}) \rho_N^{(2)}(\boldsymbol{r}_1, \boldsymbol{r}_2) d\boldsymbol{r}_1 d\boldsymbol{r}_2 = \frac{\rho^2}{2} \iint_V u(r_{12}) g(r_{12}) d\boldsymbol{r}_1 d\boldsymbol{r}_2$$

$$= \frac{\rho^2}{2} V \int_0^\infty u(r) g(r) 4\pi r^2 dr$$

この結果を $(*)$ に代入すれば求める E の表式が得られる.

第 7 章の問題 3.3 (問題 3.2, 5.2 も参照) と問題 4.1 の結果から,

$$pV = NkT - \frac{1}{6}N(N-1)\frac{1}{Z_N} \iint_V r_{12} u'(r_{12}) \left\{ \int \cdots \int_V e^{-U_N/kT} d\boldsymbol{r}_3 \cdots d\boldsymbol{r}_N \right\} d\boldsymbol{r}_1 d\boldsymbol{r}_2$$

$$= NkT - \frac{1}{6} \iint_V r_{12} u'(r_{12}) \rho_N^{(2)}(\boldsymbol{r}_1, \boldsymbol{r}_2) d\boldsymbol{r}_1 d\boldsymbol{r}_2 = NkT - \frac{\rho^2}{6}V \int_0^\infty r u'(r) g(r) 4\pi r^2 dr$$

となるから, NkT で割って求める p の表式が得られる.

問 題

9.1 相互作用が直径 σ の剛体球ポテンシャルの場合には, 圧力方程式は

$$p/\rho kT = 1 + (2\pi/3)\rho \sigma^3 g(\sigma)$$

となることを示せ. ここで, $g(\sigma)$ は $r \to \sigma + 0$ のときの $g(r)$ の極限値である.

9.2 大正準集団において定義された分布関数を使って次の**圧縮率方程式**を導け.

$$\rho kT \kappa_T \equiv kT \left(\frac{\partial \rho}{\partial p}\right)_T = 1 + \rho \int_0^\infty \{g(r) - 1\} 4\pi r^2 dr$$

例題 10

N 個の分子からなる体系の相互作用のポテンシャル $U(\bm{r}_1,\cdots,\bm{r}_N)$ が

$$U(\bm{r}_1,\cdots,\bm{r}_N) = U_0(\bm{r}_1,\cdots,\bm{r}_N) + U_1(\bm{r}_1,\cdots,\bm{r}_N) \equiv U_0 + U_1$$

と表されている.U_0 に比べて U_1 が小さい場合には,体系の Helmholtz の自由エネルギー A は次のような展開の形に表されることを示せ.

$$A = A_0 + \langle U_1 \rangle_0 - \frac{1}{2kT}\{\langle (U_1)^2 \rangle_0 - (\langle U_1 \rangle_0)^2\} + \cdots$$

ここで,A_0 は相互作用が U_0 だけのときの自由エネルギーであり,$\langle \cdots \rangle_0$ は相互作用が U_0 だけのときの正準分布に関する平均を表す.

【解答】 $U[\xi] \equiv U_0 + \xi U_1$ とおく.相互作用が $U[\xi]$ のときの自由エネルギーを $A[\xi]$,配位積分を $Z[\xi]$ と表す.相互作用が U_0 だけのときの配位積分を $Z_0 \equiv Z[0]$ と書くと,$A[\xi] - A_0 = -kT \log\{Z[\xi]/Z_0\}$ という関係が成り立つ.$\langle \cdots \rangle_0$ は,具体的には,

$$\langle \cdots \rangle_0 = \frac{1}{Z_0} \int \cdots \int_V \cdots \exp\{-U_0/kT\} d\bm{r}_1 \cdots d\bm{r}_N$$

を意味するから,この記号を使って $Z[\xi]/Z_0$ を表すと,前の関係式は

$$\exp\left\{-\frac{1}{kT}(A[\xi] - A_0)\right\} = \langle \exp\{-\xi U_1/kT\} \rangle_0 \qquad (*)$$

と表される.$A[\xi] = A_0 + \xi A_1 + \xi^2 A_2 + \cdots$ という展開式をこの左辺に代入すると,

$$(*) \text{の左辺} = 1 - \xi \frac{A_1}{kT} + \frac{\xi^2}{2}\left\{\left(\frac{A_1}{kT}\right)^2 - 2\frac{A_2}{kT}\right\} + \cdots$$

となり,右辺の方は,指数関数を展開して各項ごとに平均を行なって,

$$(*) \text{の右辺} = 1 - \xi \left\langle \frac{U_1}{kT} \right\rangle_0 + \frac{\xi^2}{2}\left\langle \left(\frac{U_1}{kT}\right)^2 \right\rangle_0 + \cdots$$

となる.この 2 つの級数を比較することにより,$A_1, A_2, \cdots$ は次のように決定される.

$$A_1 = \langle U_1 \rangle_0, \quad A_2 = -\frac{1}{2kT}\{\langle (U_1)^2 \rangle_0 - (\langle U_1 \rangle_0)^2\}, \cdots$$

求める結果は $A[\xi]$ の展開式で $\xi = 1$ とおいて得られる.

〔付記〕 例題 10 の展開式は,液体論における**摂動展開の方法**の基礎となる.

問題

10.1 例題 10 において,**Gibbs-Bogoliubov の不等式** $A \leqq A_0 + \langle U_1 \rangle_0$ を証明せよ.

10.2 例題 10 で 2 体力近似を仮定して,$u(r) = u_0(r) + u_1(r)$ とする.分子間力が $u_0(r)$ だけのときの動径分布関数を $g_0(r)$ として次の等式を導け.

$$\langle U_1 \rangle_0 / N = (\rho/2) \int u_1(r) g_0(r) d\bm{r} \quad (\rho = N/V)$$

8.2 液体の統計力学

―例題 11―

分子数密度が $\rho_\alpha\,(\alpha=1,\cdots,\nu)$ であるような ν 種類の分子からなる一様な混合流体を考える．1 点に α 種の分子 1 個があるとき，この点から距離 r だけ離れた体積素片 $d\boldsymbol{r}$ の中にある β 種の分子の数を $\rho_\beta g_{\alpha\beta}(r)d\boldsymbol{r}$ で表す．$g_{\alpha\beta}(r)$ は**混合流体の動径分布関数**と呼ばれ，$g_{\alpha\beta}(r)=g_{\beta\alpha}(r)$ が成り立つ．この体系の単位体積あたりの内部エネルギー E/V は次の式で表されることを示せ．

$$\frac{E}{V}=\frac{3}{2}kT\sum_{\alpha=1}^{\nu}\rho_\alpha+\frac{1}{2}\sum_{\alpha=1}^{\nu}\sum_{\beta=1}^{\nu}\rho_\alpha\rho_\beta\int_0^\infty u_{\alpha\beta}(r)g_{\alpha\beta}(r)4\pi r^2 dr$$

ただし，分子の座標を $\boldsymbol{r}_i^{(\alpha)}$ ($\alpha=1,\cdots,\nu;\ i=1,\cdots,N_\alpha$ (N_α は α 種の分子の数)) として，分子間相互作用ポテンシャル U は次のように与えられるものとする．

$$U=\sum_{1\le\alpha<\beta\le\nu}\sum_{i=1}^{N_\alpha}\sum_{j=1}^{N_\beta}u_{\alpha\beta}(|\boldsymbol{r}_i^{(\alpha)}-\boldsymbol{r}_j^{(\beta)}|)+\sum_{\alpha=1}^{\nu}\sum_{1\le i<j\le N_\alpha}u_{\alpha\alpha}(|\boldsymbol{r}_i^{(\alpha)}-\boldsymbol{r}_j^{(\alpha)}|)$$

〔ヒント〕 混合流体の正準集団における 2 体分布関数 $\rho_{\alpha\beta}^{(2)}$ は次のように定義される．

$$\rho_{\alpha\beta}^{(2)}(\boldsymbol{r}_1^{(\alpha)},\boldsymbol{r}_1^{(\beta)})=\frac{N_\alpha(N_\beta-\delta_{\alpha\beta})}{Z}\int\cdots\int_V e^{-U/kT}\prod_{\gamma,i}{}'d\boldsymbol{r}_i^{(\gamma)},\ Z\equiv\int\cdots\int_V e^{-U/kT}\prod_{\gamma=1}^{\nu}\prod_{i=1}^{N_\gamma}d\boldsymbol{r}_i^{(\gamma)}$$

ここで，$\prod'$ は $\boldsymbol{r}_1^{(\alpha)}$ と $\boldsymbol{r}_1^{(\beta)}$ の積分を除くことを表す．$\alpha=\beta$ のとき $\delta_{\alpha\beta}=1$，$\alpha\ne\beta$ のとき $\delta_{\alpha\beta}=0$ である．$V\to\infty, N_\alpha\to\infty, N_\alpha/V=$ 一定 $\equiv\rho_\alpha$ ($\alpha=1,\cdots,\nu$) の極限で $\rho_{\alpha\beta}^{(2)}(\boldsymbol{r},\boldsymbol{r}')=\rho_\alpha\rho_\beta g_{\alpha\beta}(|\boldsymbol{r}-\boldsymbol{r}'|)$ となる．

【解答】 正準集団における平均を $\langle\cdots\rangle$ で表すと，相互作用からの内部エネルギーへの寄与は $\langle U\rangle$ である（例題 9 の解答参照）．$\langle U\rangle$ は次のように計算される．

$$\begin{aligned}\langle U\rangle &=\sum_{1\le\alpha<\beta\le\nu}N_\alpha N_\beta\langle u_{\alpha\beta}(|\boldsymbol{r}_1^{(\alpha)}-\boldsymbol{r}_1^{(\beta)}|)\rangle+\sum_{\alpha=1}^{\nu}\frac{N_\alpha(N_\alpha-1)}{2}\langle u_{\alpha\alpha}(|\boldsymbol{r}_1^{(\alpha)}-\boldsymbol{r}_2^{(\alpha)}|)\rangle\\ &=\sum_{1\le\alpha<\beta\le\nu}\iint_V u_{\alpha\beta}(|\boldsymbol{r}-\boldsymbol{r}'|)\rho_{\alpha\beta}^{(2)}(\boldsymbol{r},\boldsymbol{r}')d\boldsymbol{r}d\boldsymbol{r}'\\ &\quad+\frac{1}{2}\sum_{\alpha=1}^{\nu}\iint_V u_{\alpha\alpha}(|\boldsymbol{r}-\boldsymbol{r}'|)\rho_{\alpha\alpha}^{(2)}(\boldsymbol{r},\boldsymbol{r}')d\boldsymbol{r}d\boldsymbol{r}'\\ &=V\sum_{1\le\alpha<\beta\le\nu}\rho_\alpha\rho_\beta\int_0^\infty u_{\alpha\beta}(r)g_{\alpha\beta}(r)4\pi r^2 dr+\frac{V}{2}\sum_{\alpha=1}^{\nu}\rho_\alpha^2\int_0^\infty u_{\alpha\alpha}(r)g_{\alpha\alpha}(r)4\pi r^2 dr\\ &=\frac{V}{2}\sum_{\alpha=1}^{\nu}\sum_{\beta=1}^{\nu}\rho_\alpha\rho_\beta\int_0^\infty u_{\alpha\beta}(r)g_{\alpha\beta}(r)4\pi r^2 dr\end{aligned}$$

運動エネルギーからの内部エネルギーへの寄与は $(3kT/2)\sum_{\alpha=1}^{\nu}N_\alpha$ であるから，これを上の結果に加えることにより，求める E/V の表式が導かれる．

問　題

11.1 例題 11 の混合流体において，動径分布関数を使って圧力を表す式を導け．

8.3 種々の体系

例題 12

大きさ $1/2$ の N 個のスピンが,最近接格子点の数が z であるような格子点上に配列している.この体系は外からの磁場 $\boldsymbol{H}_0$ の中に置かれ,各スピンは 2 つの準位 $\sigma\mu\boldsymbol{H}_0(\sigma=+1$ または $-1)$ のどちらかを占め,磁場の方向に $-\sigma\mu$ の磁気モーメントをもつ.相互作用は隣り合うスピンの間にだけ働き,一方のスピンが準位 $\sigma\mu\boldsymbol{H}_0$ にあり他方が $\sigma'\mu\boldsymbol{H}_0$ にあるときの相互作用エネルギーは $-J\sigma\sigma'$ (J は正の定数) と書けるものとする.体系の微視的状態は,各スピンの状態を表す変数 $\sigma_i(i=1,2,\cdots,N;\sigma_i=\pm 1)$ の値の 1 組で指定される.1 つの微視的状態において,$\sigma_i=-1$ であるようなスピンの数を N_-,σ_i が異符号であるような最近接スピン対の数を N_{+-} とすると,分配関数 $Q\equiv Q(N,T,\boldsymbol{H}_0)$ は

$$Q=\sum_{N_-}\sum_{N_{+-}}\Omega(N,N_-,N_{+-})\exp\left[-\frac{1}{kT}\left\{\left(\mu\boldsymbol{H}_0-\frac{zJ}{2}\right)N-2\mu\boldsymbol{H}_0 N_-+2JN_{+-}\right\}\right]$$

と表されることを示せ.ここで,$\Omega(N,N_-,N_{+-})$ は N_- と N_{+-} の値を指定したときの微視的状態の数である.

この $\Omega(N,N_-,N_{+-})$ を正確に求めるのは一般に困難である.しかし,1 つの近似として,すべての微視的状態について常に

$$N_{+-}=zN_-(N-N_-)/N=zN_+N_-/N \qquad (N_+\equiv N-N_-) \qquad (*)$$

が成り立つことを仮定すると,自由エネルギ $-A^*\equiv A^*(N,T,\boldsymbol{H}_0)$ は

$$\frac{1}{N}A^*=-\mu\boldsymbol{H}_0\bar{x}-\frac{zJ}{2}\bar{x}^2+kT\left\{\frac{(1+\bar{x})}{2}\log\frac{(1+\bar{x})}{2}+\frac{(1-\bar{x})}{2}\log\frac{(1-\bar{x})}{2}\right\}$$

となることを示せ.ただし,$\bar{x}\equiv\bar{x}(T,\boldsymbol{H}_0)$ は x に対する次の方程式の解である.

$$x=\tanh\left\{\frac{1}{kT}(zJx+\mu\boldsymbol{H}_0)\right\} \qquad (**)$$

〔ヒント〕 6.3 の基本事項◆電場または磁場がある場合の統計力学を参照し,A^* を求めるときには $N_-/N=(1+x)/2$ において Stirling の公式と最大項の方法を使う.

【解答】 組 $\{\sigma_i\}$ で与えられる 1 つの微視的状態を考える.この状態における体系のエネルギー $E(\{\sigma_i\})$ は次のように表される.

$$E(\{\sigma_i\})=\mu\boldsymbol{H}_0\sum_{i=1}^N\sigma_i-J\sum_{\langle i,j\rangle}\sigma_i\sigma_j$$

ここで,第 2 項の和は,すべての最近接スピン対 $\langle i,j\rangle$ (その総数は $zN/2$) についてとられる.σ_i がどちらも $+1$ であるような最近接スピン対の数を N_{++},どちらも -1 であるようなものの数を N_{--} とすると,$E(\{\sigma_i\})$ は次のように書き直される.

$$E(\{\sigma_i\})=\mu\boldsymbol{H}_0(N_+-N_-)-J(N_{++}+N_{--}-N_{+-})$$

ところが，定義により，$2N_{++} + N_{+-} = zN_+ = z(N - N_-)$, $2N_{--} + N_{+-} = zN_-$ という関係があるから，N_{++} と N_{--} はどちらも N_- と N_{+-} で表すことができ，これを上式に代入すると，

$$E(\{\sigma_i\}) = \left(\mu \boldsymbol{H}_0 - \frac{zJ}{2}\right)N - 2\mu \boldsymbol{H}_0 N_- + 2JN_{+-}$$

となる．N_- と N_{+-} の値を指定したときの微視的状態の数は $\Omega(N, N_-, N_{+-})$ であるから，分配関数に対する求める表式が直ちに得られる．

N_- の値だけを指定したときの微視的状態の数は，N 個の異なるものから N_- 個を選ぶ方法の数に等しい．したがって，次の関係が成り立つ．

$$\sum_{N_{+-}} \Omega(N, N_-, N_{+-}) = {}_N C_{N_-} = \frac{N!}{N_-!(N-N_-)!}$$

(*) を使うと，分配関数を求める表式から N_{+-} を消去することができ，したがって N_{+-} についての和は ${}_N C_{N_-}$ でおきかえるから，分配関数の表式は次のようになる．

$$Q = \sum_{N_-=0}^{N} {}_N C_{N_-} \exp\left[-\frac{N}{kT}\left\{\mu \boldsymbol{H}_0 - \frac{zJ}{2} - 2\mu \boldsymbol{H}_0 \left(\frac{N_-}{N}\right) + 2zJ\left(\frac{N_-}{N}\right)\left(1 - \frac{N_-}{N}\right)\right\}\right] \equiv \sum_{N_-=0}^{N} q(N_-)$$

$N_-/N = (1+x)/2$ とおき，Stirling の公式を使うと，

$$-\frac{kT}{N}\log q(N_-) = -\mu \boldsymbol{H}_0 x - \frac{zJ}{2}x^2 + kT\left\{\frac{(1+x)}{2}\log\frac{(1+x)}{2} + \frac{(1-x)}{2}\log\frac{(1-x)}{2}\right\}$$

となるから，$q(N_-)$ を最大にするような x の値 $\bar{x}$ は次の方程式の解として求められる．

$$\left(\frac{zJ}{kT}\right)x + \frac{\mu \boldsymbol{H}_0}{kT} = \frac{1}{2}\log\frac{1+x}{1-x} \qquad \therefore \quad x = \tanh\left\{\frac{1}{kT}(zJx + \mu \boldsymbol{H}_0)\right\}$$

分配関数を最大の $q(N_-)$ でおきかえると，$\overline{N}_- = N(1+\bar{x})/2$ として，自由エネルギー A^* は

$$\frac{1}{N}A^* = -\frac{kT}{N}\log Q = -\frac{kT}{N}\log q(\overline{N}_-)$$

$$= -\mu \boldsymbol{H}_0 \bar{x} - \frac{zJ}{2}\bar{x}^2 + kT\left\{\frac{(1+\bar{x})}{2}\log\frac{(1+\bar{x})}{2} + \frac{(1-\bar{x})}{2}\log\frac{(1-\bar{x})}{2}\right\}$$

と求められる．

〔注意〕 例題 12 の体系は強磁性体の相転移を表す簡単な模型で，**Ising 模型**と呼ばれる．また，仮定 (*) は，**Bragg-Williams** 近似または**分子場近似**と呼ばれる．

問　題

12.1 例題 12 における仮定 (*) の意味を，(1) N_{+-} に対する近似，(2) スピン間の相互作用を 1 つのスピンに働く有効磁場でおきかえる，という 2 つの立場から考察せよ [(2) については，次の例題 13 と第 6 章の例題 9 を参照]．

12.2 例題 12 の体系は，1 次元の場合には，正確に取り扱えることを示せ．ただし，N 個の格子点は円周上に並んでいて，$\sigma_{N+1} \equiv \sigma_1$ とする．

── 例題 13 ──────────────────────────────
例題 12 の体系の体積は単位体積であるとし，これを分子場近似で扱い，磁気双極子モーメント $\widetilde{M}$ の温度変化を，外からの磁場 H_0 が 0 の極限で求めよ．

【解答】 単位体積の場合には $\widetilde{M} = M$ である．例題 12 の A^* の式と 6.3 の基本事項の公式により，$\overline{x}$ の決め方に注意して，

$$M = -\left(\frac{\partial A^*}{\partial H_0}\right)_{N,T}$$
$$= -\left(\frac{\partial A^*}{\partial H_0}\right)_{N,T,\overline{x}} = N\mu\overline{x}$$

が得られる．したがって，例題 12 の (∗∗) は次のように書ける．

$$\frac{M}{N\mu} = \tanh\left\{\frac{\mu}{kT}\left(H_0 + \frac{zJ}{N\mu^2}M\right)\right\}$$

これは M を求める方程式である．$H_0 = 0$ の場合には，この方程式は

$$\frac{M}{N\mu} = \tanh\left(\frac{T_c}{T}\frac{M}{N\mu}\right), \quad T_c \equiv \frac{zJ}{k}$$

となる．図 8.6 に示すように，この解はグラフ $y = (T/T_c)\xi$ と $y = \tanh\xi$ の交点から求められ，交点の y 座標が $M/N\mu$ を与える．T の大きさによって，次の 2 つの場合に分かれる．

$T \geq T_c$ のとき，$\xi = 0$ ∴ $M = 0$
$T < T_c$ のとき，$\xi = 0$ または $\xi = \xi_0(T)$

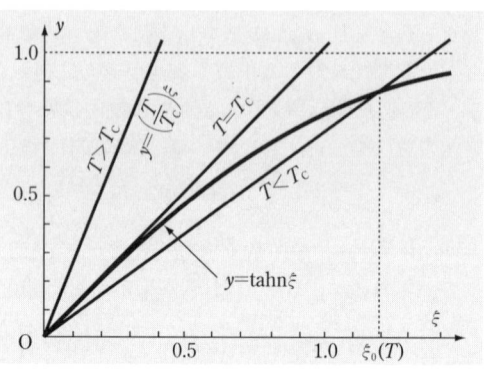

図 8.6 グラフによって m を求める．

図 8.7 $M(T)$ の温度変化

$T < T_c$ のときの $\xi = 0$ という解は A^* の極大値を与えることがわかるので，$T < T_c$ では，$M(T) \equiv N\mu(T/T_c)\xi_0(T)$ が求める解である．$T \to 0$ のとき，$M(T)$ は単調に増加して $M(0) = N\mu$ に近づく．$M(T)$ の温度変化の様子を図 8.7 に示す．

〔注意〕 $T_c \equiv zJ/k$ は，分子場近似における Ising 模型の **Curie 温度** と呼ばれる．また，$H_0 = 0$ のとき，$T < T_c$ で存在する $M(T)$ は **自発磁化** と呼ばれる．

～～～ 問 題 ～～～

13.1 例題 13 で，T_c 付近では $M(T) \cong N\mu\sqrt{3\{1 - (T/T_c)\}}$ となることを示せ．

13.2 分子場近似における Ising 模型で，$T > T_c$ のときに成立する次の関係式を導け．

$$\lim_{H_0 \to 0}\left(\frac{\partial M}{\partial H_0}\right)_{N,T} = \frac{N\mu^2}{k}\cdot\frac{1}{T - T_c} \quad (\textbf{Curie-Weiss の法則})$$

8.3 種々の体系

━━ 例題 14 ━━

それぞれ N 個の A と B の 2 種類の原子が，互いに同等な α と β の 2 種類の格子点からなる格子上に配列している．α 格子点の最近接格子点 z 個はすべて β 格子点，β 格子点の最近接格子点 z 個はすべて α 格子点である（図 8.8 参照）．体系のエネルギーは最近接原子対の間に働く相互作用だけであり，その値は AA 原子対の間では u_{AA}，BB 原子対の間では u_{BB}，AB 原子対の間では u_{AB} である．$4J \equiv u_{AA} + u_{BB} - 2u_{AB} > 0$ の場合に，Bragg-Williams 近似を仮定することにより，α 格子点を占める A 原子の数を求めよ．

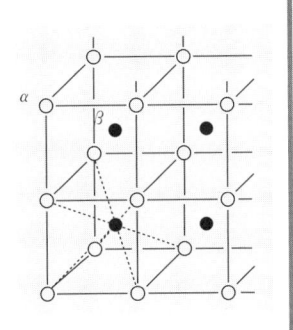

図 8.8 部分格子の例

〔ヒント〕 例題 12, 13 および問題 12.1 の（1）の解答およびその結果を利用する．

【解答】 体系の 1 つの微視的状態において，α 格子点を占める A, B 原子の数を N_A^α と N_B^α，β 格子点を占める A, B 原子の数を N_A^β と N_B^β，AA 原子対の数を N_{AA}，BB 原子対の数を N_{BB}，AB 原子対の数を N_{AB} とすると，定義から次の等式が成り立つ．

$$N_A^\alpha + N_A^\beta = N_B^\alpha + N_B^\beta = N_A^\alpha + N_B^\alpha = N_A^\beta + N_B^\beta = N, \quad 2N_{AA} + N_{AB} = 2N_{BB} + N_{AB} = zN$$

問題 12.1 の（1）の考え方により，いまの場合の Bragg-Williams 近似は

$$N_{AB} = (zN_A^\alpha N_B^\beta + zN_A^\beta N_B^\alpha)/N$$

を仮定することである．1 つの微視的状態における体系のエネルギーは $u_{AA}N_{AA} + u_{BB}N_{BB} + u_{AB}N_{AB}$ である．N_A^α と N_{AB} の値を指定したときの微視的状態の数 $\Omega(N, N_A^\alpha, N_{AB})$ に対して，

$$\sum_{N_{AB}} \Omega(N, N_A^\alpha, N_{AB}) = {}_N C_{N_A^\alpha} \cdot {}_N C_{N_B^\beta} = ({}_N C_{N_A^\alpha})^2$$

という関係が成り立つ．$N_A^\alpha/N \equiv (1+x)/2$ とおいて，例題 12 の解答と同様な計算を行なうことにより，体系の自由エネルギー A に対する次の表式が得られる（問題 14.1 参照）．

$$\frac{1}{N}A = \frac{z}{4}(2u_{AB} + u_{AA} + u_{BB}) - zJ\bar{x}^2 + 2kT\left\{\frac{(1+\bar{x})}{2}\log\frac{(1+\bar{x})}{2} + \frac{(1-\bar{x})}{2}\log\frac{(1-\bar{x})}{2}\right\}$$

ここで，$\bar{x} = \bar{x}(T)$ は，例題 12 の (**) で $\boldsymbol{H}_0 = 0$ とした方程式の解である．

$\bar{x}$ の温度変化は例題 13 の結果から得られる．ただ，いまの場合，$\bar{x}$ は負の値も許される．$T > T_c \equiv zJ/k$ では $\bar{x} \equiv 0$，$T < T_c$ では $\bar{x} = \pm(T/T_c)\xi_0(T)$ となる．$T \to 0$ のとき $\bar{x} \to \pm 1$ となる．$\bar{x} = 0$ は A 原子が α 格子点と β 格子点を同等に占めることを意味し，$\bar{x} = 1$ は A 原子が α 格子点だけを，$\bar{x} = -1$ は β 格子点だけを占めることを意味する．

問　題

14.1 例題 14 の解答にある自由エネルギー A の表式を導き，u_{AA} などは温度によらないと仮定して比熱を計算せよ．

例題 15

電解質溶液を表す簡単な模型として，それぞれ電荷 e_α をもち分子数密度が $\rho_\alpha(\alpha=1,2,\cdots,\nu)$ であるような ν 種類の剛体球分子（直径はすべて a）が，誘電率 ε の連続媒質（溶媒）中を運動している体系（体積 V，温度 T）を考える（図 8.9 参照）．この体系は全体としては電気的に中性であって，

$$\sum_{\alpha=1}^{\nu} e_\alpha \rho_\alpha = 0$$

が成り立っているものとする．

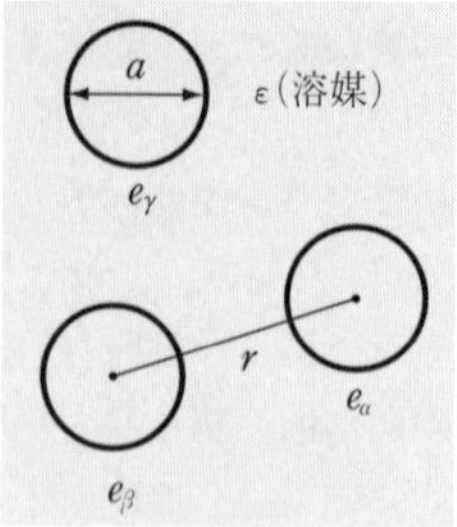

図 8.9 電解質溶液の模型

2 分子間の相互作用は

$$u_{\alpha\beta}(r) = \begin{cases} +\infty, & |\boldsymbol{r}_i^{(\alpha)} - \boldsymbol{r}_j^{(\beta)}| \equiv r < a \\ \dfrac{e_\alpha e_\beta}{4\pi\varepsilon r}, & r > a \end{cases} \quad (\alpha,\beta=1,2,\cdots,\nu)$$

と表される．

例題 11 の結果によれば，相互作用からの内部エネルギーへの寄与 $\langle U \rangle$ は，剛体球の存在と電気的中性の条件を考慮に入れて，

$$\langle U \rangle = \frac{V}{2} \sum_{\alpha=1}^{\nu} \sum_{\beta=1}^{\nu} \rho_\alpha \rho_\beta \int_a^\infty u_{\alpha\beta}(r)\{g_{\alpha\beta}(r)-1\}4\pi r^2 dr$$

と表される．α 種と β 種の間の動径分布関数 $g_{\alpha\beta}(r)$ を計算することは，相互作用が r^{-1} に比例する長距離力であるために非常に困難である．いま，1 つの近似として，ある点に α 種の分子 1 個が存在するときに，この点から距離 r だけ離れた場所における静電ポテンシャルを $\psi_\alpha(r)$ で表し，その場所における動径分布関数 $g_{\alpha\beta}(r)$ の値が，$r>a$ の場合，次の式で与えられるものと仮定する．

$$g_{\alpha\beta}(r) = \exp\left\{-\frac{e_\beta}{kT}\psi_\alpha(r)\right\} \quad (\alpha,\beta=1,2,\cdots,\nu) \qquad (*)$$

さらに，$|e_\beta \psi_\alpha(r)/kT| \ll 1$ が成り立つことを仮定すると，相互作用からの内部エネルギーへの寄与は，

$$\frac{1}{V}\langle U \rangle = -\frac{kT}{8\pi}\cdot\frac{\kappa^3}{1+\kappa a}, \quad \kappa^2 = \frac{1}{\varepsilon kT}\sum_{\alpha=1}^{\nu} e_\alpha^2 \rho_\alpha$$

と表されることを示せ．

〔ヒント〕 静電気に関する Poisson の式から $\psi_\alpha(r)$ に対する方程式を導き，これを $e_\beta\psi_\alpha(r)/kT$ の 1 次の範囲までの近似で解く．剛体球の表面では，電束密度の動径成分は連続である．

【解答】 $g_{\alpha\beta}(r)$ の定義により，α 種の分子から距離 r だけ離れた場所での電荷密度は

$\rho(r) = \sum_{\beta=1}^{\nu} e_\beta \rho_\beta g_{\alpha\beta}(r)$ で与えられるから，$r > a$ では $\psi_\alpha(r)$ は次の **Poisson-Boltzmann** の方程式を満足する．

$$\nabla^2 \psi_\alpha(r) = -\frac{1}{\varepsilon}\rho(r) \quad \therefore \quad \frac{1}{r}\frac{d^2}{dr^2}\{r\psi_\alpha(r)\} = -\frac{1}{\varepsilon}\sum_{\beta=1}^{\nu} e_\beta \rho_\beta \exp\left\{-\frac{e_\beta}{kT}\psi_\alpha(r)\right\} \quad (r > a)$$

$|e_\beta \psi_\alpha(r)/kT| \ll 1$ として指数関数を展開して第 2 項までを残す．初項は電気的中性の条件により 0 となるから，$\psi_\alpha(r)$ に対する方程式は次のようになる．

$$\frac{1}{r}\frac{d^2}{dr^2}\{r\psi_\alpha(r)\} = \kappa^2 \psi_\alpha(r) \quad (r > a), \quad \kappa^2 \equiv \frac{1}{\varepsilon kT}\sum_{\alpha=1}^{\nu} e_\alpha^2 \rho_\alpha$$

この解で $\psi_\alpha(\infty) = 0$ となるものは，$\psi_\alpha(r) = Ae^{-\kappa r}/r$ である．剛体球の内部には他の分子は存在せず，また，分子の内部には媒質も存在しないから，分子の中心に電荷 e_α があるとすると，$\psi_\alpha(r) = e_\alpha/4\pi\varepsilon_0 r$ $(r < a/2)$，$\psi_\alpha(r) = e_\alpha/4\pi\varepsilon r$ $(a/2 < r < a)$ である．$r = a$ で電束密度の動径成分が連続となるように未定係数 A を定めると，

$$\frac{e_\alpha}{4\pi a^2} = -\varepsilon\left[\frac{d}{dr}\psi_\alpha(r)\right]_{r=a} = A\frac{\varepsilon(1+\kappa a)}{a^2}e^{-\kappa a} \quad \therefore \quad \psi_\alpha(r) = \frac{e_\alpha}{4\pi\varepsilon(1+\kappa a)r}\exp\{-\kappa(r-a)\}$$

が得られる．したがって，$e_\beta \psi_\alpha(r)/kT$ の 1 次までの範囲では，

$$g_{\alpha\beta}(r) = 1 - \frac{e_\alpha e_\beta \exp\{-\kappa(r-a)\}}{4\pi\varepsilon kT(1+\kappa a)r} = g_{\beta\alpha}(r) \quad (r > a)$$

となるから，$\langle U \rangle$ の式に代入すると直ちに求める式が得られる．すなわち，

$$\frac{\langle U \rangle}{V} = -\frac{1}{8\pi(1+\kappa a)}\sum_{\alpha=1}^{\nu}\sum_{\beta=1}^{\nu}\frac{e_\alpha^2 \rho_\alpha e_\beta^2 \rho_\beta}{\varepsilon^2 kT}\int_a^\infty \exp\{-\kappa(r-a)\}dr = -\frac{kT}{8\pi}\cdot\frac{\kappa^3}{(1+\kappa a)}$$

〔付記〕 例題 15 の取り扱いは，電解質溶液に関する **Debye-Hückel** の理論と呼ばれ，$\kappa a \to 0$ とした極限で希薄な電解質溶液の熱力学的性質をよく説明することが知られている．長さの逆数の次元をもつ κ を **Debye** の遮蔽定数，κ^{-1} を **Debye** の遮蔽半径と呼ぶ（問題 15.1 参照）．なお，分子の電荷 e_α は分子の表面に一様に分布固定されたものと考えても，上の結果は変わらない．このときには，各分子の電荷を 0 から e_α まで準静的に増加させるときの仕事として自由エネルギーへの相互作用の寄与を導くこともできる．

問 題

15.1 例題 15 で求められた $g_{\alpha\beta}(r)$ の特徴から，κ の物理的な意味を明らかにせよ．

15.2 例題 15 の体系について，Helmholtz の自由エネルギーへの静電的相互作用からの寄与を ΔA とすると，例題 15 の解答と同じ近似では，

$$\frac{1}{V}\Delta A = -\frac{kT}{4\pi a^3}\left[\log(1+\kappa a) - \kappa a + \frac{(\kappa a)^2}{2}\right]$$

と表されること，また，$\kappa a \ll 1$ のときには $\Delta A = (2/3)\langle U \rangle$ となることを示せ．

━━ 例題 16 ━━

N 個の粒子からなる体系（体積 V）において，粒子の座標 $\boldsymbol{r}_1, \boldsymbol{r}_2, \cdots, \boldsymbol{r}_N$ をまとめて $\boldsymbol{r}$ で表す．体系の Hamilton 演算子 $\widehat{H}(\boldsymbol{r})$ の固有値と規格化された固有関数をそれぞれ E_i と $\Psi(\boldsymbol{r})$ $(i=1,2,\cdots)$ とするとき，

$$\rho(\boldsymbol{r},\boldsymbol{r}';\beta) \equiv \sum_i \overline{\Psi}_i(\boldsymbol{r}')e^{-\beta E_i}\Psi_i(\boldsymbol{r}) \quad (\beta \equiv 1/kT)$$

によって定義される $\rho(\boldsymbol{r},\boldsymbol{r}';\beta)$ を体系の**密度行列**と呼ぶ ($\overline{\Psi}_i$ は Ψ の複素共役を表す)．密度行列について次の関係式が成り立つことを示せ．

(1) 体系の分配関数を Q とすると，
$$Q = \int\cdots\int_V \rho(\boldsymbol{r},\boldsymbol{r};\beta)d\boldsymbol{r}_1\cdots d\boldsymbol{r}_N$$

(2) 力学量 $D(\boldsymbol{r})$ の正準集団についての平均を $\langle D \rangle$ で表すと，
$$\langle D \rangle = \frac{1}{Q}\int\cdots\int_V \{D(\boldsymbol{r})\rho(\boldsymbol{r},\boldsymbol{r}';\beta)\}_{\boldsymbol{r}'=\boldsymbol{r}}d\boldsymbol{r}_1\cdots d\boldsymbol{r}_N$$

(3) $\partial\rho(\boldsymbol{r},\boldsymbol{r}';\beta)/\partial\beta = -\widehat{H}(\boldsymbol{r})\rho(\boldsymbol{r},\boldsymbol{r}';\beta)$ （**Bloch の方程式**）

(4) $\delta(x)$ を Dirac の δ 関数とすると，
$$\rho(\boldsymbol{r},\boldsymbol{r}';0) = \delta(\boldsymbol{r}-\boldsymbol{r}') \equiv \prod_{s=1}^N \delta(x_s-x_s')\delta(y_s-y_s')\delta(z_s-z_s')$$

(5) $0 \ll x \ll L$ を運動する 1 個の 1 次元自由粒子の場合に，$x=0$ と $x=L$ において固有関数が 0 となるような境界条件の下で，この粒子に対する密度行列 $\rho(x,x';\beta)$ を求めよ．

━━

〔ヒント〕 i 番目の固有状態における力学量 $D(\boldsymbol{r})$ の平均値 D_i は

$$D_i = \int\cdots\int_V \overline{\Psi}_i(\boldsymbol{r})D(\boldsymbol{r})\Psi_i(\boldsymbol{r})d\boldsymbol{r}_1\cdots d\boldsymbol{r}_N$$

であり，また，固有関数系 $\{\Psi_i(\boldsymbol{r})\}$ が次の完全性の関係式を満足することを使う．

$$\sum_i \overline{\Psi}_i(\boldsymbol{r}')\Psi_i(\boldsymbol{r}) = \delta(\boldsymbol{r}-\boldsymbol{r}')$$

【解答】 (1) $\Psi_i(\boldsymbol{r})$ に対する規格化の仮定と分配関数の定義により，

$$\int\cdots\int_V \rho(\boldsymbol{r},\boldsymbol{r};\beta)d\boldsymbol{r}_1\cdots d\boldsymbol{r}_N = \sum_i e^{-\beta E_i}\int\cdots\int_V |\Psi_i(\boldsymbol{r})|^2 d\boldsymbol{r}_1\cdots d\boldsymbol{r}_N = \sum_i e^{-\beta E_i} \equiv Q$$

(2) i 番目の固有状態における平均値 D_i と正準集団における平均値 $\langle D \rangle$ の定義から，

$$\frac{1}{Q}\int\cdots\int_V \{D(\boldsymbol{r})\rho(\boldsymbol{r},\boldsymbol{r}';\beta)\}_{\boldsymbol{r}'=\boldsymbol{r}}d\boldsymbol{r}_1\cdots d\boldsymbol{r}_N = \frac{1}{Q}\sum_i e^{-\beta E_i}D_i \equiv \langle D \rangle$$

(3) 定義により，$\widehat{H}(\boldsymbol{r})\Psi_i(\boldsymbol{r}) = E_i\Psi_i(\boldsymbol{r})$ であるから，

$$\frac{\partial \rho(\boldsymbol{r},\boldsymbol{r}';\beta)}{\partial \beta} = -\sum_i \overline{\Psi}_i(\boldsymbol{r}')e^{-\beta E_i}E_i\Psi_i(\boldsymbol{r}) = -\sum_i \overline{\Psi}_i(\boldsymbol{r}')e^{-\beta E_i}\widehat{H}(\boldsymbol{r})\Psi_i(\boldsymbol{r})$$

$$= -\widehat{H}(\boldsymbol{r})\rho(\boldsymbol{r},\boldsymbol{r}';\beta)$$

8.3 種々の体系

(4) 固有関数系 $\{\Psi_i(\boldsymbol{r})\}$ の完全性の関係式により,
$$\rho(\boldsymbol{r},\boldsymbol{r}';0) = \sum_i \overline{\Psi}_i(\boldsymbol{r}')\Psi_i(\boldsymbol{r}) = \delta(\boldsymbol{r}-\boldsymbol{r}')$$

(5) 粒子の質量を m とすると, 第 5 章例題 2 の結果により, 固有値 ε_n と規格化された固有関数 $\psi_n(x)$ は次のようになる.
$$\varepsilon_n = \frac{\hbar^2}{2m}\left(\frac{n\pi}{L}\right)^2, \quad \psi_n(x) = \sqrt{\frac{2}{L}}\sin\left(\frac{n\pi}{L}x\right) \quad (n=1,2,\cdots)$$
したがって, 定義により, この粒子の密度行列は次のように表される.
$$\rho(x,x';\beta) = \frac{2}{L}\sum_{n=1}^{\infty}\exp\left\{-\frac{\beta\hbar^2}{2m}\left(\frac{n\pi}{L}\right)^2\right\}\sin\left(\frac{n\pi}{L}x\right)\sin\left(\frac{n\pi}{L}x'\right) \quad (*)$$

〔付記〕 (5) の場合, Bloch の方程式と $\beta \to 0$ の条件は次のようになる.
$$\frac{\partial \rho(x,x';\beta)}{\partial \beta} = \frac{\hbar^2}{2m}\frac{\partial^2 \rho(x,x';\beta)}{\partial x^2}, \quad \rho(x,x';0) = \delta(x-x')$$
β を時間と考えると, この方程式は拡散または熱伝導の問題でよく知られた偏微分方程式である. 与えられた境界条件と初期条件の下におけるこの方程式の解は
$$\rho(x,x';\beta) = \frac{1}{\Lambda}\sum_{n=-\infty}^{\infty}\left[\exp\left\{-\frac{\pi}{\Lambda^2}(2nL+x-x')^2\right\} - \exp\left\{-\frac{\pi}{\Lambda^2}(2nL+x+x')^2\right\}\right]$$
と表すこともできる (たとえば, 永宮健夫: 応用微分方程式論 (共立出版, 1967), §40). ここで, $\Lambda = \sqrt{2\pi\beta\hbar^2/m}$ である. この $\rho(x,x';\beta)$ は上の $(*)$ と恒等的に等しいが, β が小さい (高温) のときには, この表式の方が便利である.

問 題

16.1 $\rho(\boldsymbol{r},\boldsymbol{r};\beta) \geq 0$, $\rho(\boldsymbol{r}',\boldsymbol{r};\beta) = \overline{\rho(\boldsymbol{r},\boldsymbol{r}';\beta)}$ という関係式が成り立つことを示せ.

16.2 4.3 の基本事項◆区別できる粒子系で考えた体系の密度行列は次の式で表されることを示せ. ただし, 粒子の座標は位置座標 $\boldsymbol{r}_s$ だけであるとする.
$$\rho(\boldsymbol{r},\boldsymbol{r}';\beta) = \prod_{s=1}^{N}\rho_1^{(s)}(\boldsymbol{r}_s,\boldsymbol{r}_s';\beta),$$
$$\rho_1^{(s)}(\boldsymbol{r}_s,\boldsymbol{r}_s';\beta) \equiv \sum_{i_s}\overline{\Psi_{i_s}^{(s)}(\boldsymbol{r}_s')}e^{-\beta\varepsilon_{i_s}^{(s)}}\Psi_{i_s}^{(s)}(\boldsymbol{r}_s)$$

16.3 第 5 章例題 1 で扱った自由粒子に対する密度行列は, $V/\Lambda^3 \gg 1$ の場合には次の式で与えられることを示せ.
$$\rho(\boldsymbol{r},\boldsymbol{r}';\beta) = \frac{1}{\Lambda^3}\left\{-\frac{\pi}{\Lambda^2}(\boldsymbol{r}-\boldsymbol{r}')^2\right\}, \quad \Lambda = \sqrt{\frac{2\pi\beta\hbar^2}{m}}$$

16.4 古典統計に従う単原子理想気体に対する密度行列の表式を導け.

問題解答

1章の解答

1.1 (1) $\dfrac{\partial(x_1, x_2, \cdots\cdots, x_n)}{\partial(x_1, x_2, \cdots\cdots, x_n)} = \begin{vmatrix} 1 & 0 & \cdots\cdots & 0 \\ 0 & 1 & \cdots\cdots & 0 \\ \cdots\cdots\cdots\cdots\cdots\cdots \\ 0 & 0 & \cdots\cdots & 1 \end{vmatrix} = 1$

(2) このヤコビアンは第1行と第2行が等しくなるから,行列式の性質により 0.

1.2 (1) 例題1の(3)により,

$$\left(\frac{\partial x}{\partial y}\right)_z = \frac{\partial(x,z)}{\partial(y,z)}, \quad \left(\frac{\partial y}{\partial z}\right)_x = \frac{\partial(y,x)}{\partial(z,x)}, \quad \left(\frac{\partial z}{\partial x}\right)_y = \frac{\partial(z,y)}{\partial(x,y)}$$

したがって,例題1の(1),(2),(3)を使って,

$$\frac{\partial(x,z)}{\partial(y,z)}\frac{\partial(y,x)}{\partial(z,x)}\frac{\partial(z,y)}{\partial(x,y)} = -\frac{\partial(x,z)}{\partial(y,z)}\frac{\partial(x,y)}{\partial(z,x)}\frac{\partial(z,y)}{\partial(x,y)}$$

$$= -\frac{\partial(x,z)}{\partial(y,z)}\frac{\partial(z,y)}{\partial(z,x)} = -\frac{\partial(x,z)}{\partial(y,z)}\frac{\partial(y,z)}{\partial(x,z)} = -1$$

(2) $\left(\dfrac{\partial x}{\partial y}\right)_z \left(\dfrac{\partial y}{\partial x}\right)_z = \dfrac{\partial(x,z)}{\partial(y,z)}\dfrac{\partial(y,z)}{\partial(x,z)} = 1$

【別解】ヤコビアンを使わない証明は次の通り.x,y,z の間の関数関係を $f(x,y,z) = 0$ で表すと,この式の全微分をとって,

$$\left(\frac{\partial f}{\partial x}\right)_{y,z} dx + \left(\frac{\partial f}{\partial y}\right)_{x,z} dy + \left(\frac{\partial f}{\partial z}\right)_{x,y} dz = 0$$

$z =$ 一定の変化に対しては,$dz = 0$, $dx/dy = (\partial x/\partial y)_z$ であるから

$$\left(\frac{\partial f}{\partial x}\right)_{y,z}\left(\frac{\partial x}{\partial y}\right)_z + \left(\frac{\partial f}{\partial y}\right)_{x,z} = 0 \quad \therefore \quad \left(\frac{\partial x}{\partial y}\right)_z = -\left(\frac{\partial f}{\partial y}\right)_{x,z}\bigg/\left(\frac{\partial f}{\partial x}\right)_{y,z}$$

同様にして,$\left(\dfrac{\partial y}{\partial z}\right)_x = -\left(\dfrac{\partial f}{\partial z}\right)_{x,y}\bigg/\left(\dfrac{\partial f}{\partial y}\right)_{x,z}$, $\left(\dfrac{\partial z}{\partial x}\right)_y = -\left(\dfrac{\partial f}{\partial x}\right)_{y,z}\bigg/\left(\dfrac{\partial f}{\partial z}\right)_{x,y}$

$$\therefore \quad \left(\frac{\partial x}{\partial y}\right)_z \left(\frac{\partial y}{\partial z}\right)_x \left(\frac{\partial z}{\partial x}\right)_y = -1$$

また,

$$\left(\frac{\partial y}{\partial x}\right)_z = -\left(\frac{\partial f}{\partial x}\right)_{y,z}\bigg/\left(\frac{\partial f}{\partial y}\right)_{x,z} = \frac{1}{\left(\dfrac{\partial x}{\partial y}\right)_z}$$

2.1 体系 A, B, C の圧力と比容をそれぞれ $(p_A, v_A), (p_B, v_B), (p_C, v_C)$ で表す. A と C が熱平衡にあるときには, p_A, v_A, p_C, v_C という 4 個の変数の間に 1 つの関係が存在するので, それを
$$F_{AC}(p_A, v_A, p_C, v_C) = 0 \tag{1}$$
と書く. 同様に B と C が熱平衡にあるときには,
$$F_{BC}(p_B, v_B, p_C, v_C) = 0 \tag{2}$$
が成り立つ. 熱力学第 0 法則によれば, このとき A と B も熱平衡にあるから, (1) と (2) から, 1 つの関係式
$$F_{AB}(p_A, v_A, p_B, v_B) = 0 \tag{3}$$
が導かれるはずである. (1) と (2) を p_C について解き, それぞれ
$$p_C = \phi_{AC}(p_A, v_A, v_C), \quad p_C = \phi_{BC}(p_B, v_B, v_C)$$
が得られたとすると, 関係式
$$\phi_{AC}(p_A, v_A, v_C) = \phi_{BC}(p_B, v_B, v_C) \tag{4}$$
は (3) と同等なものでなければならない. したがって, (4) は v_C の値に無関係に成立する関係式であるから, (4) は
$$f_A(p_A, v_A) = f_B(p_B, v_B) \tag{5}$$
という形の等式と同等である (このためには, たとえば $\phi_{AC} = f_A(p_A, v_A)\,\eta(v_C) + \zeta(v_C)$, $\phi_{BC} = f_B(p_B, v_B)\,\eta(v_C) + \zeta(v_C)$ というような形であればよい). すなわち, A と B が熱平衡にあるときの関係式 (3) は (5) という形に表されることになった. 同様な議論により, (1) と (2) もそれぞれ
$$f_A(p_A, v_A) = f_C(p_C, v_C) \quad (6), \quad f_B(p_B, v_B) = f_C(p_C, v_C) \tag{7}$$
という形に表される. ここで, f_A が (5) と (6) に, f_B が (5) と (7) に, f_C が (6) と (7) に共通な関数であることは熱力学第 0 法則から導かれる. したがって,
$$\theta_A = f_A(p_A, v_A), \quad \theta_B = f_B(p_B, v_B), \quad \theta_C = f_C(p_C, v_C)$$
とおけば, $\theta_A, \theta_B, \theta_C$ はそれぞれの体系の熱平衡状態を規定する量, すなわち温度であって, 体系 A と B の平衡の条件は $\theta_A = \theta_B$ と表される.

3.1 例題 3 の解答にある (∗) を, α と κ_T の定義を使って書くと
$$dp = p\alpha dT - \frac{1}{V\kappa_T}dV \quad \therefore \quad dV = V(p\alpha\kappa_T dT - \kappa_T dp) = V(\beta dT - \kappa_T dp)$$
ただし, 例題 2 で導いた関係式 $\beta = p\alpha\kappa_T$ を使った.

3.2 圧力 p 一定で温度を $T \to T + dT$ としたとき, 体積は $V \to V + dV$ になったとすると, 体膨張力 β の定義により
$$dV = \left(\frac{\partial V}{\partial T}\right)_p dT = V\beta dT$$
次に, 温度一定で体積を $V + dV \to V$ とするのに必要な圧力を $p + dp$ とすると, 等温圧縮率 κ_T の定義から
$$-dV = \left(\frac{\partial V}{\partial p}\right)_{T+dT} dp \cong \left(\frac{\partial V}{\partial p}\right)_T dp = -V\kappa_T dp$$
dV に対するこの 2 つの表式から
$$V\kappa_T dp = V\beta dT \quad \therefore \quad \frac{dp}{dT} = \frac{\beta}{\kappa_T} \quad \therefore \quad \alpha = \frac{1}{p}\left(\frac{\partial p}{\partial T}\right)_V = \frac{\beta}{p\kappa_T} \quad \therefore \quad \beta = p\alpha\kappa_T$$

3.3 状態方程式
$$\left(p + \frac{N^2}{V^2}a\right)(V - Nb) = NkT$$
の両辺を, $p = $ 一定の下で T で微分すると

$$\left\{ -\frac{2N^2}{V^3}a(V-Nb) + \left(p + \frac{N^2}{V^2}a\right) \right\} \left(\frac{\partial V}{\partial T}\right)_p = Nk$$

$$\therefore \ \beta = \frac{1}{V}\left(\frac{\partial V}{\partial T}\right)_p = \frac{Nk}{V}\left\{ p - \left(\frac{N}{V}\right)^2 a + 2\left(\frac{N}{V}\right)^3 ab \right\}^{-1}$$

状態方程式の両辺を, $T=$ 一定の下で p で微分すると

$$V - Nb + \left\{ -\frac{2N^2}{V^3}a(V-Nb) + \left(p + \frac{N^2}{V^2}a\right) \right\} \left(\frac{\partial V}{\partial p}\right)_T = 0$$

$$\therefore \ \kappa_T = -\frac{1}{V}\left(\frac{\partial V}{\partial p}\right)_T = \frac{V - Nb}{V}\left\{ p - \left(\frac{N}{V}\right)^2 a + 2\left(\frac{N}{V}\right)^3 ab \right\}^{-1}$$

4.1 例題 4 の解答にある ($*$) によって, 一般の変化に対する比熱 C は

$$C \equiv \left(\frac{d'Q}{dT}\right)_{過程} = C_V + \left\{ \left(\frac{\partial E}{\partial V}\right)_T + p \right\} \left(\frac{\partial V}{\partial T}\right)_{過程}$$

一方, 例題 4 の結果から,

$$\left(\frac{\partial E}{\partial V}\right)_T + p = (C_p - C_V) \bigg/ \left(\frac{\partial V}{\partial T}\right)_p = \frac{C_p - C_V}{\beta V}$$

であるから, これを C の式に代入して求める結果が得られる.

4.2 H を使うと, 熱力学第 1 法則は

$$d'Q = d(H - pV) + pdV = dH - Vdp \quad \therefore \ C_p \equiv \left(\frac{d'Q}{dT}\right)_p = \left(\frac{\partial H}{\partial T}\right)_p$$

4.3 例題 4 の解答にある ($*$) により, 断熱の条件 $d'Q = 0$ の下では

$$C_V dT + \left\{ \left(\frac{\partial E}{\partial V}\right)_T + p \right\} dV = 0 \quad (断熱)$$

が成り立つ. この式に

$$dT = \left(\frac{\partial T}{\partial V}\right)_p dV + \left(\frac{\partial T}{\partial p}\right)_V dp, \quad \left(\frac{\partial E}{\partial V}\right)_T + p = (C_p - C_V) \bigg/ \left(\frac{\partial V}{\partial T}\right)_p$$

を代入すると, 次の式が得られる.

$$\left\{ C_V \left(\frac{\partial T}{\partial V}\right)_p + (C_p - C_V) \bigg/ \left(\frac{\partial V}{\partial T}\right)_p \right\} dV + C_V \left(\frac{\partial T}{\partial p}\right)_V dp = 0 \quad (断熱)$$

$$\therefore \ \kappa_S = -\frac{1}{V}\left(\frac{\partial V}{\partial p}\right)_{断熱} = \frac{1}{V}C_V\left(\frac{\partial T}{\partial p}\right)_V \left\{ C_V\left(\frac{\partial T}{\partial V}\right)_p + (C_p - C_V) \bigg/ \left(\frac{\partial V}{\partial T}\right)_p \right\}^{-1}$$

$$= \frac{C_V}{C_p}\frac{1}{V}\left(\frac{\partial T}{\partial p}\right)_V \left(\frac{\partial V}{\partial T}\right)_p = \frac{C_V}{C_p}\left\{ -\frac{1}{V}\left(\frac{\partial V}{\partial p}\right)_T \right\} = \frac{C_V}{C_p}\kappa_T$$

ただし, 問題 1.2 から導かれる次の関係を使った.

$$\left(\frac{\partial T}{\partial V}\right)_p = \frac{1}{(\partial V/\partial T)_p}, \quad \left(\frac{\partial T}{\partial p}\right)_V \left(\frac{\partial V}{\partial T}\right)_p = -\frac{1}{(\partial p/\partial V)_T} = -\left(\frac{\partial V}{\partial p}\right)_T$$

5.1 変化の途中の状態を (T, V, p) とすると, 状態方程式と例題 5 の (3) により,

$$\frac{p_1 V_1}{T_1} = \frac{pV}{T} = \frac{p_2 V_2}{T_2} = Nk, \quad p_1 V_1^\gamma = pV^\gamma = p_2 V_2^\gamma$$

体積が準静的に dV だけ増加したとき，体系になされる仕事は $-pdV$ であるから，求める仕事は次のように計算される．
$$-\int_{V_1}^{V_2} pdV = -\int_{V_1}^{V_2} \frac{p_1 V_1^\gamma}{V^\gamma} dV = \frac{p_1 V_1^\gamma}{\gamma-1}(V_2^{1-\gamma} - V_1^{1-\gamma}) = \frac{1}{\gamma-1}(p_2 V_2 - p_1 V_1)$$
$$= \frac{Nk}{\gamma-1}(T_2 - T_1) = \frac{NkC_V}{C_p - C_V}(T_2 - T_1) = C_V(T_2 - T_1)$$
ただし，例題 5 の (2) の関係を使った．

〔注意〕 例題 5 の (2) の関係から，$C_p > C_V$ $\therefore \gamma > 1$．準静的断熱変化では，例題 5 の (3) により，$T_1 V_1^{\gamma-1} = T_2 V_2^{\gamma-1}$．したがって，断熱膨張 $(V_2 > V_1)$ のときには，$T_2 < T_1$ となって温度が下がり，問題 5.1 の仕事は負である．すなわち，気体が仕事をすることになり，内部エネルギーは減少する．

5.2 状態方程式から，
$$\left\{-\frac{2N^2}{V^3}a(V - Nb) + p + \left(\frac{N}{V}\right)^2 a\right\}\left(\frac{\partial V}{\partial T}\right)_p = Nk$$
$$\therefore \left(\frac{\partial V}{\partial T}\right)_p = \frac{Nk}{p - (N/V)^2 a + 2(N/V)^3 ab}$$
したがって，例題 4 の関係から
$$C_V = \left(\frac{\partial E}{\partial T}\right)_V = C$$
$$C_p - C_V = \left\{\left(\frac{\partial E}{\partial V}\right)_T + p\right\}\left(\frac{\partial V}{\partial T}\right)_p = \frac{Nk\{p + (N/V)^2 a\}}{p - (N/V)^2 a + 2(N/V)^3 ab}$$
$$= Nk\left\{1 - \frac{2a}{kT}\frac{N}{V}\left(1 - \frac{N}{V}b\right)^2\right\}^{-1}$$

〔注意〕 熱力学第 2 法則を使うと，内部エネルギーに関する仮定なしで，C_V が温度だけの関数であることと，上の $C_p - C_V$ の表式とを導くことができる（第 2 章問題 2.1 参照）．

6.1 (1) で吸収する熱量は，例題 6 の解答とまったく同様にして，$NkT_1 \log(V_2/V_1)$ である．また，(4) で吸収する熱量は $C_V(T_1 - T_2)$ である．したがって，
$$Q_1 = NkT_1 \log(V_2/V_1) + C_V(T_1 - T_2)$$
同様にして，(2) と (3) で放出する熱量は
$$Q_2 = C_V(T_1 - T_2) + NkT_2 \log(V_2/V_1)$$

〔付記〕 一般に，体系がサイクルを行なうとき，体系が外になした仕事と熱源から実際に吸収する熱量の総和との比をこのサイクルの**効率**と呼ぶ．効率を η で表すと，常に $\eta \leqq (T_H - T_L)/T_H$ という不等式が成り立つことが熱力学第 2 法則から要請される（問題 9.2）．ここで，T_H は体系が熱を吸収する熱源の最高温度であり，T_L は体系が熱を放出する熱源の最低温度である．例題 6 のサイクルの効率は $(Q_H - Q_L)/Q_H = (T_H - T_L)/T_H$ となり，不等式のうちの等号が成立する（熱力学第 1 法則により，体系が外になした仕事は $(Q_H - Q_L)$ である）．問題 6.1 のサイクルの効率に対しては
$$\frac{Q_1 - Q_2}{Q_1} = \frac{T_1 - T_2}{T_1 + C_V(T_1 - T_2)\{Nk\log(V_2/V_1)\}^{-1}} < \frac{T_1 - T_2}{T_1} = \frac{T_H - T_L}{T_H}$$
$$(\because T_H = T_1, \quad T_L = T_2)$$

6.2 状態方程式 $pV = NkT$ を使うと，この準静的過程に対して，

$$V^{\alpha-1} = \frac{\text{const.}}{NkT} \quad \therefore \quad (\alpha-1)V^{\alpha-2}\left(\frac{\partial V}{\partial T}\right)_{過程} = -\frac{\text{const.}}{NkT^2} = -\frac{V^{\alpha-1}}{T}$$

$$\therefore \quad \left(\frac{\partial V}{\partial T}\right)_{過程} = -\frac{1}{\alpha-1}\frac{V}{T}$$

理想気体の体膨張率 β は例題 3 により，$\beta = 1/T$ である．これらを問題 4.1 の結果の式に代入すると

$$C = C_V + \frac{C_p - C_V}{V/T}\left(-\frac{1}{\alpha-1}\frac{V}{T}\right) = C_V - \frac{1}{\alpha-1}(C_p - C_V) \quad \therefore \quad \alpha = \frac{C_p - C}{C_V - C}$$

〔注意〕 上式は $C = C_V(\alpha - \gamma)/(\alpha - 1)$ $(\gamma \equiv C_p/C_V)$ と書けるから，$1 < \alpha < \gamma$ の場合には $C < 0$ となる（$C_V > 0$ は一般的に保証されている（2.1 の基本事項◆熱力学の不等式参照））．

7.1 可逆な Carnot サイクル C が，高熱源から Q_H の熱を受け取り，低熱源に Q_L の熱を与え，外から正の仕事 W を受けたと仮定しよう．熱力学第 1 法則によって，$Q_L = Q_H + W$ である．C は可逆であるから，低熱源から Q_L を受け取り，高熱源に Q_H を与え，外に対して仕事 W を行なうような逆の Carnot サイクル $\overline{\text{C}}$ が存在する．$\overline{\text{C}}$ を働かせた後，高熱源に与えた熱量 Q_H を熱伝導によって低熱源に戻すと，結局，低熱源から $Q_L - Q_H$ の熱を取り，外に仕事を行なうようなサイクルが得られたことになり，Thomson の原理に反する．したがって，外から正の仕事を受けるような可逆な Carnot サイクルも，外に正の仕事を行なう逆の Carnot サイクルも存在し得ないことになる．

次に仕事が 0 であるような可逆な Carnot サイクルが存在すると仮定しよう．そうすると，仕事が 0 であるような逆の Carnot サイクルも存在することになる．Thomson の原理によれば，1 つの体系が外に仕事をしながらサイクルを行ない，1 つの熱源から熱を受け取るときには，必ず他の熱源と熱を交換しなければならない．後者の熱は，仕事が 0 である可逆な Carnot サイクルまたは逆の Carnot サイクルを使って，はじめの熱源に戻すことができるから，結局，1 つの熱源から熱を受け取ってこれを仕事に変えることが可能になり，Thomson の原理に反する．したがって，仕事が 0 であるような可逆な Carnot サイクルも逆の Carnot サイクルも存在しない．

7.2 高熱源の温度を T_H，低熱源の温度を T_L とし，この間に 2 つの可逆 Carnot サイクル C と C′ を運転して外に等しい仕事 W を行なわせる．C は高熱源から Q_H を受け取り低熱源に Q_L を与え，C′ は高熱源から Q_H' を受け取り低熱源に Q_L' を与えるものとする．熱力学第 1 法則から

$$W = Q_H - Q_L = Q_H' - Q_L'$$

が成り立ち，C と C′ の効率をそれぞれ η，η' とすると

$$\eta = W/Q_H, \quad \eta' = W/Q_H'$$

C を元に戻すような逆の Carnot サイクルを $\overline{\text{C}}$ とすると，$\overline{\text{C}}$ は外から W の仕事を受け，低熱源から Q_L を受け取り，高熱源に Q_H を与える．$\overline{\text{C}}$ と C′ を合わせて 1 つのサイクルと考えると（付図），これは可逆なサイクルであり，低熱源から $Q_L - Q_L'$ の熱を受け取り高熱源に $Q_H - Q_H'$ の熱を与えるだけで外へは仕事をしていない．明らかに

$$Q_L - Q_L' = Q_H - Q_H'$$

が成り立つが，この熱量が正となる場合は Clausius の原理によって否定され，また，負となる場合は不可逆となって（問題 8.1 参照）可逆の仮定に反する．
$$\therefore \quad Q_\mathrm{L} = Q'_\mathrm{L}, Q_\mathrm{H} = Q'_\mathrm{H} \quad (\because \ \eta = \eta')$$
すなわち，同じ2つの熱源の間に働く可逆な Carnot サイクルでは，外に対して行なう仕事 W を与えると，高熱源から受け取る熱量も，低熱源に与える熱量も決まってしまうのである．すなわち，$Q_\mathrm{H} = f(W)$ とおくと，関数 $f(W)$ はサイクルの種類，したがって作業物質の種類にもよらない．

次に，外に対してそれぞれ W_1 と W_2 の仕事を行なう2つの可逆な Carnot サイクルを考える．この2つのサイクルを合わせたものも1つの可逆な Carnot サイクルであるから，上で証明したことにより，$f(W_1) + f(W_2) = f(W_1 + W_2)$ という関係が成立する．この関係は任意の W_1 と W_2 に対して成立するから，この関数方程式の解として，$f(W) = CW$（C は定数）が得られる．したがって，任意の可逆な Carnot サイクルの効率 η に対して，$\eta = W/Q_\mathrm{H} = W/f(W) = C$ が成り立つ．C は与えられた熱源だけで決まる量であるから，T_H と T_L だけの関数である．

7.3 温度 T_H の高熱源と温度 T_L の低熱源の間に働く不可逆な Carnot サイクル C を考える．C は高熱源から Q_H を受け取り低熱源に Q_L を与え，外に対して W の仕事を行なうものとする．その効率 η は，$\eta = (Q_\mathrm{H} - Q_\mathrm{L})/Q_\mathrm{H} = W/Q_\mathrm{H}$
同じ熱源の間に働く可逆な Carnot サイクルの効率は例題7によって正であるから，W が正のときだけを考えればよい．高熱源から Q_H^0 を受け取り低熱源に Q_L^0 を与え，外に対して W の仕事を行なう可逆な Carnot サイクルを C_0 とする．その効率を η_0 とすると，η_0 は T_H と T_L だけで定まり，
$$\eta_0 = (Q_\mathrm{H}^0 - Q_\mathrm{L}^0)/Q_\mathrm{H}^0 = W/Q_\mathrm{H}^0$$
C_0 に対する逆の Carnot サイクルを $\overline{\mathrm{C}}_0$ とし，C と $\overline{\mathrm{C}}_0$ を合わせたものを1つのサイクルと考える（付図）．このサイクルは外に対して仕事をしないから Clausius の原理により，$Q_\mathrm{L}^0 - Q_\mathrm{L} = Q_\mathrm{H}^0 - Q_\mathrm{H}$ は正ではあり得ない．$Q_\mathrm{L}^0 - Q_\mathrm{L} = Q_\mathrm{H}^0 - Q_\mathrm{H} = 0$ の場合は，C が可逆であることになって仮定に反する．したがって，
$$Q_\mathrm{L}^0 - Q_\mathrm{L} = Q_\mathrm{H}^0 - Q_\mathrm{H} < 0 \quad \therefore \quad Q_\mathrm{H} > Q_\mathrm{H}^0, \quad Q_\mathrm{L} > Q_\mathrm{L}^0$$
$$\therefore \quad \eta = W/Q_\mathrm{H} < W/Q_\mathrm{H}^0 = \eta_0$$

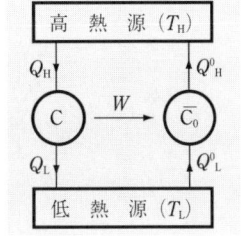

7.4 同じ熱源の間に働く可逆な Carnot サイクルの効率 η_0 は熱源の温度だけで決まって作業物質にはよらない（問題 7.2）から，例題6の結果を使って，
$$\eta_0 = (T_\mathrm{H} - T_\mathrm{L})/T_\mathrm{H} = 1 - (T_\mathrm{L}/T_\mathrm{H})$$
問題 7.3 の結果により，不可逆な Carnot サイクルの効率 η は $\eta < \eta_0$ である．

8.1 定理のサイクルが可逆であると仮定すると，可逆ということの定義から，低温の物体から熱を受け取り，これを高温の物体に与えるだけで何の変化も残さないようなサイクルが存在することになり，Clausius の原理に反する．したがって，Clausius の原理が正しければ定理の主張も正しいことになる．

逆に，定理の主張が正しければ，低温の物体から熱を受け取り，これを高温の物体に与えるだけで何の変化も残さないようなサイクルは存在しないことになり，Clausius の原理が成り立つ．

〔**注意**〕 この定理の特別な場合として，"伝導によって高温の物体から低温の物体に熱が流れる現象は不可逆である" という定理も成り立つ．

8.2 定理のサイクルが可逆であるとすると，正の熱を受け取りこれをすべて正の仕事に変えるサイクルが存在することになって，Thomson の原理に反する．したがって，Thomson の原理が正しければこの定理も成り立つ．逆に，この定理が成り立てば，正の熱を受け取りこれをすべて正の仕事に変えるサイクルは存在しないことになり，Thomson の原理が正しいことになる．

8.3 (1) この現象が可逆的であると仮定すると，発生した熱をすべて摩擦のときに費した正の仕事に変え，他に何の変化も残さないようなサイクルが存在することになり，Thomson の原理に反する．

(2) 断熱の条件の下で，理想気体を真空中で自由膨張させると，外界との力学的な交渉もないから，熱力学第 1 法則によって，内部エネルギーは不変である．したがって，Joule の法則によって，温度も不変である．この温度を T とする．この自由膨張が可逆的であると仮定してみよう．そうすると，膨張した気体を元の体積に戻し，他に何の変化も残さないようなサイクル C が存在することになる．

いま，次のような変化を考える．元の体積にある理想気体を温度 T の熱源に接触させたまま準静的に等温膨張させる．気体は外に対して仕事を行ない，内部エネルギーは Joule の法則により不変であるから，気体は必ず熱源から正の熱量を受け取る．このようにして，気体を自由膨張のときと同じ体積まで膨張させ，次に，上に仮定したサイクル C を使って，気体を元の体積に戻す．そうすると，この気体はサイクルを行なって，1 つの熱源から熱を受け取り，これに相当する正の仕事を外に対して行なったことになる．これは Thomson の原理に反する．

〔**注意**〕 真空への膨張ではなく，密度が有限に異なる（したがって，圧力も有限に異なる）ところへの膨張の場合にも，それが不可逆であることが証明される．

9.1 等温可逆なサイクルであるから，熱源の温度は常に体系の温度 T に等しく，また，Clausius の不等式では等号が成り立つ．

$$\therefore \quad 0 = \sum_{i=1}^{n} Q_i/T = \frac{1}{T} \sum_{i=1}^{n} Q_i \quad (\text{連続的な変化のときには } 0 = \frac{1}{T} \oint d'Q)$$

$$\therefore \quad \sum_{i=1}^{n} Q_i = 0 \qquad (\oint d'Q = 0)$$

1 サイクルの後，体系は元の状態に戻っているから，熱力学第 1 法則により，受け取る熱量の総和が 0 ならば，仕事も 0 である．

9.2 この熱機関が 1 サイクルの間に，温度 $T_i^{(e)}$ の熱源から受け取る熱量を Q_i とする $(i = 1, 2, \cdots, n)$．Clausius の不等式を，Q_i が正の場合と負の場合に分けて書くと，

$$\sum_{Q_i>0} Q_i/T_i^{(e)} - \sum_{Q_i<0} |Q_i|/T_i^{(e)} \leq 0 \quad \therefore \quad \sum_{Q_i>0} Q_i/T_i^{(e)} \leq \sum_{Q_i<0} |Q_i|/T_i^{(e)}$$

したがって，T_H と T_L の定義から

$$\frac{1}{T_\mathrm{H}} \sum_{Q_i>0} Q_i \leq \frac{1}{T_\mathrm{L}} \sum_{Q_i<0} |Q_i| \quad \therefore \quad \frac{T_\mathrm{L}}{T_\mathrm{H}} \leq \left\{ \sum_{Q_i<0} |Q_i| \right\} \bigg/ \left\{ \sum_{Q_i>0} Q_i \right\}$$

一方，この熱機関が外に対して行なう仕事 W は

$$W = \sum_{i=1}^{n} Q_i = \sum_{Q_i>0} Q_i - \sum_{Q_i<0} |Q_i|$$

$$\therefore \quad \eta = W \bigg/ \left\{ \sum_{Q_i>0} Q_i \right\} = 1 - \left\{ \sum_{Q_i<0} |Q_i| \right\} \bigg/ \left\{ \sum_{Q_i>0} Q_i \right\} \leq 1 - \frac{T_\mathrm{L}}{T_\mathrm{H}} = \frac{T_\mathrm{H} - T_\mathrm{L}}{T_\mathrm{H}}$$

上の証明は熱源が有限個の場合であるが，連続的なサイクルの場合にも，和を積分でおきかえるだけで，証明はまったく同様である．

〔注意〕 上の関係式の等号は，熱源が2つだけで（Carnotサイクル）しかも可逆なサイクルのときにだけ成立する．したがって，可逆なサイクルでも熱源が3個以上ある場合には（したがって，連続的な変化の場合も）不等号となる（問題 6.1 の解答にある〔付記〕参照）．

10.1 熱力学第1法則 $dE = d'Q + d'W$ に，準静的な微小変化に対する $d'Q = TdS$, $d'W = -pdV$ を代入すると，

$$dS = \frac{1}{T}dE + \frac{p}{T}dV$$

いまの場合，$dE = C_V dT$, $pV = NkT$ であるから

$$dS = \frac{C_V}{T}dT + \frac{Nk}{V}dV = d\{C_V \log T + Nk \log V\}$$

$$\therefore \quad S = C_V \log T + Nk \log V + S_0 \quad (S_0 \text{ は定数})$$

〔注意〕 問題 10.1 の結果を使うと，例題 10 の ΔS の式は直ちに求められる．

10.2 $dE = CdT - (N/V)^2 a \, dV$ であるから，問題 10.1 の解答にある最初の式により，

$$dS = \frac{1}{T}dE + \frac{p}{T}dV = \frac{C}{T}dT - \frac{a}{T}\left(\frac{N}{V}\right)^2 dV + \frac{1}{T}\left\{\frac{NkT}{V-Nb} - a\left(\frac{N}{V}\right)^2\right\}dV$$

$$= \frac{C}{T}dT + \frac{Nk}{V-Nb}dV = d\{C \log T + Nk \log(V-Nb)\}$$

$$\therefore \quad S = C \log T + Nk \log(V-Nb) + S_0 \quad (S_0 \text{ は定数})$$

2章の解答

1.1 $dE = -pdV + TdS$ が全微分であることにより

$$-\left(\frac{\partial p}{\partial S}\right)_V = \frac{\partial^2 E}{\partial S \partial V} = \frac{\partial^2 E}{\partial V \partial S} = \left(\frac{\partial T}{\partial V}\right)_S$$

同様に，dH, dA および dG が全微分であることにより

$$\left(\frac{\partial V}{\partial S}\right)_p = \frac{\partial^2 H}{\partial S \partial p} = \frac{\partial^2 H}{\partial p \partial S} = \left(\frac{\partial T}{\partial p}\right)_S, \quad \left(\frac{\partial S}{\partial V}\right)_T = -\frac{\partial^2 A}{\partial V \partial T} = -\frac{\partial^2 A}{\partial T \partial V} = \left(\frac{\partial p}{\partial T}\right)_V$$

$$-\left(\frac{\partial S}{\partial p}\right)_T = \frac{\partial^2 G}{\partial p \partial T} = \frac{\partial^2 G}{\partial T \partial p} = \left(\frac{\partial V}{\partial T}\right)_p$$

1.2 $C_V = T(\partial S/\partial T)_V$ と Maxwell の関係式 $(\partial S/\partial V)_T = (\partial p/\partial T)_V$ とにより

$$\left(\frac{\partial C_V}{\partial V}\right)_T = T\left(\frac{\partial}{\partial V}\left(\frac{\partial S}{\partial T}\right)_V\right)_T = T\left(\frac{\partial}{\partial T}\left(\frac{\partial S}{\partial V}\right)_T\right)_V = T\left(\frac{\partial^2 p}{\partial T^2}\right)_V$$

同様に，$C_p = T(\partial S/\partial T)_p$ と Maxwell の関係式 $(\partial S/\partial p)_T = -(\partial V/\partial T)_p$ とにより

$$\left(\frac{\partial C_p}{\partial p}\right)_T = T\left(\frac{\partial}{\partial p}\left(\frac{\partial S}{\partial T}\right)_p\right)_T = T\left(\frac{\partial}{\partial T}\left(\frac{\partial S}{\partial p}\right)_T\right)_p = -T\left(\frac{\partial^2 V}{\partial T^2}\right)_p$$

2.1 第1章問題 3.3 にある van der Waals 状態方程式により

$$p = \frac{NkT}{V-Nb} - \left(\frac{N}{V}\right)^2 a \quad (a \text{ と } b \text{ は定数})$$

例題 2 の (2) の等式の右辺に代入すると
$$\left(\frac{\partial E}{\partial V}\right)_T = \frac{NkT}{V-Nb} - p = \left(\frac{N}{V}\right)^2 a$$
問題 1.2 にある第 1 の関係式の右辺に p の表式を代入すると
$$\left(\frac{\partial C_V}{\partial V}\right)_T = T\left(\frac{\partial}{\partial T}\left(\frac{Nk}{V-Nb}\right)\right)_V = 0$$

2.2 $(\partial C_V/\partial V)_T = 0$ であるときには,問題 1.2 の第 1 の関係式により
$$\left(\frac{\partial^2 p}{\partial T^2}\right)_V = 0 \quad \therefore \quad p = f(V)T + g(V) \quad (\text{状態方程式})$$
ここで,$f(V)$ と $g(V)$ は V だけのある関数である.

〔注意〕 $\varphi_1(V)$ と $\varphi_2(V)$ を V だけのある関数として,問題 2.2 の状態方程式の一般形を $p\varphi_1(V) = NkT - \varphi_2(V)$ と表してもよい.van der Waals 状態方程式は $f(V) = Nk/(V-Nb)$, $g(V) = -(N/V)^2 a$ と選んだ場合(または,$\varphi_1(V) = V - Nb$, $\varphi_2(V) = (N^2a/V) - (N^3ab/V^2)$ と選んだ場合)に対応する.

また,$(\partial E/\partial V)_T = 0$ が成り立つような気体の状態方程式の一般形は,例題 2 の (2) の等式により,$h(V)$ を V だけのある関数として
$$\frac{1}{p}\left(\frac{\partial p}{\partial T}\right)_V = \frac{1}{T} \quad \therefore \quad p \cdot h(V) = T$$
と表される.理想気体は $h(V) = V/Nk$ と選んだ場合に対応する.

3.1 問題 2.1 の結果によると,$(\partial E/\partial V)_T = (N/V)^2 a$($a$ は定数)となるから,
$$E = -\frac{N^2 a}{V} + f(T)$$
T の未知関数 $f(T)$ については,定積比熱 $C_V = C_V(T)$ の定義から
$$C_V = \left(\frac{\partial E}{\partial T}\right)_V = \frac{df}{dT} \quad \therefore \quad f(T) = \int^T C_V(T')dT' + E_0 \quad (E_0 \text{ は定数})$$
となり,求める表式が得られる.

〔注意〕 $C_V = C$(定数)と仮定すると,第 1 章問題 10.2 で仮定した内部エネルギーの式と定数を除いて一致する.

4.1 仕事が体積変化によるものだけであるような閉じた系を考える.さらに,体系の温度は一様であり,それを T とすると,熱平衡状態では T は熱源の温度 $T^{(e)}$ に等しい.したがって温度一定という条件の下での仮想変化に対して,例題 4 の (1) により,次の関係が成り立つ.
$$(\Delta E)_T - (\Delta'W)_T - T(\Delta S)_T > 0$$
ただし,熱力学第 1 法則から導かれる $(\Delta'Q)_T = (\Delta E)_T - (\Delta'W)_T$ を使った.

ここで,仮想変化に体積一定という条件をつけると,$(\Delta'W)_T = 0$ であるから,
$$(\Delta E)_{T,V} - T(\Delta S)_{T,V} \equiv (\Delta A)_{T,V} > 0 \quad (\because \quad A = E - TS)$$
すなわち,等温等積の下での仮想変化に対して,Helmholtz の自由エネルギー A は最小であり,微分可能性を仮定すれば,$\delta A = 0, \delta^2 A > 0$ となる.

また,体系の圧力 p が一様である場合には,$\Delta'W = -p\Delta V$ であるから,等温等圧の下での仮想変化に対しては,(*) から,
$$(\Delta E)_{T,p} + p(\Delta V)_{T,p} - T(\Delta S)_{T,p} > 0 \quad \therefore \quad (\Delta G)_{T,p} > 0 \quad (\because \quad G = E + pV - TS)$$
微分可能性を仮定して,$\delta G = 0, \delta^2 G > 0$ となる.

5.1 基本事項◆基礎となる関係式，◆若干の関係式および第 1 章の例題 1 の（2）または問題 1.2 の公式を利用すると，

$$\left(\frac{\partial^2 S}{\partial E^2}\right)_V = \left(\frac{\partial}{\partial E}\left(\frac{1}{T}\right)\right)_V = -\frac{1}{T^2}\left(\frac{\partial T}{\partial E}\right)_V = -\frac{1}{T^2(\partial E/\partial T)_V} = -\frac{1}{T^2 C_V}$$

$$\left(\frac{\partial^2 S}{\partial E \partial V}\right) = \left(\frac{\partial^2 S}{\partial V \partial E}\right) = \left(\frac{\partial}{\partial V}\left(\frac{1}{T}\right)\right)_E = -\frac{1}{T^2}\left(\frac{\partial T}{\partial V}\right)_E = \frac{1}{T^2}\left(\frac{\partial T}{\partial E}\right)_V \left(\frac{\partial E}{\partial V}\right)_T$$

$$= \frac{1}{T^2 C_V}\left\{T\left(\frac{\partial p}{\partial V}\right)_T - p\right\}$$

$$\left(\frac{\partial^2 S}{\partial V^2}\right)_E = \left(\frac{\partial}{\partial V}\left(\frac{p}{T}\right)\right)_E = \frac{1}{T}\left(\frac{\partial p}{\partial V}\right)_E - \frac{p}{T^2}\left(\frac{\partial T}{\partial V}\right)_E$$

$$= \frac{1}{T}\left(\frac{\partial p}{\partial V}\right)_T + \frac{1}{T}\left(\frac{\partial p}{\partial T}\right)_V \left(\frac{\partial T}{\partial V}\right)_E - \frac{p}{T^2}\left(\frac{\partial T}{\partial V}\right)_E$$

$$= \frac{1}{T}\left(\frac{\partial p}{\partial V}\right)_T - \frac{1}{T^2 C_V}\left\{T\left(\frac{\partial p}{\partial T}\right)_V - p\right\}^2$$

5.2 例題 5 の解答にある δS の表式

$$\delta S = \left(\frac{1}{T_1} - \frac{1}{T_2}\right)\delta E_1 + \left(\frac{p_1}{T_1} - \frac{p_2}{T_2}\right)\delta V_1$$

は，体系の任意の状態のまわりの仮想変化に対して成り立つ．特別な変化として，$\delta V = 0$ の場合を考えると，

$$\delta S = \left(\frac{1}{T_1} - \frac{1}{T_2}\right)\delta E_1$$

したがって，$T_1 > T_2$, $\delta E_1 > 0$，すなわち，低温の部分から高温の部分にエネルギーを移すような変化に対しては $\delta S < 0$ となる．このことは別に熱力学第 2 法則とは矛盾しない．なぜなら，ここで考えているのは仮想変化であって，体系に実際に起こる変化ではないからである．極端な場合，体系が熱平衡状態にある条件式 $(\Delta S)_{N,E} < 0$ は，すべての仮想変化に対してエントロピーが減少することを表している．

5.3 $(\Delta E)_{S,V} > 0$，すなわち，$\delta E = 0$, $\delta^2 E > 0$ が成り立たなければならない．例題 5 の解答と同様に考える．この場合の仮想変化に対しては，$\delta S_1 + \delta S_2 = 0$, $\delta V_1 + \delta V_2 = 0$ が成り立つ．したがって，

$$\delta E = \left(\frac{\partial E_1}{\partial S_1}\right)_{V_1}\delta S_1 + \left(\frac{\partial E_1}{\partial V_1}\right)_{S_1}\delta V_1 + \left(\frac{\partial E_2}{\partial S_2}\right)_{V_2}\delta S_2 + \left(\frac{\partial E_2}{\partial V_2}\right)_{S_2}\delta V_2$$

$$= (T_1 - T_2)\delta S_1 - (p_1 - p_2)\delta V_1 = 0$$

$$\therefore \quad T_1 = T_2, \quad p_1 = p_2$$

条件 $\delta^2 E > 0$ を使うときには，例題 5 の解答と同様，1 と 2 が同量の同じ物質からなる場合を考えると，添字を省略して

$$\left(\frac{\partial^2 E}{\partial S^2}\right)_V (\delta S)^2 + 2\left(\frac{\partial^2 E}{\partial S \partial V}\right)\delta S \delta V + \left(\frac{\partial^2 E}{\partial V^2}\right)_S (\delta V)^2 > 0$$

となり，この不等式が 0 ではない任意の δS と δV に対して成立する必要十分条件は，

$$\left(\frac{\partial^2 E}{\partial S^2}\right) > 0 \qquad \left(\frac{\partial^2 E}{\partial S \partial V}\right)^2 < \left(\frac{\partial^2 E}{\partial S^2}\right)_V \left(\frac{\partial^2 E}{\partial V^2}\right)_S$$

熱力学の関係式

$$\left(\frac{\partial^2 E}{\partial S^2}\right)_V = \left(\frac{\partial T}{\partial V}\right)_V = \frac{T}{C_V}$$

$$\left(\frac{\partial^2 E}{\partial S \partial V}\right) = \left(\frac{\partial T}{\partial V}\right)_S = -\left(\frac{\partial T}{\partial V}\right)_V \left(\frac{\partial S}{\partial V}\right)_T = -\frac{T}{C_V}\left(\frac{\partial p}{\partial T}\right)_V \quad (\text{Maxwell の関係式参照})$$

$$\left(\frac{\partial^2 E}{\partial V^2}\right)_S = -\left(\frac{\partial p}{\partial V}\right)_S = -\frac{\partial(p,S)}{\partial(V,S)} = -\frac{\partial(p,S)}{\partial(V,T)}\frac{\partial(V,T)}{\partial(V,S)}$$

$$= \left\{\left(\frac{\partial p}{\partial T}\right)_V \left(\frac{\partial S}{\partial V}\right)_T - \left(\frac{\partial p}{\partial V}\right)_T \left(\frac{\partial S}{\partial T}\right)_V\right\}\left(\frac{\partial T}{\partial S}\right)_V$$

$$= \frac{T}{C_V}\left\{\left(\frac{\partial p}{\partial T}\right)_V\right\}^2 - \left(\frac{\partial p}{\partial V}\right)_T$$

を上の不等式に代入して，$C_V > 0$，$\kappa_T > 0$ が得られる．

〔付記〕問題 5.3 の 2 次変分の条件式は，次のようにも表される．微小変化 δS と δV に対する温度と圧力の 1 次変分をそれぞれ δT と δp とすると，

$$\delta T \equiv \delta \left(\frac{\partial E}{\partial S}\right)_V = \left(\frac{\partial^2 E}{\partial S^2}\right)_V \delta S + \left(\frac{\partial^2 E}{\partial S \partial V}\right)\delta V$$

$$\delta p \equiv -\delta \left(\frac{\partial E}{\partial V}\right)_S = -\left(\frac{\partial^2 E}{\partial S \partial V}\right)\delta S - \left(\frac{\partial^2 E}{\partial V^2}\right)\delta V$$

と表される．したがって，$\delta^2 E > 0$ の条件から解答のように導いた添字を省略した不等式は

$$\delta T \delta S - \delta p \delta V > 0$$

とまとめられる．この最後の形式は，δT と δS，δp と δV の組のうちで，どちらかを独立変数の微小変化，他方をそれらに対応する従属変数の 1 次変分と考えるとき，独立変数のとり方に不変な形式となっている．また，状態を指定する変数の 1 つとして内部エネルギー E を採用した場合（例題 5）の平衡条件もこの形式に含まれている．（たとえば，$\delta T, \delta S, \delta p$ を δE と δV に対応する 1 次変分と考えればよい．）定圧比熱 $C_p > 0$，断熱圧縮率 $\kappa_S > 0$，また，$C_p - C_V \geqq 0$，などの不等式は，第 1 章例題 3，4 および問題 4.3 の結果により

$$C_p - C_V = \left\{\left(\frac{\partial E}{\partial V}\right)_T + p\right\}\left(\frac{\partial V}{\partial T}\right)_p = -\left(\frac{\partial p}{\partial V}\right)_T \left\{\left(\frac{\partial V}{\partial T}\right)_p\right\}^2 = \frac{VT\beta^2}{\kappa_T}, \quad \frac{C_p}{C_V} = \frac{\kappa_T}{\kappa_S}$$

が得られるから明らかであろう．なお，上で導いた不等式から直接導くことは読者の演習とする．

6.1 (1) 体積一定の容器に入っている純粋物質の蒸気と液体を温度 T の恒温槽の中に入れる（付図 (1)）．Helmholtz の自由エネルギー，体積，分子数は蒸気の部分については A', V', N'，液体の部分については A'', V'', N'' とする．熱平衡状態は，等温等積の下で

の仮想変化に対して体系の Helmholtz の自由エネルギー $A \equiv A' + A''$ の 1 次変分 δA が 0 となるような状態である. 仮想変化 $\delta V', \delta N', \delta V'', \delta N''$ は,
$$\delta V' + \delta V'' = 0, \quad \delta N' + \delta N'' = 0$$
という関係を満足する. これと基本事項◆純粋物質の開いた系にある関係式を使うと,
$$\delta A = \left(\frac{\partial A'}{\partial V'}\right)_{T,N'} \delta V' + \left(\frac{\partial A'}{\partial N'}\right)_{T,V'} \delta N'$$
$$+ \left(\frac{\partial A''}{\partial V''}\right)_{T,N''} \delta V'' + \left(\frac{\partial A''}{\partial N''}\right)_{T,V''} \delta N''$$
$$= (-p' + p'')\delta V' + (\mu' - \mu'')\delta N'$$
任意の $\delta V', \delta N'$ に対して $\delta A = 0$ ということから, $p' = p''$, $\mu' = \mu''$.

付図 (1)

(2) 純粋物質の蒸気と液体の入っている容器を温度 T の恒温槽の中に入れ, さらに容器のふたはピストンになっていてその上に一定の重さのおもりをのせて中の圧力を一定値 p に保つ (付図 (2)). 蒸気の Gibbs の自由エネルギー, 分子数をそれぞれ G', N', 液体についてのものを G'', N'' とする. 熱平衡状態は, 等温等圧の下での仮想変化に対して体系の Gibbs の自由エネルギー $G \equiv G' + G''$ の 1 次変分 δG が 0 となるような状態である. 仮想変化 $\delta N', \delta N''$ は $\delta N' + \delta N'' = 0$ を満足するから, δG は
$$\delta G = \left(\frac{\partial G'}{\partial N'}\right)_{T,p} \delta N' + \left(\frac{\partial G''}{\partial N''}\right)_{T,p} \delta N'' = (\mu' - \mu'')\delta N'$$

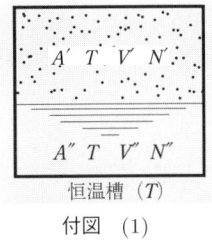

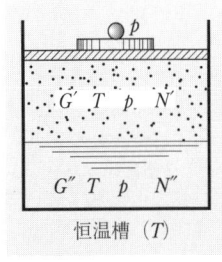

付図 (2)

となり, 任意の $\delta N'$ に対して $\delta G = 0$ ということから $\mu' = \mu''$ が導かれる.
〔注意〕 $G = G' + G'' = N'\mu' + N''\mu''$, μ' と μ'' は T と p だけの関数であるから, 等温等圧では $\delta G = \mu' \delta N' + \mu'' \delta N'' = (\mu' - \mu'')\delta N'$ となることを使ってもよい.

7.1 例題 7 の仕切りの壁を取り除いて混合させる過程は断熱過程であり, また, $N_1 + N_2 > N_1, N_2$ により $\Delta S > 0$ であるから, 2.1 の基本事項◆熱力学的変化の進む方向により, これは不可逆過程である.

7.2 体積 V の容器が $(\nu - 1)$ 枚の壁でそれぞれ体積 $V_\alpha (\alpha = 1, \cdots, \nu)$ の部分に分けられていて, それぞれの部分に分子数 $N_\alpha (\alpha = 1, \cdots, \nu)$, 温度 T, 圧力 p の ν 種類の理想気体が入っている体系があるときに, すべての仕切りの壁を断熱的に取り除いて ν 成分の混合理想気体の状態にする過程でのエントロピー変化を求める. 例題 7, (1) の解答とまったく同様にして, この混合理想気体の温度は T, 圧力は p であることがわかる. 次に例題 7, (2) の等温可逆分離過程を応用する. 図 2.4, A の半透膜 a は気体 1 を通さないが残りの $(\nu - 1)$ 種類の気体は自由に通し, 半透膜 b は気体 1 は自由に通すが残りの $(\nu - 1)$ 種類の気体は通さないようなものとする. A から C の操作により, 圧力 p_1 の気体 1 と圧力 $p_2 + \cdots + p_\nu$ の混合気体 (どちらも体積は V, 温度は T) に分離される. 同様な手続きを繰り返すと, 結局, それぞれの圧力が $p_1, p_2, \cdots, p_\nu$ であるような純粋な気体に分離される (体積と温度はすべて V と T). 図 2.5 による説明と同様にして, この分離過程に

おけるエントロピーの変化は 0 であることが示される．最後に，それぞれの理想気体を，等温準静的に圧縮して，圧力は p，体積 $V_\alpha (\alpha = 1, \cdots, \nu)$ の始めの状態に戻す．例題 7，(2) の解答と同様に，この過程のエントロピー変化の符号を変えたものが求める混合のエントロピーであるから，

$$\Delta S = -k \sum_{\alpha=1}^{\nu} N_\alpha \log \frac{V_\alpha}{V} = -k \sum_{\alpha=1}^{\nu} N_\alpha \log \frac{N_\alpha}{N}, \quad N \equiv \sum_{\alpha=1}^{\nu} N_\alpha$$

$$(\because \ pV = \sum_{\alpha=1}^{\nu} N_\alpha kT = NkT, \quad pV_\alpha = N_\alpha kT \quad (\alpha = 1, \cdots, \nu))$$

〔付記〕例題 7 において図 2.4，A→C の過程におけるエントロピーの変化が 0 である（問題 7.2 の場合についても同様）ことから，混合理想気体のエントロピーは，各成分気体がそれぞれ単独にその体積を（同じ温度で）占めているときのエントロピーの和に等しいことがわかる．また，例題 7，問題 7.2 の混合のエントロピーの表式を導くときには，便利な半透膜の存在を仮定したが，そのような仮定にはよらずに，外からの一様な力の場（たとえば重力場）の下での等温準静的過程を考えて導くこともできる．どちらの考え方を使う場合でも，各成分気体の性質（すなわち，気体を構成する分子の性質）に，たとえどんなにわずかでも，何らかの差異があることを前提にする．同一気体の混合の場合には，$\Delta S = 0$ である．

8.1 Dalton の法則により，各成分気体の分圧を p_α とすると

$$p = \left(\sum_{\alpha=1}^{\nu} \right) N_\alpha \frac{kT}{V} = \frac{NkT}{V} \quad \therefore \ p_\alpha = \frac{N_\alpha KT}{V} = \frac{N_\alpha}{N} \frac{NkT}{V} = x_\alpha p$$

$$\therefore \ \mu_\alpha = \varphi_\alpha(T) + kT \log \frac{p_\alpha}{x_\alpha p_0} + kT \log x_\alpha = \varphi_\alpha(T) + kT \log \frac{p_\alpha}{p_0}$$

8.2 一般の ν 成分系（温度 T，圧力 p）の Gibbs の自由エネルギーを $G = G(T, p, N_1, \cdots, N_\nu)$ とする．T と p の値を一定にして，すべての $N_\alpha (\alpha = 1, \cdots, \nu)$ の値を λ 倍（λ は任意の正数）したとすると，体系の熱平衡状態としては何ら変わりがなく，全体として λ 倍の大きさとなる．G は示量性の状態量であるから，次の関係が成り立つ．

$$\lambda G(T, p, N_1, \cdots, N_\nu) = G(T, p, \lambda N_1, \cdots, \lambda N_\nu)$$

両辺を λ で微分して $\lambda = 1$ とおくと，化学ポテンシャル μ_α の定義により

$$G = \sum_{\alpha=1}^{\nu} N_\alpha \left(\frac{\partial G}{\partial N_\alpha} \right)_{T, p, N_\beta (\beta \neq \alpha)} = \sum_{\alpha=1}^{\nu} N_\alpha \mu_\alpha$$

〔注意〕一定量の ν 成分系について，$\sum_{\alpha=1}^{\nu} x_\alpha = 1$ であるから，各成分の化学ポテンシャル μ_α は T, p，および $(\nu - 1)$ 個の x_α（たとえば $x_1, x_2, \cdots, x_{\nu-1}$）の関数である．

9.1 溶液の内部エネルギー E を $E = E(T, p, N_1, N_2)$ と表す．N_1 と N_2 を λ 倍すれば，E も λ 倍になるはずであるから，

$$E(T, p, \lambda N_1, \lambda N_2) = \lambda E(T, p, N_1, N_2)$$

$\lambda = 1/N_1$ にとると，

$$E(T, p, N_1, N_2) = N_1 E(T, p, 1, \xi), \quad \xi \equiv N_2/N_1$$

$\xi \ll 1$ であるから，この式の右辺を ξ について，ξ の 1 次の項までとると

$$E = E(T, p, N_1, N_2) = N_1 \left[E(T, p, 1, 0) + \xi \left\{ \frac{\partial E(T, p, 1, \xi)}{\partial \xi} \right\}_{\xi=0} \right]$$

$$\equiv N_1 e_1^0 + N_2 \bar{e}_2^0$$

e_1^0 は成分 1 の純粋液体の 1 分子あたりの内部エネルギーであり，$\bar{e}_2^0$ は，
$$\bar{e}_2^0 \equiv \left\{\frac{\partial E(T,p,1,\xi)}{\partial \xi}\right\}_{\xi=0} = \left\{\frac{\partial E(T,p,N_1,N_2)}{\partial N_2}\right\}_{N_2=0}$$
で定義される量で，e_1^0 も $\bar{e}_2^0$ も T と p だけの関数である．

溶液の体積 $V = V(T,p,N_1,N_2)$ に対しても，まったく同様にして，
$$V = N_1 v_1^0 + N_2 \bar{v}_2^0, \quad \bar{v}_2^0 \equiv \left\{\frac{\partial V(T,p,N_1,N_2)}{\partial N_2}\right\}_{N_2=0}$$
v_1^0 は成分 1 の純粋液体の 1 分子あたりの体積である．例題 9 の解答と同じように，溶液のエントロピー S に対して，N_1 と N_2 を固定して考えると，
$$dS = N_1 ds_1^0 + N_2(d\bar{e}_2^0 + pd\bar{v}_2^0)/T$$
となる．ここで，s_1^0 は成分 1 の純粋液体の 1 分子あたりのエントロピーを表す．上式により，右辺の第 2 項も全微分でなければならないから，
$$(d\bar{e}_2^0 + pd\bar{v}_2^0)/T = d\bar{s}_2^0$$
とおくと，エントロピーの表式は
$$S = N_1 s_1^0 + N_2 \bar{s}_2^0 + C(N_1, N_2)$$
となる．$C(N_1, N_2)$ は N_1 と N_2 だけで決まり，T と p に無関係な量である．例題 9 の解答とまったく同様にして，これは理想気体の混合のエントロピーに等しい．したがって，溶液の Gibbs の自由エネルギー G は
$$G = N_1 \mu_1^0 + N_2 \bar{\mu}_2^0 + kT(N_1 \log x_1 + N_2 \log x_2), \quad \bar{\mu}_2^0 \equiv \bar{e}_2^0 + p\bar{v}_2^0 - T\bar{s}_2^0$$
となり，これを微分することにより，化学ポテンシャルの表式が得られる．

〔付記〕 $\bar{\mu}_2^0$ は T と p の関数である．$\bar{\mu}_2^0/T$ の全微分を考えると次の関係式が得られる．
$$\left(\frac{\partial(\bar{\mu}_2^0/T)}{\partial T}\right)_p = -\frac{\bar{e}_2^0 + p\bar{v}_2^0}{T^2} = -\frac{1}{T^2}\left\{\frac{\partial H(T,p,N_1,N_2)}{\partial N_2}\right\}_{N_2=0} \quad \left(\begin{array}{l}H \text{ はエン}\\\text{タルピー}\end{array}\right)$$
$$\left(\frac{\partial(\bar{\mu}_2^0/T)}{\partial p}\right)_T = \frac{\bar{v}_2^0}{T} = \frac{1}{T}\left\{\frac{\partial V(T,p,N_1,N_2)}{\partial N_2}\right\}_{N_2=0}$$

10.1 化学ポテンシャルの表式から，例題 9 における体積と内部エネルギーの表式を導けばよい．μ_α^0 は純粋液体の化学ポテンシャルであるから，
$$\left(\frac{\partial \mu_\alpha^0}{\partial T}\right)_p = -s_\alpha^0, \quad \left(\frac{\partial \mu_\alpha^0}{\partial p}\right)_T = v_\alpha^0, \quad \mu_\alpha^0 = e_\alpha^0 + pv_\alpha^0 - Ts_\alpha^0 \quad (\alpha = 1, 2)$$
ただし，記号はすべて例題 9 の解答にあるものと同じである．溶液の Gibbs の自由エネルギー G は
$$G = N_1 \mu_1 + N_2 \mu_2 = N_1 \mu_1^0 + N_2 \mu_2^0 + kT(N_1 \log x_1 + N_2 \log x_2)$$
$$\therefore \quad V = \left(\frac{\partial G}{\partial p}\right)_{T,N_1,N_2} = N_1\left(\frac{\partial \mu_1^0}{\partial p}\right)_T + N_2\left(\frac{\partial \mu_2^0}{\partial p}\right)_T = N_1 v_1^0 + N_2 v_2^0$$
$$S = -\left(\frac{\partial G}{\partial T}\right)_{p,N_1,N_2} = N_1 s_1^0 + N_2 s_2^0 - k(N_1 \log x_1 + N_2 \log x_2)$$
$$\therefore \quad E = G + TS - pV = N_1(\mu_1^0 + Ts_1^0 - pv_1^0) + N_2(\mu_2^0 + Ts_2^0 - pv_2^0)$$
$$= N_1 e_1^0 + N_2 e_2^0$$

10.2 1分子あたりのエンタルピーとエントロピーが h_α^0 と s_α^0 $(\alpha = 1, 2)$ であるような純粋液体の分子数を N_1, N_2 とする.混合前のエンタルピーとエントロピーはそれぞれ $N_1 h_1^0 + N_2 h_2^0$, $N_1 s_1^0 + N_2 s_2^0$ である.混合後のエンタルピー H とエントロピー S は,例題 9 または問題 10.1 により,

$$H = E + pV = N_1(e_1^0 + pv_1^0) + N_2(e_2^0 + pv_2^0) = N_1 h_1^0 + N_2 h_2^0$$
$$S = N_1 s_1^0 + N_2 s_2^0 - k(N_1 \log x_1 + N_2 \log x_2)$$
$$\therefore \ \Delta H = 0, \ \Delta S = -k(N_1 \log x_1 + N_2 \log x_2)$$

10.3 問題 10.2 の解答の記号を使うと,正則溶液のエンタルピーとエントロピーは

$$H = N_1 h_1^0 + N_2 h_2^0 + \Delta H$$
$$S = N_1 s_1^0 + N_2 s_2^0 - k(N_1 \log x_1 + N_2 \log x_2)$$
$$\therefore \ G = H - TS = N_1(h_1^0 - Ts_1^0) + N_2(h_2^0 - Ts_2^0) + \Delta H + kT(N_1 \log x_1 + N_2 \log x_2)$$
$$= N_1 \mu_1^0 + N_2 \mu_2^0 + \Delta H + kT(N_1 \log x_1 + N_2 \log x_2)$$
$$\therefore \ \mu_1 = \left(\frac{\partial G}{\partial N_1}\right)_{T,p,N_2} = \mu_1^0 + \left(\frac{\partial \Delta H}{\partial N_1}\right)_{T,p,N_2} + kT \log x_1$$
$$\mu_2 = \mu_2^0 + \left(\frac{\partial \Delta H}{\partial N_2}\right)_{T,p,N_1} + kT \log x_2$$

11.1 2.1 の基本事項◆若干の関係式にある等式により

$$\frac{C_p - C_V}{T} = \left(\frac{\partial p}{\partial T}\right)_V \left(\frac{\partial V}{\partial T}\right)_p$$

したがって,例題 11 の結果を使って

$$\lim_{T \to 0} \frac{C_p - C_V}{T} = \lim_{T \to 0} \left(\frac{\partial p}{\partial T}\right)_V \left(\frac{\partial V}{\partial T}\right)_p = 0 \quad \therefore \ C_p - C_V = o(T^\alpha) \quad (\alpha > 1)$$

11.2 熱力学の関係式 $C_p = (\partial H/\partial T)_p = T(\partial S/\partial T)_p$ と熱力学第 3 法則により,

$$H = H_0 + \int_0^T C_p dT, \quad S = \int_0^T \frac{C_p}{T} dT$$

したがって,$G = H - TS$ に代入して,求める表式が得られる.

11.3 例題 11 の α と β は,理想気体の場合には $pV = NkT$ により(第 1 章例題 3 参照),

$$\alpha = \frac{1}{T}, \qquad \beta = \frac{1}{T}$$

したがって,例題 11 の極限の式は成り立たない.また,第 1 章例題 5 (2) の関係式 $C_p - C_V = Nk$ により,問題 11.1 の結論も成り立たないことがわかる.さらに,第 2 章例題 3 の結果と状態方程式により,理想気体のエントロピー S は

$$S = \int^T \frac{C_V}{T} dT + Nk \log V + S_0 = \int^T \frac{C_p}{T} dT - Nk \log p + S_0 + Nk \log Nk$$

と表される.ここで,C_V/T が $T = 0$ で積分可能であることを仮定したとしても,$C_p = C_V + Nk \geqq Nk \ (T \geqq 0)$ であるから,C_p/T は $T = 0$ では積分可能ではあり得ない.

このように，理想気体は熱力学第3法則を適用できない体系である．

〔**注意**〕理想気体の状態方程式は $p/\rho = kT$ $(\rho \equiv N/V)$ と表されるから，たとえば，p 一定のとき $T \to 0$ では $\rho \to \infty$ とならなければならない．すなわち，理想気体の密度は $T = 0$ では有限でなくなる．

なお，統計力学の立場においては，理想気体は相互作用をもたない自由な粒子の集まりと定義されるが，このような定義の理想気体については熱力学第3法則が成り立つ（後の第5章の説明，特に問題 9.1, 11.2 を参照）．

12.1 例題 12 で考えたような体系について，温度以外の変数 x の値をそれぞれ x_α と x_β に固定した2種類の熱平衡状態を考える．x_α と x_β は任意の異なる2つの値でよいが，それぞれの値に対応する熱平衡状態は $T = 0$ まで定義されているものと仮定する．それぞれの熱平衡状態にあるときの体系の（定積または定圧）比熱を C_α と C_β とすると，エントロピーは

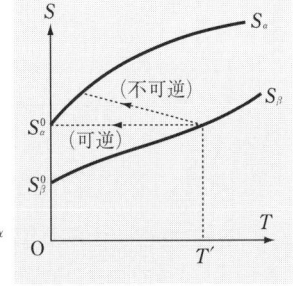

$$S(T, x_\alpha) \equiv S_\alpha = S_\alpha^0 + \int_0^T \frac{C_\alpha}{T} dT, \quad S_\alpha^0 \equiv \lim_{T \to 0} S_\alpha$$

$$S(T, x_\beta) \equiv S_\beta = S_\beta^0 + \int_0^T \frac{C_\beta}{T} dT, \quad S_\beta^0 \equiv \lim_{T \to 0} S_\beta$$

と表される．低温において，$S_\alpha > S_\beta$，したがって，$S_\alpha^0 \geq S_\beta^0$ と仮定しても一般性を失うことはない．このような場合について体系の温度を下げる操作は，$x_\alpha \to x_\beta \to x_\alpha$ と x の値を変化させることである．例題 12 の解答と同様に，有限回の操作の最後の1回の操作で $T = 0$ の x_α の状態が得られるものとすると，その操作における $x_\beta \to x_\alpha$ の過程は断熱過程でなければならない．しかも，この断熱過程は準静的でなければならない．なぜなら，不可逆断熱過程であるとすると，2.1 の基本事項◆**熱力学的変化の進む方向**にある断熱変化の条件により，得られる x_α の状態は準静的断熱過程で到達する状態に比べてエントロピーの大きい状態，したがって，温度 $T > 0$ の状態となるからである（付図参照）．

いま，準静的断熱過程 $x_\beta \to x_\alpha$ によって，温度 T' の x_β の状態から温度 T'' の x_α の状態に移ると，$S(T'', x_\alpha) = S(T', x_\beta)$ により，次の関係式が成り立つ．

$$S_\alpha^0 + \int_0^{T''} \frac{C_\alpha}{T} dT = S_\beta^0 + \int_0^{T'} \frac{C_\beta}{T} dT$$

ここで $T'' = 0$ とおくと

$$S_\alpha^0 - S_\beta^0 = \int_0^{T'} \frac{C_\beta}{T} dT$$

という等式が得られる．いま，仮に $S_\alpha^0 > S_\beta^0$ とすると，$C_\beta > 0$ であるから，この等式を成り立たせるような始めの温度 T' が必ず存在する．すなわち，そのような温度 T' の x_β の状態から1回の準静的過程により $T = 0$ の x_α の状態に到達することが可能となる．これは，絶対零度の到達不可能性の仮定に反する．したがって，エントロピーの $T \to 0$ の極限値については，$S_\alpha^0 = S_\beta^0$ でなければならない．この共通の値を0とすることにより，この体系に対する熱力学第3法則が導かれる．

12.2 問題の主張を式で表すと，任意の x_α と x_β について，

$$\lim_{T\to 0} \Delta S \equiv \lim_{T\to 0} \{S(T, x_\alpha) - S(T, x_\beta)\} = 0$$

ということになる．したがって，この主張では，$\lim_{T\to 0} S(T, x_\alpha)$ と $\lim_{T\to 0} S(T, x_\beta)$ は存在しないが，$\lim_{T\to 0}\{S(T, x_\alpha) - S(T, x_\beta)\}$ は存在して，それが 0 となる場合も許されている．この主張が熱力学第3法則と一致するためには，$\lim_{T\to 0} S(T, x_\alpha)$ と $\lim_{T\to 0} S(T, x_\beta)$ が有限に存在することを仮定しなければならない．すなわち，問題の主張を熱力学第3法則から導くことはできるが，その逆は成り立たない．

〔注意〕問題 12.2 の主張は，Nernst（1906）によって提案されたもので，**Nernst の熱定理**（狭義）と呼ぶことがある．これに対して，エントロピーは $T = 0$ で有限であるということを補足した熱力学第3法則を，**Nernst-Planck の定理**と呼ぶこともある．

3 章の解答

1.1 α 種の分子の総数を $N_\alpha(\alpha = 1, 2, \cdots, \nu)$ とすると $\sum_{k=1}^{r} N_\alpha^{(k)} = N_\alpha$ が成り立つ．すべての N_α を一定に保ちながら $N_\alpha^{(k)}$ を変えて，例題 1 の解答にある G の極小値を求めることがいまの問題である．このような問題には Lagrange の未定乗数の方法（4.1 の基本事項を参照）を使うのが便利である．すなわち，

$$I \equiv G + \sum_{\alpha=1}^{\nu} \lambda_\alpha \left\{\sum_{k=1}^{r} N_\alpha^{(k)} - N_\alpha\right\} = \sum_{k=1}^{r}\left\{G^{(k)} + \sum_{\alpha=1}^{\nu} \lambda_\alpha N_\alpha^{(k)}\right\} - \sum_{\alpha=1}^{\nu} \lambda_\alpha N_\alpha$$

を定義し（$\lambda_1, \lambda_2, \cdots, \lambda_\alpha$ が未定乗数），

$$\frac{\partial I}{\partial N_\alpha^{(k)}} = 0, \frac{\partial I}{\partial \lambda_\alpha} = 0 \quad (\alpha = 1, 2, \cdots, \nu;\ k = 1, 2, \cdots, r)$$

とすればよい．したがって，

$$\frac{\partial I}{\partial N_\alpha^{(k)}} = \frac{\partial G^{(k)}}{\partial N_\alpha^{(k)}} + \lambda_\alpha = \mu_\alpha^{(k)} + \lambda_\alpha = 0$$

$$\therefore \mu_\alpha' = \mu_\alpha'' = \cdots = \mu_\alpha^{(r)} = -\lambda_\alpha \quad (\alpha = 1, 2, \cdots, \nu)$$

1.2 化学ポテンシャルは示強性の量であり，k 番目の相における α 種の成分の化学ポテンシャル $\mu_\alpha^{(k)}$ は，T と p を与えると，$N_1^{(k)}, N_2^{(k)}, \cdots, N_\nu^{(k)}$ の比だけで決まり，相全体の量には無関係である．したがって，k 番目の相で独立に変わり得る量の数は，p と T を別にすれば，$(\nu - 1)$ 個である．相の数は r 個であるから，独立に変わり得る量の数は $(\nu - 1)r$ となり，これに T と p を加えて，体系全体で独立に変わり得る量の数は $(\nu - 1)r + 2$ となる．一方，例題 1 の関係式により，平衡条件の数は，$(r - 1)\nu$ である．したがって，平衡を保ちながら独立に変わり得る量の数は $\{(\nu - 1)r + 2\} - (r - 1)\nu = \nu - r + 2$ となる．

1.3 $\nu = 1, r = 3$ を Gibbs の相律に代入すると，$f = 0$ となる．すなわち，この場合には，独立に変化する変数は存在しないことになり，状態は 1 つ（1 点）に限られることになる．
〔付記〕水の 3 重点は，温度が 273.16 K，圧力は 6.11×10^2 Pa である．

2.1 $dv' = \left(\frac{\partial v'}{\partial T}\right)_p dT + \left(\frac{\partial v'}{\partial p}\right)_T dp \quad \therefore \frac{1}{v'}\frac{dv'}{dT} = \frac{1}{v'}\left(\frac{\partial v'}{\partial T}\right)_p + \frac{1}{v'}\left(\frac{\partial v'}{\partial p}\right)_T \frac{dp}{dT}$

これに，理想気体の状態方程式 $pv' = kT$ と Clapeyron-Clausius の式を使って

$$\frac{1}{v'}\frac{dv'}{dT} = \frac{1}{T} - \frac{1}{p}\frac{l}{T(v'-v'')} \cong \frac{1}{T} - \frac{l}{pTv'} = \frac{1}{T}\left(1 - \frac{l}{kT}\right)$$

2.2
$$\frac{dl}{dT} - \frac{l}{T} = \frac{d}{dT}\{(s'-s'')T\} - (s'-s'') = T\frac{d}{dT}(s'-s'')$$

$$= T\left\{\left(\frac{\partial s'}{\partial T}\right)_p + \left(\frac{\partial s'}{\partial p}\right)_T\frac{dp}{dT} - \left(\frac{\partial s''}{\partial T}\right)_p - \left(\frac{\partial s''}{\partial p}\right)_T\frac{dp}{dT}\right\}$$

$$= c'_p - c''_p - T\left\{\left(\frac{\partial v'}{\partial T}\right)_p - \left(\frac{\partial v''}{\partial T}\right)_p\right\}\frac{dp}{dT}$$

$$= c'_p - c''_p - \frac{l}{v'-v''}\left\{\left(\frac{\partial v'}{\partial T}\right)_p - \left(\frac{\partial v''}{\partial T}\right)_p\right\}$$

ただし，第 2 行から第 3 行に移るときには，定積比熱の式 $c_p = T(\partial s/\partial T)_p$ と Maxwell の関係式 $(\partial s/\partial p)_T = -(\partial v/\partial T)_p$ を使った．

理想気体では $(\partial v'/\partial T)_p = v'/T$ であり，v'' と $(\partial v''/\partial T)_p$ を省略すると，

$$c'_p - c''_p \cong \frac{dl}{dT} - \frac{l}{T} + \frac{l}{v}\frac{v'}{T} = \frac{dl}{dT}$$

2.3 気相，液相，固相に対する量をそれぞれ $'$, $''$, $'''$ で表すと，Clapeyron-Clausius の式を気相と液相，気相と固相の間に使って，

$$\left(\frac{dp}{dT}\right)_{気-液} = \frac{s'-s''}{v'-v''}, \quad \left(\frac{dp}{dT}\right)_{気-固} = \frac{s'-s'''}{v'-v'''}$$

3 重点近くでは，普通，$v' \gg v''$, v''' であり，かつ $s' > s'' > s'''$ であるから，

$$\left(\frac{dp}{dT}\right)_{気-固} \cong \frac{s'-s'''}{v'} > \frac{s'-s''}{v'} \cong \left(\frac{dp}{dT}\right)_{気-液}$$

3.1 X の縦座標を A''' とすると，明らかに

$$A''' = A'_0 + \frac{V'-V'''}{V'-V''}(A''_0 - A'_0) = \frac{V'''-V''}{V'-V''}A'_0 + \frac{V'-V'''}{V'-V''}A''_0$$

すなわち，X は，温度 T と圧力 p にある相 1 と 2 が体積比で $(V'''-V''):(V'-V''')$ の割合で共存している状態を表し，その Helmholtz の自由エネルギーが A''' であると解釈できる．A''' は体積 V''' における A', A'' より小さいから，相 1 だけあるいは相 2 だけで存在するよりも安定である．また，上式は

$$A''' = A'_0 + (V'-V''')p \quad \therefore \quad A''' + pV''' = A'_0 + pV' = A''_0 + pV''$$

とも書けるから，X における Gibbs の自由エネルギーは C と D におけるものと等しい．

3.2 1 分子あたりの量で考えることにすると，Gibbs の自由エネルギーの代りに化学ポテンシャルを扱えばよい．1 分子あたりのエントロピーを s とすると，

$$\left(\frac{\partial \mu}{\partial T}\right)_p = -s, \quad \left(\frac{\partial \mu}{\partial p}\right)_T = v$$

定義により，2 次の相転移では s と v は連続である．$s'(T+dT, p+dp) =$

$s''(T+dT, p+dp)$ と $v'(T+dT, p+dp) = v''(T+dT, p+dp)$ から，それぞれ

$$\left(\frac{\partial s'}{\partial T}\right)_p dT + \left(\frac{\partial s'}{\partial p}\right)_T dp = \left(\frac{\partial s''}{\partial T}\right)_p dT + \left(\frac{\partial s''}{\partial p}\right)_T dp,$$

$$\left(\frac{\partial v'}{\partial T}\right)_p dT + \left(\frac{\partial v'}{\partial p}\right)_T dp = \left(\frac{\partial v''}{\partial T}\right)_p dT + \left(\frac{\partial v''}{\partial p}\right)_T dp$$

が得られる．ところが，c_p, β, κ_T について

$$c_p = T\left(\frac{\partial s}{\partial T}\right)_p, \quad \beta \equiv \frac{1}{v}\left(\frac{\partial v}{\partial T}\right)_p = -\frac{1}{v}\left(\frac{\partial s}{\partial p}\right)_T, \quad \kappa_T \equiv -\frac{1}{v}\left(\frac{\partial v}{\partial p}\right)_T$$

であるから，これを上の関係に代入して直ちに求める dp/dT の式が得られる．

4.1 理想気体の分圧の定義と例題 4 の結果から，

$$p_1 = x_{1g}p = x_1 p_1^0, \quad p_2 = x_{2g}p = x_2 p_2^0$$

したがって，$x_1 + x_2 = 1$ から

$$1 = x_1 + x_2 = \frac{x_{1g}}{p_1^0}p + \frac{x_{2g}}{p_2^0}p \quad \therefore \quad \frac{1}{p} = \frac{x_{1g}}{p_1^0} + \frac{x_{2g}}{p_2^0}$$

4.2 溶液の体積を V，圧力を p として，溶液に対する Gibbs-Duhem の式を等温変化のときに書くと，

$$\sum_{\alpha=1}^{\nu} N_\alpha d\mu_\alpha - Vdp = 0 \quad \therefore \quad \sum_{\alpha=1}^{\nu} x_\alpha d\mu_\alpha - \frac{V}{N}dp = 0$$

この溶液は理想気体とみなせる蒸気と平衡にあるから，例題 4 の解答にある $\mu_{\alpha g}$ を使って，

$$\mu_\alpha = \mu_{\alpha g} = \varphi_\alpha(T) + kT\log\frac{p_\alpha}{p_0} \quad (\alpha = 1, \cdots, \nu)$$

$$\therefore \quad d\mu_\alpha = kTd(\log p_\alpha) \quad (\text{等温変化}; \alpha = 1, \cdots, \nu)$$

これを上の Gibbs-Duhem の式に代入して，

$$\sum_{\alpha=1}^{\nu} x_\alpha d(\log p_\alpha) - \frac{pV}{NkT}d(\log p) = 0 \quad (\text{等温変化}) \tag{*}$$

蒸気は十分に稀薄であるから，$pV/NkT \ll 1$ である（V は溶液の体積）．したがって，上式で左辺の第 2 項を近似的に無視することができて，求める結果が得られる．

〔注意〕 (*) で $dp = 0$ とすることはできない．なぜなら，ν 成分系で 2 相の場合には，Gibbs の相律により，自由度は ν である．T と p を固定してしまうと，$x_1, \cdots, x_\nu$（独立なものは $(\nu - 1)$ 個）の値は一般には存在しなくなるからである．

5.1 気体の化学ポテンシャルを $\mu_g \equiv \mu_g(T, p)$ とすると，例題 5 の解答とまったく同様にして，

$$\frac{\mu_g(T, p)}{T} - \frac{\mu_1^0(T, p)}{T} \cong \frac{(T - T_0)}{T_0^2}(-h_g + h_1^0)$$

となる．ここで，h_g は気体の 1 分子あたりのエンタルピーである．1 分子あたりの蒸発熱 l_0 は $l_0 = h_g - h_1^0$ であるから，求める関係式が得られる．

〔注意〕 純粋物質の 1 分子あたりのエンタルピー，エントロピー，体積をそれぞれ h, s, v で表すと $dh = Tds + vdp$ が成り立つ（2.1 の基本事項◆**エンタルピーと自由エネルギー**参照）．二相共存のとき，等温等圧の下で相 2 から相 1 に移るのに必要な熱量が潜熱である．したがって，1 分子あたりの潜熱 l は $l = T\Delta s \equiv T(s' - s'')$ で与えられるが，等温等圧変化では $\Delta h \equiv h' - h'' = T\Delta s$ であるから $l = \Delta h$ となる．通常，潜熱は単位質量あたりのものが用いられるが，これは l に単位質量中の分子数を掛けたものである．

5.2 気相は成分 2 の理想気体であるから，1 分子あたりの体積を v_{2g} とすると，$pv_{2g} = kT$ が成り立ち，また，化学ポテンシャル μ_{2g} は $\mu_{2g} = \varphi_2(T) + kT\log(p/p_0)$ である．したがって，成分 2 についての平衡の条件 $\mu_{2g} = \mu_2$ は

$$\varphi_2(T) + kT\log(p/p_0) = \bar{\mu}_2^0(T,p) + kT\log x_2$$

この式を，T 一定の下で，p について微分すると，

$$\frac{kT}{p} = \left(\frac{\partial \bar{\mu}_2^0}{\partial p}\right)_T + kT\left(\frac{\partial \log x_2}{\partial p}\right)_T \tag{$*$}$$

第 2 章の問題 9.1 の解答にある〔付記〕により，$(\partial \bar{\mu}_2^0/\partial p)_T = \bar{v}_2^0$ であり，これはオーダーとして，溶液における成分 2 の 1 分子あたりの体積である．$(*)$ の左辺は v_{2g} に等しく，$v_{2g} \gg \bar{v}_2^0$ が一般に成り立つから，$(*)$ の右辺の第 1 項は省略できる．したがって，

$$\left(\frac{\partial \log x_2}{\partial p}\right)_T = \frac{1}{p} \quad \therefore \quad x_2 = Cp \quad (C \text{ は } T \text{ だけの関数})$$

〔付記〕水に二酸化炭素 CO_2 が溶けていてその蒸気と平衡にある場合，低温においては気相は主として CO_2 からなり，水蒸気は省略してよい．

6.1 温度 T_0 における浸透圧を考える．例題 6 の解答とまったく同様にして，

$$\mu_1^0(T_0, p_0) = \mu_1^0(T_0, p - \pi) = \mu_1^0(T_0, p) + kT_0\log a_1$$
$$\therefore \quad -kT_0\log a_1 = \mu_1^0(T_0, p) - \mu_1^0(T_0, p - \pi) \cong \pi(\partial \mu_1^0/\partial p)_{T=T_0} = \pi v_1^0$$

一方，沸点上昇の方は，純溶媒の蒸気の化学ポテンシャルを μ_{1g} とすると，例題 5 の解答および問題 5.1 の解答とまったく同様にして，

$$\mu_{1g}(T,p) = \mu_1^0(T,p) + kT\log a_1, \quad \mu_{1g}(T_0, p) = \mu_1^0(T_0, p)$$

$$\therefore \quad -k\log a_1 = \frac{1}{T}\mu_1^0(T,p) - \frac{1}{T}\mu_{1g}(T,p)$$

$$\cong (T - T_0)\left[\left\{\frac{\partial}{\partial T}\left(\frac{\mu_1^0}{T}\right)\right\}_{p,T=T_0} - \left\{\frac{\partial}{\partial T}\left(\frac{\mu_{1g}}{T}\right)\right\}_{p,T=T_0}\right]$$

$$= \frac{\Delta T}{T_0^2}(h_{1g} - h_1^0) = l_0\frac{\Delta T}{T_0^2} \quad \therefore \quad \frac{l_0\Delta T}{T_0^2} = -kT_0\log a_1$$

7.1 (1) この場合には Gibbs-Duhem の式はないから，例題 7 の〔注意〕により，例題 7 の (2) の不等式は $k = t = 1$ まで成立する．$X_1 \equiv V, P_1 \equiv -p$ として，

$$\left(\frac{\partial T}{\partial S}\right)_V > 0, \quad \left(\frac{\partial p}{\partial V}\right)_T < 0$$

が熱平衡状態にあるための条件となる．この不等式から直ちに $C_V > 0, \kappa_T > 0$ が導かれる（2.1 の基本事項◆熱力学の不等式および第 2 章の例題 5 参照）．この場合には，熱平衡状態にあるための条件から導かれる独立な不等式はこの 2 つだけで，その他の不等式は熱力学の関係式を使って導くことができる．

(2) $E = TS - pV + \mu N = TS - pV + G$ であるから，Gibbs-Duhem の式が成立する．$X_1 \equiv V, P_1 \equiv -p, X_2 \equiv N, p_2 \equiv \mu$ として，例題 7 の結果を使うと，

$$\left(\frac{\partial T}{\partial S}\right)_{V,N} > 0, \quad \left(\frac{\partial p}{\partial V}\right)_{T,\mu} < 0$$

が熱平衡状態にあるための条件となる．この場合も独立な不等式はこれだけである．(μ は T と p だけの関数であるから，$(\partial\mu/\partial N)_{T,p}=0$ である．)

7.2 (1) $\delta^2 E$ の定義式で特に $\delta X_k \neq 0, \delta X_j = 0 \, (j \neq k)$ という場合を考えると，

$$\delta^2 E = \frac{1}{2}E_{kk}(\delta X_k)^2 > 0 \quad \therefore \quad E_{kk} = \frac{\partial P_k}{\partial X_k} > 0 \quad (k=0,1,\cdots,t)$$

(2) $P_k = \partial E/\partial X_k$ から $\delta P_k = \sum_j E_{jk}\delta X_j$ となるので，$\delta^2 E$ は

$$\delta^2 E = \frac{1}{2}\sum_{k=0}^{l} \delta P_k \delta X_k$$

と書ける．独立変数を $\{P_0, P_1, \cdots, P_s, X_{s+1}, \cdots, X_t\}$ に選ぶと，

$$\delta X_k = \sum_{j=0}^{s} \frac{\partial X_k}{\partial P_j}\delta P_j + \sum_{j=s+1}^{t} \frac{\partial X_k}{\partial X_j}\delta X_j \quad (k=0,1,\cdots,s)$$

$$\delta P_k = \sum_{j=0}^{s} \frac{\partial P_k}{\partial P_j}\delta P_j + \sum_{j=s+1}^{t} \frac{\partial P_k}{\partial X_j}\delta X_j \quad (k=s+1,\cdots,t)$$

$$\therefore \quad \delta^2 E = \frac{1}{2}\sum_{k=0}^{s}\sum_{j=0}^{s} \frac{\partial X_k}{\partial P_j}\delta P_j \delta P_k + \frac{1}{2}\sum_{k=0}^{s}\sum_{j=s+1}^{t} \frac{\partial X_k}{\partial X_j}\delta X_j \delta P_k$$

$$+ \frac{1}{2}\sum_{k=s+1}^{t}\sum_{j=0}^{s} \frac{\partial P_k}{\partial P_j}\delta P_j \delta X_k + \frac{1}{2}\sum_{k=s+1}^{t}\sum_{j=s+1}^{t} \frac{\partial P_k}{\partial X_j}\delta X_j \delta X_k > 0$$

この不等式で，$\delta P_k \neq 0, \delta P_j = 0 \, (j=0,1,\cdots,s,$ ただし $j \neq k), \delta X_j = 0 \, (j=s+1,\cdots,t)$ または，$\delta P_j = 0 \, (j=0,1,\cdots,s), \delta X_k \neq 0, \delta X_j = 0 \, (j=s+1,\cdots,t,$ ただし $j \neq k)$ とおくことにより求める不等式が得られる．

8.1 例題 8 の解答にある $(*)$ において，断熱の条件 $dS=0$ を使うと，

$$dT = -(TL\lambda/C_\sigma)d\sigma$$

$C_\sigma > 0$ であるから（問題 8.3），張力を増すとき $\lambda > 0$ の場合には温度が下がり，$\lambda < 0$ の場合には温度は上がる．

8.2 例題 8 の結果およびその解答にある〔注意〕により，一般論を $t=1, X_1=L, P_1=\sigma$ の場合に適用することにより，直ちに求める不等式が得られる．
〔注意〕 これらの不等式は，圧力が仕事となる場合の不等式 $(\partial T/\partial S)_V > 0, (\partial P/\partial V)_T < 0$ (2.1 の基本事項◆熱力学の不等式参照) に対応する．

8.3 問題 8.2 の第 1 の不等式により，$C_L = T(\partial S/\partial T)_L > 0$．

$$C_\sigma - C_L = T\left(\frac{\partial S}{\partial T}\right)_\sigma - T\left(\frac{\partial S}{\partial T}\right)_L = -T\left(\frac{\partial S}{\partial \sigma}\right)_T \left(\frac{\partial \sigma}{\partial T}\right)_L = -T\left(\frac{\partial L}{\partial T}\right)_\sigma \left(\frac{\partial \sigma}{\partial T}\right)_L$$

$$= T\left\{\left(\frac{\partial L}{\partial T}\right)_\sigma\right\}^2 \left(\frac{\partial \sigma}{\partial L}\right)_T \geqq 0$$

$$\left(\because \quad \left(\frac{\partial \sigma}{\partial T}\right)_L = -\left(\frac{\partial \sigma}{\partial T}\right)_T \left(\frac{\partial L}{\partial T}\right)_\sigma \quad (\text{第 1 章問題 1.2})\right)$$

〔注意〕 $C_\sigma - C_L$ の式は $C_p - C_V$ の式 (2.1 の基本事項◆若干の関係式参照) に対応する．

9.1 例題 9 の解答により，エントロピーは $S = -(d\gamma/dT)\Sigma$ で与えられる．準静的過程で体

系に入ってくる熱量は $d'Q = TdS$ であるから，等温で表面積を Σ_1 から Σ_2 に拡げるときに入ってくる熱量 ΔQ は次のように計算される．

$$\Delta Q = -\int_{\Sigma_1}^{\Sigma_2} T\frac{d\gamma}{dT}d\Sigma = -T\frac{d\gamma}{dT}(\Sigma_2 - \Sigma_1) = -T\frac{d\gamma}{dT}\Delta\Sigma$$

準静的断熱変化では $S = \text{const.}$ であるから，$(d\gamma/dT)\Sigma = \text{const.}$ したがって，

$$\frac{d^2\gamma}{dT^2}\Sigma dT + \frac{d\gamma}{dT}d\Sigma = 0 \quad \therefore \quad dT = -\frac{d\gamma/dT}{d^2\gamma/dT^2}\frac{d\Sigma}{\Sigma}$$

〔注意〕 多くの液体では $d\gamma/dT < 0$ である．この場合には，$\Delta Q > 0$ であり，また，$d\Sigma > 0$ のとき $dT < 0$ となる（$d^2\gamma/dT^2 < 0$ が熱平衡状態の安定性から要請される（問題 9.2 の解答参照））．

9.2 例題 9 の解答から $E = TS + \gamma\Sigma$ したがって，Gibbs-Duhem の式 $SdT + \Sigma d\gamma = 0$ が成り立つ．問題 8.2 の不等式は Gibbs-Duhem の式がない場合に導かれていたから，第 2 の不等式に相当するものはいまの場合には存在しない（例題 7 で $t = 1$ の場合にあたる）．いまの場合，熱平衡状態の安定性に対する不等式は次のものだけである．

$$\left(\frac{\partial T}{\partial S}\right)_{\Sigma} = -\left\{\frac{d^2\gamma}{dT^2}\Sigma\right\}^{-1} > 0 \quad \therefore \quad \frac{d^2\gamma}{dT^2} < 0$$

10.1 第 2 章の例題 8 の解答中にあるように，気体 i が単独で温度 T，圧力 p の状態にあるときの化学ポテンシャル μ_i^0 は $\mu_i^0 = \varphi_i(T) + kT\log(p/p_0)$ である．したがって，このときの 1 分子あたりのエンタルピー h_i は，$H = -T^2(\partial(G/T)/\partial T)_p$ という関係式を 1 分子あたりに使って，

$$h_i = -T^2\left(\frac{\partial}{\partial T}\left(\frac{\mu_i^0}{T}\right)\right)_p = -T^2\frac{d}{dT}\left(\frac{\varphi_i}{T}\right) \qquad (*)$$

気体 i の 1 分子あたりの定圧比熱 c_p^i は仮定により定数であり，したがって 1 分子あたりの定積比熱 $c_v^i = c_p^i - k$ も定数である．第 2 章例題 3 の内部エネルギーの表式と状態方程式を 1 分子あたりに使うと，

$$h_i = c_v^i T + e_{i0} + pv = c_p^i T + e_{i0} \quad (e_{i0} \text{ は定数})$$

この表式と上の表式を比較して，

$$\frac{d}{dT}\left(\frac{\varphi_i}{T}\right) = -\frac{1}{T}c_p^i - \frac{1}{T^2}e_{i0} \quad \therefore \quad \frac{\varphi_i}{T} = -c_p^i \log\left(\frac{T}{T_0}\right) + \frac{1}{T}e_{i0} + \text{const.}$$

ここで，T_0 はある標準の温度である．この結果を例題 10 の解答にある $(***)$ に使うと，

$$\log K_p(T) = \left\{\sum_{i=1}^{r}\nu_i(c_p^i/k)\right\}\log\left(\frac{T}{T_0}\right) - \left\{\sum_{i=1}^{r}\nu_i(e_{i0}/k)\right\}\frac{1}{T}$$

$$- \left\{\sum_{i=1}^{r}\nu_i\frac{\text{const.}}{k}\right\} - \nu\log\frac{p}{p_0}$$

$$\equiv \log A + B\log\left(\frac{T}{T_0}\right) + C\left(\frac{T_0}{T}\right) - \nu\log\left(\frac{p}{p_0}\right) \quad (A, B, C \text{ は定数})$$

これから直ちに求める表式が得られる．

10.2 例題 10 の解答にある $(***)$ を微分すると，

$$\left(\frac{\partial}{\partial T}\log K_p(T)\right)_p = -\frac{1}{k}\sum_{i=1}^{r}\nu_i\frac{d}{dT}\left(\frac{\varphi_i}{T}\right) = \frac{1}{kT^2}\sum_{i=1}^{r}\nu_i h_i \equiv \frac{\Delta h}{kT^2}$$

ただし，問題 10.1 の解答中の (*) を使った．

〔注意〕 この Δh が，例題 10 の解答の〔注意〕で一般的に定義された Δh の混合理想気体の場合における表現であることは次のようにしてわかる．

$$\Delta h = -T\left(\frac{\partial}{\partial T}\left(\sum_{i=1}^{r}\nu_i\mu_i\right)\right)_{p,N_1,\cdots,N_r} = -T\sum_{i=1}^{r}\nu_i\left(\frac{\partial}{\partial T}\left\{\varphi_i(T) + kT\log\left(\frac{p_i}{p_0}\right)\right\}\right)_{p,N_1,\cdots,N_r}$$

$$= -T\sum_{i=1}^{r}\nu_i\left\{\frac{d\varphi_i}{dT} + k\log\left(\frac{p_i}{p_0}\right)\right\} = -T\sum_{i=1}^{r}\nu_i\left\{\frac{d\varphi_i}{dT} + \frac{\mu_i}{T} - \frac{\varphi_i}{T}\right\}$$

$$= -T\sum_{i=1}^{r}\nu_i\left(\frac{d\varphi_i}{dT} - \frac{\varphi_i}{T}\right) \quad (\because \sum_{i=1}^{r}\nu_i\mu_i = 0)$$

$$= -\sum_{i=1}^{r}\nu_i T^2 \frac{d}{dT}\left(\frac{\varphi_i}{T}\right) = \sum_{i=1}^{r}\nu_i h_i$$

10.3 体系の Helmholtz の自由エネルギーを $A \equiv A(T,V,N_1\cdots,N_r)$ とする．等温等積のときの平衡条件は，仮想変化に対して A の 1 次変分 δA が 0 となることであるから，例題 10 の解答と同じ仮想変化を考えると，

$$\delta A = \sum_{i=1}^{r}\left(\frac{\partial A}{\partial N_i}\right)_{T,V,N_j(j\neq i)}\delta N_i = \sum_{i=1}^{r}\mu_i\delta N_i = \left(\sum_{i=1}^{r}\nu_i\mu_i\right)\delta\lambda = 0 \quad \therefore \quad \sum_{i=1}^{r}\nu_i\mu_i = 0$$

すなわち，平衡条件は等温等圧のときと同じである．

混合理想気体の場合には，$px_i = p_i = N_ikT/V = \rho_i kT$ であるから，これを使うと例題 10 の解答にある (**) の代わりに，

$$\sum_{i=1}^{r}\nu_i\{\varphi_i(T) + kT\log(\rho_i kT/p_0)\} = 0$$

$$\therefore \sum_{i=1}^{r}\nu_i\log\rho_i = -\nu\log\left(\frac{kT}{p_0}\right) - \frac{1}{kT}\sum_{i=1}^{r}\nu_i\varphi_i(T) \equiv \log K_c(T) \quad \therefore \quad \prod_{i=1}^{r}\rho_i^{\nu_i} = K_c(T)$$

11.1 例題 11 の解答にある式を使うと，

$$dE = TdS + \mathbf{E}dZ = \frac{C_Z}{T}dT + \left(\mathbf{E} - T\frac{d\mathbf{E}}{dT}\right)dZ$$

したがって，等温変化に対しては，

$$\Delta E = \left(\mathbf{E} - T\frac{d\mathbf{E}}{dT}\right)\Delta Z$$

〔注意〕 いまの仮定の下では，この ΔE は例題文中にある (*) という反応のため外から加えるべき熱量に等しい．すなわち，ΔE はこの反応が進行することによって発生する反応熱の符号を変えたものに他ならない．$\mathbf{E} - T(d\mathbf{E}/dT)$ はポテンシオメーターによる起電力の測定から求められる．一方，反応熱も直接測定することができる．上の関係式がよく成立することが知られている．

11.2 例題 11 では電池の体積変化はないものと仮定したが，それを考慮すると熱力学第 1 法則と第 2 法則を合わせたものは（電池の体積を V，圧力を p として）

$$dE = TdS - pdV + \mathbf{E}dZ$$

となる．電池の Gibbs の自由エネルギー $G \equiv E - TS + pV$ に対しては，

$$dG = -SdT + Vdp + \mathbf{E}dZ$$

したがって，等温等圧の下で電荷が dZ だけ移動するときの G の増加 dG は $dG = \mathbf{E}dZ$ によって与えられる．例題11の解答の〔注意〕にあるように，このときには電池の中で，

$$Cu + Zn^{++} \to Zn + Cu^{++}$$

という反応が進むことにより，電池の中で Cu 極から Zn 極へ dZ の電荷が移動する．例題10の解答の〔注意〕にあることを上の反応に適用する．$Z_1 =$ Cu, $Z_2 =$ Zn^{++}, $Z_3 =$ Zn, $Z_4 =$ Cu^{++}, $\nu_1 = -1$, $\nu_2 = -1$, $\nu_3 = 1$, $\nu_4 = 1$ と考えると，反応が進むことによる Gibbs の自由エネルギーの増加 dG は

$$dG = \Delta\mu d\lambda, \quad \Delta\mu = -\mu_1 - \mu_2 + \mu_3 + \mu_4$$

である．したがって，$\mathbf{E} = (d\lambda/dZ)\Delta\mu$ という関係が得られる．$-dN_1 = -dN_2 = dN_3 = dN_4 = d\lambda$ であり，電荷を運ぶのは 2 価の正イオンであるから，

$$dZ = (F/N_A)2d\lambda = (2F/N_A)d\lambda$$

となり，求める $\mathbf{E}$ の表式が導かれる．

12.1 例題12の解答と同じく，単位電荷を準静的に回路を A1B2A の向きに一周させる．A と B の Thomson 係数をそれぞれ σ_A, σ_B とする．これらも一般に温度の関数である．Thomson 効果のため，A で吸収される熱量は

$$\int_{2A1} \sigma_A \frac{dT}{dx} dx = \int_{2A1} \sigma_A dT = \int_{T_0}^{T} \sigma_A dT$$

であり，Clausius の不等式に現れる項は

$$\int_{2A1} \frac{1}{T} \sigma_A \frac{dT}{dx} dx = \int_{T_0}^{T} \frac{\sigma_A}{T} dT$$

B についても同様である．したがって，熱力学第1法則と Clausius の不等式は

$$\Pi_{AB}(T) - \Pi_{AB}(T_0) + \int_{T_0}^{T} \sigma_A dT + \int_{T}^{T_0} \sigma_B dT - \mathbf{E} = 0$$

$$\frac{\Pi_{AB}(T)}{T} - \frac{\Pi_{AB}(T_0)}{T_0} + \int_{T_0}^{T} \frac{\sigma_A}{T} dT + \int_{T}^{T_0} \frac{\sigma_B}{T} dT = 0$$

両方の式を T で微分すると，

$$\frac{d\Pi_{AB}(T)}{dT} + \sigma_A(T) - \sigma_B(T) - \frac{d\mathbf{E}}{dT} = 0, \quad \frac{1}{T}\frac{d\Pi_{AB}(T)}{dT} - \frac{\Pi_{AB}(T)}{T^2} + \frac{\sigma_A(T)}{T} - \frac{\sigma_B(T)}{T} = 0$$

これから容易に Kelvin の式が得られる．

4章の解答

1.1 $n = 10$, $\log n! = 15.104413$, $n \log n - n = 13.02585$

$$\left(n + \frac{1}{2}\right)\log n - n + \frac{1}{2}\log(2\pi) = 15.09608$$

$n = 100$, $\log n! = 363.739376$, $n \log n - n = 360.5170$

$$\left(n + \frac{1}{2}\right)\log n - n + \frac{1}{2}\log(2\pi) = 363.7385$$

$$n = 1000, \quad \log n! = 5912.128179, \quad n\log n - n = 5907.755$$

$$\left(n + \frac{1}{2}\right)\log n - n + \frac{1}{2}\log(2\pi) = 5912.128$$

このように，Stirling の公式は $n \gtrsim 10^3$ ならば有効数字 7 桁以上の精度で正しく，もっと粗い公式 $n\log n - n$ は $n \gtrsim 10^5$ ならば有効数字 5 桁以上の精度で正しい．

1.2 Stirling の公式より，

$$\log {}_nC_r \cong \left(n + \frac{1}{2}\right)\log n - \left(n - r + \frac{1}{2}\right)\log(n-r) - \left(r + \frac{1}{2}\right)\log r - \frac{1}{2}\log(2\pi)$$

上の近似式では $r \gg 1$ であるから，r を連続変数とみなして，$\log {}_nC_r$ の最大値を与える r を求める．右辺を r で微分すれば，

$$\frac{d}{dr}(\log {}_nC_r) = \log\left\{\frac{(n-r)}{r}\right\} + \frac{(2r-n)}{2r(n-r)}, \quad \frac{d^2}{dr^2}(\log {}_nC_r) = -\frac{\{2(n-r)-1\}}{2(n-r)^2} - \frac{(2r-1)}{2r^2}$$

であるから，$\log {}_nC_r$ は $r = n/2$ のときに最大となる．実際には r は自然数であるから，n が偶数ならば $r = n/2$，n が奇数ならば $r = (n-1)/2$ または $r = (n+1)/2$ のときに $\log {}_nC_r$ は最大となる．${}_nC_r$ の最大値を M_n とすると，$O(n^{-1})$ を省略すれば，n が偶数でも奇数でも次のようになる．

$$\log M_n \cong n\log 2 + \frac{1}{2}\log\left(\frac{2}{n\pi}\right) \quad \therefore \quad M_n \cong \sqrt{\frac{2}{n\pi}} \cdot 2^n$$

他方，2 項係数の公式より $\sum_{r=0}^{n} {}_nC_r = (1+1)^n = 2^n$ であるから，

$$\log\left\{\sum_{r=0}^{n} {}_nC_r\right\} \cong \log M_n + \frac{1}{2}\log\left(\frac{n\pi}{2}\right)$$

また，$\log\left\{\sum_{r=0}^{n} {}_nC_r\right\}$ も $\log M_n$ もともに大きさは $O(n)$ である．

〔注意〕最大項 M_n と総和 $\sum_{r=0}^{n} {}_nC_r$ とを比較すると，双方の対数の大きさは $O(n)$ であり，その差は $O(\log n)$ の大きさであるから，n が十分大きいときには最大項ただ 1 項で総和 $\sum_{r=0}^{n} {}_nC_r$ をおきかえることが許される．すなわち，

$$\frac{1}{n}\left\{\log\left(\sum_{r=0}^{n} {}_nC_r\right) - \log M_n\right\} = O\left(\frac{1}{n}\log n\right) \to 0 \quad (n \to \infty)$$

和を最大項だけでおきかえる近似は，もっと複雑な場合でも上と同じような意味の漸近評価として許されることが多い．このような近似法は**最大項の方法**と呼ばれ，統計力学においてよく用いられる．

1.3 Stirling の公式を用い，$O(\log N)$ 以下を省略すれば，
N が偶数

$$\log V_N = \frac{1}{2}N\log(\pi R^2) - \log\left\{\left(\frac{1}{2}N\right)!\right\}$$

$$\cong \frac{1}{2}N\log(\pi R^2) - \frac{1}{2}N\log\left(\frac{1}{2}N\right) + \frac{1}{2}N = \frac{1}{2}N\log\left(\frac{2\pi eR^2}{N}\right)$$

N が奇数

$$\log V_N = \frac{1}{2}N\log(4\pi R^2) - \frac{1}{2}\log\pi + \log\left\{\left(\frac{1}{2}N - \frac{1}{2}\right)!\right\} - \log(N!)$$
$$\cong \frac{1}{2}N\log(4\pi R^2) + \left(\frac{1}{2}N - \frac{1}{2}\right)\log\left(\frac{1}{2}N - \frac{1}{2}\right) - \frac{1}{2}N + \frac{1}{2} - N\log N + N$$
$$\cong \frac{1}{2}N\log(4\pi R^2) - \frac{1}{2}N\log N - \frac{1}{2}N\log 2 + \frac{N}{2} = \frac{1}{2}N\log\left(\frac{2\pi eR^2}{N}\right)$$

N の偶,奇いずれの場合も同じ近似式が得られる.

〔注意〕 N 次元空間の直角座標を $(x_1, x_2, \cdots, x_N)$ とすると,原点を中心とする半径 R の N 次元球は,$x_1^2 + x_2^2 + \cdots + x_N^2 \leq R^2$ の成り立つ領域である.この球の体積 V_N の表式の導出については,たとえば 寺沢寛一:自然科学者のための数学概論(増訂版)(岩波書店), p.66 (問題 26),または 森口他編:数学公式 I (岩波書店), p.265~6 (§61 多重積分) を参照されたい.

2.1 半径 r の円に外接する三角形の内角を x, y, z とすれば,面積は

$$S = r^2\{\cot(x/2) + \cot(y/2) + \cot(z/2)\},\ x + y + z = \pi,\ 0 < x, y, z < \pi$$

Lagrange の未定乗数を α として,$I \equiv S + \alpha(x + y + z - \pi)$ を x, y, z, α の関数と考え,そのすべての 1 階偏導関数を 0 とするような x, y, z の値を求める.

$$\left(\frac{\partial I}{\partial x}\right) = -\frac{r^2}{2}\mathrm{cosec}^2\left(\frac{x}{2}\right) + \alpha = 0$$

であり,$(\partial I/\partial y) = 0$, $(\partial I/\partial z) = 0$ も同形の式であるから,求める x, y, z の値は次の式から決定される.

$$\mathrm{cosec}^2(x/2) = \mathrm{cosec}^2(y/2) = \mathrm{cosec}^2(z/2) = 2\alpha/r^2$$

内角の変域でこの式を満足する値の組は,$x = y = z = \pi/3$,すなわち正三角形となる.ところで,内角の 1 つを小さくすると(外接三角形の頂点の 1 つを円の中心から遠ざけると),外接三角形の面積 S はいくらでも大きくできる.したがって,上の極値は実際に最小値で,$S = 3\sqrt{3}r^2$ となる.

2.2 未定乗数を $\alpha, -k\beta$ として,次の積分汎関数 $I[P(x)]$ を考える.

$$I[P(x)] = -k\int_{-\infty}^{\infty} P(x)\log P(x)dx + \alpha\left\{\int_{-\infty}^{\infty} P(x)dx - 1\right\} - k\beta\left\{\int_{-\infty}^{\infty} x^2 P(x)dx - \sigma^2\right\}$$

上の式の停留値を与える $P(x)$ を $P_0(x)$ とし,$P(x) \equiv P_0(x) + \delta P(x)$ とおいて $I[P(x)]$ と $I[P_0(x)]$ との差を $\delta P(x)$ の 1 次の範囲でまとめると次のようになる.

$$\delta I \equiv I[P(x)] - I[P_0(x)] = \int_{-\infty}^{\infty}\{-k - k\log P_0(x) + \alpha - k\beta x^2\}\delta P(x)dx$$

$P_0(x)$ は $I[P(x)]$ の停留値を与えるから,任意の微小な $\delta P(x)$ に対して常に $\delta I = 0$ でなければならない.したがって $P_0(x)$ は次のように求められる.

$$-k - k\log P_0(x) + \alpha - k\beta x^2 = 0 \quad \therefore\ P_0(x) = Ae^{-\beta x^2},\quad A \equiv e^{(\alpha-k)/k}$$

α と β,したがって A と β は,問題の条件から次のように決定される(基本事項の◆定

積分の公式の項を参照せよ）．
$$A\sqrt{\pi/\beta}=1, \quad (A/2\beta)\sqrt{\pi/\beta}=\sigma^2 \quad \therefore \quad \beta=1/2\sigma^2, \quad A=1/\sqrt{2\pi\sigma^2}$$
$$\therefore \quad P_0(x)=\frac{1}{\sqrt{2\pi\sigma^2}}e^{-x^2/2\sigma^2}, \quad S_0=-k\int_{-\infty}^{\infty}P_0(x)\log P_0(x)dx=\frac{k}{2}\log(2\pi\sigma^2 e)$$

この $P_0(x)$ が実際に積分汎関数 S の値を最大にすることは，次のように示される．問題の条件を満足する一般の $P(x)$ のときの S の値と S_0 との差を考えると，
$$S_0-S=k\int_{-\infty}^{\infty}\{P(x)\log P(x)-P(x)\log P_0(x)\}dx+k\int_{-\infty}^{\infty}\{P(x)-P_0(x)\}\log P_0(x)dx$$

右辺の第 2 の積分に $P_0(x)$ の関数形を代入し，問題の 2 つの条件を使うと，
$$k\int_{-\infty}^{\infty}\{P(x)-P_0(x)\}\log P_0(x)dx=-\frac{k}{2}\log(2\pi\sigma^2)\int_{-\infty}^{\infty}\{P(x)-P_0(x)\}dx$$
$$-\frac{k}{2\sigma^2}\int_{-\infty}^{\infty}\{P(x)-P_0(x)\}x^2 dx=0$$

右辺の第 1 の積分は，例題 2 の〔注意〕の不等式 (*) より負にはならない．したがって，$S_0\geq S$ となり，S_0 は S の最大値である．

3.1 例題 3 と同様に考えて，
$$P(N,M)={}_N C_M p^M q^{N-M}=\frac{N!}{M!(N-M)!}p^M q^{N-M}, \quad 0\leq M\leq N$$

平均値と分散は次のように計算される．
$$\langle M\rangle\equiv\sum_{M=1}^{N}MP(N,M)=Np\sum_{M=1}^{N}\frac{(N-1)!}{(M-1)!(N-M)!}p^{M-1}q^{N-M}=Np(p+q)^{N-1}=Np$$
$$\langle(M-\langle M\rangle)^2\rangle=\langle M^2\rangle-\langle M\rangle^2=\langle M(M-1)\rangle+\langle M\rangle-\langle M\rangle^2$$
$$=N(N-1)p^2\sum_{M=2}^{N}\frac{(N-2)!}{(M-2)!(N-M)!}p^{M-2}q^{N-M}+Np-N^2p^2$$
$$=Np(1-p)=Npq$$

〔付記〕 この $P(N,M)$ で与えられる確率分布は 2 項分布と呼ばれる．例題 3 は $p=q=1/2$ の特別な場合である．

3.2 任意の M について，M と $\lambda\equiv Np$ を固定して $N\to\infty, p\to 0$ の極限をとる．Stirling の公式により，
$$\lim_{\substack{N\to\infty\\p\to 0}}\log P(N,M)=\lim_{\substack{N\to\infty\\p\to 0}}\left\{-\log(M!)+N\log N-N+\frac{1}{2}\log N\right.$$
$$-(N-M)\log(N-M)+(N-M)-\frac{1}{2}\log(N-M)$$
$$\left.+M\log\left(\frac{\lambda}{N}\right)+(N-M)\log\left(1-\frac{\lambda}{N}\right)+O\left(\frac{1}{N}\right)\right\}$$
$$=\log\left\{\frac{\lambda^M}{M!}e^{-\lambda}\right\}, \quad (N\log N, N, \log N \text{ の項はすべて相殺される．})$$
$$\therefore \quad \lim_{\substack{N\to\infty\\p\to 0}}P(N,M)=\lambda^M e^{-\lambda}/M!=P_\lambda(M), \quad M=0,1,2,\cdots.$$

〔付記〕 離散的な確率事象のうちで，非常にまれにしか起こらぬ事象を多数回（長い間）観測したとすると，その確率分布は Poisson 分布となることが知られている．寿命の非常に長い放射性元素試料から出る放射線のカウント数などはその例である．

4.1 体系 A の体積を V_A，粒子数を N_A，固有値を $E_i (i = 1, 2, \cdots)$，また体系 B のそれらを $V_B, N_B, E_s (s = 1, 2, \cdots)$ と表す．2つを合わせた体系について，エネルギーを通す壁の影響は十分に弱く，この壁で接触させたときにも A と B の各固有状態には変化がないものとする．この合わせた体系に対応する正準集団（合わせた体系の数は M）から，例題 4 と同様に 1 つの大きな孤立系をつくる．この大きな孤立系の力学的状態は，M 個の体系 A と M 個の体系 B とが，それぞれどの固有状態にあるかで完全に指定される．この孤立系において，i 番目の固有状態にある体系 A の個数を m_i，s 番目の固有状態にある体系 B の個数を m_s とする．これらの数の値の組 $[\{m_i\}, \{m_s\}]$ を与えたとき，その組に対応する大きな孤立系の力学的状態の数を $\Omega(\{m_i\}, \{m_s\})$ とすると，A と B の量子力学的状態はそれぞれ独立と考えてよいから，

$$\Omega(\{m_i\}, \{m_s\}) = \frac{M!}{\prod_i (m_i!)} \times \frac{M!}{\prod_s (m_s!)}$$

ただし，大きな孤立系のエネルギーを E_L とするとき，組 $\{m_i\}$ と $\{m_s\}$ は，次の3つの条件を満足するように与えなければならない．

$$\sum_i m_i = M, \quad \sum_s m_s = M, \quad \sum_i m_i E_i + \sum_s m_s E_s = E_L \qquad (*)$$

したがって，大きな孤立系に可能な力学的状態の個数 Ω_L は，条件 $(*)$ を満足するすべての組 $\{m_i\}$ と $\{m_s\}$ について加えて，

$$\Omega_L = \sum_{\{m_i\}} \sum_{\{m_s\}} \Omega(\{m_i\}, \{m_s\})$$

となる．この大きな孤立系よりなる小正準集団について**基本仮定 B** を適用し，例題 4 と同様に考えれば，A と B を合わせた体系に対応する正準集団において，体系 A が i 番目の固有状態にあり同時に体系 B が s 番目の固有状態にある確率 P_{is} は，次式で与えられる．

$$P_{is} = \frac{1}{\Omega_L} \sum_{\{m_i\}} \sum_{\{m_s\}} (m_i m_s / M^2) \Omega(\{m_i\}, \{m_s\})$$

$$= \frac{1}{M^2 \Omega_L} \left[\sum_{\{m_i\}} \sum_{\{m_s\}} m_i m_s \Omega(\{m_i\}, \{m_s\}) \right]$$

例題 4 と同様に，最大項の方法を使って P_{is} の表式を変形する．条件 $(*)$ の第 1 式に対する未定乗数を α_A，第 2 式に対するそれを α_B，第 3 式に対するそれを $-\beta$ として，$\log \Omega(\{m_i\}, \{m_s\})$ を最大にする組 $\{m_i^*\}$ と $\{m_s^*\}$ とを求めれば，

$$\frac{m_i^*}{M} = \frac{e^{-\beta E_i}}{Q_A}, \quad \frac{m_s^*}{M} = \frac{e^{-\beta E_s}}{Q_B}, \quad Q_A \equiv \sum_i e^{-\beta E_i}, \quad Q_B \equiv \sum_s e^{-\beta E_s}$$

となる．したがって，

$$P_{is} \cong \frac{m_i^* m_s^* \Omega(\{m_i^*\}, \{m_s^*\})}{M^2 \Omega(\{m_i^*\}, \{m_s^*\})} = \left(\frac{m_i^*}{M}\right)\left(\frac{m_s^*}{M}\right) = \left(\frac{e^{-\beta E_i}}{Q_A}\right)\left(\frac{e^{-\beta E_s}}{Q_B}\right) = P_i P_s$$

ただし，P_i と P_s は，それぞれ体系 A だけのときの正準分布と体系 B だけのときの正準分布であり，P_{is} はそれらの積で与えられることになっている．

以上の結果から，温度の等しい2つの体系AとBについて，パラメータβは共通の値をとることになり，βは熱力学の温度の役目をしている．体系Aを決めておいて，体系Bの方をいろいろ変えてみても温度が同じであれば，常にβの値は同じであるから，$\beta = f(T)$としたとき，$f(T)$の関数形は体系Bの種類によらない．同様にして，$f(T)$の関数形は体系Aの種類にもよらない．結局，$f(T)$の関数形は考えている体系の種類にはよらない普遍的なものである．すなわち，正準分布のパラメータβは，温度Tの普遍的な関数である．

4.2 温度Tの熱源に接触する1つの体系の固有値を$E_i (i = 1, 2, \cdots)$とすれば，この体系のエネルギー（内部エネルギー）Eは，**基本仮定A**により，

$$E = \sum_i E_i P_i = -(\partial \log Q / \partial \beta)_{N,V}, \quad Q = \sum_i e^{-\beta E_i}$$

次に，この体系の体積VをdVだけ増加させたとき，各固有値は$(\partial E_i/\partial V)_N dV$だけ増加する．体系が仮に$i$番目の固有状態にあるときには，$(\partial E_i/\partial V)_N dV$の増加分は，この状態の体系に外から仕事がなされたためと解釈できるから，温度Tの熱源に接触する体系に（粒子数Nは一定で）体積増加dVを生じさせる仕事$d'W$は**基本仮定A**により，

$$d'W \equiv -p dV = \sum_i (\partial E_i/\partial V)_N dV \cdot P_i$$

したがって圧力pは次式で与えられる．

$$p = -\sum_i (\partial E_i/\partial V)_N P_i = (1/\beta)(\partial \log Q/\partial V)_{N,\beta}$$

QはN, V, βの関数であるが，Nを固定して$\log Q$の微分を求めれば，上のEとpの表式から，

$$d(\log Q) = \left(\frac{\partial \log Q}{\partial \beta}\right)_{N,V} d\beta + \left(\frac{\partial \log Q}{\partial V}\right)_{N,\beta} dV = -E d\beta + \beta p dV$$

一方，熱力学の公式より，Helmholtzの自由エネルギーAについて次式が成り立つ．

$$d\left(\frac{A}{T}\right) = -\frac{E}{T^2} dT - \frac{p}{T} dV$$

この2つの式は，1つの閉じた体系について，体系の温度と体積を変えるという1つの現象を，それぞれ統計力学的にみたときの表現と熱力学的にみたときの表現となっている．すなわち，この両式の内容は同じものでなければならない．したがって，対応する各項を比べると，まず$\beta = 1/kT$（kは定数）であること，そして$A = -kT \log Q$となることがわかる．問題4.1より，βはTの普遍的な関数でなければならないから，この定数kは体系の種類にはよらぬ普遍定数（universal constant）でなければならない．

kの値は，具体的な問題に統計力学を適用してみれば決定される．たとえば，理想気体を統計力学的に扱うことにより，kはBoltzmann定数であることがわかる（5.2の基本事項◆単原子古典理想気体参照）．

5.1 $\Xi(V, \beta, \gamma)$において，Nの値の組ごとにiの和を先にとれば，

$$\Xi(V, \beta, \gamma) = \sum_N Q(N, V, \beta) e^{\gamma N}, \quad Q(N, V, \beta) = \sum_i e^{-\beta E_i}$$

この$Q(N, V, \beta)$は，粒子数$N_\alpha (\alpha = 1, 2, \cdots, \nu)$，体積$V$，温度$T$の閉じた体系に対する分配関数である（例題4）．考える体系とそれぞれの種類の粒子源との接触を断つと，大正準集団は正準集団と同じものになる．したがって，問題4.1, 4.2の結果から，

$\beta = 1/kT$ となる．また，どれか 1 種類の粒子源との接触だけを許して残りの粒子源との接触を断つと，考える体系は温度 T と 1 つの化学ポテンシャル (μ_α) で指定される大正準集団と対応し，パラメータ γ_α は T と μ_α で定められる．

基本仮定 A により，$E_i, -(\partial E_i/\partial V)_N, N_\alpha$ の $P_i(N)$ による平均は，それぞれ内部エネルギー E，圧力 p，α 番目の種類の粒子数 N_α に等しい．これから，$\log \Xi(V, \beta, \gamma)$ の V, β, γ_α についての全微分を求めると，

$$d(\log \Xi) = \left(\frac{\partial \log \Xi}{\partial \beta}\right)_{V,\gamma} d\beta + \left(\frac{\partial \log \Xi}{\partial V}\right)_{\beta,\gamma} dV + \sum_{\alpha=1}^{\nu} \left(\frac{\partial \log \Xi}{\partial \gamma_\alpha}\right)_{V,\beta,\gamma_{\alpha'}(\alpha'\neq\alpha)} d\gamma_\alpha$$

$$= -Ed\beta + \beta p dV + \sum_{\alpha=1}^{\nu} N_\alpha d\gamma_\alpha$$

一方，熱力学では次の全微分の式が成立する．

$$d\left(\frac{pV}{T}\right) = \frac{E}{T^2}dT + \frac{p}{T}dV + \sum_{\alpha=1}^{\nu} N_\alpha d\left(\frac{\mu_\alpha}{T}\right)$$

問題 4.2 の考え方と同様に，これらの 2 つの式は，体積 V，温度 T，化学ポテンシャル $\mu_\alpha (\alpha = 1, 2, \cdots, \nu)$ の開いた体系において，V, T, μ_α を変化させるという 1 つの現象の統計力学的表現と熱力学的表現とみなすことができる．したがって，両辺で対応する各項は（たかだか普遍定数の因子を除いて）一致しなければならない．先に示した関係式，$\beta = 1/kT$ により，次の関係式が導かれる．

$$\gamma_\alpha = \frac{\mu_\alpha}{kT} \quad (\alpha = 1, 2, \cdots, \nu), \quad k \log \Xi = \frac{pV}{T}$$

6.1 N を一定としたときの熱力学の公式 $dA = -SdT - pdV$ から，

$$S = -\left(\frac{\partial A}{\partial T}\right)_V = \left(\frac{\partial}{\partial T}(kT \log Q)\right)_{N,V} = kT\left(\frac{\partial \log Q}{\partial T}\right)_{N,V} + k \log Q$$

あるいは，基本事項の◆正準集団に示した E の式から，$S = (E - A)/T$ としても導かれる．

熱力学の公式 $d(pV) = SdT + pdV + Nd\mu$（2.2 の基本事項◆純粋物質の開いた系参照）から，

$$S = \left(\frac{\partial(pV)}{\partial T}\right)_{V,\mu} = \left(\frac{\partial}{\partial T}(kT \log \Xi)\right)_{V,\mu} = kT\left(\frac{\partial \log \Xi}{\partial T}\right)_{V,\mu} + k \log \Xi$$

あるいは，基本事項◆大正準集団に示した E の式から，$S = (E - N\mu + pV)/T$ としても導かれる．

6.2 2 つの体系のうちの一方を A，他方を B とする．A のエネルギー準位を $E_i (i = 1, 2, \cdots)$，B のそれらを $E_s (s = 1, 2, \cdots)$ と表す．A と B を合わせた体系のエネルギー準位は，仮定より，$(E_i + E_s)(i, s = 1, 2, \cdots)$ と表される．したがって，合わせた体系に対応する正準集団の分配関数を Q とすれば，

$$Q = \sum_{(i,s)} e^{-(E_i+E_s)/kT} = (\sum_i e^{-E_i/kT})(\sum_i e^{-E_s/kT}) = Q_A \cdot Q_B$$

Q_A, Q_B は，それぞれ A，B 単独のときの分配関数である．これより，

$$A = -kT \log Q = -kT \log Q_A - kT \log Q_B$$

となり，それぞれの体系の Helmholtz の自由エネルギーの和に等しい．また，E と S は，基本事項◆正準集団に示した式から，直ちに A，B それぞれの E と S の和で与えられることがわかる．

また，合わせた体系に対応する正準分布は，A, B それぞれに対応する正準分布の積で表されることからも，E と S とが和で表されることが導かれる．

$$P(E_i + E_s) = \frac{e^{-(E_i+E_s)/kT}}{Q} = \left\{\frac{e^{-E_i/kT}}{Q_A}\right\}\left\{\frac{e^{-E_s/kT}}{Q_B}\right\} = P(E_i) \cdot P(E_s)$$

$$\therefore E = \sum_{(i,s)}(E_i+E_s)P(E_i+E_s) = \sum_i\sum_s(E_i+E_s)P(E_i)\cdot P(E_s)$$

$$= \sum_i E_i P(E_i) + \sum_s E_s P(E_s)$$

$$S = -k\sum_{(i,s)}P(E_i+E_s)\log P(E_i+E_s) = -k\sum_i\sum_s P(E_i)P(E_s)\{\log P(E_i) + \log P(E_s)\}$$

$$= -k\sum_i P(E_i)\log P(E_i) - k\sum_s P(E_s)\log P(E_s)$$

〔**注意**〕 問題 6.2 において 2 つの体系が独立であるという内容は，2 つの体系の間に弱い相互作用が働いてエネルギーの交換があるときでも，それぞれの固有状態は単独のときと変わらず，固有状態の出現が互いに独立であることをいう．問題 6.2 の結果から，統計力学の A, E, S の表式は正しく示量性の量を表すことがわかる．

7.1 束縛条件の下での体系のエネルギー値 E の準位の縮退度を Ω' とし，束縛条件がないときの同じエネルギー値 E の準位の縮退度を Ω とする．束縛条件があるということは，もともと存在する Ω 個の固有状態のうちの一部分だけが許された固有状態となっていることを意味するから，$\Omega' < \Omega$ である．したがって，小正準集団を考えることにより，

$$S = k\log\Omega > S' = k\log\Omega'$$

7.2 問題 7.1 の結果により，孤立系に変化が起こってエントロピーが S からより小さな S' の値になったとすると，後の熱平衡状態では，可能な固有状態 Ω 個のうちの一部分 Ω' 個だけが実現している状態である．この変化が，外からの束縛条件などによるものではなく自然に起こるものであるとすれば，このような変化が起こる確率は，**基本仮定 B** により，次の比で与えられる．

$$\Omega'/\Omega = \exp\{-(S-S')/k\}$$

熱力学の対象となる巨視的な体系では，体系が N 個の粒子から構成されているとすると，$S = O(Nk)$, $S' = O(Nk)$, $S - S' = O(Nk)$ であるから，

$$\Omega'/\Omega = O(e^{-N})$$

となる．N は $O(10^{22}\sim10^{23})$ の大きさであるから，右辺は 1 に比べて無視できるほど小さい．すなわち，巨視的な孤立系においてエントロピーが減少するような変化が自然に起こる確率は，ほとんど 0 である．

〔**注意**〕 熱力学的極限，すなわち $N \to \infty$ の極限では，$\Omega'/\Omega = 0$ となり，問題 7.2 の確率法則は熱力学第 2 法則と一致する．

7.3 この体系のエネルギー準位を E_n，その縮退度を Ω_n と表す $(n = 1, 2, \cdots)$．束縛条件があるときと取り除いたあとを比較したとき，N, V が不変であるから各準位に変化はないが，束縛条件があるときにはそれぞれの縮退度 Ω_n のうちの一部分 Ω_n' 個の固有状態だけが出現する（ある準位について，$\Omega_n' = 0$ となることもある）．

体系のそれぞれの平衡状態に対応する分配関数を Q'（束縛），Q（非束縛）とすると，

$$Q' = \sum_n \Omega_n' e^{-E_n/kT} < Q = \sum_n \Omega_n e^{-E_n/kT} \quad (\because\ \Omega_n' < \Omega_n)$$

したがって，次の不等式が得られる．

$$A = -kT\log Q < A' = -kT\log Q'$$

8.1 $P_A(E_i)$ の形を求めるため，2つの条件式に対する Lagrange の未定乗数をそれぞれ α_A と $-\beta_A$ とし，次のような I を考える．

$$I = -\sum_i P_A(E_i) \log P_A(E_i) + \alpha_A \left\{\sum_i P_A(E_i) - 1\right\} - \beta_A \left\{\sum_i E_i P_A(E_i) - E_A\right\}$$

$P_A(E_i)$ は I の停留値を与えるから，それぞれの i について $P_A(E_i)$ を $\delta P_A(E_i)$ だけ変えたときの I の1次変分 δI に対して，

$$\delta I = -\sum_i \{\log P_A(E_i) + 1 - \alpha_A + \beta_A E_i\}\delta P_A(E_i) = 0$$

でなければならない．$\delta P_A(E_i)$ は任意に選べるから，それぞれの i について $\delta P_A(E_i)$ の係数の式が 0 でなければならない．

$$\log P_A(E_i) + 1 - \alpha_A + \beta_A E_i = 0 \quad \therefore \quad P_A(E_i) = C_A e^{-\beta_A E_i}, \quad C_A \equiv e^{-1+\alpha_A}$$

この結果を2つの条件式に代入すれば，

$$C_A \sum_i E_i e^{-\beta_A E_i} = E_A, \quad C_A \sum_i e^{-\beta_A E_i} = 1 \quad \therefore \quad P_A(E_i) = e^{-\beta_A E_i} / \sum_i e^{-\beta_A E_i}$$

となる．この $P_A(E_i)$ が f の値を最大にすることは，例題 2, (2) の不等式を利用することにより，問題 2.2 と同じようにして示される．同様にして，$P_B(E_s)$, $P_{AB}(E_i+E_s)$ の形も次のように定められる（β_B と β_{AB} は Lagrange の未定乗数）．

$$P_B(E_s) = \frac{e^{-\beta_B E_s}}{\sum_s e^{-\beta_B E_s}}, \quad P_{AB}(E_i+E_s) = \frac{e^{-\beta_{AB}(E_i+E_s)}}{\sum_i \sum_s e^{-\beta_{AB}(E_i+E_s)}}$$

この結果を例題 8 の (*) に代入して，両辺の対数をとって整理すると，すべての i と s の組について次の関係式が得られる．

$$(\beta_A - \beta_{AB})E_i + (\beta_B - \beta_{AB})E_s = \log\left\{\sum_i \sum_s e^{-\beta_{AB}(E_i+E_s)} / \sum_i e^{-\beta_A E_i} \sum_s e^{-\beta_B E_s}\right\}$$

右辺は i と s にはよらない定数であるから，この関係式が成り立つ必要十分条件として，

$$\beta_A = \beta_B = \beta_{AB} \equiv \beta$$

が得られる．この共通のパラメータ β の値は，A と B それぞれの N と V にはよらず，共通の温度 T だけで定まることも明らかである．$\beta = 1/kT$ とおくと，上の結果は正準分布となる．

〔付記〕 例題 6 のエントロピー S の表式と比較すると，問題 8.1 の f の最大値は S/k に等しいことがわかる．統計力学の数学的な基礎の1つである確率論では，ある確率変数が値 X をとる確率を $P(X)$ とするとき，$-\sum P(X)\log P(X)$（和は X として許されるすべての値についてとる）で定義される量を，その確率事象のエントロピーと呼ぶことがある．確率論における母集団として，小正準集団，正準集団，大正準集団をとれば，上の確率論のエントロピーは，熱力学のエントロピー S に比例する．

9.1 正準分布 P_i の温度 T による微分は，

$$\left(\frac{\partial P_i}{\partial T}\right)_{N,V} = \left(\frac{1}{kT^2}\right)E_i P_i - \left(\frac{1}{kT^2}\right)P_i\left(\sum_j E_j P_j\right)$$

となるから，$(\partial E/\partial T)_{N,V}$ は次のように計算される．

$$kT^2\left(\frac{\partial E}{\partial T}\right)_{N,V} = kT^2\left(\frac{\partial}{\partial T}\sum_i E_i P_i\right)_{N,V} = \sum_i E_i^2 P_i - \left(\sum_i E_i P_i\right)\left(\sum_j E_j P_j\right)$$

$$= \langle E^2\rangle_N - (\langle E\rangle_N)^2 = \langle (E-\langle E\rangle_N)^2\rangle$$

$(\partial p/\partial T)_{N,V}$ も同様に計算される.

$$kT^2\left(\frac{\partial p}{\partial T}\right)_{N,V} = kT^2\frac{\partial}{\partial T}\left\{-\sum_i\left(\frac{\partial E_i}{\partial V}\right)_N P_i\right\}_{N,V} = \sum_i E_i\left\{-\left(\frac{\partial E_i}{\partial V}\right)_N\right\}P_i + \left\{\sum_j E_j P_j\right\}$$

$$\times\left\{\sum_i\left(\frac{\partial E_i}{\partial V}\right)_N P_i\right\} = \langle Ep\rangle_N - \langle E\rangle_N\langle p\rangle_N = \langle(E-\langle E\rangle_N)(p-\langle p\rangle_N)\rangle_N$$

〔注意 1〕熱力学の定積比熱 C_V の定義 $C_V = (\partial E/\partial T)_{N,V}$ と問題 9.1 の結果を比較すると,次の関係式が成立することがわかる (2.1 の基本事項◆**熱力学の不等式**参照).

$$kT^2 C_V = \langle(E-\langle E\rangle_N)^2\rangle > 0$$

〔注意 2〕例題 9 に示した $(\partial P_i/\partial V)_{N,T}$ の式を使うことにより,

$$\left(\frac{\partial E}{\partial V}\right)_{N,T} = -\langle p\rangle_N + \left(\frac{1}{kT}\right)\cdot\langle(E-\langle E\rangle_N)(p-\langle p\rangle_N)\rangle_N$$

が導かれるが,問題 9.1 の結果と比較すると,よく知られた次の熱力学の関係式が得られたことになる (2.1 の基本事項◆**若干の関係式**参照).

$$\left(\frac{\partial E}{\partial V}\right)_{N,T} = T\left(\frac{\partial p}{\partial T}\right)_{N,V} - p$$

9.2 大正準分布 $P_i(N)$ について,$N\mu \to N_1\mu_1 + N_2\mu_2$ とおきかえて,

$$\left(\frac{\partial P_i(N)}{\partial \mu_\alpha}\right)_{V,T,\mu_\beta(\beta\neq\alpha)} = \left(\frac{N_\alpha}{kT}\right)\cdot P_i(N) - \left(\frac{1}{kT}\right)\cdot P_i(N)\cdot\left\{\sum_{N'}\sum_j N'_\alpha P_j(N')\right\}$$

となることから,

$$kT\left(\frac{\partial N_1}{\partial \mu_2}\right)_{V,T,\mu_1} = kT\sum_N\sum_i N_1\left(\frac{\partial P_i(N)}{\partial \mu_2}\right)_{V,T,\mu_1}$$

$$= \sum_N\sum_i N_1 N_2 P_i(N) - \left\{\sum_N\sum_i N_1 P_i(N)\right\}\left\{\sum_{N'}\sum_j N'_2 P_j(N')\right\}$$

$$= \langle N_1 N_2\rangle - \langle N_1\rangle\langle N_2\rangle \;(= \langle(N_1-\langle N_1\rangle)(N_2-\langle N_2\rangle)\rangle)$$

右辺の第 2 の等式以下は,1 と 2 について対称であるから,$kT(\partial N_2/\partial \mu_1)_{V,T,\mu_2}$ も同じ結果を導くことは明らかである.さらに,同様な計算により,

$$kT\left(\frac{\partial N_\alpha}{\partial \mu_\alpha}\right)_{V,T,\mu_\beta(\beta\neq\alpha)} = \sum_N\sum_i N_\alpha^2 P_i(N) - \left\{\sum_N\sum_i N_\alpha P_i(N)\right\}^2$$

$$= \langle N_\alpha^2\rangle - (\langle N_\alpha\rangle)^2 \quad (\alpha=1,2)$$

〔注意〕問題 9.2 の第 2 の等式は,もちろん 1 成分系においても成り立つ.熱力学の関係式を利用すると,1 成分系における粒子のゆらぎは体系の等温圧縮率で表される.

$$\{\langle N^2\rangle - (\langle N\rangle)^2\}/N = kT\cdot(N/V)\cdot\kappa_T, \quad \kappa_T \equiv -(1/V)(\partial V/\partial p)_{N,T}$$

10.1 例題 10 における 1 つの粒子が 1 つの種類の粒子全体に対応すると考えればよい.すなわち,α 番目の種類の粒子全部の座標をまとめて $\{x_\alpha\}$ と表すと,体系全体の Hamilton 演算子は

$$\widehat{H} = \sum_{\alpha=1}^\nu \widehat{h}^{(\alpha)}(\{x_\alpha\})$$

と表されることになる． $\widehat{h}^{(s)} \to \widehat{h}^{(\alpha)}$, $\varepsilon_{is}^{(s)} \to E_{i_\alpha}^{(\alpha)}$ と対応させると，

$$Q = \prod_{\alpha=1}^{\nu} Q_\alpha, \quad Q_\alpha \equiv \sum_{i_\alpha} \exp\{-E_{i_\alpha}^{(\alpha)}/kT\}$$

となる．ただし，$E_{i_\alpha}^{(\alpha)}$ は α 番目の粒子系に対する Schrödinger 方程式

$$\hat{h}^{(\alpha)}(\{x_\alpha\})\Psi_{i_\alpha}^{(\alpha)}(\{x_\alpha\}) = E_{i_\alpha}^{(\alpha)}\Psi_{i_\alpha}^{(\alpha)}(\{x_\alpha\}) \quad (\alpha = 1, 2, \cdots, \nu;\ i_\alpha = 1, 2, \cdots)$$

の i_α 番目の固有値である．

11.1 定義から，q は V と T の関数である．分配関数は $Q_{\mathrm{MB}} = q^N/N!$ であるから，4.2 の基本事項の◆**正準集団**にある関係式を使うと，

$$A = -NkT\log(q/V) + NkT\log(N/V) - NkT$$
$$p = -(\partial A/\partial V)_{N,T} = NkT(V/q)\{\partial(q/V)/\partial V\}_T + (NkT/V)$$

ただし，A の式では，$\log(N!) \cong N\log N - N$ を使った．さらに，熱力学の関係式により，化学ポテンシャル μ は，

$$\mu = (\partial A/\partial N)_{N,T} = -kT\log(q/V) + kT\log(N/V)$$

Gibbs の自由エネルギーを G とすると，$N\mu = G = A + pV$ が成り立つ．この等式の μ, A, p に上の表式を代入すると，直ちに，次の関係が得られる．

$$(\partial(q/V)/\partial V)_T = 0$$

〔注意〕この問題は，大正準集団における関係式を使うと，もっと簡単に証明できる．すなわち，4.2 の基本事項の◆**大正準集団**にある圧力と大分配関数を関係づける 2 種類の関係式のそれぞれに，この節の基本事項の◆**大分配関数**にある表式 $\log \Xi = qe^{\mu/kT}$ を使うと，

$$p/kT = (\log \Xi)/V = (q/V)e^{\mu/kT}$$
$$= (\partial \log \Xi/\partial V)_{T,\mu} = (\partial q/\partial V)_T e^{\mu/kT} \quad \therefore\ (\partial q/\partial V)_T = q/V$$
$$\therefore\ \{\partial(q/V)\partial V\}_T = (\partial q/\partial V)_T/V - (q/V^2) = 0$$

11.2 基本事項の◆**分配関数**にある式により，

$$Q_{\mathrm{BE}} = \sum_{\substack{\{n_i\} \\ n_i = 0,1,2,\cdots}} \exp\left\{-\sum_i n_i\varepsilon_i/kT\right\}, \quad Q_{\mathrm{FD}} = \sum_{\substack{\{n_i\} \\ n_i = 0,1}} \exp\left\{-\sum_i n_i\varepsilon_i/kT\right\},$$

$$Q_{\mathrm{MB}} = \sum_{\substack{\{n_i\} \\ n_i = 0,1,2,\cdots}} \frac{1}{\prod_i(n_i!)} \exp\left\{-\sum_i n_i\varepsilon_i/kT\right\}$$

まず，Q_{BE} と Q_{MB} を比較する．両者とも n_i の値としては 0 およびすべての自然数が許される．$\sum_i n_i = N$ を満足する 1 つの組 $\{n_i\}$ を考えよう．すべての n_i が 0 か 1 でない限り，常に $1/\prod_i(n_i!) < 1$ であり，すべての n_i が 0 か 1 であるときには，この因数は 1 に等しい．したがって，$Q_{\mathrm{BE}} > Q_{\mathrm{MB}}$．

次に，Q_{MB} と Q_{FD} を比較しよう．Q_{FD} では n_i に許される値は 0 と 1 だけである．すべての n_i が 0 か 1 であるような組 $\{n_i\}$ に対しては，Q_{MB} の項と Q_{FD} の項は等しい．Q_{FD} にはそのような項しかないのに対し，Q_{MB} にはそのような項以外のものがたくさんあり，それらの項はすべて正である．したがって，$Q_{\mathrm{MB}} > Q_{\mathrm{FB}}$．

12.1 4.2 の基本事項◆大正準集団にある関係式

$$N=kT\left(\frac{\partial \log \Xi}{\partial \mu}\right)_{V,T}, \quad E=kT^2\left(\frac{\partial \log \Xi}{\partial T}\right)_{V,\mu}+\mu N=kT^2\left(\frac{\partial \log \Xi}{\partial T}\right)_{V,\mu}+\mu kT\left(\frac{\partial \log \Xi}{\partial \mu}\right)_{V,T}$$

に，この節の基本事項◆大分配関数にある $\log \Xi$ の表式を代入すれば，直ちに求める結果が得られる．A に対する表式は，熱力学の関係式を援用して得られる

$$A = -pV + \mu N = -kT \log \Xi + \mu N$$

という関係から容易に求められる．

13.1 例題 13 の解答にある $\langle n_i \rangle$ の表式を例題 12 と同様に計算すればよい．まず，Bose 統計の場合は次のように計算される．

$$\langle n_i \rangle = \frac{1}{\Xi}\left[\sum_{n_i=0}^{\infty} n_i \exp\{-n_i(\varepsilon_i - \mu)/kT\}\right] \prod_{k \neq i}\left[\sum_{n_k=0}^{\infty} \exp\{-n_k(\varepsilon_k - \mu)/kT\}\right]$$

$$= \left[\sum_{n_i=0}^{\infty} n_i \exp\{-n_i(\varepsilon_i - \mu)/kT\}\right]\left[\sum_{n_i=0}^{\infty} \exp\{-n_i(\varepsilon_i - \mu)/kT\}\right]^{-1} \quad (*)$$

$$= [\exp\{-(\varepsilon_i - \mu)/kT\}][1 - \exp\{-(\varepsilon_i - \mu)/kT\}]^{-2}[1 - \exp\{-(\varepsilon_i - \mu)/kT\}]$$

$$= \frac{\exp\{-(\varepsilon_i - \mu)/kT\}}{1 - \exp\{-(\varepsilon_i - \mu)/kT\}} = \frac{1}{\exp\{(\varepsilon_i - \mu)/kT\} - 1} \quad \text{BE}$$

ここで，第 2 の等式を導くときには，i 以外の k に対する因数は Ξ の中にある因数と打ち消し合うことを使った（例題 12 の解答中の $(*)$ を参照）．また，第 3 の等式を導くときには次の級数の公式を使った．

$$\sum_{n=0}^{\infty} nx^n = \sum_{n=1}^{\infty} nx^n = x/(1-x)^2 \quad (|x| < 1)$$

Fermi 統計では，上の $(*)$ における和が $n_i = 0, 1$ となるだけであるから，

$$\langle n_i \rangle = [\exp\{-(\varepsilon_i - \mu)/kT\}][1 + \exp\{-(\varepsilon_i - \mu)/kT\}]$$

$$= \frac{1}{\exp\{(\varepsilon_i - \mu)/kT\} + 1} \quad \text{FD}$$

古典統計の場合，例題 12 の解答では，量子統計と異なる方法を採ったが，同じ方法でも求めることができる．すなわち，

$$\Xi = \sum \prod_k \left[\frac{1}{n_k!}\exp\left\{-\frac{n_k(\varepsilon_k - \mu)}{kT}\right\}\right] = \prod_k\left[\sum_{n_k=0}^{\infty}\frac{1}{n_k!}\exp\left\{-\frac{n_k(\varepsilon_k - \mu)}{kT}\right\}\right]$$

$$= \prod_k[\exp\{e^{-(\varepsilon_k - \mu)/kT}\}] = \exp\left\{\sum_k e^{-(\varepsilon_k - \mu)/kT}\right\} = \exp\{qe^{\mu/kT}\} \quad \text{MB}$$

したがって，$\langle n_i \rangle$ の計算も上と同様にでき，$(*)$ に対応して，

$$\langle n_i \rangle = \left[\sum_{n_i=0}^{\infty}\frac{n_i}{n_i!}\exp\left\{-\frac{n_i(\varepsilon_i - \mu)}{kT}\right\}\right]\left[\sum_{n_i=0}^{\infty}\frac{1}{n_i!}\exp\left\{-\frac{n_i(\varepsilon_i - \mu)}{kT}\right\}\right]^{-1}$$

$$= \exp\left\{\frac{-(\varepsilon_i - \mu)}{kT}\right\} \quad \left(\because \sum_{n=0}^{\infty}\frac{n}{n!}x^n = xe^x\right)$$

13.2 4.2 の基本事項の◆大正準集団にあるエントロピー S の表式に，この節の◆大分配関数にある $\log\Xi$ の表式を代入すると，

$S = kT(\partial\log\Xi/\partial T)_{V,\mu} + k\log\Xi$

$$= \begin{cases} k\sum_i \dfrac{(\varepsilon_i-\mu)}{kT}\left[\exp\left\{\dfrac{(\varepsilon_i-\mu)}{kT}\right\}\mp 1\right]^{-1} \mp k\sum_i \log\left[1\mp\exp\left\{-\dfrac{(\varepsilon_i-\mu)}{kT}\right\}\right] \\ \qquad\qquad\qquad\qquad\qquad\qquad\qquad\qquad\text{複号は上が BE, 下が FD} \\ k\sum_i \dfrac{(\varepsilon_i-\mu)}{kT}\exp\left\{\dfrac{-(\varepsilon_i-\mu)}{kT}\right\} + k\sum_i \exp\left\{\dfrac{-(\varepsilon_i-\mu)}{kT}\right\} \quad\text{MB} \end{cases}$$

が得られる．$\langle n_i\rangle$ の表式から，

$$(\varepsilon_i-\mu)/kT = \begin{cases} \log(1\pm\langle n_i\rangle)-\log\langle n_i\rangle & \text{複号は上がBE,下がFD} \\ -\log\langle n_i\rangle & \text{MB} \end{cases}$$

となるので，上のエントロピーの表式から $(\varepsilon_i-\mu)/kT$ を消去することができて，

$$S = \begin{cases} -k\sum_i\{\langle n_i\rangle\log\langle n_i\rangle \mp (1\pm\langle n_i\rangle)\log(1\pm\langle n_i\rangle)\} & \text{複号は}\begin{cases}\text{上が BE}\\ \text{下が FD}\end{cases} \\ -k\sum_i\{\langle n_i\rangle\log\langle n_i\rangle - \langle n_i\rangle\} & \text{MB} \end{cases}$$

13.3 量子統計の場合には，定義により，

$$\langle n_in_j\rangle = \dfrac{1}{\Xi}\sum n_in_j\prod_k\left[\exp\left\{\dfrac{-n_k(\varepsilon_k-\mu)}{kT}\right\}\right]$$

である．ここで，Ξ は大分配関数，$\sum$ はすべての n_k についての独立な和を表す．例題 13 の解答にある $\langle n_i\rangle$ の定義式と比較すると，

$$\Xi\langle n_in_j\rangle = -kT\{\partial(\Xi\langle n_i\rangle)/\partial\varepsilon_j\}$$

という関係が得られる．この右辺の微分を実行して，例題 13 の結果を使うと，

$$= -kT\langle n_i\rangle(\partial\Xi/\partial\varepsilon_j) - kT\Xi(\partial\langle n_i\rangle/\partial\varepsilon_j)$$
$$= \langle n_i\rangle\langle n_j\rangle\Xi - kT\Xi(\partial\langle n_i\rangle/\partial\varepsilon_j)$$
$$\therefore\quad \langle n_in_j\rangle - \langle n_i\rangle\langle n_j\rangle = -kT\left(\partial\langle n_i\rangle/\partial\varepsilon_j\right) \qquad (*)$$

この関係式は，古典統計の場合にも，まったく同様に証明される．

(∗) の右辺に $\langle n_i\rangle$ の表式を代入して，直ちに次の結果が得られる．

$$\langle n_in_j\rangle - \langle n_i\rangle\langle n_j\rangle = 0, \quad i\neq j$$

$$\langle n_i^2\rangle - (\langle n_i\rangle)^2 = \begin{cases} \langle n_i\rangle(1\pm\langle n_i\rangle) & \text{複号は上が BE, 下が FD} \\ \langle n_i\rangle & \text{MB} \end{cases}$$

〔注意〕 最後の関係式は，i 番目の固有状態を占める粒子数の，大正準集団におけるゆらぎを与えるものである．

13.4 基本事項の◆大分配関数にある $\log\Xi$ の表式において，i についての和はすべての 1 粒子固有状態についての和である．この問題のように，固有値が連続に変化するときには，この和は積分となる．固有値が ε と $\varepsilon+d\varepsilon$ の間にあるような固有状態の数は $C\varepsilon^\alpha d\varepsilon$ であるから，$\log\Xi$ の表式において，

$$\varepsilon_i \to \varepsilon, \quad \sum_i \to \int_0^\infty C\varepsilon^\alpha d\varepsilon$$

というおきかえをすればよい．量子統計の場合には（複号は上が BE, 下が FD）

$$\log \Xi = \mp C \int_0^\infty \varepsilon^\alpha \log[1 \mp \exp\{-(\varepsilon-\mu)/kT\}]d\varepsilon \qquad (\varepsilon/kT \equiv t \text{ とおいて})$$

$$= \mp C(kT)^{\alpha+1} \int_0^\infty t^\alpha \log[1 \mp \exp\{(\mu/kT)-t\}]dt \qquad (\text{部分積分により})$$

$$= \mp C(kT)^{\alpha+1} \left\{ \frac{t^{\alpha+1}}{\alpha+1} \log[1 \mp \exp\{(\mu/kT)-t\}] \right\} \Big|_{t=0}^{t=\infty}$$

$$- \frac{1}{\alpha+1} \int_0^\infty t^{\alpha+1} \frac{\pm \exp\{(\mu/kT)-t\}}{1 \mp \exp\{(\mu/kT)-t\}} dt \bigg\}$$

$$= C \frac{(kT)^{\alpha+1}}{\alpha+1} \int_0^\infty \frac{t^{\alpha+1} dt}{\exp\{t-(\mu/kT)\} \mp 1} \qquad \text{複号は} \begin{cases} \text{上が BE} \\ \text{下が FD} \end{cases}$$

古典統計の場合には,

$$\log \Xi = C \int_0^\alpha \varepsilon^\alpha \exp\{-(\varepsilon-\mu)/kT\}d\varepsilon = C(kT)^{\alpha+1} e^{\mu/kT} \int_0^\alpha t^\alpha e^{-t} dt$$

$$= C(kT)^{\alpha+1} \Gamma(\alpha+1) e^{\mu/kT} \qquad (\Gamma(x) \text{ はガンマ関数}) \qquad \text{MB}$$

5 章の解答

1.1 例題 1 の固有関数 $\varphi_{\boldsymbol{k}}(\boldsymbol{r})$ の表式によって,

$$\widehat{\boldsymbol{p}}\psi_{\boldsymbol{k}}(\boldsymbol{r}) = \left(\frac{\hbar}{i}\right)\left(\frac{\partial}{\partial x}, \frac{\partial}{\partial y}, \frac{\partial}{\partial z}\right)\frac{1}{\sqrt{V}} e^{i\boldsymbol{k}\cdot\boldsymbol{r}} = \hbar(k_x, k_y, k_z)\frac{1}{\sqrt{V}} e^{i\boldsymbol{k}\cdot\boldsymbol{r}} = \hbar\boldsymbol{k}\psi_{\boldsymbol{k}}(\boldsymbol{r})$$

すなわち, $\psi_{\boldsymbol{k}}(\boldsymbol{r})$ は粒子が運動量 $\hbar\boldsymbol{k}$ をもつ状態を表している ([注意] 参照).

[注意] 量子力学では, ある物理量 O に対応する演算子 $\widehat{O}$ について, 波動関数 $\psi_i(\boldsymbol{r})$ が $\widehat{O}\psi_i(\boldsymbol{r}) = \lambda_i\psi_i(\boldsymbol{r})$ (λ_i はある定数, c-数) を満足するとき, $\psi_i(\boldsymbol{r})$ は物理量 O の固有状態 (固有値 λ_i) を表すという. 例題 1 の固有関数 $\psi_{\boldsymbol{k}}(\boldsymbol{r})$ は, 自由粒子のエネルギー (運動エネルギー) の固有状態を表すだけではなく, 運動量の固有状態をも表している. 境界条件を変えた例題 2 の固有状態と比較してみよ.

1.2 例題 1 の固有状態は 1 組の整数 (n_x, n_y, n_z) ($n_\xi = 0, \pm 1, \pm 2, \cdots$) で区別されるが, $k_\xi = (2\pi/L)n_\xi$ ($\xi = x, y, z$) で定まる波数ベクトル $\boldsymbol{k}$ の値で指定してもよい. 固有状態は, $\boldsymbol{k}$ 空間内の間隔 $(2\pi/L)$ の点で表される (付図参照). エネルギー ε と $\varepsilon + d\varepsilon$ の間に固有値をもつ固有状態の数は, 半径 k と $k + dk$ の 2 枚の球面で囲まれた球殻内にある点の個数に等しい. ただし,

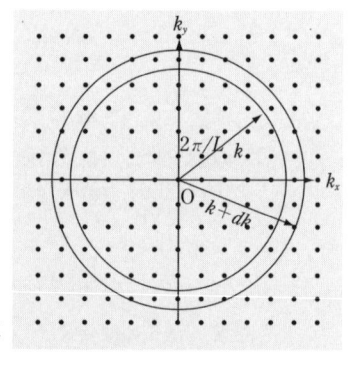

$$k = \sqrt{\frac{2m}{\hbar^2}}\sqrt{\varepsilon}, \quad dk = \frac{1}{2}\sqrt{\frac{2m}{\hbar^2}} \cdot \frac{d\varepsilon}{\sqrt{\varepsilon}}$$

である. 体積 V が十分大きいときには, これらの点は密集しているから, この球殻内にある点の個数は球殻の体積に比例する. 整数 n_ξ が 1 だけ変わるときには, k_ξ は $(2\pi/L)$ だけ変わる. したがって, 球殻の体積を $(2\pi/L)^3$ で割れば, 球殻内にある点の個数, す

なわち固有状態の数が求められる．

$$\therefore\ \omega(\varepsilon)d\varepsilon = \left(\frac{L}{2\pi}\right)^3 4\pi \cdot \left(\frac{2m}{\hbar^2}\right)\varepsilon \cdot \frac{1}{2}\sqrt{\frac{2m}{\hbar^2}}\frac{d\varepsilon}{\sqrt{\varepsilon}} = \frac{V}{(2\pi)^2}\left(\frac{2m}{\hbar^2}\right)^{3/2}\sqrt{\varepsilon}\cdot d\varepsilon$$

〔注意〕 例題 1 の自由粒子が大きさ S のスピンをもつときには，$\boldsymbol{k}$ 空間内の 1 つの点が表す固有状態は $g(=2S+1)$ 重に縮退している．したがって，状態密度は問題 1.1 の答の g 倍となり，基本事項◆状態密度にある表式が得られる．

2.1 例題 2 の固有状態は，3 つの自然数の組 (n_x, n_y, n_z) で区別される．問題 1.2 と同様に $k_\xi = (\pi/L)n_\xi$ として，$\boldsymbol{k}$ 空間内の点で表すと，$k_\xi > 0\,(\xi = x, y, z)$ の領域（全空間の 1/8）の点で表される（付図参照）．エネルギー ε と $\varepsilon + d\varepsilon$ の間に固有値をもつ固有状態の個数は，半径 k と $k+dk$ の 2 枚の球面で囲まれた球殻のうちで，$k_\xi > 0$ の領域内部にある点に対応する．体積 V が十分大きいときには，問題 1.2 と同様に考えて，

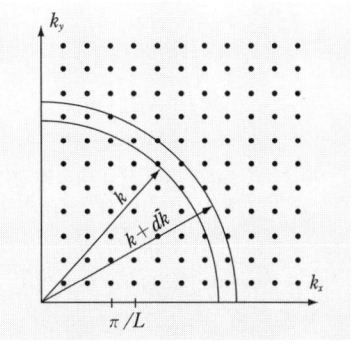

$$\omega(\varepsilon)d\varepsilon = \left(\frac{L}{\pi}\right)^3 \cdot \frac{1}{8} \cdot 4\pi\left(\frac{2m}{\hbar^2}\right)\varepsilon \cdot \frac{1}{2}\sqrt{\frac{2m}{\hbar^2}}\frac{d\varepsilon}{\sqrt{\varepsilon}}$$
$$= \frac{V}{(2\pi)^2}\left(\frac{2m}{\hbar^2}\right)^{3/2}\sqrt{\varepsilon}d\varepsilon$$

となり，問題 1.2 と同じ表式が得られる．問題 1.2 と比較すると，ε と $\varepsilon + d\varepsilon$ の間に対応する $\boldsymbol{k}$ 空間の領域は，問題 1.2 の 1/8 となっているが，各 $\boldsymbol{k}$ の点の間隔が (π/L) と半分につまっているために，状態の個数は問題 1.2 と同じになっているのである．また，粒子が大きさ S のスピンをもつ場合には，状態密度は上の表式の $g(\equiv 2S+1)$ 倍となる．

〔注意〕 体積 V が十分大きいときには，1 粒子の固有状態についての和 $\sum_i$ を，連続なエネルギー変数 ε の積分におきかえることができる．問題 1.2 と問題 2.1 の比較から，体積 V の箱の中にある自由粒子の体系の熱力学量についての計算は，例題 1 と例題 2 のどちらの境界条件を採用した場合でも，同じ答を与えることがわかる．

2.2 例題 2 と同様な境界条件で考える．1 次元自由粒子の Schrödinger 方程式と境界条件は，

$$-\frac{\hbar^2}{2m}\frac{d^2}{dx^2}\psi_i(x) = \varepsilon_i \psi_i(x) \quad (0 \leq x \leq L), \quad \psi_i(0) = \psi_i(L) = 0$$

となるから，例題 2 の変数分離の方法で求めた $f(x)$ が求める固有関数となる．

$$\psi_i(x) \equiv \psi_{n_x}(x) = A\sin\left(\frac{n_x \pi}{L}x\right), \quad \varepsilon_i \equiv \varepsilon_{n_x} = \frac{\hbar^2}{2m}\left(\frac{\pi}{L}\right)^2 n_x^2 \quad (n_x = 1, 2, 3, \cdots)$$

規格化の条件 $\int_0^L |\psi_i(x)|^2 dx = 1$ を用いると $A = \sqrt{2/L}$ となる．固有状態は，$k_x = (\pi/L)n_x$ とおくと，k_x 軸の正の部分のとびとびの点に対応し，各点は g 重に縮退している．体系の大きさ (L) が十分大きいときには，固有状態に対応する点は等間隔に密集するから，エネルギー ε と $\varepsilon + d\varepsilon$ の間に固有値をもつ固有状態の個数は $d\varepsilon$ に対応する幅 dk_x に比例する．

$$\therefore\ \omega(\varepsilon)d\varepsilon = g \cdot \left(\frac{L}{\pi}\right) \cdot dk_x = g \cdot \left(\frac{L}{\pi}\right) \cdot \frac{1}{2}\sqrt{\frac{2m}{\hbar^2}} \cdot \frac{d\varepsilon}{\sqrt{\varepsilon}} = \frac{gL}{2\pi} \cdot \sqrt{\frac{2m}{\hbar^2}} \cdot \frac{1}{\sqrt{\varepsilon}}d\varepsilon$$

2 次元自由粒子の Schrödinger 方程式と境界条件は

$$-\frac{\hbar^2}{2m}\left(\frac{\partial^2}{\partial x^2}+\frac{\partial^2}{\partial y^2}\right)\psi_i(x,y)=\varepsilon_i\psi_i(x,y) \quad (0\leqq x,\,y\leqq L)$$

$$\psi_i(0,y)=\psi_i(L,y)=\psi_i(x,0)=\psi_i(L,0)=0$$

となるから,例題 2 の変数分離の方法で求めた $f(x)\cdot g(y)$ が求める固有関数となる.固有関数と固有値は,C を定数として,

$$\psi_i(x,y)=\psi_{n_xn_y}(x,y)=C\sin\left(\frac{n_x\pi}{L}x\right)\sin\left(\frac{n_y\pi}{L}y\right)$$

$$\varepsilon_i\equiv\varepsilon_{n_xn_y}=\frac{\hbar^2}{2m}\left(\frac{\pi}{L}\right)^2(n_x^2+n_y^2) \quad (n_x,n_y=1,2,3,\cdots)$$

と表され,規格化の条件 $\int_0^L\int_0^L|\psi_i(x,y)|^2dxdy=1$ を用いると $C=2/L$ となる.固有状態は,$k_\xi=(\pi/L)n_\xi$ $(\xi=x,y)$ とおくと,k_xk_y 平面の第 1 象限内のとびとびの点で表され,各点が g 重に縮退している(問題 2.1 解答の付図参照).体系の大きさ (L^2) が十分大きいときには,エネルギー ε と $\varepsilon+d\varepsilon$ の間に固有値をもつ固有状態の個数は,付図の扇形の面積に比例するから,

$$\omega(\varepsilon)d\varepsilon=g\left(\frac{L}{\pi}\right)^2\cdot\frac{1}{4}\cdot 2\pi k\cdot dk=g\cdot\frac{L^2}{2\pi}\cdot\sqrt{\frac{2m}{\hbar^2}}\sqrt{\varepsilon}\cdot\frac{1}{2}\sqrt{\frac{2m}{\hbar^2}}\frac{d\varepsilon}{\sqrt{\varepsilon}}$$

$$=\frac{gL^2}{4\pi}\left(\frac{2m}{\hbar^2}\right)d\varepsilon.$$

例題 1 と同様な周期的境界条件の場合にも同じ結果が得られるが,それは読者の演習にまかせよう.

〔注意〕 体系の次元数を d $(d=1,2,3)$ とすると,問題 1.2, 2.1, 2.2 の結果は次の公式にまとめられる.

d 次元自由粒子の状態密度 $\quad \omega(\varepsilon)=C_d\cdot g\cdot L^d\cdot\left(\frac{2m}{\hbar^2}\right)^{d/2}\cdot\varepsilon^{(\frac{d}{2}-1)} \quad (d=1,2,3).$

ここで,C_d は d による定数であり,$C_1=1/(2\pi),\,C_2=1/(4\pi),\,C_3=1/(4\pi^2)$ で与えられる.

3.1 4.3 の基本事項◆大分配関数に示された表式から,まず量子統計の場合には(複号は上が BE, 下が FD),

$$pV=\mp\sum_i\log[1\mp\exp\{-(\varepsilon_i-\mu)/kT\}]$$

$$=\mp kT\int_0^\infty d\varepsilon\omega(\varepsilon)\log[1\mp\exp\{-(\varepsilon-\mu)/kT\}],$$

$$E=\sum_i\varepsilon_i[\exp\{(\varepsilon_i-\mu)/kT\}\mp 1]^{-1}=\int_0^\infty d\varepsilon\omega(\varepsilon)\varepsilon[\exp\{(\varepsilon-\mu)/kT\}\mp]^{-1}$$

$\omega(\varepsilon)=C\varepsilon^\alpha$ $(\alpha>-1)$ として,pV 右辺の部分積分を行なえば,

$$pV=\left|\mp\frac{kT\cdot C}{(\alpha+1)}\varepsilon^{\alpha+1}\cdot\log\left[1\mp\exp\left\{-\frac{(\varepsilon-\mu)}{kT}\right\}\right]\right|_0^\infty$$

$$+\frac{C}{(\alpha+1)}\int_0^\infty d\varepsilon\cdot\varepsilon^{\alpha+1}[\exp\{(\varepsilon-\mu)/kT\}\mp 1]^{-1}$$

$$=\frac{1}{(\alpha+1)}\int_0^\infty d\varepsilon\omega(\varepsilon)\cdot\varepsilon\cdot[\exp\{(\varepsilon-\mu)/kT\}\mp 1]^{-1}=\frac{E}{(\alpha+1)}$$

古典統計の場合もまったく同様にして，

$$E = \sum_i \varepsilon_i \exp\{-(\varepsilon_i - \mu)/kT\} = \int_0^\infty d\varepsilon \cdot \omega(\varepsilon) \cdot \varepsilon \cdot \exp\{-(\varepsilon - \mu)/kT\},$$

$$pV = kT \sum_i \exp\{-(\varepsilon_i - \mu)/kT\} = kT \int_0^\infty d\varepsilon \cdot \omega(\varepsilon) \exp\{-(\varepsilon - \mu)/kT\}$$

$$= \left| \frac{kT \cdot C}{(\alpha+1)} \cdot \varepsilon^{\alpha+1} \exp\left\{-\frac{(\varepsilon-\mu)}{kT}\right\}\right|_0^\infty + \frac{C}{(\alpha+1)} \int_0^\infty d\varepsilon \cdot \varepsilon^{\alpha+1} \exp\left\{-\frac{(\varepsilon-\mu)}{kT}\right\}$$

$$= \frac{1}{(\alpha+1)} \int_0^\infty d\varepsilon \omega(\varepsilon) \cdot \varepsilon \cdot \exp\{-(\varepsilon-\mu)/kT\} = \frac{E}{\alpha+1}$$

〔注意〕 問題 1.2, 問題 2.1 より, 3 次元自由粒子の場合には $\alpha = 1/2$ であるから, 問題 3.1 の関係式は Bernoulli の式となる.

3.2 大分配関数による pV/kT の表式は, V を L と L^2 に変えれば, それぞれ 1 次元自由粒子系と 2 次元自由粒子系の公式として成り立つ. 問題 2.2 により, 1 次元自由粒子系では $\alpha = -1/2$, 2 次元粒子系では $\alpha = 0$ であるから, 問題 3.1 の関係式から,

$$1 \text{ 次元自由粒子系} \quad pL = 2E, \quad 2 \text{ 次元自由粒子系} \quad pL^2 = E$$

となる. もちろん, 1 次元自由粒子系では $d\varepsilon_i/dL = -2\varepsilon_i/L$, 2 次元自由粒子系では $d\varepsilon_i/dL^2 = -\varepsilon_i/L^2$ が成り立つから, 例題 3 の解き方でも直ちに同じ結果が得られる.

4.1 長さの次元を L, 質量の次元を M, 時間の次元を T で表し, 物理量 a の次元を $[a]$ と書くことにする. Planck 定数 h の次元は [エネルギー] × [時間] であり, kT はエネルギーの次元をもつ. したがって,

$$[\Lambda] = \left\{\frac{[h^2]}{[m][kT]}\right\}^{\frac{1}{2}} = \left\{\left(\frac{L^2 M}{T^2} \cdot T\right)^2 \cdot \frac{1}{M} \cdot \frac{T^2}{L^2 M}\right\}^{\frac{1}{2}} = (L^2)^{1/2} = L$$

〔注意〕 Λ の数値の例を示す. アルゴン (Ar) 原子は $m = 6.63 \times 10^{-26}$ kg であるから, $T = 300$ K (室温付近) では $\Lambda \fallingdotseq 1.60 \times 10^{-11}$ m ($\Lambda^3 \fallingdotseq 4.10 \times 10^{-33}$ m^3), $T = 4.2$ K (ヘリウムの液化温度) では $\Lambda \fallingdotseq 1.35 \times 10^{-10}$ m ($\Lambda^3 \fallingdotseq 2.46 \times 10^{-30}$ m^3) となる. 他方, 質量の軽いヘリウム (He) 原子は $m = 6.64 \times 10^{-27}$ kg であるから, $T = 300$ K では $\Lambda \fallingdotseq 5.04 \times 10^{-11}$ m ($\Lambda^3 \fallingdotseq 1.28 \times 10^{-31}$ m^3), $T = 4.2$ K では $\Lambda \fallingdotseq 4.26 \times 10^{-10}$ m ($\Lambda^3 \fallingdotseq 7.73 \times 10^{-29}$ m^3) となる.

4.2 例題 4 の自由エネルギー $A(N, V, T)$ の表式から, Λ が T だけの関数であるから,

$$p = -\left(\frac{\partial A}{\partial V}\right)_{N,T} = NkT\left(\frac{\partial}{\partial V}\left\{\log V + \log\left(\frac{ge}{\Lambda^3 N}\right)\right\}\right)_{N,T} = \frac{NkT}{V}$$

となり, 熱力学の理想気体の状態方程式に対応する関係式が得られる.

〔注意〕 実在の気体, 特に単原子気体 (たとえば, アルゴンやクリプトンなど) は, 高温および低密度の極限では, 熱力学における理想気体とみなすことができる (経験則). 統計力学の立場では, 十分低密度の単原子気体では平均粒子間隔が相互作用のとどく範囲よりもずっと大きいから, これを相互作用のない自由粒子 (質点) の集まりと考えてよく, また十分高温かつ低密度のときには粒子は古典統計に従うものと考えてよい (基本事項◆縮退が弱い場合の展開式, また後の例題 7 を参照). このような高温かつ低密度の単原子気体 1 モルを熱力学と統計力学の両方で取り扱えば, 問題 4.2 の結論から $pV = RT = N_A kT$ となる. ここで, R は気体定数で 8.3145 J·mol^{-1}·K^{-1} $\fallingdotseq 1.989$ cal·mol^{-1}·K^{-1}, N_A

は Avogadro 数（1 モルに含まれる原子（分子）の総数）で $6.022\times 10^{23}\text{mol}^{-1}$ である．Boltzmann 定数は R/N_A によって定義されるから，正準分布のパラメータとして導入された k は Boltzmann 定数に他ならないことがわかる．Boltzmann 定数の値は，$k = R/N_A = 1.3807\times 10^{-23}$ J·K^{-1} となる．

4.3 4.3 の基本事項◆大分配関数に示された公式と例題 4 の結果から，
$$\Xi = \sum_{N=0}^{\infty}(q^N/N!)e^{N\mu/kT} = \exp(qe^{\mu/kT}), \quad q = gV/\Lambda^3$$
$$\therefore \; \frac{pV}{kT} = \log\Xi = qe^{\mu/kT} = \left(\frac{gV}{\Lambda^3}\right)e^{\mu/kT}$$
一方，この体系の粒子数は，q が V と T の関数であることにより，
$$N = kT(\partial\log\Xi/\partial\mu)_{V,T} = qe^{\mu/kT}$$
であるから，$pV = NkT$ となる．

〔注意〕 例題 4 の体系では，$\log\Xi$ は正しく V に比例する（第 4 章例題 5 参照）．

5.1 例題 5 の解答の注意に示したように，$S = Nk\log(gkTe^{5/2}/\Lambda^3 p)$ と表せるから，
$$C_p = T\left(\frac{\partial S}{\partial T}\right)_{N,p} = NkT\left\{\frac{d}{dT}(-3\log\Lambda) + \frac{d}{dT}\log T\right\} = \frac{3}{2}Nk + Nk = \frac{5}{2}Nk$$
$$\therefore \; C_p - C_V = Nk$$

5.2 固有状態についての総和を積分でおきかえると，5.1 の基本事項◆状態密度の公式により，内部エネルギー E は
$$E = \sum_i \varepsilon_i\langle n_i\rangle = \frac{gV}{(2\pi)^2}\left(\frac{2m}{\hbar^2}\right)^{3/2}\int_0^\infty d\varepsilon\cdot\varepsilon^{3/2}\exp\{-(\varepsilon-\mu)/kT\}$$
$\sqrt{\varepsilon} = x$ とおいて，4.1 の◆定積分の公式を用いると，
$$E = \frac{gV}{(2\pi)^2}\left(\frac{2m}{\hbar^2}\right)^{3/2}e^{\mu/kT}\cdot 2\int_0^\infty dx\cdot x^4 e^{-x^2/kT}$$
$$= \frac{gV}{(2\pi)^2}\left(\frac{2m}{\hbar^2}\right)^{3/2}e^{\mu/kT}\cdot\frac{2\cdot 1\cdot 3\sqrt{\pi}}{2^3}(kT)^{5/2}$$
他方，粒子数 N も同様な計算により，
$$N = \sum_i\langle n_i\rangle = \frac{gV}{(2\pi)^2}\left(\frac{2m}{\hbar^2}\right)^{3/2}\cdot e^{\mu/kT}\cdot 2\int_0^\infty dx\cdot x^2 e^{-x^2/kT}$$
$$= \frac{gV}{(2\pi)^2}\left(\frac{2m}{\hbar^2}\right)^{3/2}\cdot e^{\mu/kT}\cdot\frac{2\sqrt{\pi}}{2^2}(kT)^{3/2}$$
この両方の結果を比較して直ちに
$$E = \frac{3}{2}NkT \quad\left(N = \frac{gV}{\Lambda^3}e^{\mu/kT}\right)$$

5.3 4.2 の基本事項◆大正準集団に示した公式により，
$$S = kT(\partial\log\Xi/\partial T)_{V,\mu} + k\log\Xi$$
例題 4，問題 4.3 の結果により $\log\Xi = qe^{\mu/kT} = (gV/\Lambda^3)e^{\mu/kT}$ であるから，
$$S = kT\left[\left(\frac{d}{dT}\Lambda^{-3}\right)gVe^{\mu/kT} - \frac{\mu}{kT^2}\left(\frac{gV}{\Lambda^3}\right)e^{\mu/kT}\right] + k\left(\frac{gV}{\Lambda^3}\right)e^{\mu/kT}$$
$$= \frac{5k}{2}\left(\frac{gV}{\Lambda^3}\right)e^{\mu/kT} - \frac{\mu}{T}\left(\frac{gV}{\Lambda^3}\right)e^{\mu/kT}$$

問題 4.3 の結果にある $N = (gV/\Lambda^3)e^{\mu/kT}$ を使って μ を消去すれば，
$$S = \frac{5}{2}Nk + Nk\log\left(\frac{gV}{\Lambda^3}\right) = Nk\log\left(\frac{gVe^{5/2}}{\Lambda^3}\right)$$

6.1 例題 6 の N に対する展開式から，
$$y \equiv \frac{\Lambda^3 N}{gV} = \sum_{n=1}^{\infty}(\pm 1)^{n-1}\frac{1}{n^{3/2}}e^{n\mu/kT} = e^{\mu/kT} \pm \frac{1}{2^{3/2}}e^{2\mu/kT} + \frac{1}{3^{3/2}}e^{3\mu/kT} + \cdots$$

となるから，y は $e^{\mu/kT}$ の関数，すなわち μ/kT の関数である．逆に，$e^{\mu/kT}$ を y の整級数で表す．$e^{\mu/kT} \to 0$ のとき $y \to 0$ であるから，
$$e^{\mu/kT} = a_1 y + a_2 y^2 + a_3 y^3 + \cdots$$
と表せるとして，上の式の右辺各項に代入すると，
$$y = (a_1 y + a_2 y^2 + a_3 y^3 + \cdots) \pm \frac{1}{2^{3/2}}(a_1 y + a_2 y^2 + a_3 y^3 + \cdots)^2$$
$$+ \frac{1}{3^{3/2}}(a_1 y + a_2 y^2 + a_3 y^3 + \cdots)^3 + \cdots$$
$$= a_1 y + \left(a_2 \pm \frac{1}{2^{3/2}}a_1^2\right)y^2 + \left(a_3 \pm \frac{2}{2^{3/2}}a_1 a_2 + \frac{1}{3^{3/2}}a_1^3\right)y^3 + \cdots$$

この式は，y のすべての値で成り立つ恒等式であるから，未定の係数 $a_i (i = 1, 2, 3, \cdots)$ は次の関係を満足しなければならない．
$$a_1 = 1, \quad a_2 \pm \frac{1}{2^{3/2}}a_1^2 = 0, \quad a_3 \pm \frac{2}{2^{3/2}}a_1 a_2 + \frac{1}{3^{3/2}}a_1^3 = 0, \cdots$$
$$\therefore \quad a_2 = \mp\frac{1}{2^{3/2}}, \quad a_3 = \frac{1}{4} - \frac{1}{3^{3/2}}, \cdots \qquad \left(\text{複号は}\begin{array}{l}\text{上が BE}\\\text{下が FD}\end{array}\right)$$

したがって，次の展開式が得られる．
$$e^{\mu/kT} = y \mp \frac{1}{2^{3/2}}y^2 + \left(\frac{1}{4} - \frac{1}{3^{3/2}}\right)y^3 + \cdots$$

両辺の対数をとり，4.1 の基本事項◆級数展開の公式を用いると，
$$\frac{\mu}{kT} = \log y + \log\left[1 \mp \left\{\frac{1}{2^{3/2}}y \mp \left(\frac{1}{4} - \frac{1}{3^{3/2}}\right)y^2 + \cdots\right\}\right]$$
$$= \log y \mp \left\{\frac{1}{2^{3/2}}y \mp \left(\frac{1}{4} - \frac{1}{3^{3/2}}\right)y^2 + \cdots\right\} - \frac{1}{2}\left\{\frac{1}{2^{3/2}}y \mp \left(\frac{1}{4} - \frac{1}{3^{3/2}}\right)y^2 + \cdots\right\}^2 + \cdots$$
$$\therefore \quad \frac{\mu}{kT} = \log y \mp \frac{1}{2^{3/2}} - \left(\frac{1}{3^{3/2}} - \frac{3}{16}\right)y^2 + \cdots \qquad \left(\text{複号は}\begin{array}{l}\text{上が BE}\\\text{下が FD}\end{array}\right)$$

6.2 この自由粒子については，$g = 1$ であるから，
$$y = \frac{\Lambda^3 N}{V}, \quad \Lambda^3 = \left(\frac{h^2}{2\pi mkT}\right)^{3/2},$$
$$h = 6.626 \times 10^{-34}\,\text{J·s}, \quad k = 1.3807 \times 10^{-23}\,\text{J·K}^{-1},$$

$T = 300\,\text{K}$ では，$\Lambda^3 \fallingdotseq 4.059 \times 10^{-33}\,\text{m}^3$，$T = 4.2\,\text{K}$ では，$\Lambda^3 \fallingdotseq 2.460 \times 10^{-30}\,\text{m}^3$ となる（問題 4.1 の〔注意〕参照）．また，$N/V = 0.1 \times N_A = 6.022 \times 10^{22}\,\text{m}^{-3}$ であるから，
$$y \fallingdotseq 2.44 \times 10^{-10}\,(300\,\text{K}), \quad y \fallingdotseq 1.48 \times 10^{-7}\,(4.2\,\text{K})$$

7.1 例題3と問題3.1で示したように,量子理想気体のときにも Bernoulli の式 $pV = 2E/3$ が成立する.したがって,例題7の E の展開式から,

$$p = \frac{2E}{3V} = \frac{NkT}{V}\left\{1 \mp \frac{1}{2^{5/2}}\left(\frac{\Lambda^3 N}{gV}\right) - \left(\frac{2}{3^{5/2}} - \frac{1}{8}\right)\left(\frac{\Lambda^3 N}{gV}\right)^2 + \cdots\right\}$$

次に,熱力学の関係式 $A = G - pV = N\mu - pV$ に,問題6.1の結果と上の p の展開式を代入すれば,

$$\frac{A}{NkT} = \log\left(\frac{\Lambda^3 N}{gV}\right) \mp \frac{1}{2^{3/2}}\left(\frac{\Lambda^3 N}{gV}\right) - \left(\frac{1}{3^{3/2}} - \frac{3}{16}\right)\left(\frac{\Lambda^3 N}{gV}\right)^2$$

$$- \left\{1 \mp \frac{1}{2^{5/2}}\left(\frac{\Lambda^3 N}{gV}\right) - \left(\frac{2}{3^{5/2}} - \frac{1}{8}\right)\left(\frac{\Lambda^3 N}{gV}\right)^2 + \cdots\right\}$$

$$= -\log\left(\frac{gVe}{\Lambda^3 N}\right) \mp \frac{1}{2^{5/2}}\left(\frac{\Lambda^3 N}{gV}\right) - \left(\frac{1}{3^{5/2}} - \frac{1}{16}\right)\left(\frac{\Lambda^3 N}{gV}\right)^2 + \cdots$$

ここで,複号は,上が BE,下が FD の場合に対応する.

〔注意〕 理想量子気体のエントロピー S は,縮退が弱いときには次のように展開される.

$$\frac{S}{Nk} = \log\left(\frac{gVe^{5/2}}{\Lambda^3 N}\right) \mp \frac{1}{2^{7/2}}\left(\frac{\Lambda^3 N}{gV}\right) - \left(\frac{2}{3^{5/2}} - \frac{1}{8}\right)\left(\frac{\Lambda^3 N}{gV}\right)^2 + \cdots \quad \left(\text{複号は} \begin{array}{l}\text{上が BE}\\\text{下が FD}\end{array}\right)$$

7.2 問題6.1の μ/kT,例題7の E,問題7.1の p と A/NkT および上の注意の S/Nk の展開式と,例題4,問題4.2,例題5の単原子古典理想気体の μ, E, S, A および状態方程式とを比較してみると,$y = \Lambda^3 N/gV \ll 1$ のときには,各展開式の右辺第2項以下の寄与が小さく,量子理想気体は BE の場合も FD の場合も単原子古典理想気体に近づく.スピン自由度の縮退数 g はたかだか1桁の自然数だから,縮退が弱い条件は $\Lambda^3 N/V \ll 1$ と表される.

〔注意〕 問題7.2の条件は,低密度 (N/V が小さい),高温 (Λ が小さい) ならば成立する.また,同じ N, V, T の値の平衡状態にある異なる理想量子気体を比較すると,自由粒子の質量 m の大きい気体の方が,縮退が弱い.たとえば,問題6.2の自由粒子からなる理想量子気体は 4.2 K の低温でも縮退は非常に弱いが,ヘリウム原子 (質量 $m = 6.64 \times 10^{-27}$ kg, スピンの大きさ 0) 1 モルが $V = 1.0 \times 10^{-4}$ m³ で 4.2 K にあるときには,$\Lambda^3 \fallingdotseq 7.731 \times 10^{-29}$ m³, $N/V = 6.022 \times 10^{-27}$ m³, $\Lambda^3 N/V \fallingdotseq 0.47$ となり,展開式の第2項以下は決して無視できない.

8.1 4.3の基本事項◆粒子数の分布にある式 $E = \sum_i \varepsilon_i \langle n_i \rangle$ により,基底状態 ($\varepsilon_0 = 0$) からの E への寄与は常に 0 である.したがって,和を積分でおきかえたときの誤差は,V が十分大きいときには常に省略できる.例題7の計算の結果によって,

$$E = \left(\frac{gV}{\Lambda^3}\right) \cdot \frac{3kT}{2} \cdot \sum_{n=1}^{\infty} \frac{1}{n^{5/2}} e^{n\mu/kT} = \frac{3}{2}NkT\left(\frac{gV}{N\Lambda^3}\right)F_{5/2}(\lambda) = \frac{3}{2}NkT\left(\frac{T}{T_0}\right)^{3/2} \cdot \frac{F_{5/2}(\lambda)}{\zeta(3/2)}$$

8.2 例題8の T_0 の定義と問題の v_0 の定義を比較すると,

$$\left(\frac{T}{T_0}\right)^{3/2} = \zeta\left(\frac{3}{2}\right) \cdot \left(\frac{V}{N}\right) \cdot \left(\frac{g}{\Lambda^3}\right) = \frac{v}{v_0}$$

すなわち,N と V 一定のときの $T \gtreqless T_0$ は,T 一定のときの $v \gtreqless v_0$ に対応する.したがって,例題8の解答中の (**) を T 一定のときに λ を v の関数として決定する式と考えれば,直ちに問題の式が得られる.$v < v_0$ では $\lambda = 1 - O(N^{-1})$ であるから,$N \to \infty$ の極限では $\lambda = 1$ すなわち $\mu = 0$ である.

9.1 $T < T_0$ では $\mu = 0$ であるから，熱力学の関係式 $E + pV - TS = G = N\mu = 0$ に Bernoulli の式と問題 8.1 の E の式において $\lambda = 1$ とした結果を代入すれば，

$$S = \frac{5}{3T}E_{(\lambda=1)} = \frac{5}{2}Nk\left(\frac{T}{T_0}\right)^{3/2} \cdot \frac{\zeta(5/2)}{\zeta(3/2)} \quad (T < T_0)$$

9.2 $T < T_0$ のときの定積比熱は，問題 8.1 の E の式において $\lambda = 1$ とした結果を T で微分して，

$$C_V = \frac{15}{4}Nk\left(\frac{T}{T_0}\right)^{3/2}\frac{\zeta(5/2)}{\zeta(3/2)} \quad (T < T_0)$$

$T > T_0$ のときの定積比熱は，例題 9 の解答中の (**) の第 1 の等式を T で微分すれば，

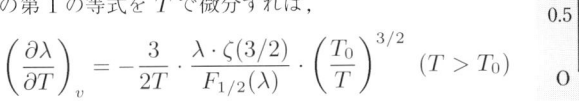

$$\left(\frac{\partial \lambda}{\partial T}\right)_v = -\frac{3}{2T} \cdot \frac{\lambda \cdot \zeta(3/2)}{F_{1/2}(\lambda)} \cdot \left(\frac{T_0}{T}\right)^{3/2} \quad (T > T_0)$$

となるから，問題 8.1 の E の式を T で微分して，

$$C_V = \frac{15}{4}Nk\left(\frac{T}{T_0}\right)^{3/2}\frac{F_{5/2}(\lambda)}{\zeta(3/2)} - \frac{9}{4}Nk\frac{F_{3/2}(\lambda)}{F_{1/2}(\lambda)} \quad (T > T_0)$$

右辺に例題 9 の解答中の (**) の第 1 の等式を用いると，

$$C_V = \frac{3}{2}Nk \cdot \frac{F_{5/2}(\lambda)}{F_{3/2}(\lambda)} + \frac{9}{4}Nk\frac{[F_{5/2}(\lambda)F_{1/2}(\lambda) - \{F_{3/2}(\lambda)\}^2]}{F_{3/2}(\lambda)F_{1/2}(\lambda)}$$

右辺第 2 項の分子の [ ] は基本事項◆数学の不等式により正であるから，$C_V > 0$．$T \to T_0 + 0$ ($\lambda \to 1 - 0$) のときには $F_{1/2}(\lambda) \to \infty$ であるから，

$$\lim_{T \to T_0 + 0} C_V = \lim_{T \to T_0 - 0} C_V = \frac{15}{4}Nk\frac{\zeta(5/2)}{\zeta(3/2)} \fallingdotseq 1.93Nk$$

理想 Bose 気体の定積比熱は，付図のようになる．

〔付記〕上の定積比熱の表式をもう一度微分することにより，

$$\lim_{T \to T_0 - 0}\left(\frac{\partial C_V}{\partial T}\right)_{N,V} = \frac{45Nk}{8T_0} \cdot \frac{\zeta(5/2)}{\zeta(3/2)} \fallingdotseq 2.89\frac{Nk}{T_0} > 0$$

$$\lim_{T \to T_0 + 0}\left(\frac{\partial C_V}{\partial T}\right)_{N,V} = \frac{9Nk}{8T_0}\left[5\frac{\zeta(5/2)}{\zeta(3/2)} - \frac{3}{2\pi}\{\zeta(3/2)\}^2\right] \fallingdotseq -0.78\frac{Nk}{T_0} < 0$$

が得られるから，C_V の温度勾配は $T = T_0$ で不連続となる．ただし，$T \to T_0 + 0$ のときの式を導くには，例題 8 のヒントにある公式を使う必要がある．

10.1 Fermi 粒子は，Fermi 統計に従うためにエネルギー ε_i の準位には $g (= 2S + 1)$ 個までしか入れない．したがって，和を積分におきかえたときに省略されてしまう $\varepsilon_i = 0$ の準位からの寄与は温度によらずに $O(1/N)$ である．すなわち，理想 Fermi 気体のときには，和を積分でおきかえることは常に許される．

〔注意〕体系に磁場が作用しているときには，1 粒子エネルギー準位 ε_i はスピンの自由度についての縮退がとけて g 個の準位に分かれる．固有状態についての和は，並進運動の固有エネルギー $\varepsilon_{\boldsymbol{k}}$ とスピンのエネルギー準位とのそれぞれの和となるが，$\varepsilon_{\boldsymbol{k}}$ についての和は問題 10.1 の解答と同じ理由で積分におきかえることが許される．

10.2 $N = \sum_i \langle n_i \rangle$, $E = \sum_i \varepsilon_i \langle n_i \rangle$ について，問題 10.1 の結果により $T=0$ の Fermi 分布 $f_0(\varepsilon)$ による積分で求めることが許される．

$$N = \frac{gV}{(2\pi)^2}\left(\frac{2m}{\hbar^2}\right)^{3/2}\int_0^\infty f_0(\varepsilon)\sqrt{\varepsilon}d\varepsilon = 2\pi gV\left(\frac{2m}{h^2}\right)^{3/2}\int_0^{\mu_0}\sqrt{\varepsilon}d\varepsilon = \frac{4\pi gV}{3}\left(\frac{2m}{h^2}\right)^{3/2}\mu_0^{3/2}$$

$$\therefore \quad \mu_0 = \left(\frac{h^2}{2m}\right)\left(\frac{3N}{4\pi gV}\right)^{2/3}$$

同様にして，

$$E_0 = 2\pi gV\left(\frac{2m}{h^2}\right)^{3/2}\int_0^{\mu_0}\varepsilon^{3/2}d\varepsilon = \frac{4\pi gV}{5}\left(\frac{2m}{h^2}\right)^{3/2}\mu_0^{5/2} = \frac{3}{5}N\mu_0 = N\left(\frac{2h^2}{10m}\right)\left(\frac{3N}{4\pi gV}\right)^{2/3}$$

10.3 $T=0$ において理想 Fermi 気体は全エネルギーが最低の状態にある．したがって，Fermi 粒子のそれぞれがエネルギーのなるべく低い 1 粒子固有状態を占めている．問題 1.2 の解答の付図を参照すれば，$\boldsymbol{k}$ 空間の原点が $\varepsilon_i = 0$ で最低エネルギー準位であるが，Pauli の排他律のために $g(=2S+1)$ 個の粒子しかこの状態を占められない．その次にエネルギーの低い準位は原点に最も近い $k_\xi (\xi = x, y, z)$ のどれか 1 つが $2\pi/L$ か $-2\pi/L$ の 6 個の点であり，それぞれにやはり g 個ずつしか占められない．結局，$T=0$ における理想 Fermi 気体の基底状態は，原点からある半径 k_F の球の内部の $\boldsymbol{k}$ の固有状態がそれぞれ g 個の粒子で占められた状態である．この k_F は，V が十分大きければ次式で定められる．

$$N = g\sum_{|\boldsymbol{k}|\leq k_F}\cdot 1 = \frac{gV}{(2\pi)^3}\int_{|\boldsymbol{k}|\leq k_F}d\boldsymbol{k} = \frac{gV}{6\pi^2}k_F^3, \quad k_F = \left(\frac{6\pi^2 N}{gV}\right)^{1/3}$$

このときの全エネルギーは

$$E_0 = g\sum_{|\boldsymbol{k}|\leq k_F}\frac{\hbar^2}{2m}\boldsymbol{k}^2 = \frac{gV}{(2\pi)^3}\int_{|\boldsymbol{k}|\leq k_F}\frac{\hbar^2\boldsymbol{k}^2}{2m}d\boldsymbol{k} = \left(\frac{gV}{2\pi^2}\right)\frac{\hbar^2 k_F^5}{10m} = \frac{3}{5}N\cdot\left(\frac{\hbar^2 k_F^2}{2m}\right)$$

$$= N\left(\frac{2h^2}{10m}\right)\left(\frac{3N}{4\pi gV}\right)^{2/3}$$

となる．問題 10.2 の結果と比較すると $\mu_0 = \hbar^2 k_F^2/2m$ となる．

〔付記〕$T=0$ で占められている固有状態の範囲を表す半径 k_F の球を Fermi 球，k_F を Fermi 波数（半径）と呼ぶ．

10.4 $N/V = 10^{28}$ m^{-3}，$g=2$ であるから．

$$\mu_0 = \frac{(6.626\times 10^{-34})^2}{2\times 9.11\times 10^{-31}}\cdot\left(\frac{3\times 10^{28}}{8\pi}\right)^{2/3} \fallingdotseq 2.711\times 10^{-19}\text{ J} = 1.692\text{ eV} = 1.963\times 10^4 k\cdot\text{K}$$

$$\frac{E_0}{V} = \frac{3}{5}\left(\frac{N}{V}\right)\mu_0 \fallingdotseq 1.627\times 10^9 \text{ J}\cdot\text{m}^{-3}$$

〔注意〕μ_0 の Boltzmann 定数に対する比を $T_F \equiv \mu_0/k$ と表し，Fermi 温度と呼ぶことがある．問題 10.4 の体系では $T_F = 1.964\times 10^4$ K となり，室温（$T\sim 10^2$ K）付近でも $kT/\mu_0 = T/T_F \sim 10^{-2}$ と小さく，強く縮退している．多くの金属結晶内の自由電子系については，$N/V = 10^{28}\sim 10^{29}$ m^{-3} であるから $T_F = 10^4\sim 10^5$ K となり，強く縮退した理想 Fermi 気体として取り扱うことができる．Sommerfeld はこのような自由電子模型を考えて，金属結晶と絶縁体との熱力学的あるいは電気的性質の違いを説明した（たとえば，後の問題 11.2 の〔付記〕参照）．

10.5 Bernoulli の式と問題 10.4 の結果を使うと，$T=0\,\mathrm{K}$ の圧力を p_0 とすれば，
$$p_0 = \frac{2E_0}{3V} = \frac{2}{5}\left(\frac{N}{V}\right)\mu_0 \fallingdotseq 1.084\times 10^9\,\mathrm{Pa}$$
1 atm（標準 1 気圧）は $1.013\times 10^5\,\mathrm{Pa}$ であるから，
$$p_0 \fallingdotseq 1.07\times 10^4\,\mathrm{atm}$$
〔注意〕 この大きい p_0 の原因は，Pauli の排他律が空間的には一種の反発力（体積排除効果）の働きと似た効果をもつことにある．

11.1 例題 10 の結果を利用し，問題 10.2 の μ_0 の表式を使うと，
$$E = \sum_i \varepsilon_i \langle n_i \rangle = \frac{gV}{(2\pi)^2}\left(\frac{2m}{\hbar^2}\right)^{3/2}\int_0^\infty \varepsilon^{3/2} f(\varepsilon)d\varepsilon$$
$$= \frac{gV}{(2\pi)^2}\left(\frac{2m}{\hbar^2}\right)^{3/2}\left[\int_0^\mu \varepsilon^{3/2}d\varepsilon + \frac{\pi^2}{4}(kT)^2\mu^{1/2} - \frac{7\pi^4}{960}(kT)^4\mu^{-3/2} + O\{(kT)^6\mu^{-7/2}\}\right]$$
$$\therefore\ E = \frac{3}{5}N\mu_0\left(\frac{\mu}{\mu_0}\right)^{5/2}\left[1 + \frac{5\pi^2}{8}\left(\frac{kT}{\mu_0}\right)^2\left(\frac{\mu}{\mu_0}\right)^{-2} - \frac{7\pi^4}{384}\cdot\left(\frac{kT}{\mu_0}\right)^4\left(\frac{\mu}{\mu_0}\right)^{-4} + O\left\{\left(\frac{kT}{\mu_0}\right)^6\right\}\right]$$
μ/μ_0 に例題 11 の結果を代入し，4.1 の基本事項◆級数展開の公式を用いて $(kT/\mu_0)^4$ の項までを整理すれば，問題の展開式が得られる．

11.2 熱力学の関係式と Bernoulli の式から $A = G - pV = N\mu - (2/3)E$ であるから，例題 11 と問題 11.1 の結果を代入して，
$$A = N\mu_0\left[1 - \frac{\pi^2}{6}\left(\frac{kT}{\mu_0}\right)^2 + O\left\{\left(\frac{kT}{\mu_0}\right)^4\right\}\right] - \frac{2}{5}N\mu_0\left[1 + \frac{5\pi^2}{12}\left(\frac{kT}{\mu_0}\right)^2 + O\left\{\left(\frac{kT}{\mu_0}\right)^4\right\}\right]$$
$$\cong \frac{3}{5}N\mu_0\left[1 - \frac{5\pi^2}{12}\left(\frac{kT}{\mu_0}\right)^2\right]$$
$S = (E - A)/T$ に上の結果を代入して，
$$S \cong \frac{3}{5}\left(\frac{N\mu_0}{T}\right)\frac{10\pi^2}{12}\left(\frac{kT}{\mu_0}\right)^2 = Nk\frac{\pi^2}{2}\left(\frac{kT}{\mu_0}\right)^2$$
$C_V = (\partial E/\partial T)_{N,V}$ に問題 11.1 の結果を代入して，
$$C_V \cong Nk\frac{\pi^2}{2}\left(\frac{kT}{\mu_0}\right)$$
〔付記〕 室温以下での金属結晶の定積比熱 C_V の測定値は，大体次式で表される．
$$C_V = aT + bT^3 \quad (a, b\text{ は金属それぞれに特有な定数})$$
この温度変化のうち T^3 に比例する項は他の絶縁体結晶などでもみられるもので，結晶格子の熱振動による寄与と考えられる（6.2 の基本事項◆ **Debye の理論**参照）．T に比例する第 1 項は，金属結晶内の自由電子系がもつ比熱と考えられる．この自由電子系を強く縮退した理想 Fermi 気体とみなすと（Sommerfeld），問題 11.2 の結果により，理論値 $a = (\pi^2/2)(Nk^2/\mu_0)$（特に $\gamma_0 \equiv a/N$ を Sommerfeld の定数と呼ぶ）となる．1 価金属 Na の結晶の場合には 1 モルの体積が $2.37\times 10^{-5}\,\mathrm{m^3}$ であり，$N/V \fallingdotseq 2.65\times 10^{28}\,\mathrm{m^{-3}}$（室温），$\mu_0 = 5.18\times 10^{-19}\,\mathrm{J}$，$T_F = 3.75\times 10^4\,\mathrm{K}$ であるから，
$$a\,(\text{理論値}) \fallingdotseq 1.1\times 10^{-3}\,\mathrm{J\cdot mol^{-1}\cdot K^{-2}}$$
となる．一方，実験値は $a \fallingdotseq 1.38\times 10^{-3}\,\mathrm{J\cdot mol^{-1}\cdot K^{-2}}$ であり，Sommerfeld の自由電子模型はよくあてはまる．

11.3 問題 10.2 と同様に $T=0$ の場合には，
$$N=\int_0^\infty \omega(\varepsilon)f_0(\varepsilon)d\varepsilon = \int_0^{\mu_0}\omega(\varepsilon)d\varepsilon, \quad E_0=\int_0^\infty \varepsilon\omega(\varepsilon)f_0(\varepsilon)d\varepsilon = \int_0^{\mu_0}\varepsilon\omega(\varepsilon)d\varepsilon$$
であり，第 1 の式から μ_0 が決定され，第 2 の式から E_0 が計算される．$kT/\mu_0 \ll 1$ の場合には $kT/\mu \ll 1$ であるから，例題 10 の展開式を $g(\varepsilon)=\omega(\varepsilon)$ として利用する．
$$N=\int_0^\infty \omega(\varepsilon)f(\varepsilon)d\varepsilon = \int_0^\mu \omega(\varepsilon)d\varepsilon + \frac{\pi^2}{6}(kT)^2\omega'(\mu)+\cdots$$
$$\therefore \int_{\mu_0}^\mu \omega(\varepsilon)d\varepsilon + \frac{\pi^2}{6}(kT)^2\omega'(\mu)+\cdots = 0$$
結果からわかるように $|(\mu_0-\mu)/\mu_0|=0\{(kT/\mu_0)^2\} \ll 1$ であるから，上式で $\omega(\mu)$ と $\omega'(\mu)$ を μ_0 のまわりで展開し，$(\mu-\mu_0)^2$, $(kT)^2(\mu-\mu_0)$ およびそれより高次の項を省略すると，
$$(\mu-\mu_0)\omega(\mu_0)+\frac{\pi^2}{6}(kT)^2\omega'(\mu_0)+\cdots = 0 \quad \therefore \mu=\mu_0-\frac{\pi^2}{6}(kT)^2\cdot\frac{\omega'(\mu_0)}{\omega(\mu_0)}+\cdots$$
E については，例題 10 の展開式を $g(\varepsilon)=\varepsilon\omega(\varepsilon)$ に対して使うと，
$$E-E_0 = \int_{\mu_0}^\mu \varepsilon\omega(\varepsilon)d\varepsilon + \frac{\pi^2}{6}(kT)^2\{\omega(\mu)+\mu\omega'(\mu)\}+\cdots$$
$$= (\mu-\mu_0)\mu_0\omega(\mu_0)+\frac{\pi^2}{6}(kT)^2\{\omega(\mu_0)+\mu_0\omega'(\mu_0)\}+\cdots$$
となるから，$(\mu-\mu_0)$ に上で導いた展開式を代入して求める結果が得られる．

12.1 例題 12 の結果により，$\exp(\Lambda^2 N/gL^2)\equiv a$ と表すと，
$$e^{\mu_+/kT}=a-1 \text{ (FD)}, \quad e^{\mu_-/kT}=(a-1)/a=e^{\mu_+/kT}/a \text{ (BE)}$$
この結果を $E=\sum_i \varepsilon_i\langle n_i\rangle$ に代入し，例題 12 と同様に積分で表す．E_+ については $e^{\varepsilon/kT}=x+1$ と変数変換して，
$$E_+ = \frac{gL^2}{4\pi}\left(\frac{2m}{\hbar^2}\right)\int_0^\infty \frac{(a-1)\varepsilon}{e^{\varepsilon/kT}-1+a}d\varepsilon = g\left(\frac{L}{\Lambda}\right)^2 kT\cdot(a-1)\int_0^\infty \frac{\log(x+1)}{(x+1)(x+a)}dx$$
E_- については $e^{\varepsilon/kT}=(x+a)/a$ と変数変換して，
$$E_- = \frac{gL^2}{4\pi}\left(\frac{2m}{\hbar^2}\right)\int_0^\infty \frac{(a-1)\varepsilon}{a(e^{\varepsilon/kT}-1)+1}d\varepsilon$$
$$= g\left(\frac{L}{\Lambda}\right)^2 kT(a-1)\int_0^\infty \frac{\{\log(x+a)-\log a\}}{(x+1)(x+a)}dx$$
したがって，(E_+-E_-) を計算すると，
$$E_+-E_- = g\left(\frac{L}{\Lambda}\right)^2 kT\int_0^\infty \frac{(a-1)}{(x+1)(x+a)}\left\{\log\left(\frac{x+1}{x+a}\right)+\log a\right\}dx$$
$$= g\left(\frac{L}{\Lambda}\right)^2 kT\int_0^\infty \left\{\frac{1}{x+1}-\frac{1}{x+a}\right\}\left\{\log\left(\frac{x+1}{x+a}\right)+\log a\right\}dx$$
$$= g\left(\frac{L}{\Lambda}\right)^2 kT\left\{\left[\frac{1}{2}\left\{\log\left(\frac{x+1}{x+a}\right)\right\}^2\right]_0^\infty + \log a\left[\log\left(\frac{x+1}{x+a}\right)\right]_0^\infty\right\}$$
$$= g\left(\frac{L}{\Lambda}\right)^2 kT\frac{1}{2}(\log a)^2 = \frac{N^2\Lambda^2 kT}{2gL^2} = \frac{\pi\hbar^2 N^2}{gmL^2}$$

$E_+(T=0)$ については問題 11.3 の解答の最初の 2 つの式を利用すると，
$$N = \int_0^{\mu_+(T=0)} \omega(\varepsilon)d\varepsilon = \frac{gL^2}{4\pi}\left(\frac{2m}{\hbar^2}\right)\mu_+(T=0),$$
$$E_+(T=0) = \int_0^{\mu_+(T=0)} \varepsilon\omega(\varepsilon)d\varepsilon = \frac{gL^2}{4\pi}\left(\frac{2m}{\hbar^2}\right)\frac{\{\mu_+(T=0)\}^2}{2}$$
$$\therefore \quad E_+(T=0) = \frac{1}{2}N\mu_+(T=0) = \frac{\pi\hbar^2 N^2}{gmL^2}$$

12.2 問題 12.1 の結果から，$(E_+ - E_-)$ は T によらない量である．したがって，N と L^2 一定の定積比熱は量子統計の違いにはよらない同一の表式となる．
$$(\partial E_+/\partial T)_{N,L^2} = (\partial E_-/\partial T)_{N,L^2} = C$$
縮退が強い場合 ($\Lambda^2 N/L^2 \gg 1$) には，例題 10，問題 11.3 の結果を利用する．
$$C = N\left(\frac{\pi^2}{3}\right)k^2 T\omega(\mu_0) + O\left\{\exp\left(-\frac{\Lambda^2 N}{gL^2}\right)\right\} = N\cdot\left(\frac{\pi^2}{3}\right)k^2 T + O\left\{\exp\left(-\frac{\Lambda^2 N}{gL^2}\right)\right\}$$
$\omega'(\mu_0)$ などはすべて 0 であるから，省略された項は $O(e^{-\Lambda^2 N/gL^2})$ である．縮退が弱い場合 ($\Lambda^2 N/L^2 \ll 1$) には，μ_- と E_- を $(\Lambda^2 N/gL^2)$ の整級数に展開した結果を利用する．例題 12 の結果から，$\Lambda^2 N/gL^2 \equiv \xi$ と表すと，
$$e^{\mu_-/kT} = 1 - \exp\left(-\frac{\Lambda^2 N}{gL^2}\right) = \xi - \frac{1}{2}\xi^2 + \frac{1}{6}\xi^3 + O(\xi^4)$$
E_- については，例題 7 と同様に，
$$E_- = \frac{gL^2}{4\pi}\left(\frac{2m}{\hbar^2}\right)\int_0^\infty \frac{\varepsilon d\varepsilon}{\exp\{(\varepsilon-\mu_-)/kT\}-1}$$
$$= \frac{gL^2}{4\pi}\left(\frac{2m}{\hbar^2}\right)(kT)^2 \sum_{n=1}^\infty e^{n\mu_-/kT}\int_0^\infty xe^{-nx}dx$$
$$= g\left(\frac{L}{\Lambda}\right)^2 (kT)\sum_{n=1}^\infty \frac{1}{n^2}e^{n\mu_-/kT} = \frac{NkT}{\xi}\sum_{n=1}^\infty \frac{1}{n^2}\xi^n\left\{1 - \frac{1}{2}\xi + \frac{1}{6}\xi^2 + O(\xi)^3\right\}^n$$
$$= NkT\left\{1 - \frac{1}{4}\xi + \frac{1}{36}\xi^2 + O(\xi)^3\right\}$$
$T(\partial\xi/\partial T)_{N,L^2} = -\xi$ となるから，
$$C = \left(\frac{\partial E_-}{\partial T}\right)_{N,L^2} = Nk\left\{1 - \frac{1}{36}\xi^2 + O(\xi^3)\right\}$$
$$= Nk\left[1 - \frac{1}{36}\left(\frac{Nh^2}{2\pi mkTgL^2}\right)^2 + O\left\{\left(\frac{\Lambda^2 N}{L^2}\right)^3\right\}\right]$$

〔付記〕2 次元量子気体の例としては，グラファイト（石墨）結晶表面に吸着した He^4 単層膜（BE）や He^3 単層膜（FD），液体ヘリウムなどの絶縁性液体表面上に放出された電子（FD）などがあり，2 次元理想 Bose 気体や 2 次元理想 Fermi 気体はそれらの簡単なモデルと考えられる．

12.3 例題 6 のときの計算と同様にして，$\alpha > -1$ の場合には，
$$N = C\int_0^\infty \frac{\varepsilon^\alpha d\varepsilon}{\exp\{(\varepsilon-\mu)/kT\}-1} = C\sum_{n=1}^\infty \int_0^\infty \varepsilon^\alpha e^{-n\varepsilon/kT}d\varepsilon \cdot e^{n\mu/kT}$$
$$= C(kT)^{\alpha+1}\Gamma(\alpha+1)\sum_{n=1}^\infty \frac{1}{n^{\alpha+1}}e^{n\mu/kT}$$

となる．ここで，$\Gamma(s) = \int_0^\infty x^{s-1} e^{-x} dx \ (s>0)$ はガンマ関数である．$e^{\mu/kT} = \lambda$ とおき，4.3 の基本事項◆数学で定義された関数 $F_s(x)$ を用いると，上の結果は

$$N/\{C(kT)^{\alpha+1} \Gamma(\alpha+1)\} = F_{\alpha+1}(\lambda) \quad (0 \leq \lambda \leq 1)$$

と表される．$\alpha \leq 0$ であるから，$F_{\alpha+1}(\lambda)$ は $F_{\alpha+1}(0) = 0$ から単調に増加し，$\lambda \to 1$ のとき $F_{\alpha+1}(\lambda) \to +\infty$ となる．$\alpha > -1$ であるから，上式の左辺は温度が有限である限り，常に正の量である．したがって，上式を満足する λ の値は常に存在し，Bose 凝縮は起こらない．

6 章の解答

1.1 $h = 6.626 \times 10^{-34}$ J·s, $c = 2.998 \times 10^8$ m·s^{-1} として，
$\lambda = 10$ cm; $h\nu = hc/\lambda \fallingdotseq 1.986 \times 10^{-24}$ J $(= 0.144$ K$)$
$\lambda = 5000$Å; $h\nu \fallingdotseq 3.973 \times 10^{-19}$ J $= 2.480$ eV $(= 2.88 \times 10^4$ K$)$
$\lambda = 1.54$Å; $h\nu \fallingdotseq 1.290 \times 10^{-15}$ J $= 8.052 \times 10^3$ eV $(= 9.34 \times 10^7$ K$)$

1.2 第 5 章問題 2.1 と同じように考える．振動数が ν と $\nu + d\nu$ の範囲にある固有振動の数は，ベクトル $\boldsymbol{k} \equiv (\pi/L)(l_x, l_y, l_z)$ の空間において半径 $|\boldsymbol{k}| = k = 2\pi\nu/c$ と $k + dk$ の球面で囲まれた球殻の体積の 1/8 に比例する．(l_x, l_y, l_z) の値の 1 組に対して直交する 2 つの偏りの固有振動が対応するから，

$$g(\nu)d\nu = 2\left(\frac{L}{\pi}\right)^3 \cdot \frac{1}{8} \cdot \left(\frac{2\pi\nu}{c}\right)^2 \cdot \frac{2\pi d\nu}{c} = \frac{8\pi V}{c^3} \nu^2 d\nu$$

〔注意〕波長が λ と $\lambda + d\lambda$ の範囲にある固有振動の数は，$\lambda = c/\nu$ の関係から，$(8\pi V/\lambda^4)d\lambda$ となる．第 5 章問題 1.2 と 2.1 の比較と同じように，問題 1.2 の状態密度の式は V が十分大きければ境界条件にはよらない．

2.1 問題 1.2 の解答の〔注意〕から，

$$E_\lambda d\lambda = \left(\frac{hc}{\lambda}\right) \cdot \frac{1}{e^{hc/\lambda kT} - 1} \cdot \frac{8\pi V}{\lambda^4} \cdot d\lambda = \frac{8\pi V hc}{\lambda^5} \cdot \frac{1}{e^{hc/\lambda kT} - 1} \cdot d\lambda$$

ここで．$hc/\lambda kT \ll 1$ として分母の指数関数を展開して第 2 項までで止めれば，

$$E_\lambda \cong \frac{8\pi V kT}{\lambda^4} \quad (\lambda \gg hc/kT)$$

〔付記〕古典論では，空洞内の固有振動の振幅は任意の大きさが許されるので，固有振動の電磁エネルギーは連続な値をとる．この場合には，上の結果はすべての波長について成り立つ式として導かれ，**Rayleigh-Jeans** の式と呼ばれる．しかし，この式では空洞放射の全エネルギーは発散してしまう．Planck は，この困難を避けるために固有振動のエネルギーはとびとびの値しか許されない（量子化されている）と仮定して，Planck の熱放射式を導いた．

2.2 $\lambda \to 0$ のとき $E_\lambda \to 0$，$\lambda \to \infty$ のときも $E_\lambda \to 0$ であるから，E_λ を極大にする λ を求める．$x \equiv hc/\lambda kT$ とおくと，

$$E_\lambda = \frac{8\pi V (kT)^5}{c^4 h^4} \cdot \frac{x^5}{e^x - 1}$$

関数 $x^5/(e^x - 1)$ を極大にする x の値を x_0 (x_0 は $e^{-x} + (x/5) - 1 = 0$ の根，$x_0 \fallingdotseq 4.9651$)

とすると，$\lambda = \lambda_m = hc/x_0 kT$ のときに E_λ は極大となる．すなわち，$\lambda_m T = $ 一定 $(= hc/x_0 k \fallingdotseq 2.898 \times 10^{-3}$ m·K$)$．

2.3 問題 1.2 の結果から，光子の状態密度 $\omega(\varepsilon)$ は

$$\omega(\varepsilon)d\varepsilon = g(\nu)d\nu = \frac{8\pi V}{c^3 h^3} \cdot \varepsilon^2 d\varepsilon$$

第 5 章問題 3.1 の式において $\alpha = 2$ とすれば，直ちに問題の関係が得られる．$d\nu/dV = -\nu/(3V)$ を使って，第 5 章例題 3 にならって解くことは読者の演習とする．

2.4 例題 1 の結果により，Helmholtz の自由エネルギー A は部分積分を行なうと，

$$A = -kT \log Q = kT \sum_{j=1}^{\infty} \log[1 - e^{-h\nu_j/kT}] = kT \int_0^\infty \log[1 - e^{-h\nu/kT}]g(\nu)d\nu$$

$$= -\frac{8\pi V}{3c^3} \int_0^\infty \frac{h\nu^3}{e^{h\nu/kT} - 1} d\nu = -\frac{1}{3}E$$

となる．したがってエントロピーは

$$S = \frac{E - A}{T} = \frac{4}{3}\left(\frac{E}{T}\right) \quad (S \propto T^3 \quad \therefore \quad S \to 0 \, (T \to 0))$$

2.5 例題 2 と同じようにして，

$$N = \int_0^\infty \langle n_\nu \rangle g(\nu)d\nu = \frac{8\pi V}{c^3} \sum_{n=1}^{\infty} \int_0^\infty \nu^2 e^{-nh\nu/kT} d\nu = \frac{16\pi V(kT)^3}{c^3 h^3}\zeta(3)$$

したがって，E/T に比例する．問題 2.4 の結果から，

$$N\mu = E - TS + pV = E - (4/3)E + (1/3)E = 0 \quad \therefore \quad \mu = 0$$

〔付記〕 $\zeta(3) = \sum_{n=1}^{\infty}(1/n^3) \fallingdotseq 1.2021$，問題 2.4 と 2.5 の結果から次の関係が得られる．

$$E = \frac{\pi^4 NkT}{30\zeta(3)} \fallingdotseq 2.701 NkT, \quad pV \fallingdotseq 0.900 NkT$$

また，光子気体の熱力学的状態は V と T，または V と E の値で指定され，N は独立変数ではない．

3.1 例題 3 の C_V の式から．$h\nu_E/kT = \Theta_E/T$ と表して，

$$T \gg \Theta_E, C_V = 3Nk\left(\frac{\Theta_E}{T}\right)^2 \frac{\{1+(\Theta_E/T)+\cdots\}}{\{(\Theta_E/T)+(\Theta_E/T)^2/2+\cdots\}^2} = 3Nk\left[1+O\left\{\left(\frac{\Theta_E}{T}\right)^2\right\}\right]$$

$$T \ll \Theta_E, C_V = 3Nk\left(\frac{\Theta_E}{T}\right)^2 \cdot \frac{e^{-\Theta_E/T}}{\{1-e^{-\Theta_E/T}\}^2} = 3Nk\left(\frac{\Theta_E}{T}\right)^2 e^{-\Theta_E/T}\{1+O(e^{-\Theta_E/T})\}$$

〔付記〕 単原子分子結晶の定積比熱は，温度が高くなると分子の種類によらずに $C_V \cong 3Nk \fallingdotseq 5.96$ cal·mol^{-1}·K^{-1} となることが知られており，**Dulong-Petit の法則**と呼ばれる．実験によると，$T \to 0$ のときの定積比熱は T^3 に比例するが，上の結果からわかるように，Einstein 模型ではこの事実を説明できない（後の例題 6 と比較せよ）．

3.2 例題 3 の A の式から，

$$S = -\left(\frac{\partial A}{\partial T}\right)_{N,V} = 3Nk\left\{\frac{(\Theta_E/T)}{e^{\Theta_E/T} - 1} - \log(1 - e^{-\Theta_E/T})\right\}$$

（この結果から，$T \to 0$ のとき $S \to 0$ となる．）

3.3 例題 3 の A の式と問題 3.2 の結果から，

$$E = A + TS = E_0 + (3/2)Nk\Theta_E + 3NkT\{(\Theta_E/T)/(e^{\Theta_E/T} - 1)\}$$

$T \gg \Theta_E$ のときには，指数関数を展開して，$O(\Theta_E/T)$ の項を省略すれば，

$$E \cong E_0 + 3NkT$$

$T \ll \Theta_E$ のときには，分数を $e^{-\Theta_E/T}$ の整級数に展開して，$O(e^{-2\Theta_E/T})$ を省略すれば，

$$E \cong E_0 + \frac{3}{2}Nk\Theta_E + 3Nk\Theta_E \cdot e^{-\Theta_E/T}$$

$(3/2)Nk\Theta_E = (3/2)Nh\nu_E$ の項は，例題 1 と同じように零点エネルギーであり，E_0 は各分子が結晶の格子点に静止しているときのエネルギーを表す．

4.1 基本事項の◆格子振動の A の式と熱力学の関係式から，

$$E = -T^2\left(\frac{\partial A}{\partial T}\right)_{N,V} = E_0 + \sum_{i=1}^{3N}\left\{\frac{1}{2}h\nu_i + \frac{h\nu_i}{e^{h\nu_i/kT} - 1}\right\}$$

ν_i についての和を Debye の理論の $g(\nu)$ についての積分とすると，

$$E = E_0 + \frac{9}{8}Nh\nu_m + 9NkT\left(\frac{kT}{h\nu_m}\right)^3\int_0^{h\nu_m/kT}\frac{t^3 dT}{e^t - 1} = E_0 + \frac{9}{8}Nk\Theta + 3NkTD\left(\frac{\Theta}{T}\right)$$

$$S = \frac{E - A}{T} = 4NkD\left(\frac{\Theta}{T}\right) - 3Nk\log(1 - e^{-\Theta/T})$$

例題 4 の結果の A の式を T で偏微分して E と S を求めることは，読者の演習とする．後の問題 5.2 を参照せよ．

〔注意〕 E の最初の式の右辺は，基本事項◆フォノンにある $\langle n_i \rangle$ の式を使うと，

$$E = E_0 + \sum_{i=1}^{3N}\frac{1}{2}h\nu_i + \sum_{i=1}^{3N}h\nu_i\langle n_i\rangle$$

と表され，右辺の第 3 項は調和近似におけるフォノン気体の内部エネルギーである（4.3 の基本事項◆粒子数の分布を参照）．

〔付記〕 単原子分子結晶の例として鉛（Pb）の場合について，Debye の理論のパラメータを求めてみよう．音速は $c_l = 1960\,\mathrm{m\cdot s^{-1}}$，$c_l = 690\,\mathrm{m\cdot s^{-1}}$ であり，密度の値から $N/V \fallingdotseq 3.30 \times 10^{28}\,\mathrm{m^{-3}}$ となるから，$\nu_m \fallingdotseq 1.56 \times 10^{12}\,\mathrm{Hz}$（遠赤外領域），$\Theta \fallingdotseq 74.9\,\mathrm{K}$ と求められる．しかし，この Θ の値を代入した Debye の理論は，鉛の結晶の熱力学的性質をあまりよく説明できない．これは，鉛結晶の格子振動の振動数分布 $g(\nu)$ が例題 4 の ν^2 則よりずっと複雑であることによる．しかし，$\nu \to 0$ の極限では $g(\nu) \propto \nu^2$ がよく成り立ち，その結果として低温での比熱 C_V は T^3 に比例する（後の問題 6.3 を参照）．したがって，例題 6 で導くように，C_V/T の測定値を T^2 についてプロットすれば，その勾配から Θ（実測値）を求めることができる．鉛の場合には，Θ（0K 近くの実測値）$=105\,\mathrm{K}$ である．なお，アルゴン（Ar）結晶などの中性分子結晶の場合には $(C_V/T) - T^2$ のプロットは縦軸の O に内挿されるが，鉛などの金属結晶の場合には正の切片をもち，$C_V = aT + bT^3 \;(T \to 0)$ となることが知られている．この T に比例する項は縮退した金属電子系（Fermi 系）の比熱である．

5.1 例題 5 と同じように積分区間を 2 つに分ければ，

$$\frac{\mu}{x^\mu}\int_0^x \frac{t^\mu}{e^t-1}dt = \frac{\mu}{x^\mu}\left\{\sum_{n=1}^\infty \int_0^\infty t^\mu e^{-nt}dt - \sum_{n=1}^\infty \int_x^\infty t^\mu e^{-nt}dt\right\}$$

$$\int_0^\infty t^\mu e^{-nt}dt = \frac{1}{n^{\mu+1}}\int_0^\infty y^\mu e^{-y}dy = \frac{\Gamma(\mu+1)}{n^{\mu+1}}, \quad \Gamma(s) \equiv \int_0^\infty t^{s-1}e^{-t}dt \quad (s>0)$$

$$\int_x^\infty t^\mu e^{-nt}dt = \frac{x^\mu}{n}\left\{1 + \frac{\mu}{nx} + \frac{\mu(\mu-1)}{n^2x^2} + \frac{\mu(\mu-1)(\mu-2)}{n^3x^3} + \cdots\right\}e^{-nx}$$

5.3 の基本事項◆数学の Riemann の ζ 関数を使うと $\sum_{n=1}^\infty n^{-(\mu+1)} = \zeta(\mu+1)$ と表されるから，

$$\frac{\mu}{x^\mu}\int_0^x \frac{t^\mu}{e^t-1}dt = \frac{\mu\Gamma(\mu+1)\zeta(\mu+1)}{x^\mu} - \mu e^{-x} + O\left(\frac{e^{-x}}{x}\right)$$

〔付記〕 問題 5.1 の定積分の数値については，たとえば，M. Abramowitz および I.A. Stegun 編; Handbook of Mathematical Functions（Dover Pub., NewYork, 1965），P.998 に，$\mu = 1, 2, 3, 4, 0 \leq x \leq 10.0$，が示されている．

5.2 次の積分の微分を考える．

$$\frac{d}{dx}\left\{\frac{3}{x^n}\int_0^x \frac{t^3}{e^t-1}dt\right\} = -\frac{3n}{x^{n+1}}\int_0^x \frac{t^3}{e^t-1}dt + \frac{3x^{3-n}}{e^x-1} = x^{2-n}\left\{-nD(x) + \frac{3x}{e^x-1}\right\}$$

$n = 3, 4$ として，問題の微分の式が得られる．

6.1 例題 4 の A の式から，N を固定して考えると，

$$p = -\left(\frac{\partial A}{\partial T}\right)_{N,V} = -\frac{d}{dV}\left\{E_0 + \frac{9}{8}Nk\Theta\right\} - 3Nk\frac{(d\Theta/dV)}{e^{\Theta/T}-1} + Nk\left(\frac{d\Theta}{dV}\right)\left[\frac{dD(x)}{dx}\right]_{x=\Theta/T}$$

問題 5.1 の第 1 の微分の式を利用し，E_G と E_T の定義と比較すると，

$$p = -\frac{dE_G}{dV} - \frac{V}{\Theta}\left(\frac{d\Theta}{dV}\right)\cdot\frac{3NkT}{V}D\left(\frac{\Theta}{T}\right) = -\frac{dE_G}{dV} + \gamma\frac{E_T}{V}$$

〔付記〕 問題 6.1 の γ は，一般には V の関数であるが近似的には定数とみなすことができて，**Grüneisen の定数**と呼ばれる．Debye 温度 Θ の測定値から，γ は大体 1〜3 の値となることが知られている．

6.2 基本事項◆格子振動の A の表式から，

$$C_V = -T\left(\frac{\partial^2 A}{\partial T^2}\right)_{N,V} = k\sum_{i=1}^{3N}\frac{(h\nu_i/kT)^2 e^{h\nu_i/kT}}{(e^{h\nu_i/kT}-1)^2} = k\int_0^\infty \frac{(h\nu/kT)^2 e^{h\nu/kT}}{(e^{h\nu/kT}-1)^2}g(\nu)d\nu$$

$\nu \to 0$ のとき $g(\nu) \to C\nu^\alpha$ $(C > 0, \alpha > -1)$ とすると，$T \to 0$ で

$$C_V \to kC\left(\frac{kT}{h}\right)^{\alpha+1}\int_0^\infty \frac{x^{\alpha+2}e^x}{(e^x-1)^2}dx \propto T^{\alpha+1} \quad (x = h\nu/kT)$$

（x についての定積分の値は，部分積分を行なって問題 5.1 の計算と比較すると，$\Gamma(\alpha+3)\zeta(\alpha+2)$ となる．）

〔注意〕 実際の単原子分子結晶の多くは，低温における C_V は T^3 に比例することが知られているから，$g(\nu) \propto \nu^2 (\nu \to 0)$ であることがわかる．

7.1 $dG^* = -SdT + Vdp - \widetilde{\boldsymbol{M}} \cdot d\boldsymbol{H}_0$ より,

$$\left(\frac{\partial V}{\partial \boldsymbol{H}_0}\right)_{T,p} = \left(\frac{\partial^2 G^*}{\partial \boldsymbol{H}_0 \partial p}\right)_T = \left(\frac{\partial^2 G^*}{\partial p \partial \boldsymbol{H}_0}\right)_T = -\left(\frac{\partial \widetilde{\boldsymbol{M}}}{\partial p}\right)_{T,\boldsymbol{H}_0}$$

ヤコビアンの方法を使うと,

$$C_{\widetilde{\boldsymbol{M}},\xi} = T\left(\frac{\partial S}{\partial T}\right)_{\widetilde{\boldsymbol{M}},\xi} = T\frac{\partial(S,\widetilde{\boldsymbol{M}},\xi)}{\partial(T,\widetilde{\boldsymbol{M}},\xi)} = T\frac{\partial(T,\boldsymbol{H}_0,\xi)}{\partial(T,\widetilde{\boldsymbol{M}},\xi)}\frac{\partial(S,\widetilde{\boldsymbol{M}},\xi)}{\partial(T,\boldsymbol{H}_0,\xi)}$$

$$= T\left(\frac{\partial \boldsymbol{H}}{\partial \widetilde{\boldsymbol{M}}}\right)_{T,\xi}\left\{\left(\frac{\partial S}{\partial T}\right)_{\boldsymbol{H}_0,\xi}\left(\frac{\partial \widetilde{\boldsymbol{M}}}{\partial \boldsymbol{H}_0}\right)_{T,\xi} - \left(\frac{\partial S}{\partial \boldsymbol{H}_0}\right)_{T,\xi}\left(\frac{\partial \widetilde{\boldsymbol{M}}}{\partial T}\right)_{\boldsymbol{H}_0,\xi}\right\}$$

$$= T\left(\frac{\partial S}{\partial T}\right)_{\boldsymbol{H}_0,\xi} - \frac{T(\partial S/\partial \boldsymbol{H}_0)_{T,\xi}(\partial \widetilde{\boldsymbol{M}}/\partial T)_{\boldsymbol{H}_0,\xi}}{(\partial \widetilde{\boldsymbol{M}}/\partial \boldsymbol{H}_0)_{T,\xi}} = C_{\boldsymbol{H}_0,\xi} - \frac{T}{V\kappa_{T,\xi}}\left\{\left(\frac{\partial \widetilde{\boldsymbol{M}}}{\partial T}\right)_{\boldsymbol{H}_0,\xi}\right\}^2$$

となる.ただし,最後の等式に移るときには Maxwell の関係式 $(\partial S/\partial \boldsymbol{H}_0)_{T,\xi} = (\partial \widetilde{\boldsymbol{M}}/\partial T)_{\boldsymbol{H}_0,\xi}$ を使った.

7.2 磁歪を無視しているから,$\kappa_{T,p} \equiv V^{-1}(\partial \widetilde{\boldsymbol{M}}/\partial \boldsymbol{H}_0)_{T,p} = (\partial \boldsymbol{M}/\partial \boldsymbol{H}_0)_{T,p}$ となり,また N_z も $\boldsymbol{H}_0$ によらないとしてよい.したがって,

$$\chi_{T,p} \equiv \left(\frac{\partial \boldsymbol{M}}{\partial \boldsymbol{H}}\right)_{T,p} = \left(\frac{\partial \boldsymbol{M}}{\partial \boldsymbol{H}_0}\right)_{T,p}\bigg/\left(\frac{\partial \boldsymbol{H}}{\partial \boldsymbol{H}_0}\right)_{T,p} = \left(\frac{\partial \boldsymbol{M}}{\partial \boldsymbol{H}_0}\right)_{T,p}\bigg/\left\{1 - N_z\left(\frac{\partial \boldsymbol{M}}{\partial \boldsymbol{H}_0}\right)_{T,p}\right\}$$

$$= \frac{\kappa_{T,p}}{1 - N_z\kappa_{T,p}} \quad \therefore \quad \frac{1}{\chi_{T,p}} = \frac{1}{\kappa_{T,p}} - N_z$$

〔注意〕 強磁性体を除いた普通の磁性体の場合には,外場 $\boldsymbol{H}_0$ があまり強くない限り,$\boldsymbol{M} = \chi_{T,p}\boldsymbol{H}$ という関係が成り立ち,さらに $\chi_{T,p}$ の大きさは $|\chi_{T,p}| \doteqdot 10^{-4}$ の程度である.したがって,この場合には,$\boldsymbol{H}/\boldsymbol{H}_0 = 1 + \chi_{T,p}N_z$ となり,$\boldsymbol{H} \cong \boldsymbol{H}_0$ と考えてよい.そして,$\chi_{T,p}$ と $\kappa_{T,p}$ の違いも無視される.

8.1 問題 7.1 で証明した関係式に例題 8 の解答にある $C_{\boldsymbol{H}_0,p}$ の式を使うと,

$$C_{\widetilde{\boldsymbol{M}},p} = C_{\boldsymbol{H}_0,p} - \frac{T}{V\kappa_{T,p}}\left\{\left(\frac{\partial \widetilde{\boldsymbol{M}}}{\partial T}\right)_{\boldsymbol{H}_0,p}\right\}^2 = \frac{V(B + C\boldsymbol{H}_0^2)}{T^2} - \frac{T^2}{VC}\left\{-\frac{VC}{T^2}\boldsymbol{H}_0\right\}^2 = \frac{VB}{T^2}$$

すなわち,$C_{\widetilde{\boldsymbol{M}},p}$ は $\boldsymbol{H}_0 = 0$ のときの $C_{\boldsymbol{H}_0,p}$ に等しい.この結果と例題 7 の (2) の関係式から,

$$\kappa_{S,p} = \kappa_{T,p}\frac{C_{\widetilde{\boldsymbol{M}},p}}{C_{\boldsymbol{H}_0,p}} = \frac{C}{T} \cdot \frac{VB}{B + C\boldsymbol{H}_0^2} = \frac{C}{B + C\boldsymbol{H}_0^2} \cdot \frac{1}{T}$$

が得られる.$\kappa_{T,p} = \chi_{T,p}$ と仮定しているから,問題 7.2 の解答にある〔注意〕により,$\boldsymbol{H} = \boldsymbol{H}_0$ であり,また,V の変化を無視しているから,$\kappa_{S,p} = \chi_{S,p}$ である.したがって,上で求めた $\kappa_{S,p}$ の式が $\chi_{S,p}$ を与えることになる.

8.2 問題 7.1 で導いた関係式に,この問題で仮定されている事実を使うと,

$$\left(\frac{\partial V}{\partial \boldsymbol{H}_0}\right)_{T,p} = -\left(\frac{\partial \widetilde{\boldsymbol{M}}}{\partial p}\right)_{T,\boldsymbol{H}_0} = -(\partial(V\kappa_{T,p}^*)/\partial p)_{T,\boldsymbol{H}_0}\boldsymbol{H}_0 = V\{\beta\kappa_{T,p}^* - (\partial\kappa_{T,p}^*/\partial p)_T\}\boldsymbol{H}_0$$

が得られる. $\boldsymbol{H}_0 = 0$ のときの体積を V として上式を積分すると,
$$\log \frac{V + \Delta V}{V} = \frac{1}{2}\{\beta \kappa_{T,p}^* - (\partial \kappa_{T,p}^*/\partial p)_T\}\boldsymbol{H}_0^2$$
となる. $|\Delta V|/V \ll 1$ の場合には, 左辺は $\Delta V/V$ で近似されるので求める結果が得られる.

9.1 例題 9 で求められたエントロピーの表式を使うと,
$$\begin{aligned}
C_{\boldsymbol{H}_0,V} &= T\left(\frac{\partial S}{\partial T}\right)_{\boldsymbol{H}_0,V} \\
&= Nk\left\{2T\left(\frac{\partial \log q_0}{\partial T}\right)_V + T^2\left(\frac{\partial^2 \log q_0}{\partial T^2}\right)_V\right\} + Nk\left(\frac{\mu \boldsymbol{H}_0}{kT}\right)^2\left\{\cosh\left(\frac{\mu \boldsymbol{H}_0}{kT}\right)\right\}^{-2}
\end{aligned}$$
が得られる. 問題 7.1 の関係式に例題 9 の結果を使うと,
$$\begin{aligned}
C_{\widetilde{\boldsymbol{M}},V} &= C_{\boldsymbol{H}_0,V} - T\left\{\left(\frac{\partial \widetilde{\boldsymbol{M}}}{\partial T}\right)_{\boldsymbol{H}_0,V}\right\}^2 \bigg/ \left(\frac{\partial \widetilde{\boldsymbol{M}}}{\partial \boldsymbol{H}_0}\right)_{T,V} = C_{\boldsymbol{H}_0,V} - Nk\left(\frac{\mu \boldsymbol{H}_0}{kT}\right)^2\left\{\cosh\left(\frac{\mu \boldsymbol{H}_0}{kT}\right)\right\}^{-2} \\
&= Nk\left\{2T\left(\frac{\partial \log q_0}{\partial T}\right)_V + T^2\left(\frac{\partial^2 \log q_0}{\partial T^2}\right)_V\right\}
\end{aligned}$$
となり, $C_{\widetilde{\boldsymbol{M}},V}$ は $\boldsymbol{H}_0, \widetilde{\boldsymbol{M}}$ によらないことがわかる.

9.2 磁場 $\boldsymbol{H}_0$ の中に置かれた 1 つの磁気モーメントのエネルギーは $-g\mu_B M \boldsymbol{H}_0$ であるから, 1 つの磁気モーメントの分配関数 q は次のように求められる.
$$\begin{aligned}
q &= \sum_{M=-J}^{J} \exp\left(\frac{g\mu_B M \boldsymbol{H}_0}{kT}\right) = \exp\left(-\frac{g\mu_B J \boldsymbol{H}_0}{kT}\right) \sum_{n=0}^{2J}\left\{\exp\left(\frac{g\mu_B \boldsymbol{H}_0}{kT}\right)\right\}^n \\
&= \exp\left(-\frac{g\mu_B J \boldsymbol{H}_0}{kT}\right)\frac{\exp\{(2J+1)g\mu_B \boldsymbol{H}_0/kT\}-1}{\exp(g\mu_B \boldsymbol{H}_0/kT)-1} = \frac{\sinh\{(2J+1)g\mu_B \boldsymbol{H}_0/2kT\}}{\sinh(g\mu_B \boldsymbol{H}_0/2kT)} \\
&= \sinh\left(\frac{2J+1}{2J}x\right) \bigg/ \sinh\left(\frac{x}{2J}\right), \quad x \equiv \frac{g\mu_B J \boldsymbol{H}_0}{kT}
\end{aligned}$$
体系の自由エネルギー A^* は $A^* = -NkT\log q$ であるから,
$$\widetilde{\boldsymbol{M}} = -NkT\left(\frac{\partial \log q}{\partial \boldsymbol{H}_0}\right)_T = Ng\mu_B J B_J\left(\frac{g\mu_B J \boldsymbol{H}_0}{kT}\right)$$
となる. ここで, $B_J(x)$ は **Brillouin 関数**と呼ばれ, 次のように定義される.
$$B_J(x) \equiv \frac{d}{dx}\log\left[\frac{\sinh\{(2J+1)x/2J\}}{\sinh(x/2J)}\right] = \frac{2J+1}{2J}\coth\left(\frac{2J+1}{2J}x\right) - \frac{1}{2J}\coth\left(\frac{x}{2J}\right)$$
$x \ll 1$ のとき, $\coth x = (1/x) + (x/3) + O(x^3)$ であるから, $B_J(x) \cong (J+1)\boldsymbol{x}/3J$ となり,
$$\frac{\widetilde{\boldsymbol{M}}}{V\boldsymbol{H}_0} = \frac{\boldsymbol{M}}{\boldsymbol{H}_0} \cong \frac{N}{V}\frac{J(J+1)(g\mu_B)^2}{3kT}, \quad \frac{g\mu_B J \boldsymbol{H}_0}{kT} \ll 1$$
が得られる. この値は, $g\mu_B J \boldsymbol{H}_0/kT \ll 1$ という条件の下における帯磁率を与えるものと考えてよい (問題 7.2 の解答の〔注意〕参照).

〔付記〕 $\mu_B/\mu_0 \equiv e\hbar/2m$ $(-e, m$ は電子の電荷と質量$)$ は **Bohr 磁子** (または **Bohr マグネトン**), g は **Landé の因子** (または $\boldsymbol{g}$ **因子**) と呼ばれる. 1 個の電子の場合には, $g \fallingdotseq 2, J = 1/2$ である.

9.3 基本事項の熱力学の関係式から，

$$\left(\frac{\partial E^*}{\partial \boldsymbol{H}_0}\right)_{T,V} = -\left(\frac{\partial}{\partial \boldsymbol{H}_0} T^2 \frac{\partial}{\partial T}\left(\frac{A^*}{T}\right)\right)_V = -T^2\left(\frac{\partial}{\partial T}\frac{1}{T}\left(\frac{\partial A^*}{\partial \boldsymbol{H}_0}\right)\right)_V$$

$$= T^2\left(\frac{\partial}{\partial T}\left(\frac{\widetilde{\boldsymbol{M}}}{T}\right)\right)_{\boldsymbol{H}_0,V} = T\left(\frac{\partial \widetilde{\boldsymbol{M}}}{\partial T}\right)_{\boldsymbol{H}_0,V} - \widetilde{\boldsymbol{M}}$$

$$\therefore \left(\frac{\partial E}{\partial \boldsymbol{H}_0}\right)_{T,V} = \left(\frac{\partial E^*}{\partial \boldsymbol{H}_0}\right)_{T,V} + \widetilde{\boldsymbol{M}} + \boldsymbol{H}_0 \cdot \left(\frac{\partial \widetilde{\boldsymbol{M}}}{\partial \boldsymbol{H}_0}\right)_{T,V}$$

$$= T\left(\frac{\partial \widetilde{\boldsymbol{M}}}{\partial T}\right)_{\boldsymbol{H}_0,V} + \boldsymbol{H}_0 \cdot \left(\frac{\partial \widetilde{\boldsymbol{M}}}{\partial \boldsymbol{H}_0}\right)_{T,V}$$

$\widetilde{\boldsymbol{M}} = Vf(\boldsymbol{H}_0/T)$ の場合には，

$$\left(\frac{\partial E}{\partial \boldsymbol{H}_0}\right)_{T,V} = -\frac{V\boldsymbol{H}_0}{T}f'\left(\frac{\boldsymbol{H}_0}{T}\right) + \frac{V\boldsymbol{H}_0}{T}f'\left(\frac{\boldsymbol{H}_0}{T}\right) = 0$$

となる．したがって，$(\partial E/\partial \widetilde{\boldsymbol{M}})_{T,V} = (\partial E/\partial \boldsymbol{H}_0)_{T,V} \cdot (\partial \boldsymbol{H}_0/\partial \widetilde{\boldsymbol{M}})_{T,V}$ により $(\partial E/\partial \widetilde{\boldsymbol{M}})_{T,V}$ も 0．

〔**注意**〕理想常磁性体の $(\partial E/\partial \boldsymbol{H}_0)_{T,V} = 0$, $(\partial E/\partial \widetilde{\boldsymbol{M}})_{T,V} = 0$ という性質は，熱力学における理想気体の内部エネルギーが温度だけの関数であることに類似の性質である (1.2 の基本事項◆ **Joule の法則**参照)．

10.1 縮退が弱い場合には，$e^{\mu/kT} \ll 1$ であるから，

$$f(\varepsilon) = e^{-(\varepsilon-\mu)/kT}\{1+e^{-(\varepsilon-\mu)/kT}\}^{-1} = e^{-(\varepsilon-\mu)/kT} - e^{-2(\varepsilon-\mu)/kT} + O(e^{3\mu/kT})$$

$$\therefore \int_0^\infty \frac{1}{\sqrt{\varepsilon}}f(\varepsilon)d\varepsilon = \sqrt{\pi kT}\,e^{\mu/kT}\left\{1 - \frac{1}{\sqrt{2}}e^{\mu/kT} + O(e^{2\mu/kT})\right\}$$

$$\int_0^\infty \sqrt{\varepsilon}f(\varepsilon)d\varepsilon = \frac{\sqrt{\pi}(kT)^{3/2}}{2}e^{\mu/kT}\left\{1 - \frac{1}{2\sqrt{2}}e^{\mu/kT} + O(e^{2\mu/kT})\right\}$$

$$\therefore \int_0^\infty \frac{1}{\sqrt{\varepsilon}}f(\varepsilon)d\varepsilon \bigg/ \left\{\int_0^\infty \sqrt{\varepsilon}f(\varepsilon)d\varepsilon\right\} = \frac{2}{kT}\left\{1 - \frac{1}{2\sqrt{2}}e^{\mu/kT} + O(e^{2\mu/kT})\right\}$$

5.2 の基本事項◆縮退が弱い場合の展開式にある表式を $g=2$ のときに使うと，

$$\lim_{\boldsymbol{H}_0 \to 0}\frac{\boldsymbol{M}}{\boldsymbol{H}_0} = \frac{N\mu_B^2}{VkT}\left[1 - \frac{1}{4\sqrt{2}}\left(\frac{\Lambda^3 N}{V}\right) + O\left\{\left(\frac{\Lambda^3 N}{V}\right)^2\right\}\right], \quad \Lambda = \left(\frac{2\pi\hbar^2}{mkT}\right)^{1/2}$$

縮退が強い場合 ($kT/\mu \ll 1$) には，第 5 章の例題 10 の公式を使う．

$$\int_0^\infty \frac{1}{\sqrt{\varepsilon}}f(\varepsilon)d\varepsilon = 2\mu^{1/2} + \frac{\pi^2}{6}(kT)^2\left(-\frac{1}{2}\mu^{-3/2}\right) + \cdots = 2\mu^{1/2}\left[1 - \frac{\pi^2}{24}\left(\frac{kT}{\mu}\right)^2 + O\left\{\left(\frac{kT}{\mu}\right)^4\right\}\right]$$

$$\int_0^\infty \sqrt{\varepsilon}f(\varepsilon)d\varepsilon = \frac{2}{3}\mu^{3/2} + \frac{\pi^2}{6}(kT)^2\left(\frac{1}{2}\mu^{-1/2}\right) + \cdots = \frac{2}{3}\mu^{3/2}\left[1 + \frac{\pi^2}{8}\left(\frac{kT}{\mu}\right)^2 + O\left\{\left(\frac{kT}{\mu}\right)^4\right\}\right]$$

$$\therefore \int_0^\infty \frac{1}{\sqrt{\varepsilon}}f(\varepsilon)d\varepsilon \bigg/ \left\{\int_0^\infty \sqrt{\varepsilon}f(\varepsilon)d\varepsilon\right\} = \frac{3}{\mu}\left[1 - \frac{\pi^2}{6}\left(\frac{kT}{\mu}\right)^2 + O\left\{\left(\frac{kT}{\mu}\right)^4\right\}\right]$$

5.4 の基本事項◆**低温における展開式**にある μ の表式を使うと,
$$\lim_{H\to 0}\frac{\boldsymbol{M}}{\boldsymbol{H}_0} = \frac{3N\mu_B^2}{2V\mu_0}\left[1 - \frac{\pi^2}{12}\left(\frac{kT}{\mu_0}\right)^2 + O\left\{\left(\frac{kT}{\mu_0}\right)^4\right\}\right], \quad \mu_0 \equiv \frac{h^2}{2m}\left(\frac{3N}{8\pi V}\right)^{2/3}$$

11.1 例題 11 の結果から求められるエントロピー S と内部エネルギー E の表式は,次の通りである.
$$S \cong k\left\{N\log\frac{N}{N-n} + M\log\frac{M}{M-n} + n\log\frac{(N-n)(M-n)}{n^2}\right\}$$
$$\cong k\left\{2n + n\log\frac{NM}{n^2}\right\} = k\left(2 + \frac{w}{kT}\right)\sqrt{NM}e^{-w/2kT}$$
$$E = E_0 + nw = E_0 + w\sqrt{NM}e^{-w/2kT}$$

一方,この不完全結晶を正準集団で扱うときには,分配関数 $Q(N,M,T)$ は,
$$Q = \sum_{n=0}^{N'} q(n; N,M,T), \quad q(n; N,M,T) \equiv {}_NC_n \cdot {}_MC_n \exp\{-(E_0+nw)/kT\}$$
で与えられる.ここで,和の上限 N' は N と M のうちの小さい方を表す.Q を評価するのに最大項の方法を使う.すなわち,Q を最大の $q(n;N,M,T)$ 1 項でおきかえる.q を最大にする n の値を求める.$1 \ll n \ll N, M$ とすると,
$$\log q(n; N,M,T) \cong 2n + n\log\frac{NM}{n^2} - \frac{E_0}{kT} - n\frac{w}{kT}$$
したがって,q を最大にする n の値は,上式を n で微分して 0 とおくことにより,$n = \sqrt{NM}\exp(-w/2kT)$ となる.この n の式は例題 11 の結果と同じである.最大項の方法を使うと,Helmholtz の自由エネルギー A は,
$$A = -kT\log Q \cong -kT\{\log q(n; N,M,T)\}_{n=\sqrt{NM}e^{-w/2kT}}$$
$$= E_0 - 2kTn = E_0 - 2kT\sqrt{NM}e^{-w/2kT}$$
となる.これから,$S = -(\partial A/\partial T)_{N,M}$, $E = -T^2(\partial(A/T)/\partial T)_{N,M}$ によって S と E を求めると,上と同じ結果が得られる.

〔注意〕 問題 11.1 の後半の解答から,例題 11 の n の式は,n 個の分子が格子間隙に移動している状態の不完全結晶の Helmholtz の自由エネルギー $A(n) = -kT\log q$ を最小にする条件でも求められることがわかる.

12.1 熱力学の関係式 $A = E - TS$ に例題 12 の結果を代入する.$1 \ll n \ll N$ のときには,
$$\log {}_NC_n \cong N\log N - (N-n)\log(N-n) - n\log n, \quad n = Ne^{-w/kT}$$
$$\therefore A = E_0 + nw - kT\{N\log N - (N-n)\log(N-n) - n\log N + (nw/kT)\}$$
$$= E_0 + kT(N-n)\log\{(N-n)/N\} \cong E_0 - kTn = E_0 - NkTe^{-w/kT}.$$
問題 11.1 と同様に,正準集団の方法と最大項による評価の方法を使ってこの結果を導くことは,読者の演習とする.

〔付記〕 問題 12.1 の結果から,有限温度では Schottky 型欠陥が生じている状態の方が完全結晶の状態よりも熱力学的に安定である.また,例題 11 の Frenkel 型欠陥の場合も同様である.ただし,どちらの欠陥の場合でも,欠陥形成エネルギー w は,$0.1\,\text{eV}$ ($\sim 10^3\,\text{K}$) から数 eV ($\sim 10^4\,\text{K}$) と大きいから,室温付近でも欠陥の数は N に比べて非常に小さい.

13.1 第5章例題5の解答の〔注意〕により，単原子古典理想気体の場合には，
$$e^{-\mu/kT} = \frac{gkT}{p\Lambda^3} \quad \therefore \quad \theta = \left[\frac{gkT}{p\Lambda^3} \cdot e^{-\varepsilon/kT} + 1\right]^{-1} = \frac{p}{p+\alpha(T)}$$

13.2 N 個の分子がそれぞれ特定の吸着中心に入っているときの分配関数は，4.3 の基本事項◆区別できる粒子系の公式により $\{q(T)\}^N$ である．したがって，吸着膜に N 個の分子があるときの分配関数 $Q(N,T)$ は，$Q(N,T) = {}_{N_0}C_N\{q(T)\}^N$ で与えられる．これから，大分配関数 Ξ は
$$\Xi = \sum_{N=0}^{N_0} Q(N,T)e^{N\mu/kT} = \sum_{N=0}^{N_0} {}_{N_0}C_N\{q(T)\cdot e^{\mu/kT}\}^N = [q(T)\cdot e^{\mu/kT}+1]^{N_0}$$
と求められ，吸着比 θ は次のようになる．
$$\theta = \frac{\langle N \rangle}{N_0} = \frac{kT}{N_0}\left(\frac{\partial \log \Xi}{\partial \mu}\right)_{N_0,T} = \frac{q(T)}{q(T)+e^{-\mu/kT}}$$

〔注意〕気体が単原子古典理想気体であるときには，θ と気体の圧力 p との関係は問題 13.2 の場合でも Langmuir の等温吸着式と同じ形式になる．

13.3 4.2 の基本事項◆大正準集団の公式により，エントロピー S は
$$S = kT\left(\frac{\partial \log \Xi}{\partial T}\right)_{N_0,\mu} + k\log \Xi$$
$$= -\frac{N_0(\varepsilon+\mu)\theta}{T} - N_0 k\log\theta + \frac{N_0(\varepsilon+\mu)}{T} = \frac{N_0(\varepsilon+\mu)}{T}(1-\theta) - N_0 k\log\theta$$
$$= -N_0 k\{\theta\log\theta + (1-\theta)\log(1-\theta)\} \quad \left(\because \quad \frac{(\varepsilon+\mu)}{kT} = \log\frac{\theta}{1-\theta}\right)$$

14.1 例題 14 の結果の式は
$$\frac{N_C^2}{N-N_C} = \frac{(N-N_D)^2}{N_D} = \left(\frac{2\pi mkT}{h^2}\right)^{3/2} e^{-\varepsilon_D/kT}$$
と書ける．$\varepsilon_D > 0$ であるから，$T \to 0$ のとき，上式の第3辺は 0 となる．したがって，$T \to 0$ のときに $N_D \to N$ となり，すべての電子はドナー準位を占める．一方，$T \to \infty$ のときには，上式の第3辺は $T^{3/2}$ に比例して大きくなるから，$N_C \to N$ すなわち $N_D \to 0$ となり，ほとんどのドナーが電子を失う．

14.2 例題 14 の解答にある始めの 2 つの式から $e^{\mu/kT}$ を消去する代りに，$N = N_D + N_C$ を使って，N_D と N_C を消去すると，
$$(e^{\mu/kT})^2 + \frac{1}{2}e^{-\varepsilon_D/kT}(e^{\mu/kT}) - \frac{N\Lambda^3}{4V}e^{-\varepsilon_D/kT} = 0$$
$$\therefore \quad e^{\mu/kT} = -\frac{1}{4}e^{-\varepsilon_D/kT} + \frac{1}{2}\left\{\frac{1}{4}e^{-2\varepsilon_D/kT} + \frac{N\Lambda^3}{V}e^{-\varepsilon_D/kT}\right\}^{1/2}$$
$$= \frac{1}{4}e^{-\varepsilon_D/kT}\left[-1 + \left\{1 + \frac{4N\Lambda^3}{V}e^{\varepsilon_D/kT}\right\}^{1/2}\right]$$
$$\therefore \quad \mu = -\varepsilon_D + kT\log\left[-1 + \left\{1 + \frac{4N\Lambda^3}{V}e^{\varepsilon_D/kT}\right\}^{1/2}\right] - kT\log 4$$

$\varepsilon_D > 0$ であるから，$T \to 0$ のとき，上式の log の中にある -1 と 1 を省略することができる．したがって，$T \to 0$ では，

$$\mu \cong -\frac{1}{2}\varepsilon_D + \frac{1}{2}kT \log\left(\frac{N_0 \Lambda^3}{V}\right) - kT \log 4 \to -\frac{1}{2}\varepsilon_D \quad (T \to 0)$$

7 章の解答

1.1 調和振動子の分配関数は

$$q = \sum_{n=0}^{\infty} e^{-\varepsilon_n/kT} = e^{-h\nu/2kT} \sum_{n=0}^{\infty} e^{-nh\nu/kT} = \frac{e^{-h\nu/2kT}}{1-e^{-h\nu/kT}} = \frac{e^{h\nu/2kT}}{e^{h\nu/2kT}-1}$$

と求められる．この最後の等式から，q は $h\nu/kT$ の奇関数であることがわかる．$h\nu/kT \ll 1$ として指数関数を展開すると，$x \equiv h\nu/kT$ とおいて，

$$\begin{aligned}
q &= \left(1 + \frac{1}{2}x + \frac{1}{8}x^2 + \cdots\right)\left(x + \frac{1}{2}x^2 + \frac{1}{6}x^3 + \cdots\right)^{-1} \\
&= \frac{1}{x}\left\{1 - \frac{1}{24}x^2 + O(x^4)\right\} = \frac{kT}{h\nu}\left\{1 - \frac{1}{24}\left(\frac{h\nu}{kT}\right)^2 + O\left(\frac{h\nu}{kT}\right)^4\right\}
\end{aligned}$$

例題 1 の結果により，古典統計力学における分配関数は $q_c = kT/h\nu$ であるから，$h\nu/kT \to 0$ の極限で q と q_c は一致する．調和振動子のエネルギー準位の間隔 $\Delta\varepsilon$ は $\Delta\varepsilon = h\nu$ であるから，$\Delta\varepsilon/kT \to 0$ の極限で q と q_c が一致することになる．

1.2 粒子の運動量の x 成分，y 成分，z 成分をそれぞれ p_x, p_y, p_z とすると，自由粒子の Hamilton 関数は $(p_x^2 + p_y^2 + p_z^2)/2m$ である．したがって，基本事項◆ **1 粒子分配関数**にある公式により，自由度が 3 であることを考慮して，

$$\begin{aligned}
q_c &= \frac{1}{h^3}\iiint_{-\infty}^{\infty} dp_x dp_y dp_z \iiint_V dx\,dy\,dz\, \exp\left\{-\frac{1}{2mkT}(p_x^2 + p_y^2 + p_z^2)\right\} \\
&= \frac{1}{h^3}(\sqrt{2\pi mkT})^3 V = \frac{V}{\Lambda^3}
\end{aligned}$$

となる．ただし，例題 1 と同様，4.1 の基本事項◆**定積分の公式**を利用した．

第 5 章の例題 4 により，1 個の自由粒子の量子統計力学における分配関数 q は $q = gV/\Lambda^3$ であった．スピンによる縮退度は考えないことにして $g = 1$ とすると，自由粒子の場合には $q = q_c$ となっている．この理由は，q を計算するときに自由粒子のエネルギー準位を連続とみなす近似を行なったため，量子力学から古典力学への極限移行がすでに行なわれてしまったからである．

2.1 $p_i \dfrac{\partial H}{\partial p_i} = ra_i p_i^r, \quad q_j \dfrac{\partial H}{\partial q_j} = rb_j q_j^r$

であるから，例題 2 の結果を使って，

$$\langle H \rangle = \sum_{i=1}^{m} \langle a_i p_i^r \rangle + \sum_{j=1}^{n} \langle b_j q_j^r \rangle = \frac{1}{r}\sum_{i=1}^{m}\left\langle p_i \frac{\partial H}{\partial p_i}\right\rangle + \frac{1}{r}\sum_{j=1}^{n}\left\langle q_j \frac{\partial H}{\partial q_j}\right\rangle = (m+n)kT/r$$

2.2 Hamilton 関数を H とすると，いまの場合，$\xi(\partial H/\partial\xi) = 2a^2\xi^2$ であるから，例題 2 の結果を使って，

$$\langle a^2\xi^2 \rangle = \langle \xi(\partial H/\partial\xi)\rangle/2 = kT/2$$

となる．$\langle H \rangle$ は体系の内部エネルギーであるから (4.2 の基本事項◆正準集団参照)，H の中の $a^2\xi^2$ という項は内部エネルギーに $kT/2$ の寄与を与える．

同じ結果は分配関数を計算することによっても得られる．$\xi = p_1$ とすると，基本事項の◆正準分布と分配関数により，

$$Q_c = \frac{1}{h^f} \int \cdots \int \left\{ \int_{-\infty}^{\infty} e^{-a^2 p_1^2/kT} dp_1 \right\} \exp\{-(H - a^2 p_1^2)/kT\} dp_2 \cdots dq_f$$

$$= \sqrt{kT} \frac{1}{h^f} \int \cdots \int \sqrt{\frac{\pi}{a^2}} \exp\{-(H - a^2 p_1^2)/kT\} dp_2 \cdots dq_f \equiv \sqrt{kT} Q'_c$$

となる．したがって，内部エネルギー E は

$$E = kT^2 \frac{\partial \log Q_c}{\partial T} = \frac{kT}{2} + kT^2 \frac{\partial \log Q'_c}{\partial T}$$

2.3 6.2 の基本事項◆格子振動により，固体の Hamilton 関数 H は基準座標 q_i とそれに共役な運動量 p_i を使って，

$$H = E_0 + \frac{1}{2} \sum_{i=1}^{3N} (p_i^2 + 4\pi^2 \nu_i^2 q_i^2)$$

と書かれる．エネルギー等分配の法則により，p_i^2 と $4\pi^2 \nu_i^2 q_i^2$ という項はいずれも $kT/2$ ずつの寄与を内部エネルギーに与えるから，内部エネルギー E は

$$E = E_0 + (kT/2) \times 2 \times 3N = E_0 + 3NkT$$

となり，したがって，定積比熱は $C_V = (\partial E/\partial T)_{V,N} = 3Nk$ となる．

3.1 i 番目の質点に働く力は $\boldsymbol{F}_i = -\partial U/\partial \boldsymbol{r}_i$ であり，また U に関する仮定により，

$$\sum_{i=1}^{N} \boldsymbol{r}_i \cdot \frac{\partial U}{\partial \boldsymbol{r}_i} = nU$$

が成り立つ．したがって，例題 3 の結果により，

$$\overline{K} = -\frac{1}{2} \sum_{i=1}^{N} \overline{\boldsymbol{r}_i \cdot \left(-\frac{\partial U}{\partial \boldsymbol{r}_i}\right)} = \frac{1}{2} \sum_{i=1}^{N} \overline{\boldsymbol{r}_i \cdot \frac{\partial U}{\partial \boldsymbol{r}_i}} = \frac{1}{2} n \overline{U}$$

3.2 まず，エネルギー等分配の法則により，

$$\overline{K} = \langle K \rangle = \left\langle \sum_{i=1}^{N} \frac{\boldsymbol{p}_i^2}{2m_i} \right\rangle = \left(\frac{1}{2} kT\right) \times 3 \times N = \frac{3}{2} NkT$$

i 番目の質点に容器の壁が及ぼす力を $\boldsymbol{F}'_i$ とすると，この質点に働く力は

$$\boldsymbol{F}_i = \boldsymbol{F}'_i + \left(-\frac{\partial U}{\partial \boldsymbol{r}_i}\right)$$

である．壁からの力は質点が壁に衝突するときにだけ作用する．i 番目の質点が壁に及ぼす力は $-\boldsymbol{F}'_i$ であるが，これらの力をすべて集め，長時間にわたって時間平均したものが，壁に働く圧力 p を与える．壁の表面に立てた外向きの法線方向の単位ベクトルを $\boldsymbol{n}$ とすると，壁の表面の面積要素 dS が圧力のためにうける力は $p\boldsymbol{n}dS$ である．したがって，この面積要素が質点系に及ぼす力は $-p\boldsymbol{n}dS$ である．dS の位置ベクトルを $\boldsymbol{r}$ とすると，壁

からの力によるビリアルへの寄与は

$$-\frac{1}{2}\sum_{i=1}^{N}\overline{\boldsymbol{r}_i\cdot\boldsymbol{F}'_i} = -\frac{1}{2}\iint_{\text{器壁}}\boldsymbol{r}\cdot(-p\boldsymbol{n}dS) = \frac{p}{2}\iint_{\text{器壁}}(\boldsymbol{r}\cdot\boldsymbol{n})dS$$

$$= \frac{p}{2}\iiint_V(\text{div}\,\boldsymbol{r})dv = \frac{p}{2}\iiint_V 3dv = \frac{3}{2}pV$$

となる.ただし,面積分を3重積分に変換するときにGaussの定理を使った.例題3のビリアル定理により,

$$\frac{3}{2}NkT = \frac{3}{2}pV + \frac{1}{2}\sum_{i=1}^{N}\overline{\boldsymbol{r}_i\cdot\frac{\partial U}{\partial \boldsymbol{r}_i}} = \frac{3}{2}pV + \frac{1}{2}\left\langle\sum_{i=1}^{N}\boldsymbol{r}_i\cdot\frac{\partial U}{\partial \boldsymbol{r}_i}\right\rangle$$

という関係が得られ,したがって求める結果が導かれる.

3.3 N個の質点はすべて同等であるから,与えられたUの表式を使って変形すると,

$$\left\langle\sum_{i=1}^{N}\boldsymbol{r}_i\cdot\frac{\partial U}{\partial \boldsymbol{r}_i}\right\rangle = N\left\langle\boldsymbol{r}_1\cdot\frac{\partial U}{\partial \boldsymbol{r}_1}\right\rangle = N\left\langle\boldsymbol{r}_1\cdot\sum_{j=2}^{N}\frac{\partial u(r_{1j})}{\partial \boldsymbol{r}_1}\right\rangle = N(N-1)\left\langle\boldsymbol{r}_1\cdot\frac{\partial u(r_{12})}{\partial \boldsymbol{r}_1}\right\rangle$$

$$= \frac{1}{2}N(N-1)\left\langle\boldsymbol{r}_1\cdot\frac{\partial u(r_{12})}{\partial \boldsymbol{r}_1} + \boldsymbol{r}_2\cdot\frac{\partial u(r_{12})}{\partial \boldsymbol{r}_2}\right\rangle$$

$$= \frac{1}{2}N(N-1)\left\langle\boldsymbol{r}_1\cdot\frac{\boldsymbol{r}_1-\boldsymbol{r}_2}{r_{12}}u'(r_{12}) + \boldsymbol{r}_2\cdot\frac{\boldsymbol{r}_2-\boldsymbol{r}_1}{r_{12}}u'(r_{12})\right\rangle$$

$$= \frac{1}{2}N(N-1)\left\langle\frac{(\boldsymbol{r}_1-\boldsymbol{r}_2)^2}{r_{12}}u'(r_{12})\right\rangle = \frac{1}{2}N(N-1)\langle r_{12}u'(r_{12})\rangle$$

となる.これを問題3.2の関係式に代入して求める結果が得られる.

4.1 基本事項の◆正準分布と分配関数により,それぞれの粒子の運動量が$\{\boldsymbol{p}_1,\cdots,\boldsymbol{p}_N\}$と$\{\boldsymbol{p}_1+d\boldsymbol{p}_1,\cdots,\boldsymbol{p}_N+d\boldsymbol{p}_N\}$の間,座標が$\{\boldsymbol{r}_1,\cdots,\boldsymbol{r}_N\}$と$\{\boldsymbol{r}_1+d\boldsymbol{r}_1,\cdots,\boldsymbol{r}_N+d\boldsymbol{r}_N\}$の間にある確率は

$$\frac{1}{Q_\text{c}N!h^{3N}}e^{-H/kT}d\boldsymbol{p}_1\cdots d\boldsymbol{p}_N d\boldsymbol{r}_1\cdots d\boldsymbol{r}_N \tag{$*$}$$

である.求める確率は運動量の値を指定しない場合の確率であるから,上に確率をすべての運動量について積分したものである.したがって,例題4の解答でQ_cの表式を求めたときと同様な計算により,

$$P_N d\boldsymbol{r}_1\cdots d\boldsymbol{r}_N = \frac{1}{Q_\text{c}N!h^{3N}}\left\{\int\cdots\int e^{-H/kT}d\boldsymbol{p}_1\cdots d\boldsymbol{p}_N\right\}d\boldsymbol{r}_1\cdots d\boldsymbol{r}_N$$

$$= \frac{1}{Q_\text{c}N!\Lambda^{3N}}e^{-U_N/kT}d\boldsymbol{r}_1\cdots d\boldsymbol{r}_N = \frac{1}{Z_N}e^{-U_N/kT}d\boldsymbol{r}_1\cdots d\boldsymbol{r}_N$$

4.2 体系の中から任意に選ばれた1つの粒子たとえば1番目の粒子の運動量が$\boldsymbol{p}_1$と$\boldsymbol{p}_1+d\boldsymbol{p}_1$の間にある確率は,問題4.1の解答にある$(*)$を$\boldsymbol{p}_2,\cdots,\boldsymbol{p}_N$と$\boldsymbol{r}_1,\cdots,\boldsymbol{r}_N$について積分したものである.すなわち,

$$\frac{1}{Q_\text{c}N!h^{3N}}\left\{\int\cdots\int e^{-H/kT}d\boldsymbol{p}_2\cdots d\boldsymbol{p}_N d\boldsymbol{r}_1\cdots d\boldsymbol{r}_N\right\}d\boldsymbol{p}_1$$

$$= \frac{Z_N(\sqrt{2\pi mkT})^{3(N-1)}}{Q_\text{c}N!h^{3N}}e^{-\boldsymbol{p}_1^2/2mkT}d\boldsymbol{p}_1 = \frac{1}{(2\pi mkT)^{3/2}}e^{-\boldsymbol{p}_1^2/2mkT}d\boldsymbol{p}_1$$

N 個の粒子はすべて同等であるから，運動量が $\bm{p}$ と $\bm{p}+d\bm{p}$ の間にあるような粒子の数は，上の確率で $\bm{p}_1 \to \bm{p}$ としたものに N を掛けて得られる．すなわち

$$\frac{N}{(2\pi mkT)^{3/2}}e^{-\bm{p}^2/2mkT}d\bm{p}$$

$$= \frac{N}{(2\pi mkT)^{3/2}}\exp\left\{-\frac{1}{2mkT}(p_x^2+p_y^2+p_z^2)\right\}dp_x dp_y dp_z$$

ここで，p_x, p_y, p_z は $\bm{p}$ の成分である．運動量と速度は $\bm{p}=m\bm{v}$ という関係で結ばれているから，上式で $\bm{p}=m\bm{v}$ として直ちに求める結果が得られる．

5.1 例題 5 で求めた Helmholtz の自由エネルギー A の表式を使うと，

$$E = -T^2\left\{\frac{\partial}{\partial T}\left(\frac{A}{T}\right)\right\}_{V,N} = 3NkT\left(\frac{1}{2}+\frac{1}{n}\right)+NkT\frac{3}{n}\frac{VT^{-3/n}}{N}f'\left(\frac{VT^{-3/n}}{N}\right)$$

$$p = -\left(\frac{\partial A}{\partial V}\right)_{T,N} = -NkT\frac{T^{-3/n}}{N}f'\left(\frac{VT^{-3/n}}{N}\right)$$

$$\therefore\quad E+\frac{3}{n}pV = 3NkT\left(\frac{1}{2}+\frac{1}{n}\right)$$

〔注意〕同じ結果は，問題 3.2 で導いた関係式

$$pV = NkT - \frac{1}{3}\left\langle\sum_{i=1}^N \bm{r}_i\cdot\frac{\partial U_N}{\partial \bm{r}_i}\right\rangle$$

を利用しても求めることができる．すなわち，いまの場合，

$$\sum_{i=1}^N \bm{r}_i\cdot\frac{\partial U_N}{\partial \bm{r}_i} = nU_N$$

が成り立ち，また，一般に，$E = \langle K\rangle + \langle U_N\rangle = (3/2)NkT + \langle U_N\rangle$ であるから，

$$E+\frac{3}{n}pV = \frac{3}{2}NkT + \langle U_N\rangle + \frac{3}{n}NkT - \langle U_N\rangle = 3NkT\left(\frac{1}{2}+\frac{1}{n}\right)$$

5.2 例題 4 で扱った体系を考える．Helmholtz の自由エネルギー A は $A=-kT\log Q_c$ であるから，体系の圧力 p は，配位積分 Z_N を使って，

$$p = -\left(\frac{\partial A}{\partial V}\right)_{T,N} = kT\left(\frac{\partial \log Z_N}{\partial V}\right)_{T,N} \tag{*}$$

と表される．簡単のため，体系は 1 辺の長さ L の立方体であるとする．したがって，$V=L^3$ であり，Z_N は次のような $3N$ 重の積分である．

$$Z_N = \underset{(3N重)}{\int_0^L\cdots\int_0^L} \exp\{-U_N(\bm{r}_1,\cdots,\bm{r}_N)/kT\}d\bm{r}_1\cdots d\bm{r}_N$$

積分変数を $\bm{r}_i = L\bm{x}_i (i=1,\cdots,N)$ によって $\bm{x}_i$ に変換すると，

$$Z_N = L^{3N}\underset{(3N重)}{\int_0^1\cdots\int_0^1}\exp\{-U_N(L\bm{x}_1,\cdots,L\bm{x}_N)/kT\}d\bm{x}_1\cdots d\bm{x}_N$$

となる．この表式を V，したがって L で微分し，微分した後，積分変数を元の $\bm{r}_1,\cdots,\bm{r}_N$

に戻す，すなわち

$$\left(\frac{\partial Z_N}{\partial V}\right)_{T,N} = \frac{L}{3V}\left(\frac{\partial Z_N}{\partial L}\right)_{T,N}$$

$$= \frac{N}{V}Z_N - \frac{L^{3N}}{3VkT}\underset{(3N\text{重})}{\int_0^1\cdots\int_0^1}\left\{\sum_{i=1}^N L\boldsymbol{x}_i\cdot\frac{\partial U_N}{\partial \boldsymbol{r}_i}(L\boldsymbol{x}_1,\cdots,L\boldsymbol{x}_N)\right\}e^{-U_N/kT}d\boldsymbol{x}_1\cdots d\boldsymbol{x}_N$$

$$= \frac{N}{V}Z_N - \frac{1}{3VkT}\int_V\cdots\int\left\{\sum_{i=1}^N \boldsymbol{r}_i\cdot\frac{\partial U_N}{\partial \boldsymbol{r}_i}\right\}e^{-U_N/kT}d\boldsymbol{r}_1\cdots d\boldsymbol{r}_N$$

$$\therefore\quad pV = NkT - \frac{1}{3Z_N}\int_V\cdots\int\left\{\sum_{i=1}^N \boldsymbol{r}_i\cdot\frac{\partial U_N}{\partial \boldsymbol{r}_i}\right\}e^{-U_N/kT}d\boldsymbol{r}_1\cdots d\boldsymbol{r}_N$$

$$= NkT - \frac{1}{3}\left\langle\sum_{i=1}^N \boldsymbol{r}_i\cdot\frac{\partial U_N}{\partial \boldsymbol{r}_i}\right\rangle$$

粒子の質量が互いに異なる場合にも (*) は成り立つから，問題 3.2 で考えた体系の場合にも上の証明はそのままあてはまる．

6.1 定義により，

$$\langle v^s\rangle = \left(\frac{m}{2\pi kT}\right)^{3/2}\underset{-\infty}{\iiint^\infty}(v_x^2+v_y^2+v_z^2)^{s/2}\exp\left\{-\frac{m}{2kT}(v_x^2+v_y^2+v_z^2)\right\}dv_xdv_ydv_z$$

であるから，この積分を速度空間における極座標によって計算すると，

$$\langle v^s\rangle = \left(\frac{m}{2\pi kT}\right)^{3/2}\int_0^\infty v^s e^{-mv^2/2kT}4\pi v^2 dv$$

$$= \left(\frac{m}{2\pi kT}\right)^{3/2}2\pi\left(\frac{2kt}{m}\right)^{\frac{s+3}{2}}\int_0^\infty t^{\frac{s+1}{2}}e^{-t}dt \quad\left(t\equiv\frac{mv^2}{2kT}\right)$$

$$= \frac{2}{\sqrt{\pi}}\left(\frac{2kT}{m}\right)^{s/2}\Gamma\left(\frac{s+3}{2}\right)$$

6.2 前問の結果を使うと，

$$\langle v\rangle = \frac{2}{\sqrt{\pi}}\left(\frac{2kT}{m}\right)^{1/2}\Gamma(2) = \left(\frac{8kT}{\pi m}\right)^{1/2} \qquad (\Gamma(2)=1)$$

$$\langle v^2\rangle = \frac{2}{\sqrt{\pi}}\left(\frac{2kT}{m}\right)\Gamma\left(\frac{5}{2}\right) = \frac{3kT}{m} \qquad \left(\Gamma\left(\frac{5}{2}\right) = \frac{3}{2}\cdot\frac{1}{2}\Gamma\left(\frac{1}{2}\right) = \frac{3}{4}\sqrt{\pi}\right)$$

$$\therefore\quad \langle(v-\langle v\rangle)^2\rangle = \langle v^2\rangle - (\langle v\rangle)^2 = \frac{kT}{m}\left(3-\frac{8}{\pi}\right)$$

分子の速さが v と $v+dv$ の間にある確率を $P(v)dv$ とすると，Maxwell の速度分布則により，

$$P(v)dv = \left(\frac{m}{2\pi kT}\right)^{3/2}e^{-mv^2/2kT}4\pi v^2 dv$$

$$\therefore\quad P(v) = 4\pi\left(\frac{m}{2\pi kT}\right)^{3/2}v^2 e^{-mv^2/2kT}$$

v_0 は $P(v)$ を最大とするような v の値であるから，

$$4\pi \left(\frac{m}{2\pi kT}\right)^{3/2} \left(2v - v^2 \frac{mv}{kT}\right) e^{-mv^2/2kT} = 0 \quad \therefore \quad v_0 = \sqrt{\frac{2kT}{m}}$$

〔注意〕 $\langle v \rangle \fallingdotseq 1.128\, v_0, \quad \sqrt{\langle v^2 \rangle} \fallingdotseq 1.225\, v_0$

$\langle v \rangle \fallingdotseq 0.921\sqrt{\langle v^2 \rangle}, \quad v_0 \fallingdotseq 0.816\sqrt{\langle v^2 \rangle}$

7.1 1つの分子に着目し，この分子の双極子モーメントと $\boldsymbol{E}_0$ とのなす角を θ とすると，分子はすべて同等であるから，$\widetilde{\boldsymbol{P}} = N\mu\langle\cos\theta\rangle$ である．ここで，$\langle \cdots \rangle$ は正準分布についての平均を表す．分子間には相互作用がないので，$\langle\cos\theta\rangle$ を計算するには，着目している分子のエネルギーについてだけの正準分布を考えればよい．さらに，この分子の運動において，重心の並進運動と重心のまわりの回転運動は完全に分離され，しかも，回転運動においては運動エネルギーとポテンシャルエネルギーは分離されているから，結局，その分子のポテンシャルエネルギーについてだけの正準分布で $\langle\cos\theta\rangle$ を計算すればよい．

$\boldsymbol{E}_0$ の方向を z 軸に選んだ極座標の角 θ と φ によって双極子モーメントの方向を表すと，双極子モーメントがこの立体角要素 $d\omega$ の中に見い出される確率は $\exp\{(\mu\boldsymbol{E}_0\cos\theta)/kT\}d\omega$ に比例する．$d\omega = \sin\theta\, d\theta\, d\varphi$ であるから，

$$\begin{aligned}
&\langle\cos\theta\rangle \\
&= \left[\int_0^{2\pi} d\varphi \int_0^\pi d\theta \sin\theta \left\{\exp\left(\frac{\mu\boldsymbol{E}_0\cos\theta}{kT}\right)\right\}\cos\theta\right] \bigg/ \left\{\int_0^{2\pi} d\varphi \int_0^\pi d\theta \sin\theta \exp\left(\frac{\mu\boldsymbol{E}_0\cos\theta}{kT}\right)\right\} \\
&= \left\{\int_0^\pi d\theta \sin\theta \cos\theta \exp\left(\frac{\mu\boldsymbol{E}_0\cos\theta}{kT}\right)\right\} \bigg/ \left\{\int_0^\pi d\theta \sin\theta \exp\left(\frac{\mu\boldsymbol{E}_0\cos\theta}{kT}\right)\right\} \\
&= \int_{-1}^1 \zeta \exp\left(\frac{\mu\boldsymbol{E}_0\zeta}{kT}\right) d\zeta \bigg/ \int_{-1}^1 \exp\left(\frac{\mu\boldsymbol{E}_0\zeta}{kT}\right) d\zeta \quad (\zeta \equiv \cos\theta) \\
&= \frac{\cosh(\mu\boldsymbol{E}_0/kT)}{\sinh(\mu\boldsymbol{E}_0/kT)} - \frac{kT}{\mu\boldsymbol{E}_0} = L\left(\frac{\mu\boldsymbol{E}_0}{kT}\right)
\end{aligned}$$

$$\therefore \quad \widetilde{\boldsymbol{P}} = N\mu\langle\cos\theta\rangle = N\mu L\left(\frac{\mu\boldsymbol{E}_0}{kT}\right)$$

$\mu\boldsymbol{E}_0/kT \ll 1$ のときに誘電率の表式を導くのは例題 7 の解答と同様である．

7.2 Brillouin 関数 $B_J(x)$ は

$$B_J(x) \equiv \frac{2J+1}{2J}\coth\left(\frac{2J+1}{2J}x\right) - \frac{1}{2J}\coth\left(\frac{x}{2J}\right)$$

で定義され，$x \ll 1$ のときに $\coth x = (1/x) + O(x)$ であるから，

$$B_\infty(x) = \lim_{J\to\infty} B_J(x) = \coth x - \lim_{J\to\infty} \frac{1}{2J}\left\{\frac{2J}{x} + O\left(\frac{x}{2J}\right)\right\} = \coth x - \frac{1}{x} \equiv L(x)$$

8.1 $\sigma \equiv \Theta_r/T$ とおくと，

$$q^{(r)} = \sum_{j=0}^\infty (2j+1)e^{-j(j+1)\sigma}$$

$l=0, f(x)=(2x+1)e^{-x(x+1)\sigma}$ として Euler-Maclaurin の総和公式を使う.

$$\int_0^\infty f(x)dx = \int_0^\infty (2x+1)e^{-x(x+1)\sigma}dx = \frac{1}{\sigma}\int_0^\infty e^{-\xi}d\xi = \frac{1}{\sigma}$$

$$f(0)=1, f'(0)=2-\sigma, f'''(0)=-12\sigma+12\sigma^2-\sigma^3,$$
$$f^{(5)}(0)=120\sigma^2-180\sigma^3+30\sigma^4-\sigma^5$$

$$\therefore\ q^{(r)} = \frac{1}{\sigma}+\frac{1}{2}-\frac{1}{12}(2-\sigma)+\frac{1}{720}(-12\sigma+12\sigma^2-\sigma^3)$$
$$-\frac{1}{30240}(120\sigma^2-180\sigma^3+30\sigma^4-\sigma^5)+\cdots$$
$$=\frac{1}{\sigma}\left\{1+\frac{1}{3}\sigma+\frac{1}{15}\sigma^2+\frac{4}{315}\sigma^3+O(\sigma^4)\right\}$$

8.2 $q_c^{(r)}$ は例題7と同様にして次のように計算される.

$$q_c^{(r)} = \frac{1}{h^2}\int_0^\pi d\theta\int_0^{2\pi}d\varphi\int_{-\infty}^\infty dp_\theta\int_{-\infty}^\infty dp_\varphi \exp\left\{-\frac{1}{2IkT}\left(p_\theta^2+\frac{1}{\sin^2\theta}p_\varphi^2\right)\right\}$$
$$=\frac{1}{h^2}\int_0^\pi d\theta\int_0^{2\pi}d\varphi 2\pi IkT\sin\theta = \frac{2\pi IkT\cdot 2\cdot 2\pi}{h^2}=\frac{8\pi^2 IkT}{h^2}=\frac{T}{\Theta_r}$$

定義によって, $q_e^{(r)}+q_o^{(r)}=q^{(r)}$ が成り立つから, $q_e^{(r)}$ だけを考えれば十分である. $\sigma\equiv\Theta_r/T$ とおくと,

$$q_e^{(r)} = \sum_{j=0,2,4,\cdots}(2j+1)e^{-j(j+1)\sigma}=\sum_{n=0}^\infty(4n+1)e^{-2n(2n+1)\sigma}=\sum_{n=0}^\infty\widetilde{f}(n)$$

ここで, $\widetilde{f}(x)\equiv(4x+1)e^{-2x(2x+1)\sigma}$ である. 問題8.1の $f(x)\equiv(2x+1)e^{-x(x+1)\sigma}$ と $\widetilde{f}(x)$ の間には $\widetilde{f}(x)=f(2x)$ という関係が成り立つから, n 次導関数については, $\widetilde{f}^{(n)}(x)=2^nf^{(n)}(x)$ が成立する. したがって, Euler-Maclaurin の総和公式によって $q_e^{(r)}$ を計算するときに, 問題8.1の結果を使うことができる. その結果

$$q_e^{(r)} = \frac{1}{2\sigma}+\frac{1}{2}-\frac{2}{12}(2-\sigma)+\frac{8}{720}(-12\sigma+12\sigma^2-\sigma^3)$$
$$-\frac{32}{30240}(120\sigma^2-180\sigma^3+30\sigma^4-\sigma^5)+\cdots$$
$$=\frac{1}{2\sigma}\left\{1+\frac{1}{3}\sigma+\frac{1}{15}\sigma^2+\frac{4}{315}\sigma^3+O(\sigma^4)\right\}$$

となり, ここで示されているオーダーの範囲では $q_e^{(r)}=q^{(r)}/2$ となる. したがって, 同じ範囲で $q_o^{(r)}=q^{(r)}/2$ となり, $T\to\infty$ すなわち $\sigma\to 0$ の極限で $q_e^{(r)}/q_c^{(r)}=q_o^{(r)}/q_c^{(r)}=q^{(r)}/(2q_c^{(r)})=1/2$ が成り立つ.

9.1 例題8の解答の〔注意〕により, 1個の重水素分子に対する分配関数の中で, 核スピンと回転運動に関する部分 $q^{(n,r)}$ は

$$q^{(n,r)}=6q_e^{(r)}+3q_o^{(r)}$$

である. 右辺の第1項がオルトの状態, 第2項がパラの状態に対するものである. 例題9と同様な理由により, オルト重水素分子の数 N_o とパラ重水素分子の数 N_p の比は, $N_o/N_p=2q_e^{(r)}/q_o^{(r)}$ で与えられる. 高温では $q_e^{(r)}=q_o^{(r)}$ であるから, この比は 2:1 となる.

9.2 重心の並進運動による比熱と分子の振動による比熱は，オルト水素もパラ水素も同じであるから，分子の回転運動による比熱を比較すればよい．回転運動に関する1分子の分配関数は，オルト水素の場合には $q_o^{(r)}$，パラ水素では $q_e^{(r)}$ であるので，それぞれの1分子あたりの比熱を $c_o^{(r)}, c_p^{(r)}$ とすると，それらは

$$c_o^{(r)} = kT\frac{d^2(T\log q_o^{(r)})}{dT^2}, \quad c_p^{(r)} = kT\frac{d^2(T\log q_e^{(r)})}{dT^2}$$

から計算される．

定義式により，低温における $q_o^{(r)}, q_e^{(r)}$ は次のように表される．

$$\begin{aligned}q_o^{(r)} &= 3e^{-2\Theta_r/T} + 7e^{-12\Theta_r/T} + 11e^{-30\Theta_r/T+\cdots} \\ &= 3e^{-2\Theta_r/T}\left\{1 + \frac{7}{3}e^{-10\Theta_r/T} + O(e^{-28\Theta_r/T})\right\}\end{aligned}$$

$$q_e^{(r)} = 1 + 5e^{-6\Theta_r/T} + O\left(e^{-20\Theta_r/T}\right)$$

$$\therefore \quad \log q_o^{(r)} = \log 3 - \frac{2\Theta_r}{T} + \frac{7}{3}e^{-10\Theta_r/T} + O\left(e^{-20\Theta_r/T}\right),$$

$$\log q_e^{(r)} = 5e^{-6\Theta_r/T} + O\left(e^{-12\Theta_r/T}\right)$$

この展開式を上の比熱の式に代入して次の結果が得られる．

$$c_o^{(r)} = \frac{700k}{3}\left(\frac{\Theta_r}{T}\right)^2 e^{-10\Theta_r/T}\left\{1 + O\left(e^{-10\Theta_r/T}\right)\right\}$$

$$c_p^{(r)} = 180k\left(\frac{\Theta_r}{T}\right)^2 e^{-6\Theta_r/T}\left\{1 + O\left(e^{-6\Theta_r/T}\right)\right\}$$

したがって，低温では $c_p^{(r)} > c_o^{(r)}$ が成り立つ．

9.3 問題9.2と同様に，回転運動による比熱だけを考えればよい．オルト水素とパラ水素の分子数の比が3:1に保たれているとしたときの回転比熱 $C_n^{(r)}$（添字の n は標準水素を意味する）は問題9.2の $c_o^{(r)}$ と $c_p^{(r)}$ を使って，

$$C_n^{(r)} = \frac{3}{4}Nc_o^{(r)} + \frac{1}{4}Nc_p^{(r)} = NkT\frac{d^2}{dT^2}[T\log\{(q_o^{(r)})^{3/4}(q_e^{(r)})^{1/4}\}]$$

と表される．一方，真に熱平衡が保たれているとしたときの回転比熱 $C_e^{(r)}$ は

$$C_e^{(r)} = NkT\frac{d^2}{dT^2}\left[T\log\left\{\frac{3}{4}q_o^{(r)} + \frac{1}{4}q_e^{(r)}\right\}\right]$$

である（$C_e^{(r)}$ の添字 e は熱平衡にある水素を意味する）．すなわち，$C_n^{(r)}$ と $C_e^{(r)}$ の違いは，分配関数が $q_o^{(r)}$ と $q_e^{(r)}$ の相乗平均であるか相加平均であるかの違いである．

10.1 混合後のHelmholtzの自由エネルギー A は，$N_1!$ と $N_2!$ にStirlingの公式を使って，次のようになる（第5章例題4参照）．

$$A = -kT\log Q_c = -N_1 kT\log\left(\frac{Ve}{\Lambda_1^3 N_1}\right) - N_2 kT\log\left(\frac{Ve}{\Lambda_2^3 N_2}\right)$$

したがって，圧力を $-(\partial A/\partial V)_{N,T}$ によって求めると $(N_1+N_2)kT/V$ となるが，$p = N_1 kT/V_1 = N_2 kT/V_2 = (N_1+N_2)kT/(V_1+V_2) = (N_1+N_2)kT/V$ であるから，これは p に等しい．また，

$$p_1 + p_2 = \frac{N_1 kT}{V} + \frac{N_2 kT}{V} = \frac{(N_1+N_2)kT}{V} = p$$

10.2 両方の理想気体が同じものである場合には，混合後の分配関数は例題の解答にあるものではなく，

$$Q_c = V^{N_1+N_2}/\{(N_1+N_2)!\Lambda^{3(N_1+N_2)}\}$$

としなければならない．ただし，$\Lambda_1 = \Lambda_2 \equiv \Lambda$ とした．これから，混合後のエントロピー S を計算すると，

$$S = (N_1+N_2)k\log\left\{\frac{Ve^{5/2}}{\Lambda^3(N_1+N_2)}\right\}$$

となる．したがって，エントロピー変化は

$$\begin{aligned}\Delta S &= S - \left\{N_1 k\log\left(\frac{V_1 e^{5/2}}{\Lambda^3 N_1}\right) + N_2 k\log\left(\frac{V_2 e^{5/2}}{\Lambda^3 N_2}\right)\right\}\\ &= N_1 k\log\left\{\frac{VN_1}{V_1(N_1+N_2)}\right\} + N_2 k\log\left\{\frac{VN_2}{V_2(N_1+N_2)}\right\}\end{aligned}$$

で与えられることになるが，

$$\frac{p}{kT} = \frac{N_1}{V_1} = \frac{N_2}{V_2} = \frac{N_1+N_2}{V_1+V_2} = \frac{N_1+N_2}{V}$$

から，$\Delta S = 0$ となり，矛盾は生じない．

8 章の解答

1.1 van der Waals の状態方程式は次のように書ける．

$$p = \frac{kT}{v-b} - \frac{a}{v^2} = \frac{\rho kT}{1-\rho b} - a\rho^2$$

例題 1 の解答から，$kT_c = (8/27)(a/b)$, $\rho_c = 1/v_c = (3b)^{-1}$, $p_c = (1/27)(a/b^2)$

(1) $\kappa_T = -\frac{1}{V}\left(\frac{\partial V}{\partial p}\right)_{T,N} = -\frac{1}{v}\left(\frac{\partial V}{\partial p}\right)_T = \frac{1}{\rho}\left(\frac{\partial \rho}{\partial p}\right)_T = \frac{1}{\rho}\left\{\left(\frac{\partial p}{\partial \rho}\right)_T\right\}^{-1} = \frac{1}{\rho}\left\{\frac{kT}{(1-\rho b)^2} - 2a\rho\right\}^{-1}$

ゆえに，$\rho = \rho_c = (3b)^{-1}$ のとき，

$$\kappa_T = 3b\left\{\frac{9}{4}kT - \frac{2}{3}\frac{a}{b}\right\}^{-1} = 3b\left\{\frac{9}{4}kT - \frac{9}{4}kT_c\right\}^{-1} = \frac{4}{3}\frac{b}{k}(T-T_c)^{-1} \propto (T-T_c)^{-1}$$

(2) $\Delta p \equiv p - p_c = p - (1/27)(a/b^2)$, $\Delta\rho \equiv \rho - \rho_c = \rho - (3b)^{-1}$, $T = T_c = (8/27k)(a/b)$ を上の状態方程式に代入すると，

$$\frac{1}{27}\frac{a}{b^2} + \Delta p = \frac{8}{27}\frac{a}{b^2}\frac{1+3b\Delta\rho}{2-3b\Delta\rho} - \frac{1}{9}\frac{a}{b^2}(1+3b\Delta\rho)^2$$

$$\therefore \quad \Delta p = 3\frac{a}{b^2}\frac{(b\Delta\rho)^3}{2-3b\Delta\rho} \cong \frac{3}{2}\frac{a}{b^2}(b\Delta\rho)^3 \propto (\Delta\rho)^3$$

〔付記〕一般に，臨界点近くで，$\rho = \rho_c$, $T > T_c$ のとき $\kappa_T \propto (T-T_c)^{-\gamma}$, $T = T_c$ のとき $|p-p_c| \propto |\rho-\rho_c|^\delta$ と表し，γ と δ は**臨界指数**と呼ばれる．van der Waals の状態方程式の場合には $\gamma = 1$, $\delta = 3$ となることが上の結果からわかる．実際の気体で

はこのことは成り立たず，たとえば，CO_2 の場合には $\gamma \fallingdotseq 1.35, \delta \fallingdotseq 5$, Xe の場合には $\gamma \fallingdotseq 1.3$, $\delta \fallingdotseq 4.2$ であることが実験で知られている．

2.1 体系の分子数を N, P という状態における体系の体積を V' とすると，
$$Nv' = V' = N_g v_g + N_l v_l, \quad N = N_g + N_l \quad \therefore \quad \frac{N_g}{N_l} = \frac{v' - v_l}{v_g - v'}$$

2.2 $T \equiv T_c + \Delta T, \quad p \equiv p_c + \Delta p, \quad v \equiv v_c + \Delta v$ において van der Waals の状態方程式に代入し，例題 1 の解答にある T_c, p_c, v_c の値を使うと，
$$\Delta p = \frac{(8/27)(a/b) + k\Delta T}{2b + \Delta v} - \frac{a}{(3b + \Delta v)^2} - \frac{1}{27}\frac{a}{b^2}$$
$$= \frac{k\Delta T}{2b + \Delta v} - \frac{1}{27}\frac{a}{b^2}\frac{(\Delta v)^3}{(2b + \Delta v)(3b + \Delta v)^2}$$

が得られる．この結果を，ふたたび，T_c, p_c, v_c を使って表すと，
$$\frac{\Delta p}{p_c} = 4\frac{\Delta T}{T_c}\left(1 + \frac{3}{2}\frac{\Delta v}{v_c}\right)^{-1} - \frac{3}{2}\left(\frac{\Delta v}{v_c}\right)^3\left(1 + \frac{3}{2}\frac{\Delta v}{v_c}\right)^{-1}\left(1 + \frac{\Delta v}{v_c}\right)^{-2}$$
$$= 4\frac{\Delta T}{T_c} - 6\frac{\Delta T}{T_c}\left(\frac{\Delta v}{v_c}\right) - \frac{3}{2}\left(\frac{\Delta v}{v_c}\right)^3 + O\left\{\frac{\Delta T}{T_c}\left(\frac{\Delta v}{v_c}\right)^2\right\} + O\left(\frac{\Delta v}{v_c}\right)^4$$

臨界点の近くを考えるので，上式の最後の 2 項は省略する．これらの項が残された項に比べて小さいことは結果からわかる．$T < T_c$ を考えるので，いまの場合，$\Delta T < 0$ である．上式から，$(\Delta p/p_c) - (4\Delta T/T_c)$ は $\Delta v/v_c$ について奇関数である．したがって，気相と液相が共存する圧力を Maxwell の規則によって求めると，それは $\Delta p'/p_c = 4\Delta T/T_c$ であり，そのときの気相と液相における Δv の値，Δv_g と Δv_l は $\Delta v_g/v_c = -\Delta v_l/v_c = 2(-\Delta T/T_c)^{1/2}$ で与えられる．ゆえに，
$$\rho_l - \rho_g = \frac{1}{v_l} - \frac{1}{v_g} = \frac{v_g - v_l}{v_l v_g} = \frac{\Delta v_g - \Delta v_l}{v_l v_g} \cong \frac{1}{v_c}\left(\frac{\Delta v_g}{v_c} - \frac{\Delta v_l}{v_c}\right)$$
$$= \frac{4}{v_c}\left(\frac{-\Delta T}{T_c}\right)^{1/2} \propto (T_c - T)^{1/2}$$

〔付記〕 一般に，臨界点の近くで $T < T_c$ のとき $\rho_l - \rho_g \propto (T_c - T)^\beta$ と表し，この β も，問題 1.1 の解答の〔付記〕にある γ と δ と同様に，**臨界指数**と呼ばれるものの 1 つである．van der Waals の状態方程式の場合には $\beta = 1/2$ であるが，CO_2 では $\beta \fallingdotseq 0.34$, Xe では $\beta \fallingdotseq 0.35$ となることが実測でわかっている．

2.3 例題 1 の図 8.3 において，点線で囲まれた領域が気相と液相の共存し得る範囲を表している．この領域の外に任意の点 A を選び，領域の外にあるような曲線 NAJ で N と J を結ぶ．NAJ 上には不安定な状態は存在しない．体系の状態を NAJ に沿って準静的に変化させる．J と N のエントロピー差（1 分子あたり）は，
$$s_g - s_l = \int_{NAJ} ds = \int_{NAJ}\left\{\left(\frac{\partial s}{\partial v}\right)_T dv + \left(\frac{\partial s}{\partial T}\right)_v dT\right\}$$
$$= \int_{NAJ}\left(\frac{\partial p}{\partial T}\right)_v dv + \int_{NAJ}\frac{c_v(T)}{T}dT = \int_{NAJ}\frac{k}{v - b}dv + 0 = k\log\frac{v_g - b}{v_l - b}$$

と計算される．ただし，Maxwell の関係式および van der Waals の状態方程式に従う体系の定積比熱 C_V（1 分子あたり）が温度だけの関数であることを使った（2.1 の基本事項および第 2 章問題 2.1 参照）．

一方，内部エネルギーの差（1 分子あたり）は次のように計算される．
$$e_g - e_l = \int_{\text{NAJ}} de = \int_{\text{NAJ}} \left\{ \left(\frac{\partial e}{\partial v}\right)_T dv + \left(\frac{\partial e}{\partial T}\right)_v dT \right\}$$
$$= \int_{\text{NAJ}} \left\{ T\left(\frac{\partial p}{\partial T}\right)_v - p \right\} dv + \int_{\text{NAJ}} c_v(T) dT = \int_{\text{NAJ}} \frac{a}{v^2} dv + 0 = a\left(\frac{1}{v_l} - \frac{1}{v_g}\right)$$

ただし，このときも熱力学の関係式（第 2 章例題 2）と c_v の性質を使った．
上の結果を例題 2 の解答にある (∗) に代入すると，
$$(v_g - v_l)p' = kT \log \frac{v_g - b}{v_l - b} - a\left(\frac{1}{v_l} - \frac{1}{v_g}\right)$$

が得られる．ところが，状態方程式を NMLKJ に沿って積分すると，
$$\int_{\text{NMLKJ}} pdv = \int_{v_l}^{v_g} pdv = \int_{v_l}^{v_g} \left(\frac{kT}{v-b} - \frac{a}{v^2}\right) dv = kT \log \frac{v_g - b}{v_l - b} - a\left(\frac{1}{v_l} - \frac{1}{v_g}\right)$$
$$\therefore \quad (v_g - v_l)p' = \int_{v_l}^{v_g} pdv$$

3.1 $p = \dfrac{kT}{v-b} - \dfrac{a}{v^2} = \dfrac{\rho kT}{1-\rho b} - a\rho^2 = \rho kT\{1 + b\rho + (b\rho)^2 + \cdots\} - a\rho^2$
$$\therefore \quad B = b - \frac{a}{kT} \quad (C = b^2)$$

3.2 第 5 章問題 7.1 の結果によれば，
$$B = \mp \frac{\varLambda^3}{2^{5/2}g}, \quad \varLambda = \sqrt{\frac{h^2}{2\pi mkT}}, \quad g = 2S+1 \quad \left(\begin{array}{l}\text{複号は} \text{上が理想 Bose 気体} \\ \text{下が理想Fermi 気体}\end{array}\right)$$

となるはずである．これを例題 3 の結果から導く．
i 番目の 1 粒子固有状態のエネルギーを ε_i とする．第 5 章例題 4 の解答から，
$$Q(1,V,T) \equiv q = \sum_i e^{-\varepsilon_i/kT} = g\frac{V}{\varLambda^3}$$

$Q(2,V,T)$ の場合には粒子の統計性を考えねばならない．相互作用はないから，2 粒子の固有状態はそれぞれの粒子の固有状態できまる．第 1 の粒子が i 番目，第 2 の粒子が j 番目の固有状態にあるような 2 粒子固有状態 (i,j) のエネルギーは，$\varepsilon_i + \varepsilon_j$ である．粒子は区別できないから，$i \neq j$ の場合，2 粒子固有状態 (i,j) と (j,i) は同じものである．また，Fermi 統計の場合，Pauli の原理により，$i=j$ という 2 粒子固有状態は存在しないから，

$$Q(2,V,T) = \begin{cases} \dfrac{1}{2}\sum\sum_{i \neq j} e^{-(\varepsilon_i + \varepsilon_j)/kT} + \sum_i e^{-2\varepsilon_i/kT} = \dfrac{1}{2}q^2 + \dfrac{1}{2}\sum_i e^{-2\varepsilon_i/kT} & \text{(Bose)} \\ \dfrac{1}{2}\sum\sum_{i \neq j} e^{-(\varepsilon_i + \varepsilon_j)/kT} = \dfrac{1}{2}q^2 - \dfrac{1}{2}\sum_i e^{-2\varepsilon_i/kT} & \text{(Fermi)} \end{cases}$$

したがって，例題 3 の解答にある b_2 表式は（複号は上が Bose, 下が Fermi），
$$b_2 = \frac{1}{2V}(Z_2^* - V^2) = \frac{V^2}{V}\frac{Q(2,V,T)}{\{Q(1,V,T)\}^2} - \frac{V}{2} = \pm\frac{V}{2}\frac{1}{q^2}\sum_i e^{-2\varepsilon_i/kT}$$
$$= \pm\frac{V}{2}\frac{1}{q^2}\left(\frac{1}{2^{3/2}}q\right) = \pm\frac{1}{2^{5/2}}\frac{V}{q} = \pm\frac{\varLambda^3}{2^{5/2}g}$$

と計算される．$B = -b_2$ であるから，求める結果が得られた．

3.3 古典統計力学の場合，第 7 章例題 4 により，分配関数 $Q_{\text{c}}(N,V,T)$ は，

$$Q_c(N,V,T) = \frac{1}{N!\Lambda^{3N}} Z_N(V,T), \quad \Lambda = \sqrt{\frac{h^2}{2\pi mkT}}$$

$$\therefore Z_N^*(V,T) = Z_N(V,T) \equiv Z_N = \iint \cdots \int_V e^{-U_N/kT} d\boldsymbol{r}_1 d\boldsymbol{r}_2 \cdots d\boldsymbol{r}_N$$

ただし，$U_1 \equiv 0$ すなわち，$Z_1 = V$，したがって，$Q_c(1,V,T) = V/\Lambda^3$ となることを使った．$U_2(\boldsymbol{r}_1, \boldsymbol{r}_2) = u(r_{12})$ $(r_{12} \equiv |\boldsymbol{r}_1 - \boldsymbol{r}_2|)$ であるから，

$$B = -\lim_{V\to\infty} \frac{1}{2V}(Z_2 - V^2) = -\lim_{V\to\infty} \frac{1}{2V} \left\{ \iint_V e^{-u(r_{12})/kT} d\boldsymbol{r}_1 d\boldsymbol{r}_2 - V^2 \right\}$$

$$= -\lim_{V\to\infty} \frac{1}{2V} \iint_V \{e^{-u(r_{12})/kT} - 1\} d\boldsymbol{r}_1 d\boldsymbol{r}_2 = -\lim_{V\to\infty} \frac{1}{2V} \iint_V f(r_{12}) d\boldsymbol{r}_1 d\boldsymbol{r}_2$$

基本事項◆ 2 体力近似のところで述べた $u(r)$ の性質により，上の最後の表式における被積分関数 $f(r_{12})$ は，r_{12} が大きくなると急速に 0 に近づく．積分変数を $\boldsymbol{r}_1$ と $\boldsymbol{r}_2$ から，$\boldsymbol{r}_1$ と $\boldsymbol{r} \equiv \boldsymbol{r}_2 - \boldsymbol{r}_1$ に変換し $(r_{12} = r)$，$\boldsymbol{r}_1$ を固定して $\boldsymbol{r}$ について積分した結果は，$\boldsymbol{r}_1$ が容器の壁のごく近くにない限り，固定された $\boldsymbol{r}_1$ の値に無関係である．$V \to \infty$ の極限をとるから，$\boldsymbol{r}$ に関する積分の結果が $\boldsymbol{r}_1$ によるような場合の積分への寄与は無視できる．したがって，

$$B = -\lim_{V\to\infty} \frac{1}{2V} \int_V d\boldsymbol{r}_1 \int d\boldsymbol{r} f(r) = -\lim_{V\to\infty} \frac{1}{2V} V \int d\boldsymbol{r} f(r) = -\frac{1}{2} \int f(r) d\boldsymbol{r}$$

第 3 ビリアル係数 C の表式を求める．$U_3(\boldsymbol{r}_1, \boldsymbol{r}_2, \boldsymbol{r}_3) = u(r_{12}) + u(r_{23}) + u(r_{31})$ であるから，例題 3 の解答にある b_3 の表式は次のように求められる．

$$b_3 = \lim_{V\to\infty} \frac{1}{6V} \left[\iiint_V \exp\left\{-\frac{u(r_{12})}{kT} - \frac{u(r_{23})}{kT} - \frac{u(r_{31})}{kT}\right\} d\boldsymbol{r}_1 d\boldsymbol{r}_2 d\boldsymbol{r}_3 \right.$$
$$\left. -3V \iint_V \exp\left\{-\frac{u(r_{12})}{kT}\right\} d\boldsymbol{r}_1 d\boldsymbol{r}_2 + 2V^3 \right]$$

$$= \lim_{V\to\infty} \frac{1}{6V} \iiint_V \left[\exp\left\{-\frac{u(r_{12})}{kT} - \frac{u(r_{23})}{kT} - \frac{u(r_{31})}{kT}\right\} \right.$$
$$\left. - \exp\left\{-\frac{u(r_{12})}{kT}\right\} - \exp\left\{-\frac{u(r_{23})}{kT}\right\} - \exp\left\{-\frac{u(r_{31})}{kT}\right\} + 2 \right] d\boldsymbol{r}_1 d\boldsymbol{r}_2 d\boldsymbol{r}_3$$

$$= \lim_{V\to\infty} \frac{1}{6V} \iiint_V \{f(r_{12})f(r_{23})f(r_{31}) + f(r_{12})f(r_{23})$$
$$+ f(r_{23})f(r_{31}) + f(r_{31})f(r_{12})\} d\boldsymbol{r}_1 d\boldsymbol{r}_2 d\boldsymbol{r}_3$$

$$= \frac{1}{6} \lim_{V\to\infty} \frac{1}{V} \iiint_V f(r_{12})f(r_{23})f(r_{31}) d\boldsymbol{r}_1 d\boldsymbol{r}_2 d\boldsymbol{r}_3$$
$$+ \frac{3}{6} \lim_{V\to\infty} \frac{1}{V} \iiint_V f(r_{31})f(r_{12}) d\boldsymbol{r}_1 d\boldsymbol{r}_2 d\boldsymbol{r}_3$$

$$= \frac{1}{6}\iint f(r)f(|\boldsymbol{r}-\boldsymbol{r}'|)f(r')d\boldsymbol{r}d\boldsymbol{r}' + \frac{1}{2}\iint f(r)f(r')d\boldsymbol{r}d\boldsymbol{r}'$$

ただし、最後の行に移るときには、積分変数を r_1, $\boldsymbol{r} \equiv \boldsymbol{r}_2 - \boldsymbol{r}_1$, $\boldsymbol{r}' \equiv \boldsymbol{r}_3 - \boldsymbol{r}_1$ ($\therefore$ $r_{23}=|\boldsymbol{r}-\boldsymbol{r}'|$) と変換し、$\boldsymbol{r}_1$ を固定して $\boldsymbol{r}$ と $\boldsymbol{r}'$ について積分した結果が固定された $\boldsymbol{r}_1$ の値に無関係 ($V \to \infty$ の極限で) となることを使った。b_3 の最後の表式の第 2 項は、B の計算からわかるように、$2b_2^2$ に等しい。したがって、$C = -2b_3 + 4b_2^2$ から求める C の表式が得られる。

3.4 分配関数を $Q(N_1, N_2, V, T)$ とすると、大分配関数 Ξ は

$$e^{pV/kT} = \Xi = 1 + \sum_{N_1+N_2 \geq 1}\sum Q(N_1, N_2, V, T)e^{N_1\mu_1/kT}e^{N_2\mu_2/kT}$$

例題 3 のときと同様に、

$$z_1 \equiv \frac{Q(1,0,V,T)}{V}e^{\mu_1/kT}, \quad z_2 \equiv \frac{Q(0,1,V,T)}{V}e^{\mu_2/kT},$$

$$\frac{Z^*_{N_1,N_2}}{N_1!N_2!} \equiv \frac{V^{N_1+N_2}Q(N_1,N_2,V,T)}{\{Q(1,0,V,T)\}^{N_1}\{Q(0,1,V,T)\}^{N_2}}$$

と定義すると、上式は

$$e^{pV/kT} = \Xi = 1 + \sum_{N_1+N_2 \geq 1}\sum \frac{Z^*_{N_1,N_2}}{N_1!N_2!}z_1^{N_1}z_2^{N_2}$$

となる。以下の計算は例題 3 の解答とまったく同様であるから簡単に記す。

$$\frac{p}{kT} = b_{10}z_1 + b_{01}z_2 + b_{20}z_1^2 + b_{11}z_1z_2 + b_{02}z_2^2 + \cdots$$

とおいて $e^{pV/kT}$ を計算し、上の $e^{pV/kT}$ の展開式と比較することにより、

$b_{10} = b_{01} = 1$,

$b_{20}= \lim_{V\to\infty}\frac{1}{2V}(Z^*_{20}-V^2)$, $\quad b_{11}= \lim_{V\to\infty}\frac{1}{V}(Z^*_{11}-V^2)$, $\quad b_{02}= \lim_{V\to\infty}\frac{1}{2V}(Z^*_{02}-V^2)$

$\rho_1 = z_1\left(\frac{\partial}{\partial z_1}\frac{p}{kT}\right)_{T,z_2} = b_{10}z_1 + 2b_{20}z_1^2 + b_{11}z_1z_2 + \cdots, \quad \rho_2 = b_{01}z_2 + b_{11}z_1z_2 + 2b_{02}z_2^2 + \cdots$

という展開式から、

$$z_1 = \rho_1 - 2b_{20}\rho_1^2 - b_{11}\rho_1\rho_2 + \cdots, \quad z_2 = \rho_2 - b_{11}\rho_1\rho_2 - 2b_{02}\rho_2^2 + \cdots$$

が得られ、これを p/kT の展開式に代入することによって、次の結果が導かれる。

$$B_{20} = -b_{20}, \quad B_{11} = -b_{11}, \quad B_{02} = -b_{02}$$

4.1 $u(r) = \varepsilon(\sigma/r)^m$ の場合に計算する。部分積分を一度行なうと、

$$B = -\frac{1}{2}\int_0^\infty \left[\exp\left\{-\frac{\varepsilon}{kT}\left(\frac{\sigma}{r}\right)^m\right\} - 1\right]4\pi r^2 dr$$

$$= -\frac{2\pi}{3}r^3\left[\exp\left\{-\frac{\varepsilon}{kT}\left(\frac{\sigma}{r}\right)^m\right\} - 1\right]\Big|_{r=0}^{r=\infty} + \frac{2\pi m\varepsilon\sigma^m}{3kT}\int_0^\infty \exp\left\{-\frac{\varepsilon}{kT}\left(\frac{\sigma}{r}\right)^m\right\}\frac{dr}{r^{m-2}}$$

$$= \frac{2\pi\sigma^3}{3}\left(\frac{\varepsilon}{kT}\right)^{3/m}\int_0^\infty e^{-t}t^{3/m}dt \quad \left(t \equiv \frac{\varepsilon}{kT}\left(\frac{\sigma}{r}\right)^m\right)$$

$$= \frac{2\pi\sigma^3}{3}\Gamma\left(1 - \frac{3}{m}\right)\left(\frac{\varepsilon}{kT}\right)^{3/m} \quad (\Gamma(x) \text{ はガンマ関数})$$

$m = 6$ のときには，
$$B = \frac{2\pi\sigma^3}{3}\Gamma\left(\frac{1}{2}\right)\left(\frac{\varepsilon}{kT}\right)^{1/2} = \frac{2\pi\sigma^3}{3}\left(\frac{\pi\varepsilon}{kT}\right)^{1/2} \quad \left(\because \Gamma\left(\frac{1}{2}\right) = \sqrt{\pi}\right)$$

〔注意〕 $m \to +\infty$ では $B \to 2\pi\sigma^3/3$ となり，剛体球ポテンシャルの場合の第 2 ビリアル係数となる．

4.2 問題 3.3 において，剛体球ポテンシャルの場合には，$r < \sigma$ で $f(r) = -1$，$r > \sigma$ で $f(r) = 0$ である．したがって，
$$C = \frac{1}{3}\int_{r<\sigma} d\boldsymbol{r} \left\{\int_{r'<\sigma, |\boldsymbol{r}'-\boldsymbol{r}|<\sigma} d\boldsymbol{r}'\right\}\cdot 1$$

上式で，$\boldsymbol{r}'$ についての積分は，中心間の距離が r であるような 2 つの球 (半径はどちらも σ) の重なり合っている部分の体積に等しい (付図参照)．
$$\therefore\ C = \frac{1}{3}\int_0^\sigma 4\pi r^2 dr\, 2\int_{r/2}^\sigma \pi(\sigma^2 - x^2)dx = \frac{5}{18}\pi^2\sigma^6 = \frac{5}{8}B^2$$

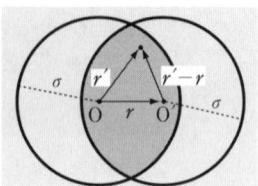

5.1 例題 1 の解答から，
$$p_c = \frac{1}{27}\frac{a}{b^2}, \qquad v_c = 3b, \qquad kT_c = \frac{8}{27}\frac{a}{b}$$
したがって，van der Waals の状態方程式は次のように変形される．
$$\left(p_c p^* + \frac{a}{v_c^2}\frac{1}{v^{*2}}\right)(v_c v^* - b) = kT_c T^* \quad \therefore\ \left(p^* + \frac{a}{p_c v_c^2}\frac{1}{v^{*2}}\right)\left(v^* - \frac{b}{v_c}\right) = \frac{kT_c}{p_c v_c}T^*$$
$$\therefore\ \left(p^* + \frac{3}{v^{*2}}\right)\left(v^* - \frac{1}{3}\right) = \frac{8}{3}T^*$$

6.1 $x < \sigma$ で $u(x) = +\infty$，$x > \sigma$ で $u(x) = 0$ であるから，
$$y(T,p) = \frac{1}{\Lambda}\int_\sigma^\infty e^{-px/kT}dx = \frac{kT}{\Lambda p}e^{-p\sigma/kT}$$
$$\therefore\ L = -NkT\left(\frac{\partial}{\partial p}\log y(T,p)\right)_T = -NkT\left(-\frac{1}{p} - \frac{\sigma}{kT}\right) \quad \therefore\ \frac{p}{kT} = \frac{\rho}{1-\rho\sigma}$$

6.2 例題 6 の解答にある分配関数は，1 次元剛体球の場合，次のように計算される．
$$Q(N,L,T) = \frac{1}{\Lambda^N}\int_0^L dx_N \int_0^{x_N} dx_{N-1} \cdots \int_0^{x_3} dx_2 \int_0^{x_2} dx_1 \exp\left[-\frac{1}{kT}\sum_{s=2}^N u(x_s - x_{s-1})\right]$$
$$= \frac{1}{\Lambda^N}\int_{(N-1)\sigma}^L dx_N \int_{(N-2)\sigma}^{x_N-\sigma} dx_{N-1} \cdots \int_\sigma^{x_3-\sigma} dx_2 \int_\sigma^{x_2-\sigma} dx_1\cdot 1$$
$$= \frac{1}{\Lambda^N}\int_0^{L-(N-1)\sigma} d\xi_N \int_0^{\xi_N} d\xi_{N-1}\cdots \int_0^{\xi_3} d\xi_2 \int_0^{\xi_2} d\xi_1\cdot 1 \quad (\xi_s \equiv x_s - (s-1)\sigma)$$
$$= \frac{1}{\Lambda^N}\frac{1}{N!}\{L - (N-1)\sigma\}^N$$
$$\therefore\ p = kT\left(\frac{\partial \log Q}{\partial L}\right)_{N,T} = kT\frac{N}{L-(N-1)\sigma} = kT\frac{\rho}{1-\rho\sigma+(\sigma/L)}$$
上式の分母にある σ/L は $O(1/N)$ の量であるから省略してよい．

7.1 基本事項の◆格子理論における v_f の式と例題 7 の結果から,

$$v_f = \int_0^{r_m} \exp[-\{\phi(r) - \phi(0)\}/kT] 4\pi r^2 dr$$

$$= 2\pi\gamma v \int_0^{x_m} \exp\left[-\frac{z\varepsilon}{kT}\left\{\left(\frac{v_0}{v}\right)^4 l(x) - 2\left(\frac{v_0}{v}\right)^2 m(x)\right\}\right] \sqrt{x}\,dx,$$

$$\left(x \equiv \frac{r^2}{a^2}, \quad x_m \equiv \frac{r_m^2}{a^2} = \left(\frac{3}{4\pi\gamma}\right)^{2/3}\right)$$

$$\therefore \quad \frac{pv}{kT} = -v\left(\frac{\partial}{\partial v}\frac{A}{NkT}\right)_T = v\left(\frac{\partial \log v_f}{\partial v}\right)_T - \frac{1}{2}v\left(\frac{\partial}{\partial v}\frac{\phi(0)}{kT}\right)_T$$

$$= 1 + \frac{2z\varepsilon}{kT}\left\{\left(\frac{v_0}{v}\right)^4 - \left(\frac{v_0}{v}\right)^2\right\}$$

$$+ \frac{4z\varepsilon}{kT}\int_0^{x_m}\left\{\left(\frac{v_0}{v}\right)^4 l(x) - \left(\frac{v_0}{v}\right)^2 m(x)\right\} \exp\left[-\frac{z\varepsilon}{kT}\left\{\left(\frac{v_0}{v}\right)^4 l(x)\right.\right.$$

$$\left.\left.-2\left(\frac{v_0}{v}\right)^2 m(x)\right\}\right]\sqrt{x}\,dx \left\{\int_0^{x_m} \exp\left[-\frac{z\varepsilon}{kT}\left\{\left(\frac{v_0}{v}\right)^4 l(x) - 2\left(\frac{v_0}{v}\right)^2 m(x)\right\}\right]\sqrt{x}\,dx\right\}^{-1}$$

7.2 問題 7.1 の結果から, $p^* \equiv pv_0/z\varepsilon$, $v^* \equiv v/v_0$, $T^* \equiv kT/z\varepsilon$ とおくと, 格子構造を決めておく限り, p^* は v^* と T^* の普遍的な関数となり, 対応状態の法則が成り立つ.

$v/v_0 \gg 1$ の場合には, 問題 7.1 の pv/kT の式は

$$\frac{pv}{kT} = 1 + O\left(\frac{v_0}{v}\right)^2$$

となり, これは第 2 ビリアル係数が 0 であることを意味する.

〔付記〕 Lennard-Jones and Devonshire の理論による状態方程式の等温線は, van der Waals の状態方程式のときと同じように, ある温度以下では山と谷をもつ. したがって, 臨界点を理論的に求めることができる.

8.1 基本事項の◆分布関数にある $\rho^{(n)}(\boldsymbol{r}_1, \cdots, \boldsymbol{r}_n)$ の定義式を $\boldsymbol{r}_1$ で微分すると,

$$\frac{\partial \rho^{(n)}}{\partial \boldsymbol{r}_i}$$

$$= -\frac{1}{kT}\frac{1}{\Xi}\sum_{N=n}^{\infty}\frac{z^N}{(N-n)!}\int\cdots\int_V\left\{\sum_{i=1}^n\frac{\partial u(r_{1i})}{\partial \boldsymbol{r}_1} + \sum_{i=n+1}^N\frac{\partial u(r_{1i})}{\partial \boldsymbol{r}_1}\right\}e^{-U_N/kT}d\boldsymbol{r}_{n+2}\cdots d\boldsymbol{r}_N$$

$$= -\frac{1}{kT}\left\{\sum_{i=1}^\infty \frac{\partial u(r_{1i})}{\partial \boldsymbol{r}_1}\right\}\rho^{(n)}$$

$$-\frac{1}{kT}\frac{1}{\Xi}\sum_{N=n}^\infty\frac{z^N(N-n)}{(N-n)!}\iint\cdots\int_V\frac{\partial u(r_{1,n+1})}{\partial \boldsymbol{r}_1}e^{-U_N/kT}d\boldsymbol{r}_{n+1}d\boldsymbol{r}_{n+2}\cdots d\boldsymbol{r}_N$$

$$= -\frac{1}{kT}\left\{\sum_{i=1}^n\frac{\partial u(r_{1i})}{\partial \boldsymbol{r}_1}\right\}\rho^{(n)} - \frac{1}{kT}\int_V\frac{\partial u(r_{1,n+1})}{\partial \boldsymbol{r}_1}\rho^{(n+1)}(\boldsymbol{r}_1,\cdots,\boldsymbol{r}_n,\boldsymbol{r}_{n+1})d\boldsymbol{r}_{n+1}$$

となり, 例題 8 とまったく同じ関係式が得られる.

〔注意〕 例題 8 および問題 8.1 で $n=1$ に対する表式は, 右辺の第 1 項に相当する項のないものになる.

8.2 熱力学的極限をとると $\rho_N^{(2)}(\boldsymbol{r}_1,\boldsymbol{r}_2) = \rho^2 g(r_{12})$, $\rho_N^{(3)}(\boldsymbol{r}_1,\boldsymbol{r}_2,\boldsymbol{r}_3) = \rho^{(3)}(\boldsymbol{r}_1,\boldsymbol{r}_2,\boldsymbol{r}_3)$ であるから，例題 8 の関係式で $n=2$ とおいて，

$$\frac{\partial \log g(r_{12})}{\partial \boldsymbol{r}_1} = -\frac{1}{kT}\frac{\partial u(r_{12})}{\partial \boldsymbol{r}_1} - \frac{1}{kT}\int \frac{\partial u(r_{13})}{\partial \boldsymbol{r}_1}\frac{\rho^{(3)}(\boldsymbol{r}_1,\boldsymbol{r}_2,\boldsymbol{r}_3)}{\rho^2 g(r_{12})}d\boldsymbol{r}_3$$

$g(r)$ の展開式と ρ が小さいときの $\rho^{(3)}$ の形を使うと，上式の左辺と右辺は，

$$\text{左辺} = -\frac{1}{kT}\frac{\partial u(r_{12})}{\partial \boldsymbol{r}_1} + \rho \frac{\partial g_1(r_{12})}{\partial \boldsymbol{r}_1} + O(\rho^2)$$

$$\text{右辺} = -\frac{1}{kT}\frac{\partial u(r_{12})}{\partial \boldsymbol{r}_1}$$
$$-\frac{\rho}{kT}\int \frac{\partial u(r_{13})}{\partial \boldsymbol{r}_1}\frac{\exp[-\{u(r_{12})+u(r_{13})+u(r_{23})\}/kT]}{\exp\{-u(r_{12})/kT\}}d\boldsymbol{r}_3 + O(\rho^2)$$

$$\therefore \quad \frac{\partial g_1(r_{12})}{\partial \boldsymbol{r}_1} = -\frac{1}{kT}\int \frac{\partial u(r_{13})}{\partial \boldsymbol{r}_1}\exp\{-u(r_{13})/kT\}\exp\{-u(r_{23})/kT\}d\boldsymbol{r}_3$$
$$= \int \frac{\partial f(r_{13})}{\partial \boldsymbol{r}_1}\{f(r_{23})+1\}d\boldsymbol{r}_3 = \frac{\partial}{\partial \boldsymbol{r}_1}\left[\int f(r_{13})f(r_{23})d\boldsymbol{r}_3 + \int f(r_{13})d\boldsymbol{r}_3\right]$$
$$= \frac{\partial}{\partial \boldsymbol{r}_1}\int f(r_{13})f(r_{23})d\boldsymbol{r}_3 \quad (\because \int f(r_{13})d\boldsymbol{r}_3 \text{は} \boldsymbol{r}_1 \text{によらない})$$

$$\therefore \quad g_1(r_{12}) = \int f(r_{13})f(r_{23})d\boldsymbol{r}_3 + F(\boldsymbol{r}_2)$$

ここで，$F(\boldsymbol{r}_2)$ は $\boldsymbol{r}_2$ だけの関数である．$g_1(r_{12})$ は $\boldsymbol{r}_1$ と $\boldsymbol{r}_2$ について対称な関数であるから，$F(\boldsymbol{r}_2) =$ 定数．さらに．$r_{12} \to \infty$ のとき $g(r_{12}) \to 1$ であるから，$g_1(r_{12}) \to 0$. $g_1(r_{12})$ の式で第 1 項の積分は $r_{12} \to \infty$ のとき 0 となる．したがって，$F(\boldsymbol{r}_2) =$ 定数 $= 0$ となる．

9.1 $\rho_N^{(2)}(\boldsymbol{r}_1,\boldsymbol{r}_2) = \exp\left\{-\frac{u(r_{12})}{kT}\right\}\frac{N(N-1)}{Z_N}\int_V\cdots\int \exp\left\{-\frac{1}{kT}\sum\sum{}' u(r_{ij})\right\}d\boldsymbol{r}_3\cdots d\boldsymbol{r}_N$

であるから，$\rho_N^{(2)}(\boldsymbol{r}_1,\boldsymbol{r}_2)\exp\{+u(r_{12})/kT\}$ によって定義される関数は剛体球ポテンシャルの場合にも $r_{12} = \sigma$ で連続である．ただし，上式の被積分関数にある和 $\sum\sum{}'$ は，分子 1 と 2 のペア以外のペアについての和を表す．したがって，$e^{u(r)/kT}g(r) \equiv \tau(r)$ によって定義される関数 $\tau(r)$ は，剛体球ポテンシャルの場合にも連続な関数である．圧力方程式にある積分を，$\tau(r)$ を使って，次のように変形する．

$$-\frac{1}{kT}\int_0^\infty ru'(r)g(r)4\pi r^2 dr = 4\pi\int_0^\infty r^3 \tau(r)\frac{d}{dr}\{e^{-u(r)/kT}\}dr$$

ここで，$u(r)$ を剛体球ポテンシャルとする極限を考える．剛体球ポテンシャルの場合，$r < \sigma$ では $e^{-u(r)/kT} = 0$, $r > \sigma$ では $e^{-u(r)/kT} = 1$ であるから，その導関数は，Dirac の δ 関数を使って，$\delta(r-\sigma)$ と表される．したがって，

$$= 4\pi\int_0^\infty r^3\tau(r)\delta(r-\sigma)dr = 4\pi\sigma^3\tau(\sigma)\int_0^\infty \delta(r-\sigma)d\sigma$$
$$= 4\pi\sigma^3\tau(\sigma) = 4\pi\sigma^3 g(\sigma+0) = 4\pi\sigma^3 g(\sigma)$$

〔注意〕 剛体球ポテンシャルの場合，$r > \sigma$ では $\tau(r) = g(r)$ であるが，$r < \sigma$ のときの $\tau(r)$ は，定義そのものからは，$\infty \times 0$ という不定形であり，それを求めるには別の考察が必要となる．

9.2 大正準集団における平均を $\langle\cdots\rangle$ で表すと，分布関数の定義から，

$$\int\cdots\int_V \rho^{(n)}(\boldsymbol{r}_1,\cdots,\boldsymbol{r}_n)d\boldsymbol{r}_1\cdots d\boldsymbol{r}_n = \frac{1}{\Xi}\sum_{N=n}^\infty \frac{z^N}{(N-n)!}Z_N = \frac{1}{\Xi}\sum_{N=n}^\infty \frac{N!}{(N-n)!}\frac{z^N}{N!}Z_N$$

$$= \frac{1}{\Xi}\sum_{N=n}^\infty \frac{N!}{(N-n)!}\frac{z^N}{N!}Z_N = \left\langle \frac{N!}{(N-n)!}\right\rangle$$

$$\therefore\quad 1+\frac{1}{\langle N\rangle}\iint_V\{\rho^{(2)}(\boldsymbol{r}_1,\boldsymbol{r}_2)-\rho^{(1)}(\boldsymbol{r}_1)\rho^{(1)}(\boldsymbol{r}_2)\}d\boldsymbol{r}_1 d\boldsymbol{r}_2$$

$$=1+\frac{1}{\langle N\rangle}\{\langle N(N-1)\rangle-(\langle N\rangle)^2\}=\frac{\langle(N-\langle N\rangle)^2\rangle}{\langle N\rangle}$$

気体と液体では，$\rho^{(2)}(\boldsymbol{r}_1,\boldsymbol{r}_2)=\rho^2 g(r_{12})$, $\rho^{(1)}(\boldsymbol{r})=\rho=\langle N\rangle/V$ であり（正確には，熱力学的極限 $V\to\infty$ をとった場合），また，第 4 章問題 9.2 の解答にある〔注意〕により，$\langle(N-\langle N\rangle)^2\rangle/\langle N\rangle=\rho kT\kappa_T$ であるから，上式から直ちに圧縮率方程式が導かれる．
〔注意〕圧縮率方程式の証明には分子間力についての仮定が使われていないので，この式は 2 体分布近似とは無関係に成り立つ．また，量子統計力学で定義された分布関数についても上の証明はそのままあてはまるので，圧縮率方程式は量子統計力学においても正しい．

10.1 $P_0(\boldsymbol{r}_1,\cdots,\boldsymbol{r}_N)\equiv P_0\equiv\dfrac{1}{Z_0}\exp\{-U_0/kT\}$, $P(\boldsymbol{r}_1,\cdots,\boldsymbol{r}_N)\equiv P\equiv\dfrac{1}{Z}\exp\{-U/kT\}$

とおくと（Z は相互作用ポテンシャルが U のときの配位積分），明らかに

$$\int\cdots\int_V P_0(\boldsymbol{r}_1,\cdots,\boldsymbol{r}_N)d\boldsymbol{r}_1\cdots d\boldsymbol{r}_N = \int\cdots\int_V P(\boldsymbol{r}_1,\cdots,\boldsymbol{r}_N)d\boldsymbol{r}_1\cdots d\boldsymbol{r}_N = 1$$

が成り立つ．したがって，第 4 章例題 2 の〔注意〕により，

$$\int\cdots\int_V P_0\log P_0 d\boldsymbol{r}_1\cdots d\boldsymbol{r}_N \geqq \int\cdots\int_V P_0\log P d\boldsymbol{r}_1\cdots d\boldsymbol{r}_N$$

$$\therefore\quad \int\cdots\int_V P_0\left\{-\log Z_0-\frac{U_0}{kT}\right\}d\boldsymbol{r}_1\cdots d\boldsymbol{r}_N$$

$$\geqq \int\cdots\int_V P_0\left\{-\log Z_0-\frac{U_0}{kT}-\frac{U_1}{kT}\right\}d\boldsymbol{r}_1\cdots d\boldsymbol{r}_N$$

$$\therefore\quad A-A_0 = -kT\log\frac{Z}{Z_0} \leqq \int\cdots\int_V P_0 U_1 d\boldsymbol{r}_1\cdots d\boldsymbol{r}_N = \langle U_1\rangle_0$$

【別解】 第 4 章例題 2 の結果を使わないで証明する．連続的な値をとる確率変数 x の確率密度を $P(x)$ とする．$P(x)$ に関する平均を $\langle\cdots\rangle$ で表す．x の関数 $f(x)$ が常に $f''(x)\geqq 0$ を満足している場合には，一般に

$$\langle f(x)\rangle \equiv \int f(x)P(x)dx \geqq f(\langle x\rangle)\qquad(f''(x)\geqq 0)$$

が成り立つ．指数関数は明らかにこの条件を満足しているから，

$$\exp\left\{-\frac{1}{kT}(A-A_0)\right\} = \left\langle\exp\left\{-\frac{U_1}{kT}\right\}\right\rangle_0 \geqq \exp\left\{-\left\langle\frac{U_1}{kT}\right\rangle_0\right\}\quad\therefore\quad A-A_0\leqq\langle U_1\rangle_0$$

10.2 問題 10.1 の解答にある P_0 を使うと，相互作用が U_0 だけのときの 2 体分布関数

$\rho_{N,0}^{(2)}(\boldsymbol{r}_1, \boldsymbol{r}_2)$ は

$$\rho_{N,0}^{(2)}(\boldsymbol{r}_1, \boldsymbol{r}_2) = N(N-1) \int \cdots \int_V P_0(\boldsymbol{r}_1, \boldsymbol{r}_2, \boldsymbol{r}_3, \cdots, \boldsymbol{r}_N) d\boldsymbol{r}_3 \cdots d\boldsymbol{r}_N$$

で定義され，液体では $\rho_{N,0}^{(2)}(\boldsymbol{r}_1, \boldsymbol{r}_2) = \rho^2 g_0(r_{12})$ となる．したがって，

$$\frac{1}{N} \langle U_1 \rangle_0 = \frac{1}{N} \int \cdots \int_V \left\{ \sum_{1 \le i < j \le N} u_1(r_{ij}) \right\} P_0 d\boldsymbol{r}_1 \cdots d\boldsymbol{r}_N$$

$$= \frac{1}{N} \frac{N(N-1)}{2} \int \cdots \int_V u_1(r_{12}) P_0 d\boldsymbol{r}_1 \cdots d\boldsymbol{r}_N = \frac{1}{2N} \iint_V u_1(r_{12}) \rho_{N,0}^{(2)}(\boldsymbol{r}_1, \boldsymbol{r}_2) d\boldsymbol{r}_1 d\boldsymbol{r}_2$$

$$= \frac{1}{2N} \rho^2 V \int u_1(r) g_0(r) d\boldsymbol{r} = \frac{\rho}{2} \int_0^\infty u_1(r) g_0(r) 4\pi r^2 dr$$

11.1 第 7 章の問題 3.2 の結果が，混合流体の場合には，

$$pV = kT \sum_{\alpha=1}^{\nu} N_\alpha - \frac{1}{3} \sum_{\alpha=1}^{\nu} \sum_{i=1}^{N_\alpha} \langle \boldsymbol{r}_1^{(\alpha)} \cdot (\partial U / \partial \boldsymbol{r}_i^{(\alpha)}) \rangle$$

と拡張されることは容易に示すことができる．

$$\sum_{i=1}^{N_\alpha} \langle \boldsymbol{r}_1^{(\alpha)} \cdot (\partial U / \partial \boldsymbol{r}_i^{(\alpha)}) \rangle = N_\alpha \langle \boldsymbol{r}_1^{(\alpha)} \cdot (\partial U / \partial \boldsymbol{r}_i^{(\alpha)}) \rangle$$

$$= N_\alpha \sum_{\beta \ne \alpha} \sum_{j=1}^{N_\beta} \left\langle \boldsymbol{r}_1^{(\alpha)} \cdot \left\{ \frac{\partial u_{\alpha\beta}(|\boldsymbol{r}_1^{(\alpha)} - \boldsymbol{r}_j^{(\beta)}|)}{\partial \boldsymbol{r}_1^{(\alpha)}} \right\} \right\rangle + N_\alpha \sum_{i=2}^{N_\alpha} \left\langle \boldsymbol{r}_1^{(\alpha)} \cdot \left\{ \frac{\partial u_{\alpha\alpha}(|\boldsymbol{r}_1^{(\alpha)} - \boldsymbol{r}_i^{(\alpha)}|)}{\partial \boldsymbol{r}_1^{(\alpha)}} \right\} \right\rangle$$

$$= N_\alpha \sum_{\beta \ne \alpha} N_\beta \left\langle \boldsymbol{r}_1^{(\alpha)} \cdot \left\{ \frac{u_{\alpha\beta}(|\boldsymbol{r}_1^{(\alpha)} - \boldsymbol{r}_1^{(\beta)}|)}{\partial \boldsymbol{r}_1^{(\alpha)}} \right\} \right\rangle + N_\alpha (N_\alpha - 1) \left\langle \boldsymbol{r}_1^{(\alpha)} \cdot \left\{ \frac{\partial u_{\alpha\alpha}(|\boldsymbol{r}_1^{(\alpha)} - \boldsymbol{r}_2^{(\alpha)}|)}{\partial \boldsymbol{r}_1^{(\alpha)}} \right\} \right\rangle$$

$$= \sum_{\beta \ne \alpha} \iint_V \boldsymbol{r} \cdot \frac{\partial u_{\alpha\beta}(|\boldsymbol{r} - \boldsymbol{r}'|)}{\partial \boldsymbol{r}} \rho_{\alpha\beta}^{(2)}(\boldsymbol{r}, \boldsymbol{r}') d\boldsymbol{r} d\boldsymbol{r}' + \iint_V \boldsymbol{r} \cdot \frac{\partial u_{\alpha\alpha}(|\boldsymbol{r} - \boldsymbol{r}'|)}{\partial \boldsymbol{r}} \rho_{\alpha\alpha}^{(2)}(\boldsymbol{r}, \boldsymbol{r}') d\boldsymbol{r} d\boldsymbol{r}'$$

$$\therefore \quad pV = kT \sum_{\alpha=1}^{\nu} N_\alpha - \frac{1}{3} \sum_{\alpha=1}^{\nu} \sum_{\beta=1}^{\nu} \iint_V \boldsymbol{r} \cdot \frac{\partial u_{\alpha\beta}(|\boldsymbol{r} - \boldsymbol{r}'|)}{\partial \boldsymbol{r}} \rho_{\alpha\beta}^{(2)}(\boldsymbol{r}, \boldsymbol{r}') d\boldsymbol{r} d\boldsymbol{r}'$$

$$= kT \sum_{\alpha=1}^{\nu} N_\alpha - \frac{1}{6} \sum_{\alpha=1}^{\nu} \sum_{\beta=1}^{\nu} \rho_\alpha \rho_\beta \iint_V \left\{ \boldsymbol{r} \cdot \frac{\partial u_{\alpha\beta}(|\boldsymbol{r} - \boldsymbol{r}'|)}{\partial \boldsymbol{r}} \right.$$

$$\left. + \boldsymbol{r}' \cdot \frac{\partial u_{\alpha\beta}(|\boldsymbol{r} - \boldsymbol{r}'|)}{\partial \boldsymbol{r}'} \right\} g_{\alpha\beta}(|\boldsymbol{r}, \boldsymbol{r}'|) d\boldsymbol{r} d\boldsymbol{r}'$$

$$= kT \sum_{\alpha=1}^{\nu} N_\alpha - \frac{V}{6} \sum_{\alpha=1}^{\nu} \sum_{\beta=1}^{\nu} \rho_\alpha \rho_\beta \int_0^\infty r \frac{du_{\alpha\beta}(r)}{dr} g_{\alpha\beta}(r) 4\pi r^2 dr$$

$$\therefore \quad p = kT \sum_{\alpha=1}^{\nu} \rho_\alpha - \frac{1}{6} \sum_{\alpha=1}^{\nu} \sum_{\beta=1}^{\nu} \rho_\alpha \rho_\beta \int_0^\infty r \frac{du_{\alpha\beta}(r)}{dr} g_{\alpha\beta}(r) 4\pi r^2 dr$$

12.1 (1) N_- の値，したがって $N_+ \equiv N - N_-$ の値も指定された微視的状態を考える．$\sigma_i = +1$ であるスピンと $\sigma_i = -1$ であるスピンがまったくでたらめに配列していると仮定すると，N_{+-} は次のように考えて求めることができる．$\sigma_i = +1$ であるような 1 つの

スピンに着目すると，その最近接格子点にある z 個のスピンのうちで $\sigma_j = -1$ であるようなものの数は $z(N_-/N)$ である．したがって，$N_{+-} = z(N_-/N)N_+ = zN_+N_-/N$ となる．

実際には，スピン間の相互作用のために，$\langle +,+ \rangle, \langle -,- \rangle$ というスピン対の方が $\langle +,- \rangle$ というスピン対より起こりやすいから，上のような計算法は正しくない．この意味で (*) は近似なのである．

〔付記〕 Bragg と Williams が 2 元規則合金の理論で (*) のような近似を使ったので，これを Bragg–Williams 近似と呼ぶのである．

(2) $N, T, \boldsymbol{H}_0$ の値が指定された正準集団における平均を $\langle \cdots \rangle$ で表し，体系の磁気双極子モーメントを $\boldsymbol{M}$（体系の体積は単位体積であるとし，磁気分極と同じ記号を使う）とすると，任意の i に対して，

$$N\langle \sigma_i \rangle \equiv N\langle \sigma \rangle = \langle N_+ \rangle - \langle N_- \rangle, \quad \boldsymbol{M} = \mu\{\langle N_- \rangle - \langle N_+ \rangle\} \quad \therefore \quad \langle \sigma \rangle = -\frac{\boldsymbol{M}}{N\mu}$$

体系の 1 つの微視的状態において，i 番目のスピンに着目すると，このスピンのエネルギー $E(\sigma_i)$ は次のように表される．

$$E(\sigma_i) = \mu \boldsymbol{H}_0 \sigma_i - J\sigma_i \sum_j{}' \sigma_j$$

ここで，和は z 個の最近接格子点にあるスピンについてとられる．いま，1 つの近似として，σ_j をすべて $\langle \sigma \rangle$ でおきかえると，$E(\sigma_i)$ は

$$E(\sigma_i) = \mu(\boldsymbol{H}_0 + \boldsymbol{H}')\sigma_i, \quad \boldsymbol{H}' = -\frac{zJ}{\mu}\langle \sigma \rangle = \frac{zJ}{N\mu^2}\boldsymbol{M}$$

となる．この近似では，体系は，磁場 $\boldsymbol{H}_0 + \boldsymbol{H}'$ の中に置かれた相互作用のない N 個のスピンの集まりとなるから，第 6 章の例題 9 の結果によって，

$$\frac{\boldsymbol{M}}{N\mu} = \tanh\left\{\frac{\mu}{kT}(\boldsymbol{H}_0 + \boldsymbol{H}')\right\} = \tanh\left\{\frac{\mu}{kT}\left(\boldsymbol{H}_0 + \frac{zJ}{N\mu^2}\boldsymbol{M}\right)\right\}$$

という関係が得られる．これは，例題 13 で $\boldsymbol{M}$ を求める方程式として導かれるものと完全に一致する．すなわち，例題 12 における仮定 (*) は，上のような近似的な方法と同等である．

〔付記〕 上のような近似は，強磁性の理論において最初 Weiss によって用いられた．$\boldsymbol{H}'$ を分子場という．仮定 (*) が分子場近似と呼ばれるのはこのためである．

〔注意〕 分子場近似には自己矛盾を含まない近似法という考え方が使われている．すなわち，ある 1 つのスピンに対する最近接スピンの影響を近似的に $z\langle \sigma \rangle$ でおきかえて，着目するスピンの平均値 $\langle \sigma_i \rangle$ を求める．着目するスピンは最近接スピンと同等なスピンであるから，この近似が自己矛盾を含まないものであるためには $\langle \sigma_i \rangle = \langle \sigma \rangle$ でなければならない．問題 12.1, (2) の解答の最後の式は，この条件式に他ならない．もっと進んだ自己矛盾を含まない近似としては，準化学平衡の近似（Bethe 近似）などが知られている．なお，後の例題 15 の近似も同様な考え方の例である．

12.2 組 $\{\sigma_i\}$ で指定される微視的状態のエネルギー $E(\{\sigma_i\})$ は，いまの場合，

$$E(\{\sigma_i\}) = \mu \boldsymbol{H}_0 \sum_{i=1}^{N} \sigma_i - J \sum_{i=1}^{N} \sigma_i \sigma_{i+1} \quad (\sigma_{N+1} \equiv \sigma_1)$$

したがって，分配関数 Q は次のように表される．

$$Q = \sum_{\sigma_1=\pm 1}\sum_{\sigma_2=\pm 1}\cdots\sum_{\sigma_N=\pm 1}\exp\left\{-\frac{\mu\boldsymbol{H}_0}{kT}\sum_{i=1}^N\sigma_i + \frac{J}{kT}\sum_{i=1}^N\sigma_i\sigma_{i+1}\right\}$$

$$= \sum_{\sigma_1=\pm 1}\sum_{\sigma_2=\pm 1}\cdots\sum_{\sigma_N=\pm 1}\prod_{i=1}^N U(\sigma_i,\sigma_{i+1})$$

ただし

$$U(\sigma,\sigma') \equiv \exp\left\{-\frac{C}{2}(\sigma+\sigma') + K\sigma\sigma'\right\}, \quad C \equiv \frac{\mu\boldsymbol{H}_0}{kT}, \quad K \equiv \frac{J}{kT}$$

σ と σ' はそれぞれ ± 1 という値をとるので，$U(\sigma\sigma')$ は次のような 2 行 2 列の行列 U の成分と考えることができる．

$$U = \begin{bmatrix} e^{-C+K} & e^{-K} \\ e^{-K} & e^{C+K} \end{bmatrix}$$

そうすると，Q の式で，σ_1 に関する和だけを除いた $\sigma_2,\cdots,\sigma_N$ についての和は行列の積という演算になっているから，

$$Q = \sum_{\sigma_1=\pm 1} U^N(\sigma_1,\sigma_1) \equiv TrU^N$$

行列の性質により，U の固有値を λ_1,λ_2 とすると，

$$Q = \lambda_1^N + \lambda_2^N$$

となる．λ_1 と λ_2 は固有値方程式

$$\begin{vmatrix} e^{-C+K}-\lambda & e^{-K} \\ e^{-K} & e^{C+K}-\lambda \end{vmatrix} = 0$$

を解いて次のように求められる．

$$\lambda_1 = e^K\cosh C + \sqrt{e^{2K}\sinh^2 C + e^{-2K}}, \quad \lambda_2 = e^K\cosh C - \sqrt{e^{2K}\sinh^2 C + e^{-2K}}$$

$\lambda_1 > \lambda_2 > 0$ であり，N は非常に大きいから，λ_2^N は λ_1^N に対して無視することができる．したがって，自由エネルギー A^* は次のようになる．

$$\begin{aligned}A^* &= -kT\log Q = -kT\log(\lambda_1^N) \\ &= -NkT\log\{e^K\cosh C + \sqrt{e^{2K}\sinh^2 C + e^{-2K}}\}\end{aligned}$$

体系の磁気双極子モーメント $\boldsymbol{M}$ は（体系の体積は単位体積とする）

$$\boldsymbol{M} = -\left(\frac{\partial A^*}{\partial \boldsymbol{H}_0}\right)_{N,T} = \frac{N\mu\sinh C}{\lambda_1}\{e^K + e^{2K}\cosh C(e^{2K}\sinh^2 C + e^{-2K})^{-1/2}\}$$

となる．$\boldsymbol{H}_0 \to 0\,(C \to 0)$ のとき，$\boldsymbol{M} \to 0$ となり，1 次元の場合には，自発磁化はない（例題 13 の〔注意〕参照）．

13.1 $\bar{x} = M/N\mu\,(\boldsymbol{H}_0 = 0)$ を求める方程式は，例題 13 の解答にある式により，

$$\bar{x} = \tanh\left(\frac{T_c}{T}\bar{x}\right)$$

T が T_c 付近の場合には，$\overline{x}$ は小さいから，右辺を展開すると，

$$\overline{x} = \frac{T_c}{T}\overline{x}\left[1 - \frac{1}{3}\left(\frac{T_c\overline{x}}{T}\right)^2 + O(\overline{x})^4\right] \quad \therefore \quad \frac{T}{T_c} = 1 - \frac{1}{3}\left(\frac{T_c\overline{x}}{T}\right)^2 + O(\overline{x})^4$$

$$\therefore \quad \overline{x}^2 = 3\left(\frac{T}{T_c}\right)^2\left[1 - \frac{T}{T_c} + O(\overline{x})^4\right]$$

$$\therefore \quad \boldsymbol{M}(T) = N\mu\sqrt{3\left\{1-\left(\frac{T}{T_c}\right)\right\}} + O\left\{N\mu\left(1-\frac{T}{T_c}\right)^{3/2}\right\}$$

13.2 $\boldsymbol{H}_0 \neq 0$ の場合に $\overline{x} = \boldsymbol{M}/N\mu$ を求める方程式は，

$$\overline{x} = \tanh\left(\frac{\mu \boldsymbol{H}_0}{kT} + \frac{T_c}{T}\overline{x}\right)$$

両辺を $\boldsymbol{H}_0$ で微分すると，

$$\left(\frac{\partial \overline{x}}{\partial \boldsymbol{H}_0}\right)_T = \left\{\frac{\mu}{kT} + \frac{T_c}{T}\left(\frac{\partial \overline{x}}{\partial \boldsymbol{H}_0}\right)_T\right\}\operatorname{sech}^2\left(\frac{\mu \boldsymbol{H}_0}{kT} + \frac{T_c}{T}\overline{x}\right)$$

$T > T_c$ のときには，$\boldsymbol{H}_0 \to 0$ のときに $\overline{x} \to 0$ となるから，

$$\lim_{\boldsymbol{H}_0 \to 0}\left(\frac{\partial \boldsymbol{M}}{\partial \boldsymbol{H}_0}\right)_{N,T} = N\mu \lim_{\boldsymbol{H}_0 \to 0}\left(\frac{\partial \overline{x}}{\partial \boldsymbol{H}_0}\right)_T = N\mu \cdot \frac{\mu/kT}{1-(T_c/T)} = \frac{N\mu^2}{k}\cdot\frac{1}{T-T_c}$$

〔付記〕 強磁性体は，Curie 温度以下では外からの磁場が 0 のときでも有限の磁気双極子モーメント $\boldsymbol{M}$ をもつ．Curie 温度は，$\boldsymbol{M} = 0$ の常磁性相から $\boldsymbol{M} \neq 0$ の強磁性相に転移する温度で，強磁性体の臨界温度とも呼ばれる．例題 1 の van der Waals 状態式のときと同じように，臨界指数を定義することができる．たとえば，

$$\boldsymbol{M} \propto (T_c - T)^\beta \quad (\boldsymbol{H}_0 = 0, T < T_c), \quad \chi_{T,p} \propto (T - T_c)^{-\gamma}\quad(\boldsymbol{H}_0 = 0, T > T_c)$$

$$C_{\boldsymbol{H}_0,p} \propto (T_c - T)^{-\alpha'}(\boldsymbol{H}_0 = 0, T < T_c);\; C_{\boldsymbol{H}_0,p} \propto (T - T_c)^{-\alpha}(\boldsymbol{H}_0 = 0, T > T_c)$$

問題 13.1, 13.2 の結果によると，分子場近似の範囲では，$\beta = 1/2, \gamma = 1$ であり，また，$\alpha' = \alpha = 0$ となることも容易に確かめられる．分子場近似による強磁性体の相転移の特徴は，van der Waals 状態式による気体–液体の臨界点付近の特徴と類似する点が多い．

14.1 例題 12 の解答と同様にして，Bragg-Williams 近似が成り立つものとして N_{AB} を N_A^α の関数とみなし，次の分配関数を最大項の方法で評価する．

$$Q = \sum_{N_A^\alpha}({}_NC_{N_A^\alpha})^2 \exp\left[-\frac{N}{kT}\left\{\frac{z(u_{AA}+u_{BB})}{2} - \frac{1}{2}(u_{AA}+u_{BB}-2u_{AB})\left(\frac{N_{AB}}{N}\right)\right\}\right]$$

$N_A^\alpha/N = (1+x)/2$ とおくと，解答にある $N_A^\alpha, N_B^\alpha, N_A^\beta, N_B^\beta$ の関係式により，

$$\frac{N_{AB}}{N} = \frac{z(1+x)^2}{4} + \frac{z(1-x)^2}{4} = \frac{z}{2}(1+x)^2 \quad (-1 \leq x \leq 1)$$

Stirling の公式を利用して，Q の右辺の最大項を与える $x = \overline{x}$ を求めると，

$$\frac{zJ}{kT}\overline{x} = \frac{1}{2}\log\frac{1+\overline{x}}{1-\overline{x}}, \quad J \equiv \frac{1}{4}(u_{AA}+u_{BB}-2u_{AB}) > 0$$

すなわち，$\overline{x} = \overline{x}(T)$ は，例題 12 の $(**)$ において $\boldsymbol{H}_0 = 0$ とした方程式の解である．ただし，解 $\overline{x} \neq 0$ に対して $-\overline{x}$ も解である．どちらの符号の解についても最大項は同じ値となり，

$$\frac{1}{N}A = \frac{z}{4}(2u_{AB} + u_{BB} + u_{AA}) - zJ\overline{x}^2$$
$$+ 2kT\left\{\frac{(1+\overline{x})}{2}\log\frac{(1+\overline{x})}{2} + \frac{(1-\overline{x})}{2}\log\frac{(1-\overline{x})}{2}\right\}$$

u_{AA} などが温度によらないものとすると，内部エネルギー E は，例題 13 の解答と同様にして，

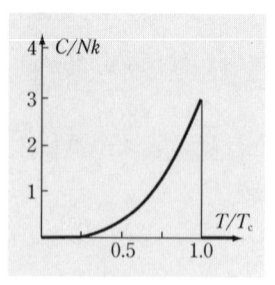

$$E = -T^2\left[\left(\frac{\partial}{\partial T}\left(\frac{A}{T}\right)\right)_{N,\overline{x}} + \left(\frac{\partial}{\partial x}\left(\frac{A}{T}\right)\right)_{N,T} \cdot \left(\frac{d\overline{x}}{dT}\right)\right]$$
$$= -T^2\left(\frac{\partial}{\partial T}\left(\frac{A}{T}\right)\right)_{N,\overline{x}}$$
$$= \frac{zN}{4}(2u_{AB} + u_{AA} + u_{BB}) - zNJ\overline{x}^2$$
$$\therefore\ C = \left(\frac{\partial E}{\partial T}\right)_N = -2zNJ\overline{x}\left(\frac{d\overline{x}}{dT}\right) = -2NkT_c\overline{x}\left(\frac{d\overline{x}}{dT}\right)$$

$T > T_c$ では $C = 0$ である．$T \to 0$ のときには，$\overline{x} = \pm(1-\sigma)$ $(0 < \sigma \ll 1)$ とおくと，$\overline{x}$ を求める方程式から，

$$\delta \cong 2e^{-2zJ/kT} \quad \therefore\ C = 8Nk\left(\frac{T_c}{T}\right)^2 e^{-2T_c/T} \quad \{C \to 0\ (T \to 0)\}$$

$T \to T_c - 0$ のときには，問題 13.1 の解答の結果により $\overline{x}^2 \cong 3\{1-(T/T_c)\}$．したがって，$C \to 3zNJ/T_c = 3Nk$．以上により，$C$ は $T < T_c$ では単調増大で，$T = T_c$ でとびをもち，付図のような温度変化をもつ．

〔付記〕例題 14 の体系は，CuZn（1 対 1）合金などの規則不規則相転移を表す簡単なモデルである．$\overline{x}$ は，この相転移の場合，部分格子の上の A（あるいは B）原子の配列の規則性を表す**長範囲規則度**（long-range-order）と呼ばれる．比熱が付図のような温度変化をもつことがこの相転移の特徴である．例題 14 において，A 原子を $+1$ のスピン，B 原子を -1 のスピンとし，$u_{AB} = -u_{AA} = -u_{BB} = -J\ (J > 0)$ とすると，反強磁性体を表すモデルとなり，$M = -N\mu\overline{x}$ は部分格子の磁気双極子モーメントを表す．この場合，$T_N \equiv zJ/K$ は **Néel 温度**と呼ばれる．

15.1 例題 15 の解答にある式から，$|e_\beta\psi_\alpha(r)/kT| \ll 1$ のときには，

$$g_{\alpha\beta}(r) = 1 - \frac{e_\alpha e_\beta \exp\{-\kappa(r-a)\}}{4\pi\varepsilon kT(1+\kappa a)r} = 1 - \frac{e_\alpha e_\beta}{4\pi\varepsilon kTr}\exp\{-\kappa(r-a)\} + O(\kappa a)$$

$O\{e_\beta\psi_\alpha(r)/kT\} = O\{e_\alpha e_\beta/\varepsilon akT\} = O(\kappa a)$ であるから，$r \gg a$ のときには，

$$g_{\alpha\beta}(r) - 1 \cong -\frac{e_\alpha e_\beta}{4\pi\varepsilon kTr}\exp(-\kappa r) \quad (r \gg a)$$

となる．他の粒子との相互作用による効果をまったく無視すれば，α 種の分子と β 種の分子との位置の相関は，$u_{\alpha\beta}(r) = e_\alpha e_\beta/\varepsilon r$ に比例して遠くまで及ぶはずである．したがって，上の結果は，他の粒子との相互作用による効果のため，位置の相関が減衰定数

κ で急速に小さくなることを表す.直観的には,$r \gg a$ のときには 2 つの分子の中間の領域に多数の電荷をもつ分子が存在するので,分子間相互作用が静電的に遮蔽され,位置の相関は遠くまで及ばなくなるものと考えられる.κ が遮蔽定数と呼ばれるのはこのためである.

15.2 熱力学の関係式 $E = -T^2(\partial(A/T)/\partial T)_{N,T}$ を $E \to \langle U \rangle$, $A \to \Delta A$ の場合に使うと,

$$\frac{1}{V}\Delta A = -T\int_\infty^T \frac{\langle U \rangle}{VT^2}dT$$

ここで,積分は例題 15 の $\langle U \rangle/V$ の表式においてすべての ρ_α ($\alpha = 1, 2, \cdots, \nu$) を一定にして行なわれる.$d\kappa/dT = -\kappa/2T$ であるから,

$$\frac{1}{V}\Delta A = -T\int_\infty^T \left(-\frac{k}{8\pi}\right)\frac{\kappa^2}{1+\kappa a}\cdot\frac{dT}{T} = -\frac{kT}{4\pi}\int_0^\kappa \frac{\kappa^2 d\kappa}{1+\kappa a}$$
$$= -\frac{kT}{4\pi a^3}\left[\log(1+\kappa a) - \kappa a + \frac{(\kappa a)^2}{2}\right]$$

$\kappa a \ll 1$ のときには [ ] の中を $(\kappa a)^3$ の項まで展開すると,

$$\frac{1}{V}\Delta A = -\frac{kT}{12\pi}\kappa^3 + O(\kappa a) = \frac{2}{3V}\langle U \rangle$$

〔注意〕 $\kappa a \ll 1$ のときには $\langle U \rangle/V = -\varepsilon kT\kappa^3/8\pi + O(\kappa a)$ であり,また,$\kappa^3 \propto T^{-3/2}$ であるから,直ちに最後の結果が得られる.

16.1 $\rho(\boldsymbol{r}, \boldsymbol{r}'; \beta)$ の定義式,固有値 E_i は実数であること,および

$$\overline{\Psi_i(\boldsymbol{r})}\Psi_i(\boldsymbol{r}) = |\Psi_i(\boldsymbol{r})|^2 \geqq 0, \quad \overline{\Psi_i(\boldsymbol{r})}\Psi_i(\boldsymbol{r}') = \overline{\overline{\Psi_i(\boldsymbol{r}')}\Psi_i(\boldsymbol{r})}$$

という性質とから明らかである.

〔注意〕 $Q^{-1}\rho(\boldsymbol{r}, \boldsymbol{r}; \beta)d\boldsymbol{r}_1\cdots d\boldsymbol{r}_N$ は,正準集団において粒子 1 の座標が $\boldsymbol{r}_1$ と $\boldsymbol{r}_1 + d\boldsymbol{r}_1$ の間にあり,$\cdots$,粒子 N の座標が $\boldsymbol{r}_N$ と $\boldsymbol{r}_N + d\boldsymbol{r}_N$ の間にあるような確率を表す.

16.2 4.3 の基本事項の◆区別できる粒子系における説明から,s 番目の粒子に対する Hamilton 演算子の固有値と規格化された固有関数をそれぞれ $\varepsilon_{i_s}^{(s)}$, $\psi_{i_s}^{(s)}(\boldsymbol{r}_s)$ ($s = 1, 2, \cdots, N$) とすると,体系の Hamilton 関数の固有値 E_i と規格化された固有関数 $\Psi_i(\boldsymbol{r})$ は

$$E_i = \sum_{s=1}^N \varepsilon_{i_s}^{(s)}, \quad \Psi_i(\boldsymbol{r}) = \prod_{s=1}^N \psi_{i_s}^{(s)}(\boldsymbol{r}_s)$$

$$\therefore \quad \rho(\boldsymbol{r}, \boldsymbol{r}'; \beta) = \sum_{i_1}\sum_{i_2}\cdots\sum_{i_N}\overline{\prod_{s=1}^N \psi_{i_s}^{(s)}(\boldsymbol{r}'_s)}\exp\left\{-\beta\sum_{s=1}^N \varepsilon_{i_s}^{(s)}\right\}\prod_{s=1}^N \psi_{i_s}^{(s)}(\boldsymbol{r}_s)$$
$$= \prod_{s=1}^N\left[\sum_{i_s}\overline{\psi_{i_s}^{(s)}(\boldsymbol{r}'_s)}e^{-\beta\varepsilon_{i_s}^{(s)}}\psi_{i_s}^{(s)}(\boldsymbol{r}_s)\right] = \prod_{s=1}^N \rho_1^{(s)}(\boldsymbol{r}_s, \boldsymbol{r}'_s; \beta)$$

16.3 第 5 章例題 1 の結果により,自由粒子に対する固有値 $\varepsilon_{\boldsymbol{k}}$ と固有関数 $\psi_{\boldsymbol{k}}(\boldsymbol{r})$ は

$$\varepsilon_{\boldsymbol{k}} = \frac{\hbar^2}{2m}\boldsymbol{k}^2, \quad \psi_{\boldsymbol{k}}(\boldsymbol{r}) = \frac{1}{\sqrt{V}}e^{i\boldsymbol{k}\cdot\boldsymbol{r}}, \quad \boldsymbol{k} = \frac{2\pi}{L}(n_x, n_y, n_z) \quad (n_\xi = 0 \pm 1, \pm 2, \cdots)$$

$$\therefore \quad \rho(\boldsymbol{r}, \boldsymbol{r}'; \beta) = \frac{1}{V}\sum_{\boldsymbol{k}} e^{i\boldsymbol{k}\cdot(\boldsymbol{r}-\boldsymbol{r}')}\cdot e^{-\beta\varepsilon_{\boldsymbol{k}}}$$

$V/\Lambda^3 \gg 1$ のとき (V が巨視的な大きさの場合), $\boldsymbol{k}$ についての和を積分におきかえることができる (5.1 の基本事項◆状態密度を参照). したがって,

$$\rho(\boldsymbol{r},\boldsymbol{r}';\beta) = \frac{1}{V}\left(\frac{L}{2\pi}\right)^3 \iiint_{-\infty}^{\infty} e^{i\boldsymbol{k}\cdot(\boldsymbol{r}-\boldsymbol{r}')} e^{-\beta\varepsilon_k} dk_x dk_y dk_z$$

$$= \frac{1}{(2\pi)^3} \prod_{\xi=x,y,z} \left[\int_{-\infty}^{\infty} e^{ik_\xi(\xi-\xi')} e^{-\beta\hbar^2 k_\xi^2/2m} dk_\xi\right]$$

$$= \frac{1}{(2\pi)^3} \prod_{\xi=x,y,z} \left[\sqrt{\frac{2\pi m}{\beta\hbar^2}} \exp\left\{-\frac{m}{2\beta\hbar^2}(\xi-\xi')^2\right\}\right]$$

$$\left(\because \int_0^\infty e^{-\alpha x^2}\cos bx = \frac{1}{2}\sqrt{\frac{\pi}{a}} e^{-\frac{b^2}{4a}},\quad a>0\right)$$

$$= \frac{1}{\Lambda^3}\exp\left\{-\frac{\pi}{\Lambda^2}(\boldsymbol{r}-\boldsymbol{r}')^2\right\}$$

〔注意〕 $V/\Lambda^3 \gg 1$ のときには, 第 5 章例題 2 のように箱の表面で固有関数の値が 0 となるという境界条件でも, $\rho(\boldsymbol{r},\boldsymbol{r}';\beta)$ の表式は上と同じになる. 実際, 例題 16 の (5) で求めた密度行列は〔付記〕に示したようにも書けるが, $L/\Lambda \gg 1$ の場合には, [ ] の第 2 項は常に省略でき, 第 1 項も $n=0$ 以外のときには省略できる. すなわち,

$$\rho(x,x';\beta) = \frac{1}{\Lambda}\exp\left\{-\frac{\pi}{\Lambda^2}(x-x')^2\right\} \quad \therefore \quad \rho(\boldsymbol{r},\boldsymbol{r}';\beta) = \frac{1}{\Lambda^3}\exp\left\{-\frac{\pi}{\Lambda^2}(\boldsymbol{r}-\boldsymbol{r}')^2\right\}$$

16.4 1 個の自由粒子に対する密度行列 $\rho_1(\boldsymbol{r},\boldsymbol{r}';\beta)$ は問題 16.3 によって与えられているが, スピンの自由度を考慮すると, $g \equiv 2S+1$ (S はスピンの大きさ) という因数を掛けておかなければならない. すなわち,

$$\rho_1(\boldsymbol{r},\boldsymbol{r}';\beta) = \frac{g}{\Lambda^3}\exp\left\{-\frac{\pi}{\Lambda^2}(\boldsymbol{r}-\boldsymbol{r}')^2\right\}$$

N 個の同種類の粒子からなる体系で, 粒子が区別できるとすると, 問題 16.2 の結果により, 体系の密度行列は 1 粒子の密度行列の積となる. しかし, 古典統計では粒子を一応区別できるものと考えるが, Bose 統計または Fermi 統計の古典論的極限と一致させるため, 分配関数の場合, 区別できるとして求めた分配関数を $N!$ で割ったものを古典統計の分配関数とした (4.3 の基本事項◆分配関数参照). これに対応して, 密度行列の場合にも,

$$\rho(\boldsymbol{r},\boldsymbol{r}';\beta) = \frac{1}{N!}\cdot\frac{g^N}{\Lambda^{3N}}\exp\left\{-\frac{\pi}{\Lambda^2}\sum_{s=1}^{N}(\boldsymbol{r}_s-\boldsymbol{r}'_s)^2\right\}$$

が古典統計における単原子理想気体の密度行列となる.

〔注意〕 上記の $N!$ という因数を正しく導くためには, 量子統計における単原子理想気体の密度行列を求め, その古典論的極限を計算せねばならないが, 内容の程度が高くなるので, ここでは省略する.

索　　引

あ　行

圧縮率方程式　136
圧力　2, 16, 116
　　――と分配関数　58
　　――と大分配関数　58
　　縮退が弱い理想気体の――　82
　　理想 Bose 気体の――　86
　　――と動径分布関数　136, 141
　　――による仕事　6
　　――のゆらぎ　66
圧力係数　5, 32
圧力集団（T-p 集団）　127
圧力方程式　136, 139
アンサンブル　56
位相空間　111
1 次元気体　134
一般化された分配関数（状態和）　59
液体ヘリウム　83
エネルギー準位　56, 120
エネルギー等分配の法則　112, 115
エンタルピー　7, 16, 101
エントロピー　11, 16, 63, 181
　　――増大の原理　11
　　――と熱力学第 3 法則　31, 33
　　――と大分配関数　58
　　――と分配関数　58
　　――の相加性　11
　　小正準集団と――　57
　　固体の――　98
　　混合の――　27, 125
　　縮退が弱い理想気体の――　191
　　理想気体の――　15, 20, 80
大きなカノニカル集団（集合）　57
大きな正準集団（集合）　57
大きな正準分布　58
大きな状態和（大分配関数）　58
オルト水素　123
音子（音響量子）　96

温度　1, 16, 31, 56

か　行

化学反応　46
化学ポテンシャル　24, 34, 56, 129
　　混合理想気体の――　28
　　理想気体の――　80, 81
　　縮退した Fermi 理想気体の――　87
　　縮退が弱い理想気体の――　78
可逆過程（可逆変化）　10, 17
可逆電池　48
仮想変化　21
活動度（逃散能）　113
カノニカル・アンサンブル　56
カノニカル集団（集合）　56
カノニカル分布（正準分布）　58
完全溶液（理想溶液）　29
気体定数　2, 189
吸着　109
強度性（示強性）　2
局所平衡　1
金属内の自由電子　87, 194
空洞放射　92
グランドカノニカル・アンサンブル　57
グランドカノニカル集団（集合）　57
グランドカノニカル分布　58
光子（フォトン）　92
光子気体　92
格子振動　95
　　――の基準座標　95
　　――の基準振動　95
　　――の基準振動数　95
格子理論（液体の）　135, 137
剛体球ポテンシャル　132
効率
　　Carnot サイクルの――　10, 12
　　熱機関の――　14
古典統計　68

232　索　引

古典統計力学　111, 135
　——と量子統計力学　113
固有状態　56
固有値　56
孤立系　1, 21
混合のエントロピー　27, 125
混合理想気体　24, 26

さ　行

サイクル（循環過程）　6
最大項の方法　61, 142
細胞理論（液体の）　135
作業物質　10
3 重点　35
示強性（強度性）　2
磁性体　101, 143,
　——の磁気双極子モーメント
　　　　　　　　101, 105, 144
　——の磁気分極　101, 106
　——の自発磁化　144
質量作用の法則　46
集団平均　57
縮退（量子統計による）　78, 87
縮退度　56, 120
自由エネルギー　16, 101
　Gibbs の——　16
　Helmholtz の——　16
自由体積　135
準安定な平衡状態　17, 128
循環過程（サイクル）　6
準静的過程　6, 10, 129
小正準集団（集合）　56, 57, 113
小正準分布　57
状態変数　2
状態方程式　2, 133
　理想気体の——　2
　1 次元剛体球気体の（Tonks の）——
　　　　　　　　　　　　　134
　van der Waals の——　5, 128
状態密度　74, 76, 90
状態量　1
状態和（分配関数）　58

示量性（容量性）　2
磁歪　104
浸透圧　40
スピン　67, 74, 105, 123, 142
正規分布（Gauss 分布）　55
正準集団（集合）　56, 58, 102, 148
正準分布（カノニカル分布）　58, 65
　古典統計力学における——　112
正則溶液　30
積分方程式の方法　136
絶対温度　1
絶対零度の到達不可能性　31, 33
摂動展開の方法　140
相応状態の原理（対応状態の法則）　133
相転移（相変化）　34, 37, 83, 143, 227
相平衡　25, 34

た　行

第 1 種永久機関　6
第 2 種永久機関　10
対応状態の法則（相応状態の原理）
　　　　　　　　　　　133, 137
帯磁率　103, 104
大正準集団（集合）　56, 58, 102
大正準分布　58
大分配関数（大きな状態和）　58
　相互作用のない粒子系の——　69, 72
　古典統計力学における——　113, 135
体膨張率　5, 32
多成分系　24
断熱圧縮率　7
断熱消磁　104
調和振動子　95, 114
定圧比熱　7, 17, 32
　理想気体の——　80
定エネルギー集団　56
定積比熱　7, 17, 22
　Einstein 模型の——　97, 100
　縮退した理想 Fermi 気体の——　87
　2 次元理想量子気体の——　91
　理想気体の——　80
　理想 Bose 気体の——　193

固体の―― 96, 100
電解質溶液 146
　　――の Debye の遮蔽定数 147
　　――の Debye の遮蔽半径 147
　　――の Debye-Hückel の理論 147
等温圧縮率 5, 22, 104, 128
　　理想気体の―― 5
　　――と動径分布関数 136
等温線
　　理想 Bose 気体の―― 86
　　van der Waals の状態方程式の――
　　　　　　　　　　　　　　128
統計集団（統計集合） 56, 59, 127
逃散能（活動度） 113
等面積（Maxwell）の規則 127
動径分布関数 135, 138, 141
　　――と熱力学量 136
特性温度
　　回転の―― 122
　　振動の―― 122
　　Debye の―― 96
　　Einstein の―― 97
閉じた系 1, 21

な 行

内部エネルギー 6, 16, 41, 101
　　――と大分配関数 58
　　――と分配関数 58
　　相互作用のない粒子系の―― 69
　　理想気体の―― 6, 20, 80
　　縮退が弱い理想気体の―― 78
　　理想 Bose 気体の―― 85
　　固体の―― 98
　　var der Waals 状態方程式に従う
　　　気体の―― 8, 20
　　――と動径分布関数 136, 141
2 原子分子 120, 122
2 体力近似 126, 135
熱機関 10
熱起電力 50
熱的 de Broglie（ドブロイ）波長 78, 113
熱平衡状態 1, 17

熱放射 92
熱力学第 0 法則 1
熱力学第 1 法則 6, 16, 59
熱力学第 2 法則 10, 16, 59
熱力学第 3 法則 31, 59
熱力学的極限 62, 130, 138
熱力学的状態 1, 17
熱力学の不等式 17
熱容量（比熱） 6
熱量 6

は 行

配位積分（配位分配関数） 113, 133
パラ水素 123
半導体 110
比熱（熱容量） 6, 31, 103
　　理想気体の―― 8
　　2 原子分子理想気体の―― 122, 124
標準集団 56
標準分布（正準分布） 58
表面張力 45
開いた系 1, 24
ビリアル 116
　　――定理 116
　　――展開 127, 130
　　――方程式（圧力方程式） 136
ビリアル係数 127, 130, 131
　　van der Waals の状態方程式の第 2――
　　　　　　　　　　　　　　131, 132
　　剛体球ポテンシャルの第 2―― 132
　　剛体球ポテソシャルの第 3―― 132
フォノン（音子） 96
不可逆過程（不可逆変化） 10, 15, 17, 27
不完全気体 126
分圧 24, 38
分子間力 126, 132
分子場近似 143
分配関数 58, 93, 102, 122, 148
　　スピン系の―― 142
　　相互作用のない粒子系の―― 68
　　古典統計力学における――
　　　　　　　　　　　　111, 112, 135

分配関数（1粒子の） 67
　自由粒子の―― 79, 114
　調和振動子の―― 95, 114
　古典論近似の―― 111
　回転運動の―― 122
分布関数 136
　n体―― 136, 138
　――の方法 136
平均値 52, 148
平衡条件 17, 34
平衡定数 46

ま 行

ミクロカノニカル・アンサンブル 56
ミクロカノニカル集団（集合） 56
ミクロカノニカル分布 57
密度行列 148

や 行

ヤコビアンの方法 2, 103
誘電体 101
　――の電気双極子モーメント 101, 121
　――の電気分極 101
ゆらぎ 59, 66, 185
容量性（示量性） 2

ら 行

力学的な熱力学量 57
理想気体（統計力学） 74, 78, 122
理想気体 2, 8, 15, 20
　混合―― 24, 26
理想希薄溶液 29
理想混合気体 24
理想常磁性体 105
理想溶液 29, 30, 38
理想量子気体 81, 91
理想 Bose 気体 74, 83
理想 Fermi 気体 74, 87
量子統計 69
臨界圧力 128
臨界温度 128
臨界指数 215, 227
臨界点 128

欧　字

Avogadro 数　190

Bernoulli の式　74, 77
Bloch の方程式　148
Boltzmann 定数　2, 78, 190
Boltzmann 統計　68
Boltzmann の関係　57
Boltzmann 分布　69
Bose 粒子（boson）　67, 93, 123
Bose-Einstein 凝縮（Bose 凝縮）
　　　　　　　　　　83, 85, 91
Bose-Einstein 統計（Bose 統計）
　　　　　　　　　　67, 92, 96
Bose-Einstein 分布（Bose 分布）　69, 83
Bragg-Williams の近似　143, 145
Brillouin 関数　121, 203

Carathéodory の原理　10
Carnot サイクル　9, 10
　逆の――　12
Carnot の定理　10
Clapeyron-Clausius の式　34, 36
Clausius の原理　10, 13
Clausius の不等式　10, 14, 50
Curie 温度　144
Curie の法則　104
Curie-Weiss の法則　144

Dalton の法則　24, 125
Daniell（ダニエル）電池　48
Debye 温度　96
Debye 関数　96, 99
Debye の理論　95, 98, 200
Debye-Hückel の理論　147
Duhem-Margules の関係式　38
Dulong-Petit の法則　115, 199

Ehrenfest の式　37
Einstein の特性温度　97

索　引

Einstein の特性振動数　97
Einstein 模型　97
Euler-Maclaurin の総和公式　123

Faraday 定数　49
Fermi 準位　87, 106
Fermi-Dirac 統計（Fermi 統計）　67, 106
Fermi-Dirac 分布（Fermi 分布）　69, 87
Fermi 分布関数　87, 88, 106
Fermi 粒子（fermion）　67, 123
Frenkel 型欠陥　107

Gauss 分布（正規分布）　55
Gibbs の逆説　125
Gibbs の自由エネルギー　16, 24, 34, 44
　——と T–p 分配関数　127, 134
　——と熱力学第 3 法則　31
　理想気体の——　20
Gibbs の相律　34
Gibbs-Bogoliubov の不等式　140
Gibbs-Duhem の式　24, 30, 41, 101
Gibbs-Helmholtz の式　16
Grüneisen の定数　201

Hamilton 演算子　56, 111
Hamilton 関数　95, 111, 112, 120
Helmholtz の自由エネルギー
　　16, 37, 45, 140
　——と分配関数　58, 112
　Einstein 模型の——　97
　相互作用のない粒子系の——　72
　縮退が弱い理想気体の——　82
　電解質溶液の——　147
　理想気体の——　20, 78
　固体の——　96
　液体の格子理論の——　135
Henry の法則　39

Ising 模型　143

Joule の法則　6, 19

Kelvin の原理（Thomson の原理）　10
Kelvin の式（Thomson の式）　50
Kirchhoff の法則　94

Lagrange の未定乗数の方法　51
Langevin 関数　121
Langmuir の吸着式　109
Legendre 変換　18, 41
Lennard-Jones のポテンシャル
　　　　　　　　　　126, 137
Lennard-Jones and Devonshire の理論
　　　　　　　　　　137

Maxwell の関係式　16, 41, 103
Maxwell（等面積）の規則　127, 129
Maxwell（-Boltzmann）の速度分布則
　　　　　　　　　　113, 119
Maxwell–Boltzmann 統計　68
Maxwell–Boltzmann 分布　69
Mayer の式　8
Moutier の定理　14
Mulholland の式　123

Néel 温度　228
Nernst の熱定理　166
Nernst–Planck の定理　166

Ostwald の原理　10

Pauli の原理（Pauli の排他律）　68
Pauli のスピン常磁性　106
Peltier 効果　50
Planck 定数　74, 113
Planck の関数　16
Planck の熱放射式　92
Poisson の式　8
Poisson 分布　55
Poisson-Boltzmann の方程式　147

Raoult の法則　38
Rayleigh-Jeans の式　198
Riemann の ζ 関数　83

Schottky 型欠陥　　108
Schrödinger 方程式　　56, 67, 75
Stefan-Boltzmann の法則　　94
Stirling の公式　　51

Thomson 効果　　50
Thomson の原理（Kelvin の原理）　10, 13
Tonks の状態方程式　　134
T–p 集団（圧力集団）　　127, 134
T–p 分配関数　　127, 134

van der Waals の状態方程式　　5, 128
van't Hoff の法則
　　凝固点降下に関する——　　39
　　浸透圧に関する——　　40

Wien の変位則　　94

Zeeman 効果　　105

著者略歴

広池 和夫
1948年　東京大学理学部物理学科卒業
2013年　逝去
　　　　東北大学名誉教授　理学博士

主要著書
統計力学
イーゲルスタッフ「液体論入門」(共訳)

田中 実
1960年　東京大学大学院(物理学専攻)修了
2018年　逝去
　　　　東北大学名誉教授　理学博士

主要著書
金属液体の構造と物性 (共著)
パウリ「熱力学と気体分子運動論」(訳)

セミナーライブラリ　物理学＝6
演習　熱力学・統計力学　[新訂版]

1979 年 3 月 31 日 ©	初　版　発　行
2000 年 2 月 25 日	初版第 19 刷発行
2000 年 10 月 10 日 ©	新訂第 1 刷発行
2018 年 5 月 25 日	新訂第 6 刷発行

著　者　広池和夫　　　　発行者　森平敏孝
　　　　田中　実　　　　印刷者　山岡景仁
　　　　　　　　　　　　製本者　米良孝司

発行所　株式会社　サイエンス社
〒151-0051　東京都渋谷区千駄ヶ谷 1 丁目 3 番 25 号
営業　☎ (03) 5474-8500 (代)　振替 00170-7-2387
編集　☎ (03) 5474-8600 (代)
FAX　☎ (03) 5474-8900

印刷　三美印刷　　　　製本　ブックアート

《検印省略》

本書の内容を無断で複写複製することは，著作者および出版社の権利を侵害することがありますので，その場合にはあらかじめ小社あて許諾をお求め下さい．

ISBN4-7819-0964-7

PRINTED IN JAPAN

サイエンス社のホームページのご案内
http://www.saiensu.co.jp
ご意見・ご要望は
rikei@saiensu.co.jp まで．

グラフィック講義 熱・統計力学の基礎
和田純夫著　2色刷・A5・本体1850円

熱・統計力学講義ノート
森成隆夫著　2色刷・A5・本体1800円

熱・統計力学講義
河原林透著　2色刷・B5・本体2200円

統計力学
広池和夫著　A5・本体1748円

熱・統計力学入門
阿部龍蔵著　A5・本体1700円

はじめて学ぶ 熱・波動・光
阿部龍蔵著　2色刷・A5・本体1500円

新・演習 熱・統計力学
阿部龍蔵著　2色刷・A5・本体1800円

グラフィック演習 熱・統計力学の基礎
和田純夫著　2色刷・A5・本体1950円

＊表示価格は全て税抜きです．

サイエンス社